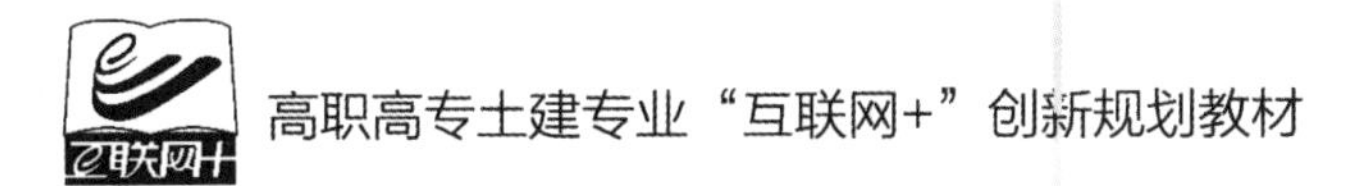

高职高专土建专业“互联网+”创新规划教材

建筑工程质量与安全管理

主　编　钟汉华
副主编　周圣厚　尹世武
参　编　石　硕　朱　菁　涂志俊
　　　　张　妮　何小龙　梅应中
　　　　靖　盼　奚　容
主　审　朱保才

内 容 简 介

本书按照高等职业教育土建类专业对本课程的有关要求，以国家现行建筑工程标准、规范、规程为依据，根据编者多年工作经验和教学实践，在自编教材基础上修改、编写而成。本书对建筑工程质量与安全管理的理论、方法、要求等进行了详细的阐述，坚持以就业为导向，突出实用性、实践性。全书共分 10 章，包括建筑工程质量管理与质量管理体系，建筑工程质量控制的内容、方法和手段，建筑工程施工质量控制措施，建筑工程施工质量评定及验收，建筑工程质量事故处理，建筑工程安全生产管理责任与制度，职业健康安全管理，建筑工程施工现场安全生产管理，建筑工程施工现场消防安全，安全事故处理及应急救援。

本书的主要特色如下：内容精练，文字通俗易懂；侧重建筑工程施工现场质量安全管理；注重建筑工程施工质量与安全管理的理论和实际的结合，旨在提高建筑工程施工现场管理人员的实操能力；注重教材的科学性和政策性；与质量员、安全员、监理员职业标准结合，与现行法律、法规结合。

本书可作为高等职业教育土建施工类、建设工程管理类各专业的教学用书，也可供建设单位质量安全管理人员、建筑安装施工企业质量安全管理人员、工程监理人员学习参考。

图书在版编目(CIP)数据

建筑工程质量与安全管理/钟汉华主编．—北京：北京大学出版社，2023.4
高职高专土建专业“互联网+”创新规划教材
ISBN 978-7-301-33833-9

Ⅰ.①建…　Ⅱ.①钟…　Ⅲ.①建筑工程—工程质量—质量管理—高等职业教育—教材 ②建筑工程—安全管理—高等职业教育—教材　Ⅳ.①TU71

中国国家版本馆 CIP 数据核字(2023)第 045909 号

书　　名　建筑工程质量与安全管理
JIANZHU GONGCHENG ZHILIANG YU ANQUAN GUANLI
著作责任者　钟汉华　主编
策划编辑　王莉贤　刘健军
责任编辑　伍大维
标准书号　ISBN 978-7-301-33833-9
出版发行　北京大学出版社
地　　址　北京市海淀区成府路 205 号　100871
网　　址　http://www.pup.cn　新浪微博：@北京大学出版社
电　　话　邮购部 010-62752015　发行部 010-62750672　编辑部 010-62750667
电子邮箱　编辑部 pup6@pup.cn　总编室 zpup@pup.cn
印 刷 者　河北滦县鑫华书刊印刷厂
发 行 者　北京大学出版社
经 销 者　新华书店
787 毫米×1092 毫米　16 开本　21.5 印张　516 千字
2023 年 4 月第 1 版　2024 年 8 月第 2 次印刷
定　　价　59.00 元

本书根据《国务院关于大力发展职业教育的决定》《教育部关于加强高职高专教育人才培养工作的意见》和《面向21世纪教育振兴行动计划》等文件及党的二十大精神要求，以培养高质量的高等工程技术应用型人才为目标，依据高等职业教育建筑工程技术、建设工程监理专业指导性教学计划及教学大纲，以及国家现行建筑工程标准、规范、规程，同时按照质量员、安全员、监理员职业标准，结合编者多年的工作经验和教学实践编写而成。

“建筑工程质量与安全管理”是一门实践性很强的课程，为此，本书始终坚持以“素质为本、能力为主、需要为准、够用为度”为原则进行编写。在编写过程中，我们努力体现高等职业教育教学的特点，并结合现行建筑工程质量与安全管理的特点精选内容，以贯彻“理论联系实际，注重实践能力”的整体要求，突出针对性和实用性，便于学生学习。同时，我们还适当兼顾了不同地区的特点和要求，力求反映建筑工程质量与安全管理的先进经验和技术手段。

本书由湖北水利水电职业技术学院钟汉华任主编；武汉科达监理咨询有限公司周圣厚、湖北泽海水利水电工程有限责任公司尹世武任副主编；湖北水利水电职业技术学院石硕、朱菁，武汉中禹鸿建设工程有限公司涂志俊，湖北水总水利水电建设股份有限公司张妮、何小龙、梅应中，湖北泽海水利水电工程有限责任公司靖盼、奚容参编；中国建筑第五工程局有限公司朱保才主审。本书具体编写分工如下：钟汉华编写第1章，尹世武编写第2章，周圣厚编写第3章，石硕、朱菁编写第4章，涂志俊编写第5章，张妮编写第6章，何小龙编写第7章，梅应中编写第8章，靖盼编写第9章，奚容编写第10章。

本书大量引用了有关专业文献和资料，未在书中一一注明出处，在此对有关文献和资料的作者表示感谢。由于编者水平有限，加之时间仓促，书中难免存在不足之处，恳请广大读者批评指正。

编　者

2023年1月

目录

建筑工程质量与安全管理

- 建筑工程质量管理与质量管理体系
  - 建筑工程质量　了解
  - 质量管理与质量控制　了解
  - 工程质量责任体系　熟悉
  - 工程质量管理制度　熟悉
  - 全面质量管理　掌握
  - ISO质量管理体系认证　了解
  - 质量管理体系的建立　熟悉
- 建筑工程质量控制的内容、方法和手段
  - 建筑工程质量控制的内容　熟悉
  - 建筑工程质量控制的方法　了解
  - 建筑工程质量控制的手段　熟悉
- 建筑工程施工质量控制措施
  - 地基与基础工程质量控制　熟悉
  - 混凝土结构工程质量控制　掌握
  - 砌体结构工程质量控制　熟悉
  - 建筑装饰装修工程质量控制　熟悉
  - 防水工程质量控制　熟悉
- 建筑工程施工质量评定及验收
  - 建筑工程施工质量评定及验收基础知识　了解
  - 建筑工程施工质量验收的基本规定　熟悉
  - 建筑工程施工质量验收的划分　掌握
  - 建筑工程施工质量验收　掌握
- 建筑工程质量事故处理
  - 质量问题及处理　熟悉
  - 质量事故的特点及分类　熟悉
  - 质量事故处理的必备条件、基本要求和依据　掌握
  - 质量事故处理方案的确定及鉴定验收　熟悉
- 建筑工程安全生产管理责任与制度
  - 安全生产管理的基本知识　了解
  - 安全生产管理各方责任　熟悉
  - 安全生产管理机构　掌握
  - 危险源与事故隐患　熟悉
  - 安全生产管理的主要内容　熟悉
- 职业健康安全管理
  - 职业健康安全管理体系原理　了解
  - 施工现场安全生产保证体系　熟悉
  - 职业健康安全管理措施　掌握
- 建筑工程施工现场安全生产管理
  - 拆除工程施工安全措施　熟悉
  - 土方工程施工安全措施　熟悉
  - 主体结构施工安全措施　熟悉
  - 装饰工程施工安全措施　熟悉
  - 高处、临边、洞口作业安全技术　熟悉
  - 临时用电安全管理　熟悉
  - 施工机械使用安全措施　熟悉
- 建筑工程施工现场消防安全
  - 总平面布局　了解
  - 建筑防火　熟悉
  - 临时消防设施　熟悉
  - 防火管理　熟悉
- 安全事故处理及应急救援
  - 安全事故的分类及处理　熟悉
  - 事故应急救援　掌握

全书思维导图

第1章 建筑工程质量管理与质量管理体系

思维导图

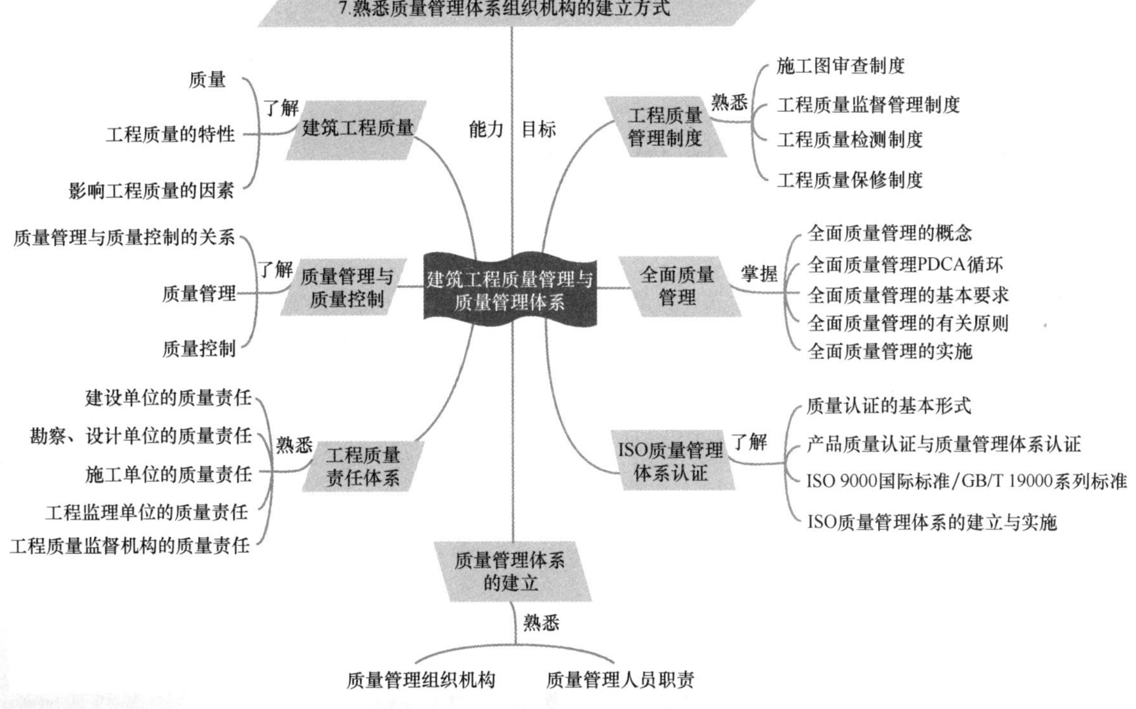

引例

“百年大计，质量第一”是我国建筑工程一贯坚持的方针。建筑工程质量与广大人民群众的生活息息相关，为了加强对建筑工程质量的管理，保证建筑工程质量，保护人民生命财产安全，1997年11月1日，我国第一部《中华人民共和国建筑法》（以下简称《建筑法》）颁布实施，2000年1月30日，国务院又颁布了《建设工程质量管理条例》[2019年4月23日，中华人民共和国国务院令（第714号）公布，对《建设工程质量管理条例》部分条款予以修改]。随着国民经济的迅猛发展，建筑业也得到了空前发展，建设规模不断扩大，建筑技术更加复杂。虽然目前建筑工程管理和建筑技术有了很大进步，工程质量也有了明显提高，但是由于管理制度、管理者水平、技术人员素质等各方面原因，工程质量通病还普遍存在，工程质量事故时有发生。了解工程质量通病及事故的发生原因，掌握处理方法及预防措施，对建筑工程技术人员显得尤为重要。建筑工程质量是指在国家现行的有关法律、法规、技术标准、设计勘察文件及合同中，对工程的安全、适用、经济、环保、美观等特性的综合要求，即工程实体的质量。由建筑产品的特点可知，其质量蕴涵于整个工程产品的形成过程中，要经过规划、勘察设计、建设实施、投入生产或使用几个阶段，每一个阶段都有国家标准的严格要求。

问题：（1）建筑工程质量是指什么？

（2）如何进行质量管理？

（3）质量管理制度有哪些？

（4）如何建立质量保证体系？

1.1 建筑工程质量

1.1.1 质量

《质量管理体系　基础和术语》（GB/T 19000—2016/ISO 9000：2015）中质量的定义包括以下三个方面：①一个关注质量的组织倡导一种通过满足顾客和其他相关方的需求和期望来实现其价值的文化，这种文化将反映在其行为、态度、活动和过程中；②组织的产品和服务质量取决于满足顾客的能力，以及对相关方有意和无意的影响；③产品和服务的质量不仅包括其预期的功能和性能，而且涉及顾客对其价值和受益的感知。

上述定义可以从以下几个方面去理解。

（1）质量不仅是指产品质量，也可以是某项活动或过程的工作质量，还可以是质量管理体系运行的质量。质量是由一组固有特性组成的，这些固有特性是指满足顾客和其他相关方面的要求的特性，并由其满足要求的程度加以表征。

（2）特性是指区分的特征。特性既可以是固有的或赋予的，也可以是定性的或定量的。特性有各种类型，如一般有物质特性（如机械的、电的、化学的或生物的特性）、感官特性（如嗅觉、触觉、味觉、视觉及感觉控测的特性）、行为特性（如礼貌、诚实、正直）、人体工效特性（如语言或生理特性、人身安全特性）、功能特性（如飞机的航程、速度）。质量特性是固有的特性，它是通过产品、过程或体系设计和开发及其后的实现过程形成的属性。“固有”的意思是指在某事或某物中本来就有的，尤其是那种永久的特性。赋予的特性（如某一产品的价格）并非产品、过程或体系的固有特性，不是它们的质量特性。

（3）满足要求就是应满足明示的（如合同、规范、标准、技术、文件、图纸中明确规定的）、通常隐含的（如组织的惯例、一般习惯）或必须履行的（如法律、法规、行业规则）的需要和期望。与要求相比较，满足要求的程度才反映为质量的好坏。对质量的要求除应考虑满足顾客的需要外，还应考虑其他相关方，即组织自身的利益、提供原材料和零部件等的供方的利益和社会的利益等多种需求。例如，需考虑安全性、环境保护、节约能源等外部的强制要求。只有全面满足这些要求，才能评定为好的质量或优秀的质量。

（4）顾客和其他相关方对产品、过程或体系的质量要求是动态的、发展的和相对的。质量要求随着时间、地点、环境的变化而变化。例如，随着技术的发展、生活水平的提高，人们对产品、过程或体系会提出新的质量要求。因此应定期评定质量要求、修订规范标准，不断开发新产品、改进老产品，以满足不断变化的质量要求。另外，由于不同国家不同地区因自然环境条件不同、技术发达程度不同、消费水平不同、民俗习惯等的不同会对产品提出不同的要求，因此产品应具有环境适应性。不同地区应提供不同性能的产品，以满足该地区顾客的明示或隐含的要求。

1.1.2 工程质量的特性

建筑工程质量一般简称工程质量。工程质量是指工程满足业主需要的，符合国家法律、法规、技术规范标准、设计文件及合同规定的特性综合。

建筑工程作为一种特殊的产品，除具有一般产品共有的质量特性，如功能、寿命、安全性、可靠性、经济性等满足社会需要的使用价值及其属性外，还具有特定的内涵。

工程质量的特性主要表现在以下6个方面。

（1）适用性：即功能，是指工程满足使用目的的各种性能。适用性包括理化性能、结构性能、使用性能和外观性能：①理化性能，如尺寸、规格、保温、隔热、隔声等物理性能，耐酸、耐碱、耐腐蚀、防火、防风化、防尘等化学性能；②结构性能，指地基基础的牢固程度，结构的强度、刚度和稳定性；③使用性能，如民用住宅工程要能使居住者安居，工业厂房要能满足生产活动需要，道路、桥梁、铁路、航道要能通达便捷等，建筑工程的组成部件，配件，水、暖、电、卫器具和设备也要能满足其使用性能；④外观性能，指建筑物的造型、布置、室内装饰效果、色彩等美观大方、协调等。

（2）耐久性：即寿命，是指工程在规定的条件下，满足规定功能要求使用的年限，也就是工程竣工后的合理使用寿命周期。由于建筑物本身具有结构类型不同、质量要求不同、施工方法不同、使用性能不同的个性特点，因此将民用建筑主体结构耐久年限分为4级（15～30年、30～50年、50～100年、100年以上）。

(3) 安全性：是指工程建成后在使用过程中保证结构安全、保证人身和环境免受危害的程度。建筑工程产品的结构安全度、抗震、耐火及防火能力，人民防空的抗辐射、抗核污染、抗爆炸波等能力，是否能达到特定的要求，都是安全性的重要标志。工程交付使用之后，必须保证人身财产、工程整体都有能免遭工程结构破坏及外来危害的伤害。工程组成部件，如阳台栏杆、楼梯扶手、电器产品漏电保护装置、电梯及各类设备等，也要保证使用者的安全。

(4) 可靠性：是指工程在规定的时间和规定的条件下完成规定功能的能力。工程不仅要求在交工验收时要达到规定的指标，而且在一定的使用时期内要保持应有的正常功能。例如，工程上的防洪与抗震能力、防水隔热、恒温恒湿措施、工业生产用的管道防“跑、冒、滴、漏”等，都属于可靠性的范畴。

(5) 经济性：是指工程从规划、勘察、设计、施工到整个产品使用寿命周期内的成本和消耗的费用。经济性具体表现为设计成本、施工成本、使用成本三者之和，包括从征地、拆迁、勘察、设计、采购（材料、设备）、施工、配套设施等建设全过程的总投资和工程使用阶段的能耗、水耗、维护、保养乃至改建更新的使用和维修费用。

(6) 与环境的协调性：是指工程与其周围生态环境协调、与所在地区经济环境协调、与周围已建工程协调，以适应可持续发展的要求。

上述 6 个方面的质量特性彼此之间是相互依存的。总体而言，适用性、耐久性、安全性、可靠性、经济性、与环境的协调性都是建筑工程必须达到的基本要求，缺一不可。

1.1.3 影响工程质量的因素

影响工程质量的因素很多，通常可以归纳为 6 个方面，即 5M1E：人（Man）、材料（Material）、机械（Machine）、方法（Method）、测量（Measure）和环境（Environment）。事前对这 6 个方面的因素严加控制是保证工程质量的关键。

(1) 人。人是生产经营活动的主体，也是直接参与施工的组织者、指挥者及直接参与施工作业活动的具体操作者。人员素质（人的文化、技术、决策、组织、管理等能力）的高低会直接或间接影响工程质量。此外，人作为控制的对象，要尽量避免产生失误；作为控制的动力，要充分调动人的积极性、发挥人的主导作用。

为此，要根据工程特点，从确保质量出发，从人的技术水平、生理缺陷、心理行为、错误行为等方面来控制人的使用。建筑行业实行经营资质管理和各类行业从业人员持证上岗制度是保证人员素质的重要措施。

拓展讨论

党的二十大报告提出，深入实施人才强国战略，培养造就大批德才兼备的高素质人才，是国家和民族长远发展大计。加快建设国家战略人才力量，努力培养造就更多大师、战略科学家、一流科技领军人才和创新团队、青年科技人才、卓越工程师、大国工匠、高技能人才。

请思考：作为青年学生，如何理解大国工匠、高技能人才？

(2) 材料。材料包括原材料、成品、半成品、构配件等，它是工程建设的物质基础，也是工程质量的基础。材料控制要通过严格检查验收，正确合理地使用，建立管理台账，进行收、发、储、运等各环节的技术管理，避免混料和将不合格的原材料使用到工程上。

（3）机械。机械包括施工机械设备、工具等，是施工生产的手段。机械控制要根据不同工艺特点和技术要求选用合适的机械设备，正确使用、管理和保养好机械设备。工程机械的质量与性能会直接影响工程质量，为此要健全人机固定制度、操作证制度、岗位责任制度、交接班制度、技术保养制度、安全使用制度、机械设备检查制度等，确保机械设备处于最佳使用状态。

（4）方法。方法包含施工方案、施工工艺、施工组织设计、施工技术措施等。在工程中，方法是否合理，工艺是否先进，操作是否得当，都会对工程质量产生重大影响。应通过分析、研究、对比，在确认可行的基础上，切合工程实际，选择能解决施工难题、技术可行、经济合理，有利于保证质量、加快进度、降低成本的方法。

（5）测量。测量包括：测量所要求的准确度，使用所需准确度和精密度能力的测量和试验设备；定期对所有测量和试验设备进行确认、校准和调整；规定必要的校准规程，包括设备类型、编号、地点、校验周期、校验方法、验收方法、验收标准；发现测量和试验设备未处于校准状态时，应立即评定以前的测量和试验结果的有效性，并记入有关文件。

（6）环境。影响工程质量的环境因素较多，有工程技术环境，如工程地质、水文、气象等；工程管理环境，如质量保证体系、质量管理制度等；劳动环境，如劳动组合、作业场所、工作面等；法律环境，如建设法律、法规等；社会环境，如建筑市场规范程度、政府工程质量监督和行业监督成熟度等。环境因素对工程质量的影响具有复杂而多变的特点，如气象条件就变化万千，温度、湿度、大风、暴雨、酷暑、严寒都将直接影响工程质量；又如前一工序往往就是后一工序的环境，前一分部分项工程也就是后一分部分项工程的环境。因此，加强环境管理，改进作业条件，把握好环境因素，是控制工程质量的重要保证。

1.2 质量管理与质量控制

1.2.1 质量管理与质量控制的关系

质量是建筑工程项目管理的重要任务目标。建筑工程项目质量目标的确定和实现过程需要系统有效地应用质量管理与质量控制的基本原理和方法，通过建筑工程项目各参与方的质量责任和职能活动的实施来达到。

1. 质量管理的定义

《质量管理体系　要求》（GB/T 19001—2016/ISO 9001：2015）中质量管理的定义为：质量管理是指确立质量方针及实施质量方针的全部职能及工作内容，并对其工作效果进行评价和改进的一系列工作。

作为组织，应当建立质量管理体系实施质量管理。具体来说，组织首先应当制定能够反映组织最高管理者的质量宗旨、经营理念和价值观的质量方针，然后在该方针的指导下，通过组织的质量手册、程序性管理文件和质量记录的编制，组织制度的落实，管理人员与资源的配置，质量活动的责任分工与权限界定等，最终形成组织质量管理体系的运行机制。

2. 质量控制的定义

《质量管理体系　要求》(GB/T 19001—2016/ISO 9001：2015) 中质量控制的定义为：质量控制是质量管理的一部分，是致力于满足质量要求的一系列相关活动。

建筑工程项目的质量要求是由业主（或投资者、项目法人）提出来的，是业主的建设意图通过项目策划，包括项目的定义及建设规模、系统构成、使用功能和价值、规格档次标准等的定位策划和目标决策来确定的。它主要表现为工程合同、设计文件、技术规范和质量标准等。因此，在建筑工程项目实施的各个阶段的活动和各个阶段的质量控制均是围绕着致力于业主要求的质量总目标展开的。

质量控制所致力的活动是为达到质量要求所采取的作业技术活动和管理活动。这些活动包括：确定控制对象，如一道工序、设计过程、制造过程等；规定控制标准，即详细说明控制对象应达到的质量要求；制定具体的控制方法，如工艺规程；明确所采用的检验方法，包括检验手段；实际进行检验；说明实际与标准之间有差异的原因；为了解决差异而采取的行动。质量控制贯穿于质量形成的全过程、各环节，它要排除这些环节的技术、活动偏离有关规范的现象，使其恢复正常，达到控制的目的。

质量控制是质量管理的一部分而不是全部。质量控制与质量管理的区别在于概念不同、职能范围不同和作用不同。质量控制是在明确的质量目标和具体的条件下，通过行动方案和资源配置的计划、实施、检查和监督，进行质量目标的事前预控、事中控制和事后纠偏控制，实现预期质量目标的系统过程。

3. 质量保证

质量保证是为了提供足够的信任表明实体能够满足质量要求，而在质量体系中实施并根据需要进行证实的全部有计划、有系统的活动。

4. 质量管理、质量体系、质量控制、质量保证之间的关系

质量管理、质量体系、质量控制、质量保证之间的关系如图 1.1 所示。下面进行简单的介绍。

从图 1.1 中可看出，质量管理是指企业的全部质量工作，即质量方针的制定和实施。为了实施质量方针和实现质量目标，必须建立质量体系。在建立质量体系时，首先要建立有关的组织结构，明确各质量职能部门的责任和权限，配备所需的各种资源，制定工作程序，然后才能运用管理和专业技术进行质量控制，并开展质量保证活动。

图 1.1 中的整个正方形代表了质量管理工作。在质量管理中首先要制定质量方针，然后建立质量体系，所以将质量方针（由大圆外的面积代表）画在质量体系这个大圆之外。在质量体系中又要首先确定组织结构，建立有关机构和其职责，然后才能开展质量控制和质量保证活动，所以将组织结构画在小圆之外。小圆部分包括了质量控制和质量保证两类活动，它们中间用 S 形虚线分开，其用意是表示两者之间的界限有时不易划分。有些活动两者都归属，相互不能分离，如对某项过程的评价、监督和验证，既是质

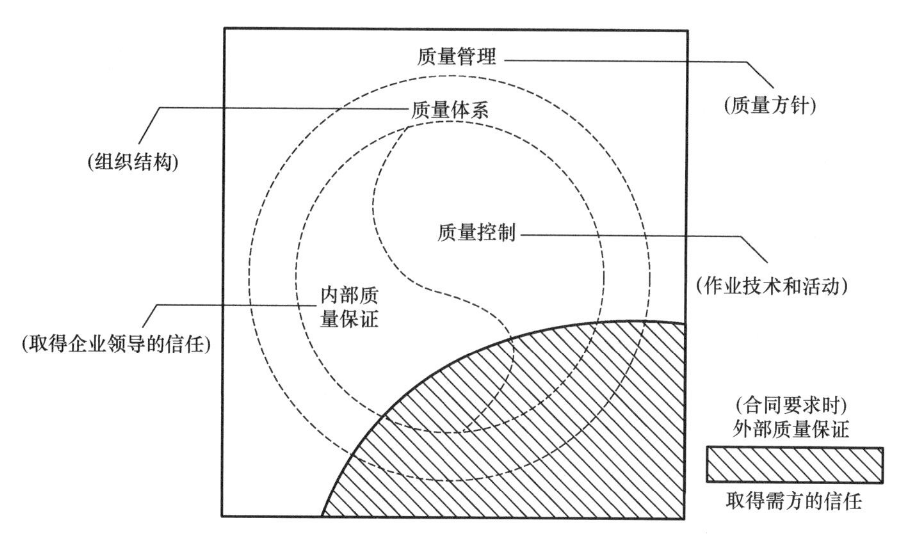

图 1.1　质量管理、质量体系、质量控制、质量保证之间的关系

量控制的内容，也是质量保证的内容。质量保证就要求实施质量控制，两者只是目的不同而已，前者是为了预防不符合或缺陷，后者则要向某一方进行“证实”（提供证据）。一般说来，质量保证总是和信任结合在一起的。在对图的理解上，不能简单地、错误地认为质量管理就是质量方针，质量体系就是组织结构，而应该理解为质量管理除了制定质量方针外还需建立质量体系，质量体系则除了建立组织结构外还包括质量控制和质量保证两项内容，其间用S形虚线划分，表示它们是一个整体，只是为了便于理解其间的关系才画上S形虚线。

图1.1中的斜线部分是外部质量保证的内容，即合同环境中企业为满足需方要求而建立的质量保证体系。该质量保证体系也包括了质量方针、组织结构、质量控制和质量保证的要求。

对一个企业来讲，质量保证体系（合同环境中）是其整个质量管理体系中的一个部分，二者不可分割，你中有我，我中有你，质量保证体系是建立在质量管理体系的基础之上的。因此，外国大公司在选择其供应厂商时，首先要看对方的质量手册，也就是看其质量管理体系能否基本上满足质量保证方面的要求，然后才能确定是否与之签订合同进行合作。当然，供方的质量体系往往不能满足其全部要求，此时，应在合同中补充某些要求，即增加某些质量体系要素，如质量计划、质量审核计划等。

图1.1中的斜线部分只是另一个图形的一个部分，另一个图形就是需方的质量管理体系，如图1.2所示。

图1.2也可说明，一个企业往往同时处在两种环境之中，它的某些产品在一般市场中出售，另一部分产品则按合同出售给需方。同样，一个企业在采购某些材料或零部件时，有的可以从市场上购买，有的则要与协作厂签订合同，并附上质量保证要求。

综上所述，对一个企业而言，在非合同环境中，其质量管理工作包括了质量控制和内部质量保证；在合同环境中，作为供方，其质量保证体系又包括质量管理、质量控制及内部和外部的质量保证活动。

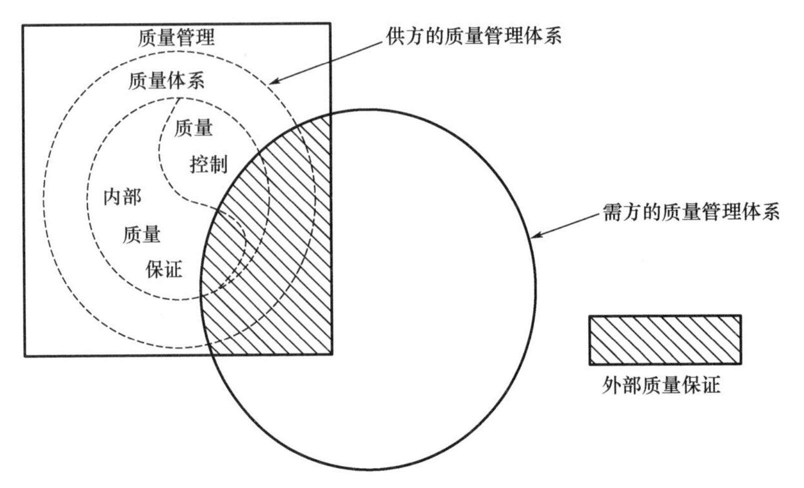

图 1.2　供需双方的质量管理体系

1.2.2 质量管理

质量管理是指为了实现质量目标而进行的所有管理性质的活动。在质量方面的指挥和控制活动通常包括制定质量方针和质量目标，以及质量策划、质量控制、质量保证和质量改进。

质量管理的发展与工业生产技术和管理科学的发展密切相关。现代关于质量的概念包括对社会性、经济性和系统性 3 个方面的认识。

(1) 质量的社会性。质量的好坏不仅要从直接的用户角度来评价，还要从整个社会的角度来评价，尤其关系到生产安全、环境污染、生态平衡等问题时更是如此。

(2) 质量的经济性。质量不仅要从某些技术指标来考虑，还要从制造成本、价格、使用价值和消耗等几方面来综合评价。在确定质量水平或目标时，不能脱离社会的条件和需要，不能单纯追求技术上的先进性，还应考虑使用上的经济合理性，以使质量和价格达到合理的平衡。

(3) 质量的系统性。质量是一个受到设计、制造、使用等因素影响的复杂系统。例如，汽车是一个复杂的机械系统，同时又是涉及道路、司机、乘客、货物、交通制度等特点的使用系统。产品的质量应该达到多维评价的目标。费根堡姆认为，质量系统是指具有确定质量标准的产品和为交付使用所必需的管理上和技术上的步骤的网络。

质量管理发展到全面质量管理是质量管理工作的又一大进步，统计质量管理着重于应用统计方法控制生产过程质量，发挥预防性管理作用，从而保证产品质量。然而，产品质量的形成过程不仅与生产过程有关，还与其他许多过程、许多环节和因素相关联，这不是单纯依靠统计质量管理所能解决的。全面质量管理相对更加适应现代化大生产对质量管理整体性、综合性的客观要求，从过去限于局部性的管理进一步走向全面性、系统性的管理。

知识链接

质量管理百年历程

工业革命前产品质量由各个工匠或手艺人自己控制。

1875年，泰勒制诞生，这是科学管理的开端。

最初的质量管理——检验活动与其他职能分离，出现了专职的检验员和独立的检验部门。

1925年，休哈特提出统计过程控制（Statistical Process Control，SPC）理论——应用统计技术对生产过程进行监控，以减少对检验的依赖。

20世纪30年代，道奇和罗明提出统计抽样检验方法。

20世纪40年代，美国贝尔电话公司应用统计质量控制技术取得成效；美国军方物资供应商在军需物资中推进统计质量控制技术的应用；美国军方制定了战时标准Z1.1、Z1.2、Z1.3——最初的质量管理标准，这3个标准分别以休哈特、道奇、罗明的理论为基础。

20世纪50年代，戴明提出质量改进的观点——在休哈特之后系统和科学地提出用统计学的方法进行质量和生产力的持续改进；强调大多数质量问题是生产和经营系统的问题；强调最高管理层对质量管理的责任。此后，戴明不断完善他的理论，最终形成了对质量管理产生重大影响的“戴明十四法”，并开始开发提高可靠性的专门方法——可靠性工程开始形成。

1958年，美国军方制定了MIL-Q-9858A等系列军用质量管理标准——在MIL-Q-9858A中提出了“质量保证”的概念，并在西方工业社会产生影响。

20世纪60年代初，朱兰、费根堡姆提出全面质量管理的概念——为了生产具有合理成本和较高质量的产品，以适应市场的要求，只注意个别部门的活动是不够的，还需要对覆盖所有职能部门的质量活动进行策划。

戴明、朱兰、费根堡姆的全面质量管理理论在日本被普遍接受。日本企业创造了全面质量控制（Total Quality Control，TQC）的质量管理方法。统计技术，特别是因果图、流程图、直方图、检查表、散点图、排列图、控制图被称为“老七种”工具的方法，被普遍用于质量改进。

20世纪60年代，北大西洋公约组织（North Atlantic Treaty Organization，NATO）制定了AQAP质量管理系列标准——AQAP标准以MIL-Q-9858A等质量管理标准为蓝本。所不同的是，AQAP引入了设计质量控制的要求。

20世纪70年代，TQC使日本企业的竞争力极大地提高，其中，轿车、家用电器、手表、电子产品等占领了大批国际市场，因此促进了日本经济的极大发展。日本企业的成功使全面质量管理的理论在世界范围内产生了巨大影响。

日本质量管理学家对质量管理理论和方法的发展做出了巨大贡献。这一时期产生了石川馨、田口玄一等世界著名质量管理专家。

1979年，英国制定了国家质量管理标准BS5750——将军方合同环境下使用的质量保证方法引入市场环境。这标志着质量保证标准不仅对军用物资装备的生产，而且对整个工业界产生了影响。

20世纪80年代，克劳士比提出“零缺陷”的概念。他指出，“质量是免费的”。他的观点突破了传统上认为高质量是以高成本为代价的观念。他提出高质量将给企业带来高的经济回报。

质量运动在许多国家展开，包括中国、美国、欧洲各国等在内的许多国家设立了国家质量管理奖，以激励企业通过质量管理提高生产力和竞争力。质量管理不仅被引入生产企业，而且被引入服务业，甚至医院、机关和学校。许多企业的高层领导开始关注质量管理。全面质量管理作为一种战略管理模式进入企业。

1987年，ISO 9000国际标准问世，质量管理与质量保证开始在世界范围内对经济和贸易活动产生影响。1994年，ISO 9000国际标准改版——新的ISO 9000国际标准更加完善，为世界绝大多数国家所采用。第三方质量认证普遍开展，有力地促进了质量管理的普及和管理水平的提高。

20世纪90年代末，全面质量管理（Total Quality Management，TQM）成为许多“世界级”企业的成功经验，这证明全面质量管理是一种使企业获得核心竞争力的管理战略。质量的概念也从狭义的符合规范发展到以“顾客满意”为目标。全面质量管理不仅提高了产品与服务的质量，而且在企业文化改造与重组的层面上对企业产生了深刻的影响，使企业获得持久的竞争能力。

围绕提高质量、降低成本、缩短开发和生产周期，新的管理方法层出不穷，其中包括并行工程（Concurrent Engineering，CE）、企业流程再造（Business Process Reengineering，BPR）等。

21世纪，随着知识经济的到来，知识创新与管理创新必将极大地促进质量的迅速提高，包括生产和服务的质量、工作质量、学习质量、人们的生活质量等。质量管理的理论和方法将更加丰富，并将不断突破旧的范畴而获得极大的发展。

1.2.3 质量控制

质量控制是质量管理的一部分。质量控制是在明确的质量目标条件下通过行动方案和资源配置的计划、实施、检查和监督来实现预期目标的过程。在质量控制的过程中，运用全过程质量管理的思想和动态控制的原理，主要可以将其分为3个阶段，即事前质量控制、事中质量控制和事后质量控制。系统控制的这三大环节，相互之间构成了有机的系统过程，其实质就是PDCA循环（见1.5.2节）原理的具体运用。

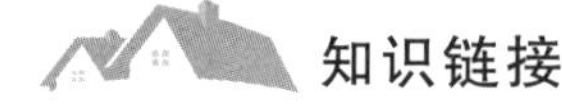
知识链接

施工阶段质量控制的目标

施工阶段质量控制的总体目标是贯彻执行我国现行建筑工程质量法规和标准，正确配置生产要素和采用科学管理的方法，实现由建筑工程项目决策、设计文件和施工合同所决定的工程项目预期的使用功能和质量标准。虽然不同管理主体在施工阶段的质量控制目标不同，但都致力于实现项目质量总目标。

（1）建设单位在施工阶段的质量控制目标是通过施工过程的全面质量监督管理、协调和决策，保证竣工项目达到投资决策所确定的质量标准。

（2）设计单位在施工阶段的质量控制目标是通过设计变更控制及纠正施工中所发现的设计问题等，保证竣工项目的各项施工结果与设计文件所规定的标准相一致。

（3）施工单位在施工阶段的质量控制目标是通过施工过程的全面质量自控，保证交付满足施工合同及设计文件所规定的质量标准（含建筑工程质量创优要求）的建筑工程产品。

（4）监理单位在施工阶段的质量控制目标是通过审核施工质量文件，采取现场旁站、巡视等形式，应用施工指令和结算支付控制等手段，履行监理职能，监控施工承包单位的质量活动行为，以保证工程质量达到施工合同和设计文件所规定的质量标准。

（5）供货单位在施工阶段的质量控制目标是严格按照合同约定的质量标准提供货物及相关单据，对产品质量负责。

1. 事前质量控制

事前质量控制是利用前馈信息实施控制，其重点放在事前的质量计划与决策上，即在生产活动开始以前根据对影响系统行为的扰动因素做种种预测，制定出控制方案。

建筑工程施工阶段的事前质量控制，就是通过施工质量计划、施工组织设计或施工方案、施工项目管理实施规划、技术交底等制订过程，运用目标管理的手段，实施工程质量的计划控制。在实施事前质量控制时，要求对生产系统的未来行为有充分的认识，依据前馈信息制订计划和控制方案，找出薄弱环节，制定有效的控制措施和对策；同时必须充分发挥组织在技术和管理方面的整体优势，将长期形成的先进管理技术、管理方法和经验智慧，创造性地应用于工程项目。

施工项目事前质量控制的重点是做好施工准备工作，并且施工准备工作要贯穿于施工全过程。

（1）技术准备：包括施工图纸的熟悉和审查，施工条件的调查分析，工程项目的设计交底，工程项目的质量监督交底，重点、难点部位的施工技术交底，施工组织设计的编制等。

知识链接

施工技术交底

施工技术交底是指在某一单位工程开工前，或一个分项工程施工前，由相关专业技术人员向参与施工的人员进行的技术性交代，其目的是使施工人员对工程特点、技术质量要求、施工方法与措施和安全等方面有一个较详细的了解，以便科学地组织施工，避免技术质量等事故的发生。各项技术交底记录也是工程技术档案资料中不可缺少的部分。

（2）物质准备：包括建筑材料、构配件、施工机具准备等。

（3）组织准备：包括建立项目管理组织机构；建立以项目经理为核心，以技术负责人为主，由专职质量检查员、工长、施工队班组长组成的质量管理网络；对施工现场的质量管理职能进行合理分配；健全和落实各项管理制度；形成分工明确、责任清晰的执行机制；对施工队伍进行入场教育；等等。

(4) 施工现场准备：包括工程测量定位和标高基准点的控制；“四通一平”及生产、生活临时设施等的准备；机具、材料进场的组织；施工现场各项管理制度等的制定。

知识链接

质量控制点的设置

质量控制点是施工质量控制的重点，一般是指为了保证工序质量而需要进行控制的重点、关键部位或薄弱环节。它是保证达到工程质量要求的一个必要前提。通过对工程重要质量特性、关键部位和薄弱环节采取管理措施，实施严格控制，保持工序处于一个良好的受控状态，可以使工程质量特性符合设计要求和施工验收规范。

(1) 质量控制点的设置原则。在什么地方设置质量控制点，需要通过对建筑产品的质量特性要求和施工过程中的各个工序进行全面分析来确定。设置质量控制点一般应遵循以下原则。

① 对产品的适用性有严重影响的关键质量特性、关键部位或重要影响因素应设置质量控制点，如高层建筑物的垂直度。

② 对工艺上有严格要求，对下道工序有严重影响的关键质量特性、关键部位应设置质量控制点，如钢筋混凝土结构中的钢筋质量、模板的支撑与固定等。

③ 对施工中的薄弱环节及质量不稳定的工序、部位或对象应设置质量控制点，如卫生间防水等。

④ 采用新工艺、新材料、新技术的部位和环节应设置质量控制点。

⑤ 施工中无足够把握的、施工条件困难的或技术难度大的工序或环节应设置质量控制点，如复杂曲线模板的放样工作。

(2) 质量控制点的设置方法。承包单位在工程施工前应根据工程项目施工管理的基本程序，结合项目特点，列出各基本施工过程对局部和总体质量水平有影响的项目，作为具体实施的质量控制点，提交监理工程师审查批准后，在此基础上实施事前质量控制。例如，在高层建筑施工质量管理中，可列出地基处理、工程测量、设备采购、大体积混凝土施工及有关分部分项工程中必须进行重点控制的专题等，作为质量控制点。

(3) 质量控制点的重点控制对象。

① 人为因素，包括人的身体素质、心理素质、技术水平等均有相应的较高要求，如高空作业。

② 物的因素，物的质量与性能，如预应力钢筋的性能和质量等。

③ 施工技术参数，如填土含水量、混凝土受冻临界强度等。

④ 施工顺序，如冷拉钢筋应先对焊、后冷拉，否则会失去冷强等。

⑤ 技术间歇，如砖墙砌筑与抹灰之间应保证有足够的间歇时间。

⑥ 施工方法，如滑模施工中，滑模的支承杆容易失稳产生弯曲，极有可能引起重大质量事故。

⑦ 新工艺、新技术、新材料的应用等。

2. 事中质量控制

事中质量控制也称作业活动过程质量控制，是指质量活动主体的自我控制和他人监控的控制方式。自我控制是第一位的，即作业者在作业过程中对自己质量活动行为的约束和技术能力的发挥，以完成预定质量目标的作业任务；他人监控是指作业者的质量活动和结果接受来自企业内部管理者和来自企业外部有关方面（如项目监理机构、政府质量监督部门等）的检查检验。事中质量控制的目标是确保工序质量合格，杜绝质量事故发生。

施工项目事中质量控制要全面控制施工过程，重点控制工序质量。

（1）施工作业技术复核与计量管理。凡涉及施工作业技术活动基准和依据的技术工作（如工程定位轴线、标高、预留空洞位置和尺寸等的测量），都应由专人负责复核性检查，复核结果报送监理工程师复验确认后才能进行后续相关的施工，以避免基准或依据失误给整个工程质量带来难以补救的或全局性的危害。

施工过程中的计量工作包括投料计量、检测计量等，由于其正确性与可靠性直接关系到工程质量的形成和客观的效果评价，因此必须在施工过程中严格计量程序、计量器具的使用操作。

（2）见证取样及送检的监控。见证取样是指对工程项目使用的材料、构配件的现场取样、工序活动效果的检查实施见证。承包单位在对进场材料、试块、钢筋接头等实施见证取样前要通知监理工程师，在监理工程师现场监督下完成取样过程，送往具有相应资质的工程质量检测机构。工程质量检测机构出具的报告一式四份，分别由建设单位、承包单位、项目监理机构（见证单位）、检测机构保存，并作为原材料、工序、检验批等质量评定的重要依据，同时也是工程档案资料的重要组成部分。实施见证取样，绝不能代替承包单位应对材料、构配件进场时必须进行的自检。

（3）工程变更的监控。施工过程中，由于种种原因会涉及工程变更，工程变更的要求可能来自建设单位、设计单位或承包单位，无论是哪一方提出的工程变更或图纸修改，都应通过监理工程师审查并经有关方面研究，确认其必要性后，由监理工程师发布变更指令，方能生效予以实施。

（4）隐蔽工程验收的监控。隐蔽工程验收是指将被其后续工程施工所隐蔽的分项、分部工程，在隐蔽前所进行的检查验收。它是对一些已完分项、分部工程质量的最后一道检查。由于检查对象就要被其他工程覆盖，会给以后的检查整改造成障碍，故隐蔽工程验收是施工质量控制的重要环节。

通常，隐蔽工程施工完毕，承包单位要按有关技术规程、规范、施工图纸先进行自检，自检合格后，填写报验申请表，并附上相应的隐蔽工程检查记录及有关材料证明、试验报告、复试报告等，报送项目监理机构。监理工程师收到报验申请并对质量证明资料进行审查认可后，在约定的时间和承包单位的专职质检员及相关施工人员一起到现场检查。经现场检查，如隐蔽工程符合质量要求，监理工程师则在报验申请表及隐蔽工程检查记录上签字确认，准予承包单位隐蔽、覆盖，进入下一道工序施工；经现场检查，如发现隐蔽工程不合格，监理工程师则指令承包单位整改，承包单位整改后自检合格再报监理工程师复查。

（5）其他措施。批量施工先行样板示范、现场施工技术质量例会、质量控制小组活动等也是长期施工管理实践过程中形成的质量控制途径。

3. 事后质量控制

事后质量控制也称事后质量把关，以使不合格的工序或产品不流入后道工序、不流入市场。事后质量控制的任务是对质量活动结果进行评价、认定，对工序质量偏差进行纠正，对不合格产品进行整改和处理。

从理论上讲，对于建筑工程项目，计划预控过程所制定的行动方案考虑得越周密，事中自控能力越强、监控越严格，实现质量预期目标的可能性就越大。但是，由于在作业过程中不可避免地会存在一些计划时难以预料的因素（包括系统因素和偶然因素）的影响，因此质量难免会出现偏差。当质量实际值与目标值之间的差值超出允许偏差时，就必须分析原因，采取措施纠正偏差，以保持质量处于受控状态。施工项目的事后质量控制，具体体现在施工质量验收各个环节的控制方面。

施工项目事后质量控制的具体工作内容包括成品保护、施工质量检查验收和不合格品的处理等。

（1）成品保护。在施工过程中，有些分项、分部工程已经完成，而其他部位尚在施工，如果不对成品进行保护，成品就可能被损伤或污染而影响质量，因此承包单位必须负责对成品采取妥善的措施予以保护。对成品进行保护的最有效手段是合理安排施工顺序，即通过合理安排不同工作间的施工顺序，以防止后道工序损伤或污染已完施工的成品。此外，也可以采取一般措施来进行成品保护。

① 防护：是指对成品提前保护，以防其被损伤或污染。例如，对于进出口台阶可采用垫砖或方木、搭脚手板供人通过的方法来加以保护。

② 包裹：是指将成品包裹起来，以防其被损伤或污染。例如，大理石或高级柱子贴面完工后可用立板包裹捆扎保护；管道、电器开关可用塑料布、纸等包扎保护。

③ 覆盖：是指对成品进行表面覆盖，以防其被堵塞或损伤。例如，落水口、排水管安装后可以将其覆盖，以防止异物落入而被堵塞；散水完工后可覆盖一层砂子或土，有利于散水养护并防止磕碰等。

④ 封闭：是指对成品进行局部封闭，以防其被破坏。例如，屋面防水层做好后，应封闭上屋顶的楼梯门或出入口等。

（2）施工质量检查验收。按照《建筑工程施工质量验收统一标准》(GB 50300—2013)规定的质量验收划分，从施工作业工序开始，通过多层次的设防把关，依次做好检验批、分项工程、分部工程及单位工程的施工质量验收。

（3）不合格品的处理。上道工序不合格，不准进入下道工序施工，不合格的材料、构配件、半成品不准进入施工现场且不允许使用，已经进场的不合格品应及时做出标识、记录，指定专人看管，避免用错，并限期清除出现场；不合格的工序或工程产品不予计价。

1.3 工程质量责任体系

工程项目的实施是建设、勘察、设计、施工、工程监理单位等多方主体活动的结果。

在工程项目建设中，参建各方应根据《建设工程质量管理条例》，以及合同、协议和有关文件的规定承担相应的质量责任。

1. 建设单位的质量责任

(1) 建设单位应当将工程发包给具有相应资质等级的单位。建设单位不得将工程肢解发包。

(2) 建设单位应当依法对工程建设项目的勘察、设计、施工、监理，以及与工程建设有关的重要设备、材料等的采购进行招标。

(3) 建设单位必须向有关的勘察、设计、施工、工程监理等单位提供与建设工程有关的原始资料。原始资料必须真实、准确、齐全。

(4) 建设工程发包单位不得迫使承包方以低于成本的价格竞标，不得任意压缩合理工期。建设单位不得明示或者暗示设计单位或者施工单位违反工程建设强制性标准，降低建设工程质量。

(5) 施工图设计文件审查的具体办法，由国务院建设行政主管部门会同国务院其他有关部门制定。施工图设计文件未经审查批准的，不得使用。

(6) 实行监理的建设工程，建设单位应当委托具有相应资质等级的工程监理单位进行监理，也可以委托具有工程监理相应资质等级并与被监理工程的施工承包单位没有隶属关系或者其他利害关系的该工程的设计单位进行监理。下列建设工程必须实行监理。

① 国家重点建设工程。

② 大中型公用事业工程。

③ 成片开发建设的住宅小区工程。

④ 利用外国政府或者国际组织贷款、援助资金的工程。

⑤ 国家规定必须实行监理的其他工程。

(7) 建设单位在开工前，应当按照国家有关规定办理工程质量监督手续，工程质量监督手续可以与施工许可证或者开工报告合并办理。

(8) 按照合同约定，由建设单位采购建筑材料、建筑构配件和设备的，建设单位应当保证建筑材料、建筑构配件和设备符合设计文件和合同要求。建设单位不得明示或者暗示施工单位使用不合格的建筑材料、建筑构配件和设备。

(9) 涉及建筑主体和承重结构变动的装修工程，建设单位应当在施工前委托原设计单位或者具有相应资质等级的设计单位提出设计方案；没有设计方案的，不得施工。房屋建筑使用者在装修过程中，不得擅自变动房屋建筑主体和承重结构。

(10) 建设单位收到建设工程竣工报告后，应当组织设计、施工、工程监理等有关单位进行竣工验收。建设工程竣工验收应当具备下列条件。

① 完成建设工程设计和合同约定的各项内容。

② 有完整的技术档案和施工管理资料。

③ 有工程使用的主要建筑材料、建筑构配件和设备的进场试验报告。

④ 有勘察、设计、施工、工程监理等单位分别签署的质量合格文件。

⑤ 有施工单位签署的工程质量保修书。

建设工程经验收合格的，方可交付使用。

(11) 建设单位应当严格按照国家有关档案管理的规定，及时收集、整理建设项目各

环节的文件资料，建立、健全建设项目档案，并在建设工程竣工验收后，及时向建设行政主管部门或者其他有关部门移交建设项目档案。

2. 勘察、设计单位的质量责任

（1）从事建设工程勘察、设计的单位应当依法取得相应等级的资质证书，并在其资质等级许可的范围内承揽工程。禁止勘察、设计单位超越其资质等级许可的范围或者以其他勘察、设计单位的名义承揽工程。禁止勘察、设计单位允许其他单位或者个人以本单位的名义承揽工程。勘察、设计单位不得转包或者违法分包所承揽的工程。

（2）勘察、设计单位必须按照工程建设强制性标准进行勘察、设计，并对其勘察、设计的质量负责。注册建筑师、注册结构工程师等注册执业人员应当在设计文件上签字，对设计文件负责。

（3）勘察单位提供的地质、测量、水文等勘察成果必须真实、准确。

（4）设计单位应当根据勘察成果文件进行建设工程设计。设计文件应当符合国家规定的设计深度要求，注明工程合理使用年限。

（5）设计单位在设计文件中选用的建筑材料、建筑构配件和设备，应当注明规格、型号、性能等技术指标，其质量要求必须符合国家规定的标准。除有特殊要求的建筑材料、专用设备、工艺生产线等外，设计单位不得指定生产厂、供应商。

（6）设计单位应当就审查合格的施工图设计文件向施工单位做出详细说明。

（7）设计单位应当参与建设工程质量事故分析，并对因设计造成的质量事故提出相应的技术处理方案。

3. 施工单位的质量责任

（1）施工单位应当依法取得相应等级的资质证书，并在其资质等级许可的范围内承揽工程。禁止施工单位超越本单位资质等级许可的业务范围或者以其他施工单位的名义承揽工程。禁止施工单位允许其他单位或者个人以本单位的名义承揽工程。施工单位不得转包或者违法分包工程。

（2）施工单位对建设工程的施工质量负责。施工单位应当建立质量责任制，确定工程项目的项目经理、技术负责人和施工管理负责人。建设工程实行总承包的，总承包单位应当对全部建设工程质量负责；建设工程勘察、设计、施工、设备采购的一项或者多项实行总承包的，总承包单位应当对其承包的建设工程或者采购的设备的质量负责。

（3）总承包单位依法将建设工程分包给其他单位的，分包单位应当按照分包合同的约定对其分包工程的质量向总承包单位负责，总承包单位与分包单位对分包工程的质量承担连带责任。

（4）施工单位必须按照工程设计图纸和施工技术标准施工，不得擅自修改工程设计，不得偷工减料。施工单位在施工过程中发现设计文件和图纸有差错的，应当及时提出意见和建议。

（5）施工单位必须按照工程设计要求、施工技术标准和合同约定，对建筑材料、建筑构配件、设备和商品混凝土进行检验，检验应当有书面记录和专人签字；未经检验或者检验不合格的，不得使用。

（6）施工单位必须建立、健全施工质量的检验制度，严格工序管理，做好隐蔽工程的质量检查和记录。隐蔽工程在隐蔽前，施工单位应当通知建设单位和建设工程质量监督机构。

（7）对涉及结构安全的试块、试件及有关材料，施工人员应当在建设单位或者工程监理单位监督下现场取样，并送具有相应资质等级的质量检测单位进行检测。

（8）对施工中出现质量问题的建设工程或者竣工验收不合格的建设工程，施工单位应当负责返修。

（9）施工单位应当建立、健全教育培训制度，加强对职工的教育培训；未经教育培训或者考核不合格的人员，不得上岗作业。

4. 工程监理单位的质量责任

（1）工程监理单位应当依法取得相应等级的资质证书，并在其资质等级许可的范围内承担工程监理业务。禁止工程监理单位超越本单位资质等级许可的范围或者以其他工程监理单位的名义承担工程监理业务。禁止工程监理单位允许其他单位或者个人以本单位的名义承担工程监理业务。工程监理单位不得转让工程监理业务。

（2）工程监理单位与被监理工程的施工承包单位，以及建筑材料、建筑构配件和设备供应单位有隶属关系或者其他利害关系的，不得承担该项建设工程的监理业务。

（3）工程监理单位应当依照法律、法规，以及有关技术标准、设计文件和建设工程承包合同，代表建设单位对施工质量实施监理，并对施工质量承担监理责任。

（4）工程监理单位应当选派具备相应资格的总监理工程师和监理工程师进驻施工现场。未经监理工程师签字，建筑材料、建筑构配件和设备不得在工程上使用或者安装，施工单位不得进行下一道工序的施工。未经总监理工程师签字，建设单位不拨付工程款，不进行竣工验收。

（5）监理工程师应当按照工程监理规范的要求，采取旁站、巡视和平行检验等形式，对建设工程实施监理。

5. 工程质量监督机构的质量责任

（1）根据政府主管部门的委托，受理建设工程项目的质量监督。

（2）制定质量监督工作方案。确定负责该项工程的质量监督工程师和助理质量监督师。根据有关法律、法规和工程建设强制性标准，针对工程特点，明确监督的具体内容、监督方式。在方案中对地基基础、主体结构和其他涉及结构安全的重要部位和关键过程做出实施监督的详细计划安排，并将质量监督工作方案通知建设、勘察、设计、施工、工程监理单位。

（3）检查施工现场工程建设各方主体的质量行为。检查施工现场工程建设各方主体及有关人员的资质或资格；检查勘察、设计、施工、工程监理单位的质量管理体系和质量责任制落实情况；检查有关质量文件、技术资料是否齐全并符合规定。

（4）检查建设工程实体质量。按照质量监督工作方案，对建设工程地基基础、主体结构和其他涉及安全的关键部位进行现场实地抽查，对用于工程的主要建筑材料、建筑构配件的质量进行抽查，对地基基础分部、主体结构分部和其他涉及安全的分部工程的质量验收进行监督。

建督罚字〔2021〕40号

（5）监督工程质量验收。监督建设单位组织的工程竣工验收的组织形式、验收程序，以及在验收过程中提供的有关资料和形成的质量评定文件是否符合有关规定，实体质量是否存在严重缺陷，工程质量验收是否符合国家标准。

(6) 向委托部门报送工程质量监督报告。报告的内容应包括对地基基础和主体结构质量检查的结论，工程施工验收的程序、内容和质量检验评定是否符合有关规定，以及历次抽查该工程的质量问题和处理情况等。

(7) 抽查主要建筑材料、建筑构配件和商品混凝土的质量。

(8) 组织或者参与工程质量事故的调查处理。

(9) 定期对本地区工程质量状况进行统计分析。

(10) 法律、法规、规章规定的其他职能。

1.4 工程质量管理制度

近年来，我国建设行政主管部门先后颁发了多项工程质量管理制度，主要有以下几方面内容。

1.4.1 施工图审查制度

施工图审查是指国务院建设行政主管部门和省、自治区、直辖市人民政府建设行政主管部门委托依法认定的设计审查机构，根据国家法律、法规、技术标准与规范，对施工图进行结构安全和强制性标准、规范执行情况等进行的独立审查。

关于对近期几起建筑施工安全事故和工程质量问题的通报

1. 施工图审查的范围

建筑工程设计等级划分标准中的各类新建、改建、扩建的建筑工程项目均属审查范围。省、自治区、直辖市人民政府建设行政主管部门可结合本地的实际，确定具体的审查范围。建设单位应当将施工图报送建设行政主管部门，由建设行政主管部门委托有关审查机构，进行结构安全和强制性标准、规范执行情况等内容的审查。建设单位将施工图报请审查时，应同时提供下列资料：批准的立项文件或初步设计批准文件；主要的初步设计文件；工程勘察成果报告；结构计算书及计算软件名称；等等。

2. 施工图审查的主要内容

(1) 建筑物的稳定性、安全性审查，包括地基基础和主体结构是否安全、可靠。

(2) 是否符合消防、节能、环保、抗震、卫生、人防等有关强制性标准、规范。

(3) 施工图是否达到规定的深度要求。

(4) 是否损害公众利益。

3. 施工图审查有关各方的职责

(1) 国务院建设行政主管部门负责全国施工图审查管理工作。省、自治区、直辖市人民政府建设行政主管部门负责组织本行政区域内的施工图审查工作的具体实施和监督管理工作。建设行政主管部门在施工图审查工作中主要负责制定审查程序、审查范围、审查内容、审查标准，并颁发审查批准书；负责制定审查机构和审查人员条件，批准审查机构，认定审查人员；对审查机构和审查人员的工作进行监督，并对违规行为进行查处；对施工图审查负依法监督管理的行政责任。

（2）勘察、设计单位必须按照工程建设强制性标准进行勘察和设计，并对勘察、设计质量负责。审查机构按照有关规定对勘察成果、施工图设计文件进行审查，但并不改变勘察、设计单位的质量责任。

（3）审查机构接受建设行政主管部门的委托对施工图设计文件涉及安全和强制性标准的执行情况进行技术审查。建设工程经施工图设计文件审查后因勘察、设计原因发生工程质量问题的，审查机构承担审查失职的责任。

4. 施工图审查程序

施工图审查的各个环节可按以下步骤办理。

（1）建设单位向建设行政主管部门报送施工图，并做书面登记。

（2）建设行政主管部门委托审查机构进行审查，同时发出委托审查通知书。

（3）审查机构完成审查，向建设行政主管部门提交技术性审查报告。

（4）审查结束，建设行政主管部门向建设单位发出施工图审查批准书。

（5）报审施工图设计文件和有关资料应存档备查。

5. 施工图审查管理

审查机构应当在收到审查材料后20个工作日内完成审查工作，并提出审查报告；特级和一级项目应当在30个工作日内完成审查工作，并提出审查报告，其中重大及技术复杂项目的审查时间可适当延长。审查合格的项目，审查机构向建设行政主管部门提交项目施工图审查报告，由建设行政主管部门向建设单位通报审查结果，并颁发施工图审查批准书。对审查不合格的项目，提出书面意见后，由审查机构将施工图退回建设单位，并由原设计单位修改，重新送审。

施工图一经审查批准，不得擅自进行修改。如遇特殊情况需要进行涉及审查主要内容的修改时，必须重新报请原审批部门，由原审批部门委托审查机构审查后再批准实施。

建设单位或者设计单位对审查机构做出的审查报告如有重大分歧，可由建设单位或者设计单位向所在省、自治区、直辖市人民政府建设行政主管部门提出复查申请，由后者组织专家论证并做出复查结论。

施工图审查工作所需经费，由施工图审查机构按有关收费标准向建设单位收取。建筑工程竣工验收时，有关部门应按照审查批准的施工图进行验收。建设单位要对报送的审查材料的真实性负责；勘察、设计单位对提交的勘察报告、设计文件的真实性负责，并积极配合审查工作。

1.4.2 工程质量监督管理制度

国家实行工程质量监督管理制度。工程质量监督管理的主体是各级政府建设行政主管部门和其他有关部门。

工程质量监督机构是经省级以上建设行政主管部门或有关专业部门考核认定，具有独立法人资格的单位。它受县级以上地方人民政府建设行政主管部门或有关专业部门的委托，依法对工程质量进行强制性监督，并对委托部门负责。

1.4.3 工程质量检测制度

工程质量检测工作是对工程质量进行监督管理的重要手段之一。工程质量检测机构是对建设工程、建筑构件、建筑制品及现场所用的有关建筑材料、建筑构配件、设备，以及工程实体质量、使用功能等进行测试，确定其质量特性的第三方独立法人的检测机构。根据建设单位的委托协议，被委托的第三方检测机构出具的检测报告具有法定效力。

工程质量检测机构的主要任务如下。

(1) 受建设单位委托，对建设工程涉及结构安全、主要使用功能的检测项目，对进入施工现场的建筑材料、建筑构配件、设备，以及工程实体质量等进行的见证检测。对于不合格项目及时向本地建筑工程质量主管部门和质量监督部门提出报告和建议。

(2) 受建设行政主管部门委托，对建筑构件、制品进行抽样检测。对违反技术标准、失去质量控制的产品，检测单位有权提供主管部门停止其生产的证明，不合格产品不准出厂，已出厂的产品不得使用。

1.4.4 工程质量保修制度

工程质量保修制度是指建设工程在办理交工验收手续后，在规定的保修期限内，因勘察、设计、施工、材料等原因造成的质量问题要由施工单位负责维修、更换，由责任单位负责赔偿损失。质量问题是指工程不符合国家工程建设强制性标准、设计文件及合同中对质量的要求。

建设工程承包单位在向建设单位提交工程竣工验收报告时，应向建设单位出具工程质量保修书，工程质量保修书中应明确建设工程的保修范围、保修期限和保修责任等。

在正常使用条件下，建设工程的最低保修期限如下。

(1) 基础设施工程、房屋建筑工程的地基基础和主体结构工程，为设计文件规定的该工程的合理使用年限。

(2) 屋面防水工程，有防水要求的卫生间、房间和外墙面的防渗漏，为 5 年。

(3) 供热与供冷系统，为 2 个采暖期、供冷期。

(4) 电气管线、给排水管道、设备安装和装修工程，为 2 年。

其他项目的保修期由发包方与承包方约定。保修期自竣工验收合格之日起计算。

建设工程在保修范围和保修期限内发生质量问题的，施工单位应当履行保修义务。

《建设工程施工合同示范文本》(GF—2013—0201) 第二部分“通用合同条款”第 15.4.2 项规定，保修期内，修复的费用按照以下约定处理。

(1) 保修期内，因承包人原因造成工程的缺陷、损坏，承包人应负责修复，并承担修复的费用以及因工程的缺陷、损坏造成的人身伤害和财产损失。

(2) 保修期内，因发包人使用不当造成工程的缺陷、损坏，可以委托承包人修复，但发包人应承担修复的费用，并支付承包人合理利润。

(3) 因其他原因造成工程的缺陷、损坏，可以委托承包人修复，发包人应承担修复的费用，并支付承包人合理的利润，因工程的缺陷、损坏造成的人身伤害和财产损失由责任方承担。

1.5 全面质量管理

1.5.1 全面质量管理的概念

全面质量管理是以产品质量为核心，建立起一套科学、严密、高效的质量体系，以提供满足用户需要的产品或服务的全部活动。

全面质量管理是指一个组织以质量为中心，以全员参与为基础，目的在于通过顾客满意和本组织所有成员及社会受益而达到长期成功的管理途径。全面质量管理特点如下。

（1）全面性：是指全面质量管理的对象，是企业生产经营的全过程。

（2）全员性：是指全面质量管理要依靠全体职工。

（3）预防性：是指全面质量管理应具有高度的预防性。

（4）服务性：是指企业以自己的产品或劳务满足用户的需要，为用户服务。

（5）科学性：是指质量管理必须科学化，必须更加自觉地利用现代科学技术和先进的科学管理方法。

知识链接

全面质量管理的发展

全面质量管理是以组织全员参与为基础的质量管理形式。全面质量管理代表了质量管理发展的最新阶段，它起源于美国，后来在其他一些工业发达国家开始推行，并且在实践运用中各有所长。特别是日本，在20世纪60年代以后推行全面质量管理并取得了丰硕的成果，引起世界各国的瞩目。20世纪80年代后期以来，全面质量管理得到了进一步的扩展和深化，逐渐由早期的TQC（Total Quality Control）演化成为TQM（Total Quality Management）。我国从1978年推行全面质量管理以来，在理论和实践上都有一定的发展，并取得了一定的成效，这为在我国贯彻实施ISO 9000国际标准奠定了基础，同时ISO 9000国际标准的贯彻和实施又为全面质量管理的深入发展创造了条件。我们应该在推行全面质量管理和贯彻实施ISO 9000国际标准的实践中进一步探索、总结和提高，为形成有中国特色的全面质量管理而努力。

如前所述，全面质量管理在早期称为TQC，以后随着进一步发展而演化成为TQM。费根堡姆于1961年在其《全面质量管理》一书中首先提出了全面质量管理的概念："全面质量管理是为了能够在最经济的水平上，并考虑到充分满足用户要求的条件下进行市场研究、设计、生产和服务，把企业内各部门研制质量、维持质量和提高质量的活动构成为一体的一种有效体系。"这个定义强调了以下3个方面。首先，这里的"全面"一词是相对于统计质量控制中的"统计"而言的。也就是说，要生产出满足顾客要求的产品，提供顾客满意的服

务，单靠统计方法控制生产过程是不够的，还必须综合运用各种管理方法和手段，充分发挥组织中每一个成员的作用，从而更全面地去解决质量问题。其次，“全面”还相对于制造过程而言。产品质量有个产生、形成和实现的过程，这一过程包括市场研究、研制、设计、制定标准、制订工艺、采购、配备设备与工装、加工制造、工序控制、检验、销售、售后服务等多个环节，它们相互制约、共同作用的结果决定了最终的质量水准，而仅仅局限于对制造过程实行控制是远远不够的。最后，质量应当是“最经济的水平”与“充分满足用户要求”的完美统一，抛开经济效益和质量成本去谈质量是没有实际意义的。

费根堡姆的全面质量管理观点在世界范围内得到了广泛的接受，但各个国家在实践中都结合自己的实际进行了创新。特别是20世纪80年代后期以来，全面质量管理得到了进一步的扩展和深化，其含义远远超出了一般意义上的质量管理的领域，而成为一种综合的、全面的经营管理方式和理念。在这一过程中，全面质量管理的概念也得到了进一步的发展。2000版ISO 9000国际标准中对全面质量管理的定义：一个组织以质量为中心，以全员参与为基础，目的在于通过让顾客满意和本组织所有成员及社会受益而达到长期成功的管理途径。这一定义反映了全面质量管理概念的最新发展，也得到了质量管理界的广泛认同。

1.5.2 全面质量管理PDCA循环

PDCA循环又称戴明环，是美国质量管理专家戴明博士首先提出的，它反映了质量管理活动的规律。质量管理活动的全部过程是质量计划的制订和组织实现的过程，这个过程就是按照PDCA循环周而复始地运转的。PDCA循环的每一次循环都围绕着实现预期的目标进行计划（Plan）、实施（Do）、检查（Check）和处置（Action）活动，随着对存在问题的克服、解决和改进，不断增强质量能力，提高质量水平。

（1）计划。计划包括确定或明确质量目标和制定实现质量目标的行动方案两个方面。工程项目的质量计划一般由项目干系人根据其在项目实施中所承担的任务、责任范围和质量目标分别进行质量计划而形成的质量计划体系。实践表明，质量计划的严谨周密、经济合理和切实可行是保证工作质量、产品质量和服务质量的前提条件。

（2）实施。实施在于将质量的目标值通过生产要素的投入、作业技术活动和产出过程转换为质量的实际值。在各项质量活动实施前，根据质量计划进行行动方案的部署和交底；在实施过程中，严格执行计划的行动方案，将质量计划的各项规定和安排落实到具体的资源配置和作业技术活动中。

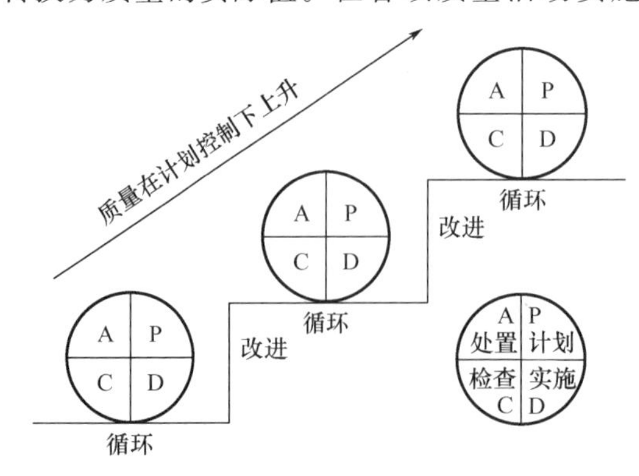

图1.3 PDCA循环示意

（3）检查。检查指对计划实施过程进行各种检查，包括作业者自检、互检和专职管理者专检。

（4）处置。处置指对质量检查所发现的质量问题或质量不合格及时进行原因分析，采取必要的措施予以纠正，以保持工程质量形成过程的受控状态。

PDCA循环示意如图1.3所示。

1.5.3 全面质量管理的基本要求

全面质量管理在我国得到了一定的发展。我国专家总结实践中的经验，提出了“三全一多样”的观点，即推行全面质量管理必须满足“三全一多样”的基本要求。

1. 全过程的质量管理

任何产品或服务的质量都有一个产生、形成和实现的过程。从全过程的角度来看，质量产生、形成和实现的整个过程是由多个相互联系、相互影响的环节所组成的，每个环节都或轻或重地影响着最终的质量状况。为了保证和提高质量就必须将影响质量的所有环节和因素都控制起来。为此，全过程的质量管理包括从市场调研、产品的设计开发、生产（作业），到销售、服务等全部有关过程的质量管理。换句话说，要保证产品或服务的质量，不仅要搞好生产或作业过程的质量管理，还要搞好设计过程和使用过程的质量管理。要将质量形成全过程的各个环节或有关因素控制起来，形成一个综合性的质量管理体系，做到“预防为主，防检结合，重在提高”。为此，全面质量管理强调必须体现如下两个思想。

（1）预防为主、不断改进的思想。优良的产品质量是设计和生产制造出来的，而不是靠事后的检验决定的。事后的检验面对的是既成事实的产品质量。根据这一基本道理，全面质量管理要求将管理工作的重点从“事后把关”转移到“事前预防”上来；从“管结果”转变为“管因素”，实行“预防为主”的方针，将不合格品消灭在它的形成过程中，做到“防患于未然”。当然，为了保证产品质量，防止不合格品出厂或流入下道工序，并将发现的问题及时反馈，防止其再出现、再发生。因此，加强质量检验在任何情况下都是必不可少的。强调预防为主、不断改进的思想不仅不排斥质量检验，而且甚至要求其更加完善、更加科学。质量检验是全面质量管理的重要组成部分，企业内行之有效的质量检验制度必须坚持，并且要进一步使之科学化、完善化、规范化。

（2）为顾客服务的思想。顾客有外部顾客和内部顾客之分：外部顾客可以是最终的顾客，也可以是产品的经销商或再加工者；内部顾客是企业的部门和员工。实行全过程的质量管理要求企业所有各个工作环节都必须树立为顾客服务的思想。内部顾客满意是外部顾客满意的基础。因此，在企业内部要树立“下道工序是顾客”“努力为下道工序服务”的思想。现代工业生产是一环扣一环的，前道工序的质量会影响后道工序的质量，一道工序出了质量问题就会影响整个过程以至产品质量。因此，要求每道工序的工序质量都要经得起下道工序，即“顾客”的检验，满足下道工序的要求。有些企业开展的“三工序”活动（复查上道工序的质量，保证本道工序的质量，坚持优质、准时地为下道工序服务）即是为顾客服务思想的具体体现。只有每道工序在质量上都坚持高标准，为下道工序着想，为下道工序提供最大的便利，企业才能目标一致地、协调地生产出符合规定要求且满足用户期望的产品。

可见，全过程的质量管理就意味着全面质量管理要“始于识别顾客的需要，终于满足顾客的需要”。

2. 全员的质量管理

产品和服务质量是企业各方面、各部门、各环节工作质量的综合反映。企业中任何一个环节、任何一个人的工作质量都会不同程度地直接或间接地影响产品质量或服务质量。因此，产品质量人人有责，人人关心产品质量和服务质量，人人做好本职工作，全体参加质量管理才能生产出顾客满意的产品。要实现全员的质量管理，应当做好以下3个方面的工作。

(1) 必须抓好全员的质量教育和培训。质量教育和培训的目的有两个：①加强员工的质量意识，牢固树立“质量第一”的思想；②提高员工的技术能力和管理能力，增强参与意识。在质量教育和培训过程中，要分析不同层次员工的需求，有针对性地开展教育和培训。

(2) 要制定各部门、各级各类人员的质量责任制，明确任务和职权，各司其职，密切配合，以形成一个高效、协调、严密的质量管理工作系统。首先，要求企业的管理者要勇于授权、敢于放权。授权是现代质量管理的基本要求之一，原因在于：①顾客和其他相关方能否满意、企业能否对市场变化做出迅速反应决定了企业能否生存，而提高反应速度的重要且有效的方式就是授权；②企业的员工有强烈的参与意识，同时也有很高的聪明才智，赋予他们权力和相应的责任也能够激发他们的积极性和创造性。其次，在明确职权和职责的同时，还要求各部门和相关人员对质量做出相应的承诺。最后，为了激发他们的积极性和责任心，企业应将质量责任同奖惩机制挂钩。只有这样，才能够确保责、权、利三者的统一。

(3) 要开展多种形式的群众性质量管理活动，充分发挥广大员工的聪明才智和当家作主的进取精神。群众性质量管理活动的重要形式之一是质量管理小组。除了质量管理小组，还有很多群众性质量管理活动，如合理化建议制度、与质量相关的劳动竞赛等。总之，企业应该充分发挥创造性，采取多种形式激发全员参与的积极性。

3. 全企业的质量管理

全企业的质量管理可以从纵向和横向两个方面来加以理解。从纵向的组织管理角度来看，质量目标的实现有赖于企业的上层、中层、基层管理乃至一线员工的通力协作，其中高层管理能否全力以赴起着决定性的作用。从企业职能间的横向配合来看，要保证和提高产品质量必须使企业研制、维持和改进质量的所有活动构成一个有效的整体。

4. 多方法的质量管理

影响产品质量和服务质量的因素很复杂：既有物质的因素，又有人的因素；既有技术的因素，又有管理的因素；既有企业内部的因素，又有随着现代科学技术的发展，对产品质量和服务质量提出了越来越高要求的企业外部的因素。要将这一系列因素系统地控制起来，全面管好，就必须根据不同情况，区别不同的影响因素，广泛、灵活地运用多种多样的现代化管理办法来解决当代质量问题。

目前，质量管理中广泛使用各种方法，统计方法是其中重要的组成部分。除此之外，还有很多非统计方法。常用的质量管理方法有所谓的“老七种”工具，具体包括因果图、排列图、直方图、控制图、散布图、分层图、调查表；还有“新七种”工具，具体包括关联图法、KJ法、系统图法、矩阵图法、矩阵数据分析法、PDPC法、矢线图法。除以上方法外还有很多方法，尤其是一些新方法近年来得到了广泛的关注，具体包括质量功能展开（QFD）、故障模式和影响分析（FMEA）、头脑风暴法（Brainstorming）、六西格玛（6σ）法、水平对比法（Benchmarking）、业务流程再造（BPR）等。

1.5.4 全面质量管理的有关原则

如前所述，自 20 世纪 80 年代后期以来，全面质量管理得到了进一步的扩展和深化，逐渐由早期的 TQC 演化成为 TQM，其含义远远超出了一般意义上的质量管理的领域，而成为一种综合的、全面的经营管理方式和理念。质量不再仅仅被认为是产品或服务的质量，而是整个组织经营管理的质量。因此，全面质量管理已经成为组织实现战略目标的最有力武器。在此情况下，全面质量管理的理念和原则相对于 TQC 阶段而言已经发生了很大的变化。

ISO 9000 国际标准是各国质量管理和质量保证经验的总结，是各国质量管理专家智慧的结晶。可以说，ISO 9000 国际标准是一本很好的质量管理教科书。在 2000 版 ISO 9000 国际标准中提出了质量管理八项原则。这八项原则反映了全面质量管理的基本思想，具体如下。

1. 以顾客为关注焦点

“组织依存于顾客，因此，组织应当理解顾客当前和未来的需求，满足顾客要求并争取超越顾客期望。”顾客是决定企业生存和发展的最重要因素，服务于顾客并满足他们的需要应该成为企业存在的前提和决策的基础。为了赢得顾客，组织首先必须深入了解和掌握顾客当前的和未来的需求，在此基础上才能满足顾客要求并争取超越顾客期望。为了确保企业的经营以顾客为中心，企业必须将顾客要求放在第一位。

2. 领导作用

“领导者确立组织统一的宗旨及方向。他们应当创造并保持使员工能充分参与实现组织目标的内部环境。”企业领导能够将组织的宗旨、方向和内部环境统一起来，并创造使员工能够充分参与实现组织目标的环境，从而带领全体员工一起去实现目标。

3. 全员参与

“各级人员都是组织之本，只有让他们充分参与，才能使他们的才干为组织带来收益。”产品和服务的质量是企业中所有部门和人员工作质量的直接或间接的反映。因此，组织的质量管理不仅需要最高管理者的正确领导，更需要全员参与。只有全员充分参与，才能使他们的才干为组织带来最大的收益。为了激发全员参与的积极性，管理者应该对职工进行质量意识、职业道德、以顾客为中心的意识和敬业精神的教育，还要通过制度化的方式激发他们的积极性和责任感。在全员参与过程中，团队合作是一种重要的方式，特别是跨部门的团队合作。

4. 过程方法

“将活动和相关的资源作为过程进行管理可以更高效地得到期望的结果。”质量管理理论认为：任何活动都是通过“过程”实现的。通过分析过程、控制过程和改进过程就能够将影响质量的所有活动和所有环节控制住，确保产品和服务的高质量。因此，在开展质量管理活动时，必须要着眼于过程，要将活动和相关的资源都作为过程进行管理，以更高效地得到期望的结果。

5. 管理的系统方法

“将相互关联的过程作为系统加以识别、理解和管理，有助于组织提高实现目标的有效性和效率。”开展质量管理要用系统的思路。这种思路应该体现在质量管理工作的方方面面。在建立和实施质量管理体系时尤其如此。一般其系统思路和方法应该遵循以下步骤：确定顾客的需求和期望；建立组织的质量方针和目标；确定过程和职责；确定过程有效性的测量方法并用来测定现行过程的有效性；寻找改进机会，确定改进方向；实施改进；监控改进效果，评价结果；评审改进措施和确定后续措施；等等。

6. 持续改进

“持续改进总体业绩应当是组织的一个永恒目标。”一方面，质量管理的目标是顾客满意。顾客要求在不断地提高，因此，企业必须要持续改进才能持续获得顾客的支持。另一方面，竞争的加剧使得企业的经营处于一种“逆水行舟，不进则退”的局面，这要求企业必须不断改进才能生存。

7. 以事实为基础进行决策

“有效决策是建立在数据和信息分析的基础上的。”为了防止决策失误，必须以事实为基础。为此必须广泛收集信息，用科学的方法处理和分析数据和信息。不能够“凭经验，靠运气”。为了确保信息的充分性，应该建立企业内外部的信息系统。坚持以事实为基础进行决策就是要克服“情况不明决心大，心中无数点子多”的不良决策作风。

8. 与供方互利的关系

“组织与供方是相互依存的，互利的关系可增强双方创造价值的能力。”在目前的经营环境中，企业与企业已经形成了“共生共荣”的企业生态系统。企业之间的合作关系不再是短期的甚至一次性的合作，而是要致力于双方共同发展的长期合作关系。

ISO 9000 国际标准的八项原则反映了全面质量管理的基本思想和原则，但是，全面质量管理的原则还不仅限于此。原因在于，ISO 9000 国际标准是世界性的通用标准，因此它并不能代表质量管理的最高水平。企业在达到 ISO 9000 国际标准的要求之后，还需要进一步地发展，这就需要用更高的标准和更高的要求来指导企业的工作。在国际范围内享有很高声誉的美国马尔克姆·波多里奇国际质量奖（简称波奖）代表了质量管理的世界水平。波奖中体现的核心价值观也反映了全面质量管理的基本原则和思想，其中很多与 ISO 9000 国际标准的八项质量管理原则一致，甚至超越了八项基本原则的范畴，体现出世界级质量水平，表达了卓越经营的指导思想。

1.5.5 全面质量管理的实施

根据前述全面质量管理的定义，也可以将 TQM 看成一种系统化、综合化的管理方法或思路，企业要实施全面质量管理，除了注意满足“三全一多样”的要求，还必须遵循一定的原则并且按照一定的工作程序运作。

1. 实施全面质量管理应遵循的原则

1）领导重视并参与

企业领导应对企业的产品和服务质量负完全责任，因此，质量决策和质量管理应是企业领导的重要职责。国内外实践已证明，开展全面质量管理，企业领导必须在思想上重视，必须强化自身的质量意识，必须带头学习、理解全面质量管理，必须亲身参与全面质量管理，必须亲自抓并一抓到底。这样才能对企业开展全面质量管理形成强有力的支持，从而促进企业的全面质量管理工作深入扎实、持久地开展下去。

2）抓住思想、目标、体系、技术4个要领

全面质量管理是一种科学的管理思想。它体现了与现代科学技术和现代生产相适应的现代管理思想。因此，在推行全面质量管理的过程中，必须在思想上摆脱旧体制下长期形成的各种固定观念和小生产习惯势力的影响，树立起质量第一、以提高社会效益和经济效益为中心的指导思想，树立起市场的观念、竞争的观念、以顾客为中心的观念，以及不断改进质量等其他一系列适应市场经济和知识经济时代的新观念。在此基础上，不断强化质量意识，综合地、系统地不断改进产品和服务的质量，以持续满足顾客的要求。

全面质量管理必须围绕一定的质量目标来进行。明确的质量目标有助于引导企业方方面面的活动，激发企业全体职工的积极性和创造性，进而衡量和监控各方面质量活动的绩效。没有目标的行动是盲目的行动，也很难深入持久，很难取得实效，甚至可能造成内耗和浪费。只有确立明确的质量目标，才有可能针对这个目标综合地、系统地推进全面质量管理工作。

企业的质量目标是通过健全而有效的体系来实现的。质量管理的核心是质量管理体系的建立和运行。建立和运行质量管理体系，可以使影响产品和服务质量的所有因素，包括人、财、物、管理等所有环节，涉及企业中的所有部门和人员都处于控制状态，在此基础上就可以确保质量目标的实现。另外，通过建立和运行质量管理体系，可以使企业所有部门围绕质量目标形成一个网络系统，相互协调地为实现质量目标而努力。

全面质量管理是一套能够控制质量、提高质量的管理技术和科学技术。它要求综合、灵活地运用各种有效的管理方法和手段，从而有效地利用企业资源，生产出满足顾客要求的产品。目前，全面质量管理的很多方法和技术都引起了广泛的重视，并且在实践中发挥了重要的作用，包括统计质量控制技术和方法、水平对比法、质量功能展开、六西格玛法等。

3）切实做好各项基础工作

如前所述，全面质量管理是全过程的质量管理，是从市场调研一直到售后服务的系统的管理。全面质量管理要切实取得实效，首先必须做好各项基础工作。所谓全面质量管理的基础工作，是指开展全面质量管理的一些前提性、先行性的工作。基础工作搞好了，全面质量管理就能收到事半功倍的效果，就有利于取得成效；反之，基础工作搞得不好，不管表面工作如何有声有色，终究不能取得长久的、实质性的成效。

4）做好各方面的组织协调工作

开展全面质量管理必须进行组织协调，综合治理。首先，必须明确各部门的质量职能，并建立健全严格的质量责任制。全面质量管理不是哪个部门的事情，也不是哪几个人的事情，而是与产品质量有关的各个工作环节的质量管理的总和。同时，这个总和也不是各个环节的简单相加，而是一个围绕着共同目标协调作用的统一体。因此，为了使顾客对产品质量满意，就必须明确各有关部门在质量管理方面的职能并规定其职责，以及围绕一定的质量目标所承担的具体工作任务。如果各部门所承担的质量职责没有得到明确的规定，全面质量管理的各项工作就不可能得到有效的执行。

其次，必须建立一个综合性的质量管理机构，从总体上协调和控制上述各方面的职能。这一综合性机构的任务就是要将各方面的活动纳入质量管理体系的框架中，使质量管理体系有效地运转起来，从而以最小的人员摩擦、最少的职能重叠和最少的意见分歧来获得最大的成果。

质量管理体系开始运行之后，还要通过一系列的工作对质量管理体系进行监控，保证使之按照规定的目标持续、稳定地运行。这方面的工作包括质量成本的分析、质量管理体系的审核，以及对顾客满意程度的调查等。宏观的质量认证制度、质量监督制度也是促进企业全面质量管理工作的有效手段。

5）讲求经济效益，将技术和经济统一起来

提高质量能带来企业和全社会的经济效益。在企业中推行全面质量管理能够减少整个生产过程及各个工序中的无效劳动和材料消耗，降低生产成本，生产出顾客满意的产品，增强企业的竞争能力，实现优质、高产、低耗、盈利的目标，提高企业的经济效益，促进企业发展壮大。从宏观的角度来讲，提高质量可以节约资源，减少浪费，增加社会财富，为全社会带来效益。

质量和成本之间到底是什么关系？有人认为质量越高，成本也越高，因此，质量水平达到顾客可以接受的程度就行了，无条件、不计成本地追求“高质量”是不可取的。需要说明的是，目前人们对这个问题已经逐步达成了共识：质量水平越高，成本越低。正如克劳斯比所说的：生产有质量问题的产品本身才是最昂贵的。因此，我们必须正确认识质量和成本之间的关系，通过系统分析顾客的需求，采用科学的工作方法，在不断满足顾客要求和市场需要的情况下，获得企业的持续发展。

2. 实施全面质量管理的五步法

在具体实施全面质量管理时可以遵循五步法进行。这五步分别是决策、准备、开始、扩展和综合。

（1）决策。这是一个决定做还是不做的过程。对很多企业来说，由于存在各种各样的驱动力，因此它们有实施全面质量管理的愿望，常见的动因有：企业有成为世界级企业的远景构想；企业希望能够保持领导地位和满足顾客需求；也有的企业是由于面临不利的局面，如顾客不满意、丧失了市场份额、竞争的压力、成本的压力等。全面质量管理的实施能够帮助企业摆脱困境，解决问题，因此，全面质量管理越来越受到世界范围内企业的关注。当然，为了能够做出正确的决策，企业的高层领导者必须全面评估企业的质量状况，了解所有可能的解决问题的方案，在此基础上进行决策，即是否实施全面质量管理。

（2）准备。一旦做出决策后，企业就应该开始准备，主要从 4 个方面进行：①高层管理者需要学习和研究全面质量管理，对质量和质量管理形成正确的认识；②建立组织，具体包括组成质量委员会，任命质量主管和成员，培训选中的管理者；③确立远景构想和质量目标，并制订为实现质量目标所必需的长期计划和短期计划；④选择合适的项目，成立团队，准备作为试点开始实施全面质量管理。

（3）开始。这是具体的实施阶段。在这一阶段需要进行项目的试点，在试点中逐渐总结经验教训。根据试点中总结的经验来着手评估试点单位的质量状况，主要从 4 个方面进行：顾客忠诚度、不良质量成本、质量管理体系及质量文化。在评估的基础上发现问题和改进机会，然后进行有针对性的改进，包括人力资源、信息的改进等。

（4）扩展。一旦试点取得成功，企业就可以向所有部门和团队扩展，主要从 3 个方面进行：①每个重要的部门和领域都应该设立质量委员会、确定改进项目并建立相应的过程团队；②管理层要对团队运作的情况进行评估，为了确保团队工作的效果，应对团队成员进行培训，还要为团队建设及团队运作等方面提供指导；③管理层要对每个团队的工作情况进行全面测评，从而确认所取得的效果。扩展过程需要一定的时间，这项活动的顺利进行要求管理层强有力的领导和全员的参与。

（5）综合。在经过试点和扩展之后，企业就基本具备了实施全面质量管理的能力。为此，需要对整个质量管理体系进行综合，通常需要从目标、人员、关键业务流程及评审和审核这 4 个方面进行整合和规划。

① 目标。企业需要建立各个层次的完整的目标体系，包括战略（这是实现目标的总体现）、部门的目标、跨职能团队的目标及个人的目标。

② 人员。企业应该对所有人员进行培训，并且授权给他们，使其进行自我控制和自我管理，同时要鼓励团队协作。

③ 关键业务流程。企业需要明确主要的成功因素，在成功因素的基础上确定关键业务流程。通常来讲，每个企业都有 4～5 个关键业务流程，这些流程往往会涉及几个部门。为了确保这些流程的顺畅运作和不断完善，应该建立团队负责每个关键业务流程，并且要指派负责人。团队运作的情况也应该进行测评。

④ 评审和审核。除了对团队和流程的运作情况进行测评，企业还需要对整个组织的质量管理状况进行定期的审核，从而明确企业在市场竞争中的地位，并且及时发现问题，寻找改进机会。在评审时通常要关注 4 个方面：市场地位、不良质量成本、质量管理体系和质量文化。

1.6 ISO 质量管理体系认证

1.6.1 质量认证的基本形式

质量认证也叫合格评定，是国际上通行的管理产品质量的有效方法。质量认证按认证的对象分为产品质量认证和质量管理体系认证两类；按认证的作用可分为安全认证和合格认证。

世界各国现行的质量认证制度主要有 8 种，其中各国标准机构通常采用的是型式检验＋工厂质量体系评定＋认证后监督（质量体系复查＋工厂和市场抽样检验）及工厂质量体系评定的质量认证制度，我国采用的是工厂质量体系评定的质量认证制度。

知识链接

8 种质量认证制度

第一种，型式检验。按规定的检验方法对产品的样品进行检验，以证明样品符合标准或技术规范的全部要求。

第二种，型式检验+认证后监督（市场抽样检验）。这是一种带监督措施的型式检验。监督的办法是从市场上购买样品或从批发商、零售商的仓库中抽样进行检验，以证明认证产品的质量持续符合标准或技术规范的要求。

第三种，型式检验+认证后监督（工厂抽样检验）。这种质量认证制度和第二种质量认证制度相类似，只是监督的方式有所不同，它不是从市场上抽样，而是从生产厂发货前的产品中抽样进行检验。

第四种，型式检验+认证后监督（市场和工厂抽样检验）。这种质量认证制度是第二种和第三种质量认证制度的综合。

第五种，型式检验+工厂质量体系评定+认证后监督（质量体系复查+工厂和市场抽样检验）。此种质量认证制度的显著特点是，在批准认证的条件中增加了对产品生产厂质量体系的检查评定，在批准认证后的监督措施中也增加了对生产厂质量体系的复查。

第六种，工厂质量体系评定。这种质量认证制度是对生产厂按所要求的技术规范生产产品的质量体系进行检查评定，批准认证后对该体系的保证性进行监督复查，这种质量认证制度常被称为质量体系认证。

第七种，批量检验。根据规定的抽样方案，对一批产品进行抽样检验，并据此做出该批产品是否符合标准或技术规范的判断。

第八种，百分之百检验。每件产品在出厂前都要依据标准在经认可的独立检验机构进行检验。

上述8种类型的质量认证制度所提供的信任程度不同，第五种和第六种质量认证制度是各国普遍采用的，也是ISO向各国推荐的质量认证制度，ISO和IEC联合发布的所有有关认证工作的国际指南都是以这两种质量认证制度为基础的。

1.6.2 产品质量认证与质量管理体系认证

1. 产品质量认证

产品质量认证按认证性质可划分为安全认证和合格认证。

(1) 安全认证。对于关系国计民生的重大产品，有关人身安全、健康的产品，必须实行安全认证。此外，实行安全认证的产品必须符合《中华人民共和国标准化法》中有关强制性标准的要求。

(2) 合格认证。凡实行合格认证的产品，必须符合《中华人民共和国标准化法》规定的国家标准或行业标准要求。

2. 质量认证的表示方法

质量认证有两种表示方法，即认证证书（合格证书）和认证标志（合格标志）。

(1) 认证证书（合格证书）。它是由认证机构颁发给企业的一种证明文件，用以证明某项产品或服务符合特定标准或技术规范。

(2) 认证标志（合格标志）。它是由认证机构设计并公布的一种专用标志，用以证明某项产品或服务符合特定标准或技术规范。经认证机构批准，使用在每台（件）合格出厂的认证产品上。认证标志是质量标志，通过标志可以向购买者传递正确可靠的质量信息，帮助购买者识别认证的商品与非认证的商品，指导购买者购买自己满意的产品。

认证标志分为合格认证（方圆）标志、中国强制认证（CCC）标志、长城标志和PRC标志，如图1.4所示。

(a) 合格认证(方圆)标志

(b) 中国强制认证(CCC)标志

(c) 长城标志

(d) PRC标志

图1.4 认证标志

3. 质量管理体系认证

质量管理体系认证始于机电产品，由于产品类型由硬件拓宽到软件、流程性材料和服务领域，使得各行各业都可以按标准实施质量管理体系认证。从目前的情况来看，除涉及安全和健康领域的产品认证必不可少外，在其他领域内，质量管理体系认证的作用要比产品认证的作用大得多，并且质量管理体系认证具有以下特征。

(1) 由具有第三方公正地位的认证机构进行客观的评价，得出结论，若通过则颁发认证证书。审核人员要具有独立性和公正性，以确保认证工作客观公正地进行。

(2) 认证的依据是质量管理体系的要求标准（GB/T 19001），而不能依据质量管理体系的业绩改进指南标准（GB/T 19004）来进行，更不能依据具体的产品质量标准。

(3) 认证过程中的审核是围绕企业的质量管理体系要求的符合性和满足质量要求和目标方面的有效性来进行的。

(4) 认证的结论不是证明具体的产品是否符合相关的技术标准，而是质量管理体系是否符合ISO 9001，即质量管理体系的要求标准，是否具有按规范要求保证产品质量的能力。

(5) 认证标志只能用于宣传，不能将其用在具体的产品上。

产品认证和质量管理体系认证的比较见表1-1。

表1-1 产品认证和质量管理体系认证的比较

项目	产品认证	质量管理体系认证
对象	特定产品	企业的质量管理体系
获准认证条件	(1) 产品质量符合指定标准要求 (2) 质量管理体系符合ISO 9001标准的要求	质量管理体系符合ISO 9001标准的要求
证明方式	产品认证证书、认证标志	质量管理体系认证（注册）证书、认证标志
证明的使用	证书不能用于产品，标志可以用于获准认证的产品	证书和标志都不能在产品上使用

续表

项目	产品认证	质量管理体系认证
性质	自愿性、强制性	自愿性
两者的关系	获得产品认证资格的企业一般无须再申请质量管理体系认证（除非不断有新产品问世）	获得质量管理体系认证资格的企业可以再申请特定产品的认证，但免除对质量管理体系通用要求的检查

4. ISO 质量管理体系认证特征

质量管理体系认证是指根据有关的质量管理体系标准，由第三方机构对供方（承包方）的质量管理体系进行评定和注册的活动。图 1.5 所示为 ISO 质量管理体系认证标志。

图 1.5　ISO 质量管理体系认证标志

ISO 质量管理体系认证具有以下特征。

(1) 认证的对象是质量体系而不是具体产品。

(2) 认证的依据是质量管理体系标准（GB/T 19001，idt ISO 9001)，而不是具体的产品质量标准。

(3) 认证是第三方从事的活动。通常将产品的生产企业称作“第一方”，如施工、建筑材料等生产企业。将产品的购买使用者称为“第二方”，如业主、顾客等。在质量认证活动中，第三方是独立、公正的机构，与第一方、第二方在行政上无隶属关系，在经济上无利害关系，从而可确保认证工作的公正性。

(4) 认证的结论不是证明产品是否符合有关的技术标准，而是证明质量体系是否符合标准，是否具有按照标准要求、保证产品质量的能力。

(5) 取得质量管理体系认证资格的证明方式是认证机构向企业颁发质量管理体系认证证书和认证标志。这种体系认证标志不同于产品认证标志，不能用于具体产品上，不保证具体产品的质量。

1.6.3 ISO 9000 国际标准/GB/T 19000 系列标准

随着市场经济的不断发展，产品质量已成为市场竞争的焦点。为了更好地推动企业建立更加完善的质量管理体系，实施充分的质量保证，建立国际贸易所需要的关于质量的共同语言和规则，国际标准化组织（ISO）于 1976 年成立了 TC176（品质管理和品质保证技术委员会），着手研究制定国家之间遵循的质量管理和质量保证标准。1987 年，ISO/TC176 发布了举世瞩目的 ISO 9000 国际标准，我国于 1988 年发布了与之相应的 GB/T 10300 系列标准，并“等效采用”。为了更好地与国际接轨，我国于 1992 年 10 月发布了 GB/T 19000 系列标准，并“等同采用 ISO 9000 国际标准”。GB/T 19000 系列标准有《质量管理体系　基础和术语》(GB/T 19000—2016)、《质量管理体系　要求》(GB/T 19001—2016)、《质量管理　质量计划指南》(GB/T 19015—2021) 等。

1.6.4 ISO 质量管理体系的建立与实施

按照 GB/T 19000 系列标准建立或更新完善质量管理体系的程序，通常包括质量管理体系的策划与总体设计、质量管理体系文件的编制、质量管理体系的实施运行三个阶段。

1. 质量管理体系的策划与总体设计

最高管理者应确保对质量管理体系进行策划，满足组织确定的质量目标的要求及质量管理体系的总体要求，在对质量管理体系的变更进行策划和实施时，应保持管理体系的完整性。通过对质量管理体系的策划，最高管理者应确定建立质量管理体系要采用的过程、方法、模式，从组织的实际出发进行体系的策划和实施，明确是否有剪裁的需求并确保其合理性。ISO 9001 标准引言中指出“一个组织质量管理体系的设计和实施受各种需求、具体目标、所提供产品、所采用的过程以及该组织的规模和结构的影响，统一质量管理体系的结构或文件不是本标准的目的”。

2. 质量管理体系文件的编制

质量管理体系文件的编制应在满足标准要求、确保控制质量、提高组织全面管理水平的情况下，建立一套高效、简单、实用的质量管理体系文件。质量管理体系文件包括质量手册、质量管理体系程序文件、质量计划、质量记录等部分。

1）质量手册

（1）质量手册的性质和作用。质量手册是组织质量工作的“基本法”，是组织最重要的质量法规性文件，它具有强制性质。质量手册应阐述组织的质量方针，概述质量管理体系的文件结构并能反映组织质量管理体系的总貌，起到总体规划和加强各职能部门之间协调的作用。对组织内部，质量手册起着确立各项质量活动及其指导方针和原则的重要作用，一切质量活动都应遵循质量手册；对组织外部，它既能证实符合标准要求的质量管理体系的存在，又能向顾客或认证机构描述清楚质量管理体系的状况。同时质量手册是使员工明确各类人员职责的良好管理工具和培训教材，便于克服员工流动对工作连续性的影响。质量手册对外提供了质量保证能力的说明，既是销售广告有益的补充，也是许多招标项目所要求的投标必备文件。

(2) 质量手册的编制要求。质量手册的编制应按照《质量管理体系文件指南》(GB/T 19023—2003) 的要求进行，质量手册应说明质量管理体系覆盖哪些过程和条款，每个过程和条款应开展哪些控制活动，对每个活动需要控制到什么程度、能提供什么样的质量保证等，都应做出明确交代。

(3) 质量手册的构成。质量手册一般由以下几个部分构成，各组织可以根据实际需要，对质量手册的下述部分做必要的删减。

目次

批准页

前言

1 范围

2 引用标准

3 术语和定义

4 质量管理体系

5 管理职责

6 资源管理

7 产品实现

8 测量、分析和改进

2) 质量管理体系程序文件

(1) 概述。质量管理体系程序文件既是质量管理体系的重要组成部分，也是质量手册的具体展开和有力支撑。质量管理体系程序文件的范围和详略程度取决于组织的规模、产品的类型、过程的复杂程度、方法和相互作用及人员素质等因素。对每个质量管理体系程序文件来说，都应视需要明确何时、何地、何人、做什么、为什么、怎么做 (即 5W1H) 来确定应保留什么记录。

(2) 质量管理体系程序文件的内容。按《质量管理体系　要求》(GB/T 19001—2016/ISO 9001：2015) 标准的规定，质量管理体系程序文件应至少包括下列 6 个程序：文件控制程序，质量记录控制程序，内部质量审核程序，不合格控制程序，纠正措施程序，预防措施程序。

3) 质量计划

质量计划是对特定的产品、项目或合同，规定由谁及何时应使用哪些程序和相关资源的文件。质量手册和质量管理体系程序文件所规定的是各种产品都适用的通用要求和方法。但各种特定产品都有其特殊性，质量计划是一种工具，它将某产品、项目或合同的特定要求与现行的通用的质量管理体系程序相连接。

质量计划在企业内部作为一种管理方法，使产品 (或项目) 的特殊质量要求能通过有效的措施得以满足。产品 (或项目) 的质量计划是针对具体产品 (或项目) 的特殊要求，以及应重点控制的环节所编制的对设计、采购、制造、检验、包装、运输等的质量控制方案。在合同情况下，组织使用质量计划向顾客证明其如何满足特定合同的特殊质量要求，并作为顾客实施质量监督的依据。

4) 质量记录

质量记录是阐明所取得的结果或提供所完成活动的证据文件。它是产品质量水平和企业质量管理体系中各项质量活动结果的客观反映，应如实加以记录，用以证明达到了合同所要求的产品质量，并证明对合同中提出的质量保证要求予以满足的程度。如果出现偏差，则质量记录应反映出针对不足之处采取了哪些纠正措施。

质量记录应字迹清晰、内容完整，并按所记录的产品和项目进行标识，记录应注明日期并经授权人员签字、盖章或做其他审定后方能生效。

质量管理体系文件的编写流程如图 1.6 所示。

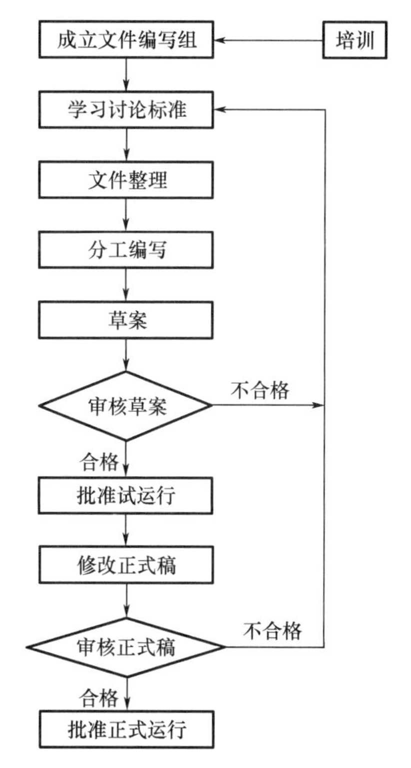

图 1.6　质量管理体系文件的编写流程

3. 质量管理体系的实施运行

1）学习标准

应组织各级员工，尤其是各管理层认真学习 ISO 9000 族质量管理体系四项核心标准，重点是学习质量管理体系的基本概念、基本术语及基本要求，通过学习，端正思想，找出差距，明确方向。

2）确定质量方针和质量目标

应根据组织的宗旨、发展方向确定与组织的宗旨相适应的质量方针，对质量做出承诺，在质量方针提供的质量目标框架内规定组织的质量目标及相关职能和层次上的质量目标。质量目标应是可测量的。

3）质量管理体系策划

组织应依据质量方针、质量目标，应用过程方法对组织应建立的质量管理体系进行策划，并确保质量管理体系的策划满足质量目标要求。在质量管理体系策划的基础上，进一步对产品实现过程及其他过程进行策划，确保这些过程的策划满足所确定的产品质量目标和相应的要求。

4）确定职责和权限

组织应依据质量管理体系策划及其他策划的结果，确定各部门、各过程及其他与质量工作有关的人员应承担的相应职责，并赋予相应的权限，确保其职责和权限能得到沟通。

最高管理者还应在管理层中指定一名成员作为管理者代表，代表最高管理者负责质量管理体系的建立和实施。

5）编制质量管理体系文件

组织应依据质量管理体系策划及其他策划的结果确定质量管理体系文件的框架和内容，在质量管理体系文件的框架里确定文件的层次、结构、类型、数量、详略程度，规定统一的文件格式，编制质量管理体系文件。

6）质量管理体系文件的发布和实施

质量管理体系文件在正式发布前应吸纳多方面意见，并经授权人批准发布。质量手册必须经最高管理者签署发布。质量手册的正式发布和实施即意味着质量手册所规定的质量管理体系正式开始实施和运行。

7）学习质量管理体系文件

在质量管理体系文件正式发布或即将发布而未正式实施之前，认真学习质量管理体系文件对质量管理体系的真正建立和有效实施至关重要。各部门、各级人员都要通过学习清楚地了解质量管理体系文件对本部门、本岗位的要求，以及与其他部门、岗位的相互关系的要求，只有这样才能确保质量管理体系文件在整个组织内得以有效实施。

8）质量管理体系的运行

质量管理体系的运行主要反映在两个方面：一方面是组织所有质量活动都在依据质量策划的安排及质量管理体系文件的要求实施；另一方面是组织所有质量活动都在提供实证，证实质量管理体系运行符合要求并得到有效实施和保持。

9）质量管理体系内部审核

组织在质量管理体系运行一段时间后，应组织内审员对质量管理体系进行内部审核，以确定质量管理体系是否符合策划的安排、GB/T 19001 标准要求及组织所确定的质量管理体系要求，是否得到有效实施和保持。内部审核是组织自我评价、自我完善机制的一种重要手段。组织应每年按策划的时间间隔坚持实施内部审核。

10）管理评审

质量管理体系

在内部审核的基础上，组织的最高管理者应就质量方针、质量目标，对质量管理体系进行系统的评审（管理评审），确保质量管理体系持续的适宜性、充分性和有效性（评审也可包括效率，但不是认证要求）。管理评审包括评价质量管理体系改进的机会和变更的需要，包括质量方针、目标变更的需要。管理评审与内部审核都是组织自我评价、自我完善机制的一种重要手段，组织应每年按策划的时间间隔坚持实施管理评审。

通过内部审核和管理评审，在确认质量管理体系运行符合要求且有效的基础上，组织可向质量管理体系认证机构提出认证的申请。

知识链接

ISO 14001 认证

环境管理体系（Environmental Management System，EMS）是组织整个管理体系中的一部分，用来制定和实施其环境方针，并管理其环境因素，包括为制定、实施、实现、评审和保持环境方针所需的组织机构、计划活动、职责、惯例、程序、过程和资源。《环境管理体系　规范及使用指南》（ISO 14001：1996）是国际标准化组织（ISO）于1996年正式颁布的可用于认证目的的国际标准，是ISO 14000系列标准的核心，它要求组织通过建立环境管理体系来达到支持环境保护、预防污染和持续改进的目标，并可通过取得第三方认证机构认证的形式向外界证明其环境管理体系的符合性和环境管理水平。由于ISO 14001环境管理体系可以带来节能降耗、增强企业竞争力、赢得客户、取信于政府和公众等诸多好处，所以自发布之日起即得到广大企业的积极响应，被视为进入国际市场的“绿色通行证”。同时，由于ISO 14001的推广和普及在宏观上可以起到协调经济发展与环境保护的关系、提高全民环保意识、促进节约和推动技术进步等作用，因此也受到了各国政府和民众越来越多的关注。为了更加清晰和明确ISO 14001标准的要求，ISO对该标准进行了修订，颁布了新版标准《环境管理体系　要求及使用指南》（ISO 14001：2015）。图1.7所示为ISO 14000体系认证标志。

图1.7　ISO 14000体系认证标志

知识链接

OHSAS 18000 认证

OHSAS 18000是由英国标准协会（BSI）、挪威船级社（DNV）等13个组织提出的职业安全卫生系列标准，旨在帮助组织控制其职业安全卫生风险，改进其职业安全卫生绩效。

职业健康安全管理是20世纪80年代后期在国际上兴起的现代安全生产管理模式，它与ISO 9000和ISO 14000等系列标准一样被称为后工业化时代的管理方法，其产生的一个主要原因是企业自身发展的要求。随着企业的发展壮大，企业必须采取更为现代化的管理模式，将包括质量管理、职业健康安全管理等管理在内的所有生产经营活动科学化、标准化和法律化。职业健康安全管理体系产生的另一个重要原因是国际一体化进程的加速进

行，由于与生产过程密切相关的职业健康安全问题正日益受到国际社会的关注和重视，与此相关的立法更加严格，相关的经济政策和措施也不断出台和完善。

《职业健康安全管理体系　要求及使用指南》(GB/T 45001—2020) 等同采用《职业健康安全管理体系　要求及使用指南》(OHSAS 18001—2019)。

1.7　质量管理体系的建立

1.7.1　质量管理组织机构

建筑工程项目一般会建立由公司总部宏观控制，项目经理领导，项目副经理和技术负责人策划、实施，专业责任工程师和现场职能部门现场管理，施工作业班组“三自检”的质量管理网络，如图 1.8 所示。

对各个目标进行分解，以加强各组织机构在施工过程中的质量控制，确保分部分项工程优良率、合格率的目标，从而顺利实现工程的质量目标。各组织机构以先进的技术，程序化、规范化、标准化的管理，严谨的工作作风，精心组织、精心施工，以 ISO 9001 质量管理体系为管理依托，按照《建筑工程质量验收统一标准》(GB 50300—2013) 系列标准使项目达标。

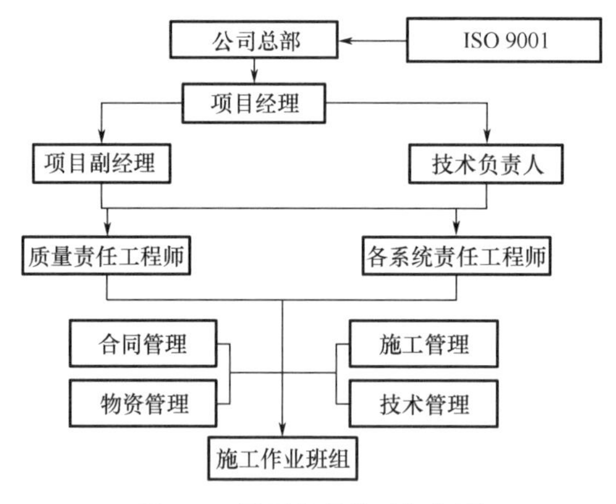

图 1.8　质量管理体系框架图

1.7.2　质量管理人员职责

建立健全技术质量责任制，将质量管理全过程中的每项具体任务落实到每个管理部门和个人身上，使质量工作事事有人管，人人有岗位，办事有标准，工作有考核，形成一个完整的质量管理体系，保证工程质量达到预期目标。

工程项目部现场质量管理班子由项目经理、项目总工程师、施工员、质量员、安全员、标准员、材料员、机械员、劳务员、资料员等组成，现场质量管理班子主要管理人员职责如下。

（1）项目经理职责：负责组织项目管理部全体人员、保证企业质量管理体系在本项目中的有效运行；协调各项质量活动；组织项目质量计划的编制，确保质量管理体系进行时资源的落实；保证项目质量达到企业规定的目标。

（2）项目总工程师职责：全面负责项目技术工作，组织图纸会审，组织编制施工组织设计，审定现场质量、安全措施，以及对设计变更等的交底工作。

（3）施工员职责：从事施工组织策划、施工技术与管理，以及施工进度、成本、质量和安全控制等工作。

（4）质量员职责：从事施工质量策划、过程控制、检查、监督、验收等工作。

（5）安全员职责：从事施工安全策划、检查、监督等工作。

（6）标准员职责：从事工程建设标准实施组织、监督、效果评价等工作。

（7）材料员职责：从事施工材料计划、采购、检查、统计、核算等工作。

（8）机械员职责：从事施工机械的计划、安全使用监督检查、成本统计核算等工作。

（9）劳务员职责：从事劳务管理计划、劳务人员资格审查与培训、劳动合同与工资管理、劳务纠纷处理等工作。

（10）资料员职责：从事施工信息资料的收集、整理、保管、归档、移交等工作。

拓展讨论

党的二十大报告提出，坚持把发展经济的着力点放在实体经济上，推进新型工业化，加快建设制造强国、质量强国、航天强国、交通强国、网络强国、数字中国。

请思考：即将步入建筑业的你，如何以个人的努力确保自己参与的建筑工程质量，进而实现质量强国？

本章小结

本章包括建筑工程质量、质量管理与质量控制、工程质量责任体系、工程质量管理制度、全面质量管理、ISO质量管理体系认证、质量管理体系的建立等方面内容。

通过本章的学习，学生应了解质量和工程质量、质量管理与质量控制的概念，熟悉工程质量责任体系，熟悉工程质量管理制度，了解ISO质量管理体系认证的程序、要求、方法，掌握全面质量管理的概念、全面质量管理PDCA循环、全面质量管理的基本要求、全面质量管理的有关原则、全面质量管理的实施，熟悉质量管理体系的建立。

习　题

简答题

1. 简述质量、建筑工程质量的概念。
2. 简述工程建设各阶段对质量形成的作用与影响。
3. 影响工程质量的因素有哪些?
4. 工程质量的特点有哪些?
5. 什么是质量管理? 什么是质量控制? 两者之间有何关系?
6. 质量控制的内容有哪些?
7. 施工阶段质量控制的目标有哪些?
8. 施工阶段质量控制的主要途径有哪些?
9. 在工程项目建设中，参与工程建设的各方工程质量责任体系有哪些?
10. 工程质量管理制度有哪些?
11. 质量认证的基本形式有哪些?
12. ISO 质量管理体系如何建立与实施?
13. 什么是全面质量管理?
14. 简述全面质量管理 PDCA 循环。
15. 全面质量管理的基本要求有哪些?
16. 简述全面质量管理的八项原则。
17. 全面质量管理如何实施?
18. 施工企业如何建立质量管理组织机构?
19. 施工企业各层次质量管理人员职责有哪些?

第2章 建筑工程质量控制的内容、方法和手段

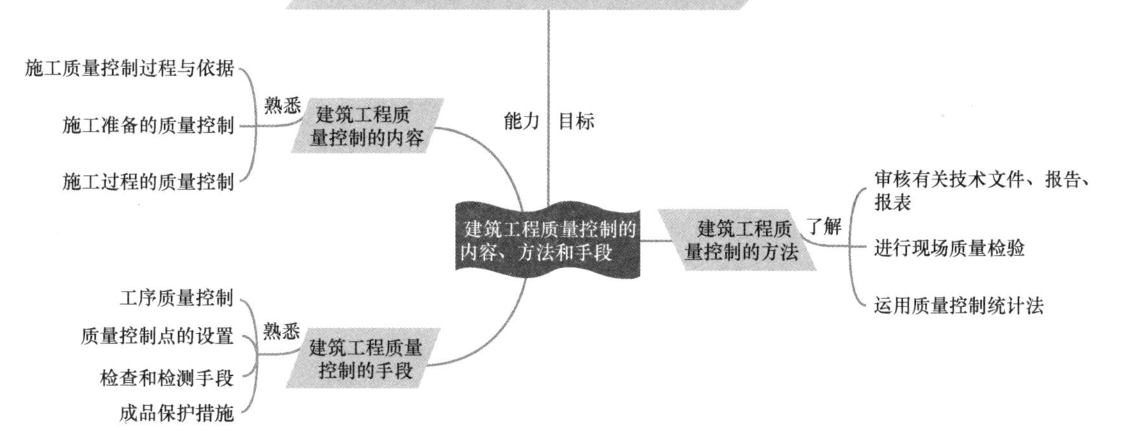

引例

2019年，湖南省长沙市发生了一起严重的工程质量事故，新城国际花都五期三标C10栋主体结构已建至27层，该栋的混凝土设计强度为C35，经检测，该栋部分混凝土实际强度只达到C15，经多次鉴定已无法做结构加固，需将12层以上全部拆除。

根据长沙市住房和城乡建设局的通报，2019年5月，望城区住房和城乡建设局在现场检查过程中对新城国际花都五期三标C10栋部分混凝土构件质量存疑。经鉴定，该项目C10栋12层以上部分混凝土构件强度未达到设计要求。因此，在2019年10月，望城区住房和城乡建设局要求参建单位对涉事楼栋C10栋12～27层进行返工重建。

问题：（1）为保证工程质量，施工单位应对哪些影响质量的因素进行控制？

（2）施工单位对该工程应采用哪些质量控制的方法？

知识链接

工程质量控制的原则

（1）坚持质量第一的原则。建设工程质量不仅关系到工程的适用性和建设项目的投资效果，而且关系到人民群众的生命财产安全。

（2）坚持以人为核心的原则。人是工程建设的决策者、组织者、管理者和操作者，要以人的工作质量（素质、行为、积极性和创造性）保证工程的质量。

（3）坚持预防为主的原则。工程质量控制应该是积极主动的，应事先对影响质量的各种因素加以控制，而不能消极被动地等出现质量问题后再进行处理。

（4）坚持质量标准的原则。质量标准是评价产品质量的尺度，工程质量是否符合合同规定的质量标准要求，应通过质量检验并和质量标准对照，不符合质量标准要求的必须返工处理。

（5）坚持科学、公正、守法的职业规范。在工程质量控制中，必须坚持科学、公正、守法的职业道德规范，要尊重科学规律，尊重事实，客观、公正，不持偏见，遵纪守法，坚持原则，严格要求。

2.1 建筑工程质量控制的内容

2.1.1 施工质量控制过程与依据

1. 施工质量控制的系统过程

施工质量控制的系统过程如图2.1所示。

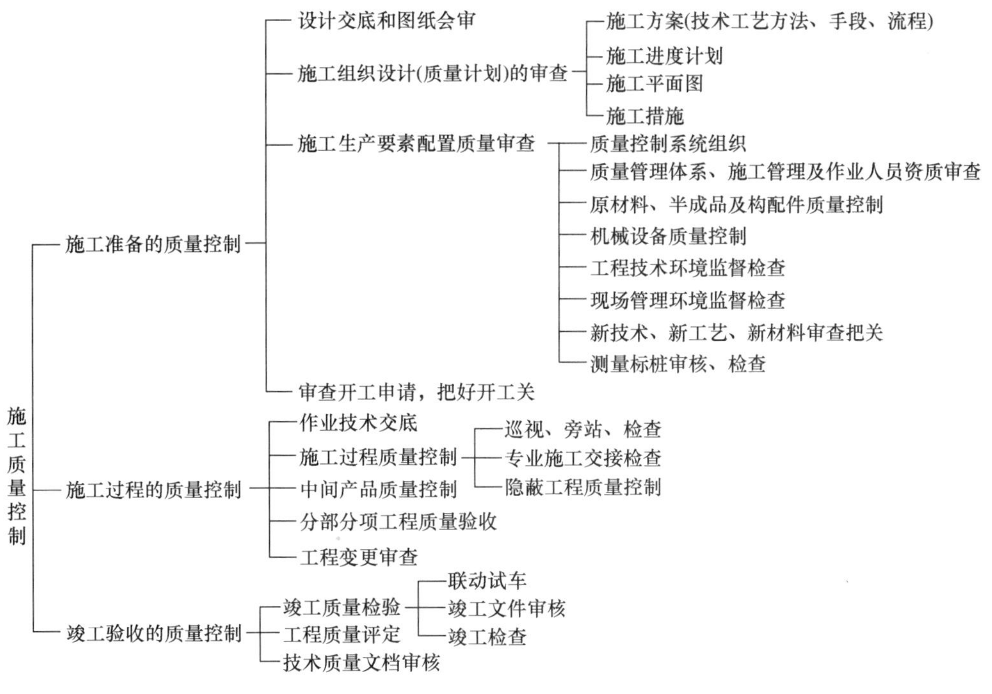

图 2.1 施工质量控制的系统过程

2. 施工质量控制的依据

概括来说，施工质量控制的技术法规性的依据主要有以下几类。

(1) 工程项目施工质量验收标准，如《建筑工程施工质量验收统一标准》(GB 50300—2013) 及其他行业工程项目的施工质量验收标准。

(2) 有关工程材料、半成品和构配件质量控制方面专门的技术法规性依据。

(3) 控制施工作业活动质量的技术规程，如电焊操作规程、砌砖操作规程、混凝土施工操作规程等。

(4) 凡采用新工艺、新技术、新材料的工程，事先应进行试验，并应有权威性技术部门的技术鉴定书及有关的质量数据、指标，在此基础上制定有关的质量标准和施工工艺规程，以此作为判断与控制质量的依据。

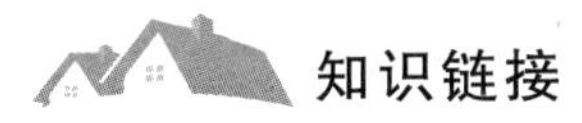

知识链接

《建筑工程施工质量验收统一标准》(GB 50300—2013) 摘录

3　基本规定

3.0.1　施工现场应有健全的质量管理体系、相应的施工技术标准、施工质量检验制度和综合施工质量水平考核制度。施工现场质量管理可按本标准附录 A 的要求进行检查记录。

3.0.2　未实行监理的建筑工程，建设单位相关人员应履行本标准涉及的监理职责。

3.0.3　建筑工程的施工质量控制应符合下列规定。

《建筑工程施工质量验收统一标准》

1. 建筑工程采用的主要材料、半成品、成品、建筑构配件、器具和设备应进行进场检验。凡涉及安全、节能、环境保护和主要使用功能的重要材料、产品，应按各专业工程施工规范、验收规范和设计文件等规定进行复验，并应经监理工程师检查认可。

2. 各施工工序应按施工技术标准进行质量控制，每道施工工序完成后，经施工单位自检符合规定后，才能进行下道工序施工。各专业工种之间的相关工序应进行交接检验，并应记录。

3. 对于监理单位提出检查要求的重要工序，应经监理工程师检查认可，才能进行下道工序施工。

2.1.2 施工准备的质量控制

1. 施工承包单位资质的核查

《建筑业企业资质管理规定和资质标准实施意见》

（1）施工承包单位（简称承包单位）资质的分类。按照承包工程的能力，承包单位资质可划分为施工总承包、专业承包和劳务分包三个序列。

（2）查对承包单位近期承建工程，实地参观考核工程质量情况及现场管理水平。在全面了解的基础上，重点考核与拟建工程类型、规模、特点相似或接近的工程，优先选取创出名牌优质工程的企业。

（3）核查中标进场从事项目施工的承包单位的质量管理体系。

2. 施工组织设计的审查

（1）在工程项目开工前约定的时间内，承包单位必须完成施工组织设计的编制及内部自审批准工作，填写施工组织设计报审表报送项目监理机构。

（2）总监理工程师在约定的时间内组织专业监理工程师审查，提出意见后，由总监理工程师审核签认。需要承包单位修改时，由总监理工程师签发书面意见，退回承包单位修改后再报审，并由总监理工程师重新审查。

（3）已审定的施工组织设计由项目监理机构报送建设单位。

（4）承包单位应按审定的施工组织设计组织施工。如需对其内容做较大的变更，应在实施前将变更内容书面报送项目监理机构审核。

（5）规模大、结构复杂或属新结构、特种结构的工程，项目监理机构对施工组织设计审查后，还应报送监理单位技术负责人审查，提出审查意见后由总监理工程师签发；必要时还应与建设单位协商，组织有关专业部门和有关专家会审。

《建筑业企业资质管理规定和资质标准实施意见》的附件

（6）规模大、工艺复杂的工程，群体工程或分期出图的工程，经建设单位批准可分阶段报审施工组织设计；技术复杂或采用新技术的分部分项工程，承包单位还应编制该分部分项工程的施工方案，报项目监理机构审查。

3. 现场施工准备的质量控制

现场施工准备的质量控制主要有以下几项工作。

1）工程定位及标高基准控制

工程施工测量放线是建设工程产品由设计转化为实物的第一步，应由专业测量人员负责复核控制。

2）施工平面布置的控制

检查施工现场总体布置是否合理，是否有利于保证施工正常、顺利地进行，是否有利于保证质量，特别是对场区的道路、防洪排水、器材存放、给水及供电、混凝土供应及主要垂直运输机械设备布置等方面要予以重视。

3）材料构配件采购订货的控制

凡由承包单位负责采购的原材料、半成品或构配件，在采购订货前应向监理工程师申报；对于重要的材料，还应提交样品，以供试验或鉴定，有些材料则要求供货单位提交理化试验单（如预应力钢筋的硫、磷含量等），经监理工程师审查认可后，方可进行订货采购。

对于半成品或构配件的采购、订货，监理工程师应提出明确的质量要求、质量检测项目及标准，出厂合格证或产品说明书等质量文件的要求，以及是否需要权威性的质量认证等。

4）施工机械设备的控制

（1）施工机械设备的选择。除应考虑施工机械设备的技术性能、工作效率、工作质量、可靠性、维修难易程度、能源消耗，以及安全、灵活等方面对施工质量的影响与保证条件外，还应考虑其数量配置对施工质量的影响与保证条件。

（2）审查施工机械设备的数量是否足够。

（3）审查所需的施工机械设备是否按已批准的计划备妥，所准备的施工机械设备是否与监理工程师审查认可的施工组织设计或施工计划中所列者相一致，所准备的施工机械设备是否处于完好的可用状态等。

5）分包单位资质的审核确认

（1）总承包单位提交分包单位资质报审表。总承包单位选定分包单位后，应向监理工程师提交分包单位资质报审表。

（2）监理工程师审查总承包单位提交的分包单位资质报审表。

（3）对分包单位进行调查，调查的目的是核实总承包单位申报的分包单位情况是否属实。

6）设计交底与施工图纸的现场核对

施工图是工程施工的直接依据，为了使承包单位充分了解工程特点、设计要求，减少图纸的差错，确保工程质量，减少工程变更，参建单位应做好施工图纸的现场核对工作。

施工图纸的现场核对主要包括以下几方面内容。

（1）施工图纸合法性的认定：施工图纸是否经设计单位正式签署，是否按规定经有关部门审核批准，是否得到建设单位的同意。

（2）图纸与说明书是否齐全，如分期出图，图纸供应是否满足需要。

（3）地下构筑物、障碍物、管线是否探明并标注清楚。

（4）图纸中有无遗漏、差错或相互矛盾之处（如漏画螺栓孔、漏列钢筋明细表、尺寸标注有错误等），图纸的表示方法是否清楚和符合标准等。

（5）地质及水文地质等基础资料是否充分、可靠，地形、地貌与现场实际情况是否相符。

（6）所需材料的来源有无保证，能否替代；新材料、新技术的采用有无问题。

（7）所提出的施工工艺、方法是否合理，是否切合实际，是否存在不便于施工之处，能否保证质量要求。

（8）施工图或说明书中所涉及的各种标准、图册、规范、规程等，承包单位是否具备。对于存在的问题，要求承包单位以书面形式提出，在设计单位以书面形式进行解释或确认后，才能进行施工。

2.1.3 施工过程的质量控制

1. 承包单位的自检

（1）承包单位的自检系统表现在以下几点。

① 作业者——自检。

② 不同工序交接、转换——交接检查。

③ 专职质检人员——专检。

（2）承包单位的自检系统的保证措施如下。

① 承包单位必须有整套的制度及工作程序。

② 具有相应的试验设备及检测仪器。

③ 配备数量满足需要的专职质检人员及试验检测人员。

2. 技术复核工作的监控

凡涉及施工作业技术活动基准和依据的技术工作，都应该严格进行专人负责的复核性检查。技术复核是承包单位应履行的技术工作责任，其复核结果应报送监理工程师复验确认后，才能进行后续相关的施工。

3. 见证取样送检工作的监控

（1）见证取样的工作程序如下。

① 施工开始前，项目监理机构要督促建设单位尽快落实见证取样的工程质量检测机构。

② 建设单位将选定的工程质量检测机构报到负责本项目的质量监督机构备案，要将项目监理机构中负责见证取样的监理工程师或监理员在该质量监督机构备案。

③ 承包单位实施见证取样前，要通知见证取样的监理人员或建设单位见证人员，在见证人员监督下，承包单位完成取样过程。

④ 完成取样后，承包单位要将送检样品装入木箱，由见证人员加封，不能装入木箱中的试件，如钢筋样品、钢筋接头等，则先贴上专用加封标志，然后送往试验室。

（2）实施见证取样的要求如下。

① 工程质量检测机构要具有相应的资质并进行备案、认可。

② 负责见证取样的人员要具有材料、试验等方面的专业知识，且要取得从事监理工作的上岗资格（一般由专业监理工程师或监理员负责此项工作）。

③ 承包单位从事取样的人员一般应是试验室人员或专职质检人员。

④ 送往工程质量检测机构的样品，要填写送验单，送验单要盖有“见证取样”专用章，并有见证取样监理工程师的签字。

⑤ 工程质量检测机构出具的报告一式四份，分别由建设单位、施工单位、项目监理机构和工程质量检测机构保存，并作为归档材料和工序产品质量评定的重要依据。

⑥ 见证取样的频率，国家或地方主管部门有规定的，执行相关规定；施工承包合同中如有明确规定的，执行施工承包合同的规定。见证取样的频率和数量，包括在承包单位的自检范围内，一般所占比例为30%。

⑦ 见证取样的试验费用按合同要求支付。

⑧ 实行见证取样，绝不能代替承包单位对材料、构配件进场时必须进行的自检。自检频率和数量要按相关规范要求执行。

4. 工程变更的监控

工程变更的要求可能来自承包单位、设计单位或建设单位。为确保工程质量，不同情况下，工程变更的实施、设计图纸的澄清和修改，具有不同的工作程序。

(1) 对承包单位提出的工程变更的处理。在施工过程中承包单位提出的工程变更是指要求做某些技术修改或设计变更。

① 对技术修改要求的处理。

技术修改是在不改变原设计图纸和技术文件的原则的前提下，提出的对设计图纸和技术文件的某些技术上的修改要求，如对某种规格的钢筋采用替代规格的钢筋、对基坑开挖边坡的修改等。

承包单位向项目监理机构提交工程变更单，在工程变更单中应说明要求修改的内容及原因或理由，并附图和有关文件。

技术修改问题一般由专业监理工程师组织承包单位和现场设计代表参加，经各方同意后签字并形成纪要，作为工程变更单附件，经总监理工程师批准后实施。

② 对设计变更要求的处理。

设计变更是指施工期间设计单位对原施工图纸和设计文件中所表达的设计标准状态的改变和修改。

首先，承包单位应就要求变更的问题填写工程变更单，送交项目监理机构。其次，总监理工程师根据承包单位的申请，经与设计单位、建设单位、承包单位研究并做出变更的决定后，签发工程变更单，并应附有设计单位提出的变更图纸。最后，承包单位签收后按变更后的图纸施工。

这种变更一般均会涉及设计单位重新出图的问题。如果变更涉及结构主体及安全，那么该工程变更还要按有关规定报送施工图原审查单位进行审批，否则变更不能实施。

(2) 对设计单位提出的工程变更的处理。

① 设计单位首先将设计变更通知及有关附件报送建设单位。

② 建设单位会同监理单位、承包单位对设计单位提交的设计变更通知进行研究，必要时设计单位尚需提供进一步的资料，以便对变更做出决定。

③ 总监理工程师签发工程变更单，并将设计单位发出的设计变更通知作为该工程变更单的附件，承包单位按新的图纸施工。

(3) 对建设单位（监理工程师）提出的工程变更的处理。

① 建设单位（监理工程师）将变更的要求通知设计单位，如果在要求中包括相应的方案或建议，则应一并报送设计单位；否则，变更要求由设计单位研究解决。在提供审查的变更要求中，应列出所有受该变更影响的图纸、文件清单。

② 设计单位对工程变更单进行研究。

③ 根据建设单位的授权，监理工程师研究设计单位所提交的建议设计变更方案或其对变更要求所附方案的意见，必要时可会同有关的承包单位和设计单位一起进行研究，也可进一步提供资料，以便对变更做出决定。

④ 建设单位做出变更的决定后，由总监理工程师签发工程变更单，指示承包单位按变更的决定组织施工。

需要注意的是，在工程施工过程中，无论是承包单位、设计单位还是建设单位提出的工程变更或图纸修改，都应通过监理工程师审查并经有关方面研究，确认其必要性后，由总监理工程师发布变更指令方能生效予以实施。

5. 见证点实施的监控

见证点是国际上对于重要程度不同及监督控制要求不同的质量控制点的一种区分方式。实际上它是质量控制点，只是由于它的重要性或其质量后果影响程度不同于一般质量控制点，所以在实施监督控制时的运作程序和监督要求与一般质量控制点有所区别。

6. 原材料管理质量的监控

（1）拌和原材料的质量控制。

（2）材料配合比的审查。根据设计要求，承包单位应进行理论配合比设计，进行试配试验后，确认 2～3 个能满足要求的理论配合比提交监理工程师审查。

（3）现场作业的质量控制。

① 拌和设备状态及相关拌和材料计量装置、称重衡器的检查。

② 投入使用的原材料（如水泥、砂、粗骨料、外加剂、水、粉煤灰）的现场检查。

③ 检查现场作业实际配合比是否符合理论配合比，作业条件发生变化是否及时进行了调整。例如，在混凝土工程中，雨后开盘生产混凝土，砂的含水率发生了变化，检查水灰比是否及时进行了调整。

④ 对现场所做的调整应按技术复核的要求和程序执行。

⑤ 在现场实际投料拌制时，应做好看板管理。

7. 计量工作质量的监控

（1）施工过程中使用的计量仪器、检测设备、称重衡器的质量控制。

（2）从事计量作业人员技术水平资格的审核，尤其是现场从事施工测量的测量工，从事试验、检测的试验工。

（3）现场计量操作的质量控制。作业者的实际作业质量会直接影响作业效果，计量作业现场的质量控制主要是检查其操作方法是否得当。

8. 质量记录资料的监控

（1）施工现场质量管理检查记录资料，主要包括现场质量管理制度、上岗证、图纸审查记录、施工方案。

（2）工程材料质量记录，主要包括进场材料质量证明资料、试验检验报告、各种合格证。

（3）施工过程作业活动质量记录资料，主要包括质量自检资料、验收资料、各工序作业的原始施工记录。

9. 工地例会的管理

工地例会是项目监理部召开的经常性会议。工地例会作为现场参建各方沟通情况、交流信息、协调处理、解决合同履行中存在问题的一种会议方式，参建各方要按要求参加。

10. 工程暂停令和复工令的实施

（1）工程暂停令的下达。

根据委托监理合同中建设单位对监理工程师的授权，出现下列情况需要停工处理时，应下达工程暂停令。

① 施工作业活动存在重大隐患，可能造成质量事故或已经造成质量事故。

② 承包单位未经许可擅自施工或拒绝项目监理机构管理。

③ 在出现下列情况下，总监理工程师有权行使质量控制权，下达停工令，及时进行质量控制。

（a）施工中出现质量异常情况，经提出后，承包单位未采取有效措施，或措施不力未能扭转异常情况者。

（b）隐蔽作业未经依法查验确认合格，而擅自封闭者。

（c）已发生质量问题迟迟未按监理工程师要求进行处理，或者已发生质量缺陷或问题，如不停工则质量缺陷或问题将继续发展者。

（d）未经监理工程师审查同意，而擅自变更设计或修改图纸进行施工者。

（e）未经技术资质审查的人员或不合格人员进入现场施工者。

（f）使用的原材料、构配件不合格或未经检查确认者；擅自采用未经审查认可的代用材料者。

（g）擅自使用未经项目监理机构审查认可的分包单位进场施工者。

总监理工程师在签发工程暂停令时，应根据停工原因的影响范围和影响程度，确定工程项目的停工范围。

（2）复工令的下达。

承包单位经过整改具备恢复施工条件时，承包单位向项目监理机构报送复工申请及有关材料，证明造成停工的原因已消失。经监理工程师现场复查，认为已符合继续施工的条件，造成停工的原因确已消失，总监理工程师应及时签署工程复工报审表，指令承包单位继续施工。

（3）总监理工程师下达工程暂停令及复工令，宜事先向建设单位报告。

知识链接

作业技术活动结果的控制

1. 作业技术活动结果的控制内容

作业技术活动结果的控制是施工过程中间产品及最终产品质量控制的方式，只有作业技术活动的中间产品质量符合要求，才能保证最终单位工程产品的质量。作业技术活动结果控制的主要内容如下。

（1）基槽（基坑）验收。

（2）隐蔽工程验收。

（3）工序交接验收。

（4）检验批、分项工程、分部工程的验收。

（5）联动试车或设备的试运转。

（6）单位工程或整个工程项目的竣工验收。

（7）不合格的处理如下。

① 上道工序不合格不准进入下道工序施工。

② 不合格的材料、构配件、半成品不准进入施工现场且不允许使用，已经进场的不合格品应及时做出标识、记录，指定专人看管，避免用错，并限期清除出现场。

③ 不合格的工序或工程产品不予计价。

2. 作业技术活动结果的检验程序

作业技术活动结果的检验程序：承包单位进行竣工自检—提交工程竣工报验单—总监理工程师组织专业监理工程师进行竣工初验—初验合格，报建设单位—建设单位组织正式验收。

知识链接

与工程质量管理有关的管理制度

（1）项目法人责任制：项目法人对项目的策划、资金筹措、建设实施、生产经营、债务偿还和资产的保值增值实行全过程负责的制度。

（2）建筑工程施工许可制：建筑工程开工前，建设单位应当按照国家有关规定向工程所在地县级以上地方人民政府建设行政主管部门申请领取施工许可证。

（3）从业资格与资质制。

（4）工程招标投标制。

（5）工程监理制。

（6）合同管理制。

（7）安全生产责任制。

（8）工程质量责任制。

（9）工程质量保修制。

（10）工程竣工验收制。

（11）工程质量备案制。

（12）工程质量终身责任制。

（13）工程项目决策咨询制。

（14）工程设计审查制。

（15）工程质量监督制。

《建筑工程五方责任主体项目负责人质量终身责任追究暂行办法》

2.2 建筑工程质量控制的方法

建筑工程质量控制的方法，主要包括审核有关技术文件、报告、报表，进行现场质量检验，运用质量控制统计法，等等。

2.2.1 审核有关技术文件、报告、报表

对有关技术文件、报告、报表的审核，是项目经理对工程质量进行全面控制的重要手段，其具体内容如下。

(1) 审核有关技术资质证明文件。

(2) 审核开工报告，并经现场核实。

(3) 审核施工方案、施工组织设计和技术措施。

(4) 审核有关材料、半成品的质量检验报告。

(5) 审核反映工序质量动态的统计资料或控制图表。

(6) 审核设计变更、修改图纸和技术核定书。

(7) 审核有关质量问题的处理报告。

(8) 审核有关应用新工艺、新材料、新技术、新结构的技术鉴定书。

(9) 审核有关工序交接检查及分部分项工程质量检查报告。

(10) 审核并签署现场有关技术签证、文件等。

2.2.2 进行现场质量检验

1. 质量检验及其作用

1) 质量检验

质量检验就是根据一定的质量标准，借助一定的检测手段来评估工程产品、材料或设备等的性能特征或质量状况的工作。

质量检验一般包括以下具体工作。

(1) 明确某种质量特性的标准。

(2) 度量工程产品、材料或设备等的质量特性数值或状况。

(3) 记录与整理有关检验数据。

(4) 将度量的结果与标准进行比较。

(5) 对质量进行判断与评估。

(6) 对符合质量要求的做出安排。

(7) 对不符合质量要求的进行处理。

2) 质量检验的作用

要保证和提高施工质量，质量检验是必不可少的手段。概括起来，质量检验的主要作用如下。

(1) 它是质量保证与质量控制的重要手段。为了保证工程质量，在质量控制中，需要将工程产品、材料、半成品等的实际质量状况（质量特性等）与规定的某一标准进行比较，以便判断其质量状况是否符合要求的标准，这就需要通过质量检验手段来检测实际情况。

(2) 质量检验为质量分析与质量控制提供了所需依据的有关技术数据和信息，所以它是质量分析、质量控制与质量保证的基础。

(3) 通过对进场和使用的材料、半成品、构配件及其他器材、物资进行全面的质量检验工作，可以避免因材料、半成品、构配件及其他器材、物资的质量问题而导致工程质量事故的发生。

(4) 在施工过程中，通过对施工工序的检验取得数据，可以及时判断质量，采取措施，防止质量问题的延续与积累。

2. 现场质量检验的内容

(1) 开工前检查。开工前检查的目的是检查是否具备开工条件，开工后能否连续正常施工，能否保证工程质量。

(2) 工序交接检查。对于重要的工序或对工程质量有重大影响的工序，在自检、互检的基础上，还要组织专职人员进行工序交接检查。

(3) 隐蔽工程检查。凡是隐蔽工程均应检查认证后方能掩盖。

(4) 停工后复工前检查。因处理质量问题或某种原因停工后需复工时，也应经检查认可后方能复工。

(5) 分部分项工程检查。分部分项工程完工后，应经检查认可，签署验收记录后，才允许进行下一工程项目的施工。

(6) 成品保护检查。检查成品有无保护措施或保护措施是否可靠。

此外，负责质量工作的领导和工作人员还应经常深入现场，对施工操作质量进行巡视检查；必要时，还应进行跟班或追踪检查。

3. 现场质量检验的方法

现场质量检验的方法有目测法、实测法和试验法 3 种。

(1) 目测法。目测法的手段可归纳为看、摸、敲、照 4 个字。

看：就是根据质量标准进行外观目测。例如，装饰工程墙、地砖铺的四角对缝是否垂直一致，砖缝宽度是否一致，横平竖直；又如，清水墙面是否洁净，喷涂的密实度是否良好、颜色是否均匀，内墙抹灰的大面及口角是否平直，地面是否光洁平整，施工顺序是否合理，工人操作是否正确，均是通过目测来检查和评价的。

摸：就是手感检查，主要用于装饰工程的某些检查项目，如水刷石、干粘石的黏结牢固程度，油漆的光滑度，浆活是否掉粉，地面有无起砂等，均可通过手摸加以鉴别。

敲：就是运用工具进行声感检查。对地面工程、装饰工程中的水磨石、面砖、锦砖和大理石贴面等，均应进行敲击检查，即通过声音的虚实确定有无空鼓，还可根据声音的清脆和沉闷，判定空鼓是面层空鼓还是底层空鼓。此外，用手敲玻璃，如发出颤动声响，一般是底灰不满或压条不实。

照：对于难以看到或光线较暗的部位，则可采用镜子反射或灯光照射的方法进行检查。

（2）实测法。实测法是指通过实测数据与施工规范及质量标准所规定的允许偏差对照，来判别质量是否合格。实测法的手段可归纳为靠、吊、量、套4个字。

靠：是用直尺和塞尺检查墙面、地面、屋面的平整度。

吊：是用托线板以线锤吊线检查垂直度。

量：是用测量工具和计量仪表等检查断面尺寸、轴线、标高、湿度、温度等的偏差。

套：是以方尺套方，辅以塞尺检查。例如，对阴阳角的方正、踢脚线的垂直度、预制构件的方正等项目的检查，以及对门窗口及构配件的对角线（窜角）的检查，都要用到套方手段。

（3）试验法。试验法是指必须通过试验手段，才能对质量进行判断的检查方法。例如，对桩或地基进行静载试验，确定其承载力；对钢结构进行稳定性试验，确定其是否会产生失稳现象；对钢筋对焊接头进行拉力试验，检验焊接的质量；等等。

2.2.3 运用质量控制统计法

1. 排列图法

排列图法又称主次因素分析法，是通过绘制排列图找出影响工程质量的各种因素的一种有效方法。排列图由两个纵坐标、一个横坐标、若干个直方图形和一条曲线组成。其中，左边的纵坐标表示频数；右边的纵坐标表示频率；横坐标表示影响质量的各种因素；若干个直方图形分别表示各质量影响因素，直方图形的高度则表示各质量影响因素的大小程度，并按大小顺序由左向右排列；曲线表示各质量影响因素大小的累计频率百分数。这条曲线称为帕累特曲线。

1）排列图的画法和主次因素分类

（1）确定调查对象、调查范围、调查内容和提取数据的方法，收集一批数据（如废品率、不合格率、规格数量等）。

（2）整理数据，按问题或原因的频数（或点数），从大到小排列，并计算其发生的频率和累计频率。

（3）作排列图。

（4）分类。通常根据累计频率百分数将影响因素分为3类：0～80%为A类，是主要因素；80%～90%为B类，是次要因素；90%～100%为C类，是一般因素。

（5）注意点：主要因素最好为1～2个，最多不超过3个，否则就失去了找主要矛盾的意义；注意分层，应从几个不同方面进行排列。

2）排列图法应用举例

案例2-1

某施工企业构件加工厂出现钢筋混凝土构件不合格品增多的质量问题，对一批构件进行检查，其中有200个检查点不合格，影响其质量的因素有混凝土强度、截面尺寸、侧向弯曲、钢筋强度、表面平整度、预埋件、表面缺陷等，统计各因素发生的次数列于表2-1中，试作排列图并确定影响质量的主要因素。

解：表2-1已列出不合格项目，只需从不合格项目统计频数入手作排列图即可。

表2-1 不合格项目统计

构件批号	混凝土强度	截面尺寸	侧向弯曲	钢筋强度	表面平整度	预埋件	表面缺陷
1	5	6	2	1	—	—	1
2	10	—	4	—	2	1	—
3	20	4	—	2	—	1	—
4	5	3	5	—	4	1	—
5	8	2	—	1	—	—	1
6	4	—	3	—	1	—	—
7	18	6	—	3	—	—	1
8	25	6	4	—	1	—	—
9	4	3	—	2	—	—	—
10	6	20	2	1	—	1	—
合计	105	50	20	10	8	4	3

频数、频率、累计频率的统计结果见表2-2，排列图如图2.2所示。

表2-2 频数、频率、累计频率的统计结果

序号	影响质量的因素	频数/件	频率/%	累计频率/%
1	混凝土强度	105	52.5	52.5
2	截面尺寸	50	25	77.5
3	侧向弯曲	20	10	87.5
4	钢筋强度	10	5	92.5
5	表面平整度	8	4	96.5
6	预埋件	4	2	98.5
7	表面缺陷	3	1.5	100
合计		200	100	—

表2-2、图2.2都表明，A类因素（影响钢筋混凝土构件质量的主要因素）有混凝土强度和截面尺寸两项，应针对这两个因素制定改进措施。

2. 因果图法

因果图法是一种通过绘制因果图逐步深入研究寻找影响产品质量原因的方法。因果图也叫特性要因图，用来表示因果关系。特性指生产中出现的质量问题，要因指对质量问题有影响的因素或原因。此法是将对质量问题特性有影响的重要因素进行分析和分类，通过

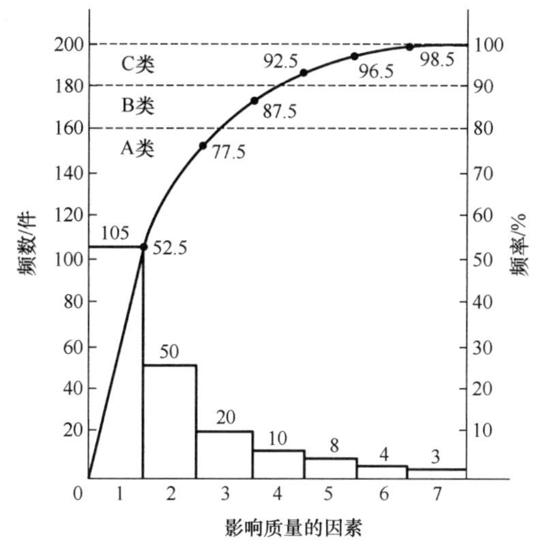

图 2.2 排列图

整理、归纳、分析，查找原因，以便采取措施，解决质量问题。

要因一般可从 5 个方面来找，即人员、材料、机械设备、工艺方法和环境。

1）因果图的画法

（1）确定需要分析的质量特性，画出带箭头的主干线。

（2）分析造成质量问题的各种原因，逐层分析，由大到小，追查原因中的原因，直到达到可以针对原因采取具体措施解决的程度为止。

（3）按原因主次以支线逐层标记于图上。

（4）找出关键原因，并标注在图上，向有关部门提供质量情报。

2）因果图法应用举例

案例 2-2

图 2.3 是某工程混凝土强度低的因果图，其主要原因是工人的基础知识差、水泥质量不足、水灰比不准。

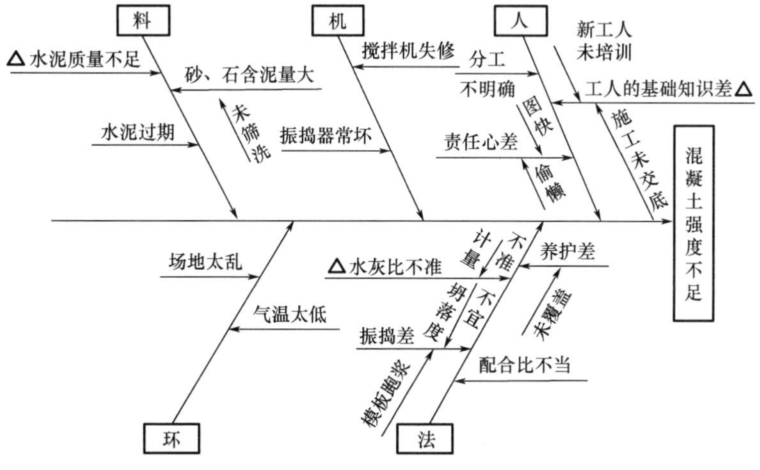

图 2.3 某工程混凝土强度低的因果图

3. 直方图法

直方图法又称频数分布直方图法，它是将收集到的产品质量数据进行分组整理，绘制成频数分布直方图，用以描述质量分布状态的一种方法。直方图就是通过频数分布分析，研究数据的集中程度和波动范围，把收集到的产品质量特性数据，按大小顺序加以整理，进行适当分组，计算每一组中数据的个数（频数），将这些数据在坐标纸上画一些矩形图，横坐标为样本的取值范围，纵坐标为数据落入各组的频数，以此来分析质量分布的状态。

1）直方图法应用举例

案例 2-3

某工地在一个时期拌制 C40 混凝土，共做混凝土试块 35 组，其抗压强度统计见表 2-3。本案例的混凝土强度直方图的作图步骤如下。

表 2-3　混凝土试块抗压强度统计

序号	强度等级/（N·mm⁻²）					最大值	最小值
1	41.2	41.5	35.5	37.5	38.2	41.5	35.5
2	41.0	40.8	39.6	40.6	41.7	41.7	39.6
3	40.5	47.1	42.8	43.1	38.7	47.1	38.7
4	35.2	41.0	45.9	38.8	43.2	45.9	35.2
5	39.7	38.0	34.0	44.0	44.5	44.5	34.0*
6	47.5	44.1	43.8	39.9	36.1	47.5	36.1
7	47.3	49.0	41.4	42.3	43.7	49.0*	41.4

（1）收集整理数据。

根据数理统计的原理，从需要分析的质量问题的总体中随机抽取一定数量的数据作为样本，通过分析样本来判断总体的状态。样本的数量不能太少。因为样本容量越大，越能代表总体的状态。样本的数量一般不应少于 30 个。

（2）找出全体数据的最大值 X_{max} 和最小值 X_{min}。

$$X_{max}=49.0\text{N/mm}^2，X_{min}=34.0\text{N/mm}^2$$

（3）计算极差 R。

极差表示全体数据的最大值与最小值之差，也就是全体数据的分布极限范围。

$$R=X_{max}-X_{min}=49.0-34.0=15.0\ (\text{N/mm}^2)$$

（4）确定组距和组数。

组距应根据对测量数据的要求精度确定；组数应根据收集数据总数的多少确定，组数太少会掩盖组内数据的变动情况，组数太多又会使各组的高度参差不齐，从而看不出明显的规律。组数可参考表 2-4 确定。组距用 h 来表示，组数用 k 来表示。通常先定组数，后定组距。组数、组距、极差三者之间的关系为：

$$h=\frac{R}{k}$$

本例中，取组数 $k=7$，则组距为：

$$h=\frac{15.0}{7}\approx 2.1\ (\text{N/mm}^2)$$

表 2-4 组数 k 值的参考表

样本数量 N	组数 k
$N<50$	5～7
$50\leqslant N<100$	6～10
$100\leqslant N\leqslant 250$	7～12
$N>250$	10～20

(5) 确定各组边界值。

为避免数据正好落在边界值上，一般可采用区间分界值比统计数据提高一级精度的办法。为此，可按下列公式计算第一组区间的上下界值。

$$\text{第一组区间的下界值}=X_{\min}-\frac{h}{2}$$

$$\text{第一组区间的上界值}=X_{\min}+\frac{h}{2}$$

本例中，第一组区间的下界值为：

$$34.0-\frac{2.1}{2}=34.0-1.05=32.95\ (\text{N/mm}^2)$$

第一组区间的上界值为：

$$34.0+\frac{2.1}{2}=34.0+1.05=35.05\ (\text{N/mm}^2)$$

第一组的上界值就是第二组的下界值，第二组的上界值等于第二组的下界值加上组距，以此类推。

(6) 制表并统计频数。

根据分组情况，分别统计出各组数据的个数，得到频数统计表。

本例的频数统计表见表 2-5。

表 2-5 频数统计表

序号	分组区间	频数统计	频数/组	频率
1	32.95～35.05	一	1	0.029
2	35.05～37.15	下	3	0.086
3	37.15～39.25	正	5	0.143
4	39.25～41.35	正正	9	0.256
5	41.35～43.45	正丅	7	0.200
6	43.45～45.55	正	5	0.143
7	45.55～47.65	止	4	0.114
8	47.65～49.75	一	1	0.029
合计	—	—	35	1.000

(7) 画直方图。

直方图是一张坐标图，横坐标表示分组区间的划分，纵坐标表示各分组区间值的发生频数。本案例的混凝土强度直方图如图 2.4 所示。

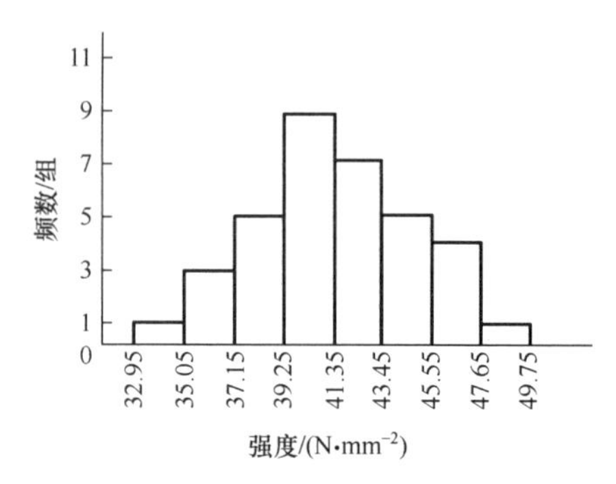

图 2.4 混凝土强度直方图

2) 直方图的分析

(1) 分析直方图的整体形状。

正常情况下的直方图应接近正态分布，即中间高，两边低，左右对称。图 2.5 (a) 接近正态分布，属于正常型。如果出现其他形状的图形，则说明分布异常，应及时查明原因，并采取措施加以纠正。

常见的异常图形有以下几种。

① 锯齿型 [图 2.5 (b)]。直方图出现参差不齐的形状，造成这种现象的原因不是生产中控制有偏向，而是分组过多或测量错误。若出现这种情况，应减少分组，重新作图。

② 缓坡型 [图 2.5 (c)]。直方图在控制之内，但峰顶偏向一侧，另一侧出现缓坡。出现这种情况，说明生产中控制有偏向，或因操作者习惯因素造成。

③ 孤岛型 [图 2.5 (d)]。这是生产过程中短时间的情况异常造成的，如少量材料不合格、临时更换设备、不熟练工人上岗等。

④ 双峰型 [图 2.5 (e)]。双峰表示数据出自不同的来源，如由工艺水平相差很大的两个班组生产的产品、使用两种质量相差很大的材料、处于两种不同的作业环境等。因此，收集的数据必须区分来源。

⑤ 绝壁型 [图 2.5 (f)]。通常是由于数据输入不正常，可能有意识地去掉了下限以下的数据，或是在检测过程中存在某些人为因素。

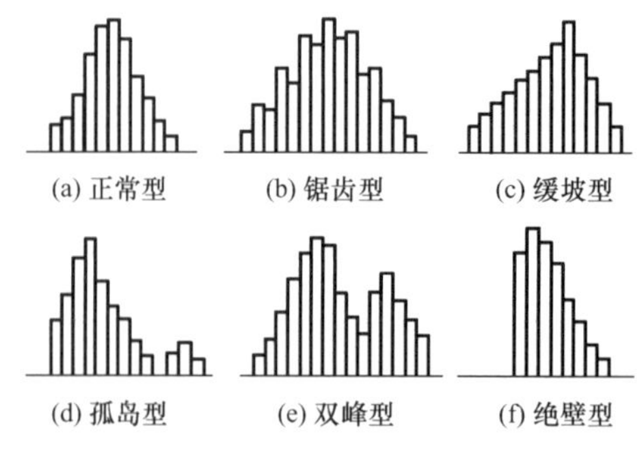

图 2.5 常见的直方图图形

(2) 将直方图与质量标准比较，判断实际生产过程的能力。

前面的直方图，即使图形正常，也并不能说明质量分布就完全合理，还要将其与质量标准即标准公差进行比较，如图 2.6 所示，图中 B 表示实际的质量特性数据分布范围，T 表示规范规定的标准公差的界限（T=容许上限－容许下限）。

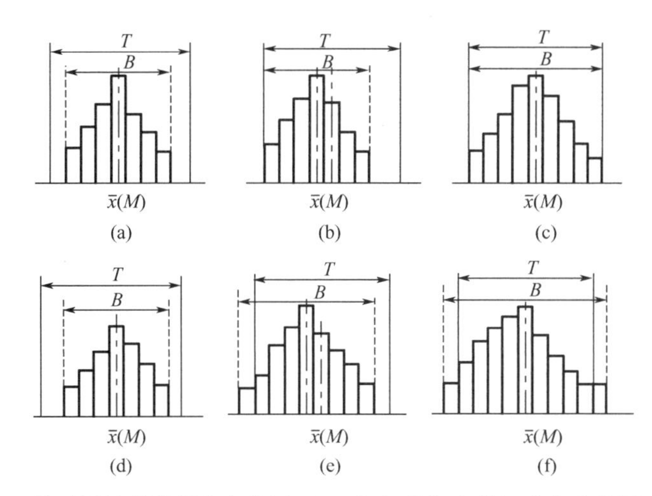

图 2.6　实际的质量特性数据分布范围（B）与规范规定的标准公差的界限（T）比较

B 与 T 比较，常见的有以下几种情况。

① B 的中心与 T 的中心基本吻合，属理想状态，B 在 T 的中间，两边略有余地，如图 2.6 (a)所示。这种情况不会出现不合格品。

② B 虽然在 T 的中间，但已明显偏向一侧，B 与 T 的中心不吻合，如图 2.6（b）所示。这种情况说明控制中心线偏移，应及时采取措施纠正。

③ B 与 T 相等，中心吻合，但两边没有余地，如图 2.6（c）所示。这种情况说明控制精度不够，容易出废品，应提高控制精度，以缩小 B 的范围。

④ B 在 T 的中间，中心也基本吻合，但两边富余过多，如图 2.6（d）所示。这种情况说明控制精度过高，虽然不出废品，但不经济，应适当放宽控制精度。

⑤ B 的中心严重偏离 T 的中心，其中一侧已超出公差，如图 2.6（e）所示。这种情况说明没有达到质量标准，应采取措施及时纠正，按质量标准重新确定控制中心线。

⑥ B 大于 T，两边均有超差，如图 2.6（f）所示。这种情况说明控制不严，已超出标准规定的允许偏差，出现了废品，必须加大控制力度，减小质量波动的范围。

上面叙述的是 6 种一般的情况，实际工作中要根据质量问题的性质分别判断，采取恰当的改进措施。

4. 控制图法

控制图法又称管理图法，是通过绘制控制图分析和控制质量分布动态的一种方法。产品的生产过程是连续不断的，因此应对产品质量的形成过程进行动态监控。控制图法就是一种对质量分布进行动态控制的方法。控制图又叫管制图，是对过程质量特性进行测定、记录、评估，从而监察过程是否处于控制状态的一种用统计方法设计的图。

1）控制图的原理

控制图是依据正态分布原理，合理控制质量特性数据的范围和规律，对质量分布进行动态监控。控制图的基本形式如图 2.7 所示。

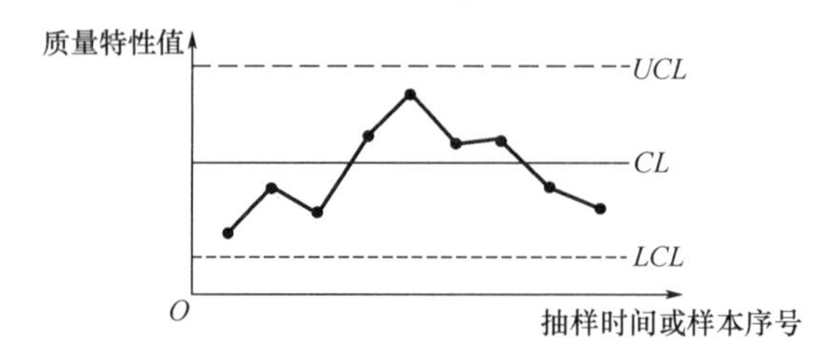

图 2.7　控制图的基本形式

该图的横坐标表示抽样时间或样本序号，纵坐标表示质量特性值。坐标内有 3 条控制线，控制中心线取数据的平均数 μ，用符号 CL 表示，在图上是一条实线；上控制界限在上面，在图上是一条虚线，用符号 UCL 表示，取 $\mu+3\sigma$（σ 为标准差）；下控制界限在下面，在图上也是一条虚线，用符号 LCL 表示，取 $\mu-3\sigma$。根据数理统计原理，在正态分布条件下，按 $\mu\pm3\sigma$ 控制上下界限，如果只考虑偶然因素的影响，最多有千分之三的数据超出控制界限，因此这种方法又称“千分之三法则”。

2）控制图的画法

绘制控制图的关键是确定控制中心线和上下界限。但控制图有多种类型，如 $\overline{x}$（平均值）控制图、S（标准偏差）控制图、R（极差）控制图、$\overline{x}-R$（平均值－极差）控制图、P（不合格率）控制图等，每种控制图的中心线和上下界限的确定方法都不一样。为了应用方便，人们已将各种控制图的参数计算公式推导出来，使用时只需查表经简单计算即可。

3）控制图的分析

(1) 数据分布范围分析。数据分布应在控制上下界限内，如果超出控制界限，则说明波动过大。

(2) 数据分布规律分析。数据分布就是正态分布，如果出现图 2.8 所示的情况，则视为异常排列。

① 数据点在中心线一侧连续出现 7 次以上，如图 2.8（a）所示。

② 连续 11 个数据点中，至少有 10 个数据点（可以不连续）在中心线一侧，如图 2.8（b）所示。

③ 连续 7 个以上数据点上升或下降，如图 2.8（c）所示。

④ 数据点呈周期性变化，如图 2.8（d）所示。

⑤ 连续 3 个数据点中，至少有 2 个数据点（可以不连续）在 $\pm2\sigma$ 界限以外，如图 2.8（e）所示。

5. 相关图法

相关图法又叫散布图法，它是通过运用相关图研究两个质量特性之间的相关关系，来控制影响产品质量中相关因素的一种有效的常用方法。

1）相关图的原理

相关图的原理是将两种需要确定关系的质量数据用点标注在坐标图上，从而根据点的散布情况判别两种数据之间的关系，以便进一步弄清影响质量特性的主要因素。

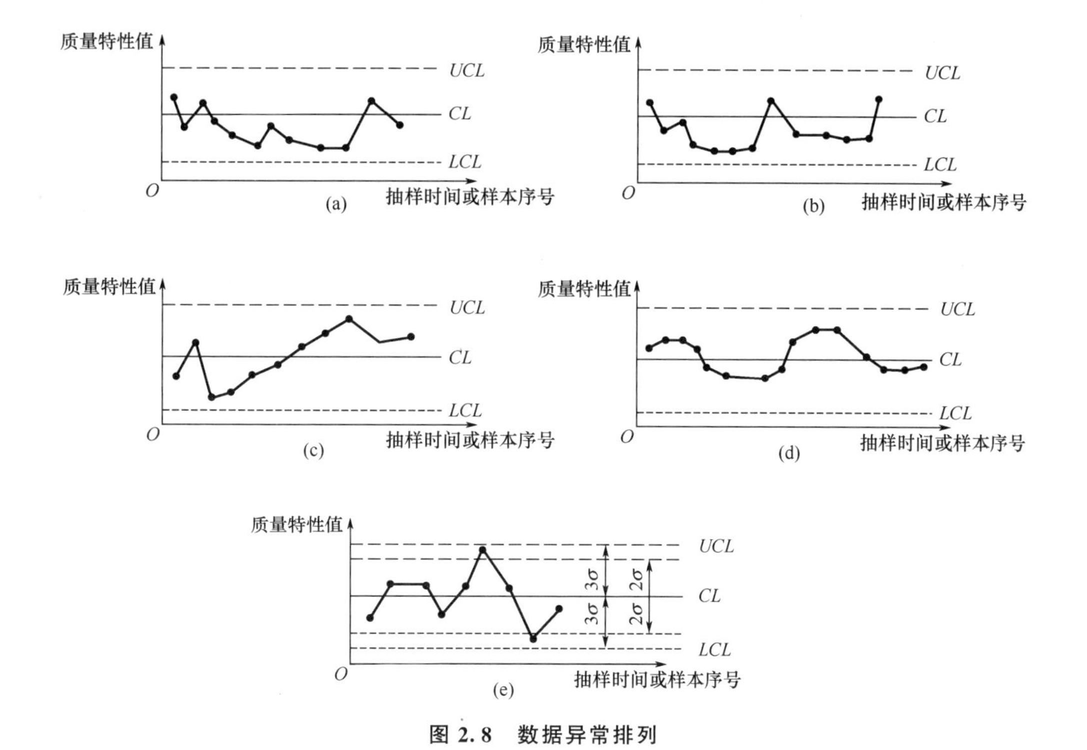

图 2.8 数据异常排列

2）相关图的类型

相关图的类型如图 2.9 所示。

（1）正相关。点的散布呈一条向上的直线带，表明 y 受 x 的直接影响，如图 2.9(a) 所示。

（2）弱正相关。点的散布呈向上的直线带趋势，表明除 x 外，还有其他因素在影响 y，如图 2.9(b) 所示。

（3）不相关。点的散布无规律，表明 x 与 y 没有关系，如图 2.9(c) 所示。

（4）负相关。点的散布呈一条向下的直线带，表明 y 受 x 的负影响，如图 2.9(d) 所示。

（5）弱负相关。点的散布呈向下的直线带趋势，表明除 x 的负影响外，还有其他因素在影响 y，如图 2.9(e) 所示。

（6）非线性相关。点的分布呈非直线带，表明 y 受 x 的非线性影响，如图 2.9(f) 所示。

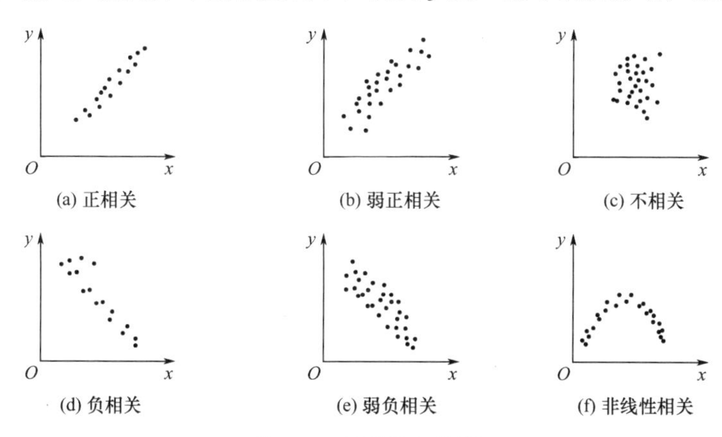

图 2.9 相关图的类型

6. 分层法

分层法又叫分类法，是将调查收集的原始数据，根据不同的目的和要求，按某一性质进行分组、整理的一种分析方法。分层的结果是使数据各层间的差异突出地显示出来，层内的数据差异减小。在此基础上再进行层间、层内的比较分析，可以更深入地发现和认识质量问题的原因。由于产品质量是多方面因素共同作用的结果，因而对同一批数据，可以按不同性质分层，使我们能从不同角度去考虑、分析产品存在的质量问题和影响因素。常用的分层标志如下。

(1) 按操作班组或操作者分层。

(2) 按使用机械设备型号分层。

(3) 按操作方法分层。

(4) 按原材料供应单位、供应时间或等级分层。

(5) 按施工时间分层。

(6) 按检查手段、工作环境等分层。

现举例说明分层法的应用。

案例 2-4

为调查某工程钢筋焊接质量，质检员共检查了 50 个焊接点，发现其中不合格焊接点 19 个，不合格率为 38%，存在严重的质量问题，试用分层法分析质量问题的原因。

现已查明这批钢筋的焊接是由 A、B、C 三个师傅操作的，而焊条是由甲、乙两个厂家生产的。因此，分别按操作者和焊条生产厂家采用分层法进行分析，即考虑一种因素单独的影响，具体见表 2-6 和表 2-7。

表 2-6 按操作者分层

操作者	不合格	合格	不合格率/%
A	6	13	32
B	3	9	25
C	10	9	53
合　计	19	31	38

表 2-7 按焊条生产厂家分层

焊条生产厂家	不合格	合格	不合格率/%
甲厂	9	14	39
乙厂	10	17	37
合　计	19	31	38

由表 2-6 和表 2-7 可见，操作者 B 的质量较好，不合格率为 25%；而不论是采用甲厂还是乙厂的焊条，不合格率都很高且相差不大。为了找出问题之所在，再进一步采用综合分层进行分析，即考虑两种因素共同影响的结果，具体见表 2-8。

表 2-8 按两种因素综合分层

操作者	焊接质量	甲厂		乙厂		合计	
		焊接点	不合格率/%	焊接点	不合格率/%	焊接点	不合格率/%
A	不合格	6	75	0	0	6	32
	合格	2		11		13	
B	不合格	0	0	3	43	3	25
	合格	5		4		9	
C	不合格	3	30	7	78	10	53
	合格	7		2		9	
合计	不合格	9	39	10	37	19	38
	合格	14		17		31	

从表 2-8 可知，在使用甲厂的焊条时，应采用 B 师傅的操作方法为好；在使用乙厂的焊条时，应采用 A 师傅的操作方法为好，这样会使合格率大大地提高。

分层法是质量控制统计分析方法中最基本的一种方法。其他统计方法（如排列图法、直方图法、控制图法、相关图法等）一般都要与分层法配合使用，常常是首先利用分层法将原始数据分门别类，然后再进行统计分析的。

7. 调查表法

调查表法又称统计调查分析法，它是利用专门设计的调查表对质量数据进行收集、整理和粗略分析质量状态的一种方法。

在质量控制活动中，利用调查表收集数据，简便灵活，便于整理，实用有效。调查表没有固定的格式，可根据需要和具体情况来设计。常用的调查表如下。

（1）分项工程作业质量分布调查表。

（2）不合格项目调查表。

（3）不合格原因调查表。

（4）施工质量检查评定用调查表。

表 2-9 是混凝土空心板外观质量问题调查表。

表 2-9 混凝土空心板外观质量问题调查表

产品名称	混凝土空心板		生产班组		
日生产总数	200 块	生产时间	年 月 日	检查时间	年 月 日
检查方式	全数检查		检查员		
项目名称		检查记录		合计	
露筋		正正		9	
蜂窝		正正一		11	
孔洞		丅		2	
裂缝		一		1	
其他		下		3	
总计				26	

应当指出，在实际应用中，调查表法往往同分层法结合起来应用，这样可以更好、更快地找出问题的原因，以便采取改进的措施。

2.3 建筑工程质量控制的手段

1. 工序质量控制

工程项目的施工过程，是由一系列相互关联、相互制约的工序所构成的，工序质量是基础，直接影响工程项目的整体质量。要控制工程项目施工过程的质量，首先必须控制工序质量。

工序质量包含两方面的内容：一是工序活动条件的质量，二是工序活动效果的质量。从质量控制的角度来看，这两者是互为关联的，一方面要控制工序活动条件的质量，即每道工序投入品的质量（即人、材料、机械、方法和环境的质量）是否符合要求；另一方面又要控制工序活动效果的质量，即每道工序施工完成的工程产品是否达到有关质量标准。

2. 质量控制点的设置

质量控制点是指为了保证施工项目质量而确定的重点控制对象、关键部位或薄弱环节，以便在一定时期内、一定条件下进行强化管理，使施工质量处于良好的受控状态。质量控制点的设置，要根据工程的重要程度或某部位质量特性对整个工程质量的影响程度来确定。为此，在设置质量控制点时，首先要对施工的工程对象进行全面分析、比较，以明确质量控制点；然后进一步分析所设置的质量控制点在施工中可能出现的质量问题或造成质量隐患的原因，并针对质量隐患的原因，相应地提出对策措施予以预防。由此可见，设置质量控制点，是对工程质量进行预控的有力措施。

质量控制点的涉及面较广，根据工程特点，视其重要性、复杂性、精确性、质量标准和要求，可能是结构复杂的某一工程项目，也可能是技术要求高、施工难度大的某一结构构件或分部分项工程，还可能是影响质量的某一关键环节中的某一工序或若干工序。总之，施工项目涉及的操作、材料、机械设备、施工顺序、技术参数、自然条件、工程环境等，均可作为质量控制点来设置，主要视其对质量特性影响的大小及危害程度而定。

3. 检查和检测手段

在施工项目质量控制过程中，常用的检查和检测手段有以下几种。

（1）日常性的检查：在现场施工过程中，质量控制人员（专业工长、质检员、技术人员）对操作人员进行操作情况及结果的检查和抽查，及时发现质量问题、质量隐患或事故苗头，以便及时进行控制。

（2）测量和检测：利用测量仪器和检测设备对建筑物水平和竖向轴线、标高、几何尺寸、方位进行控制，对建筑结构施工的有关砂浆或混凝土强度进行检测，严格控制工程质量，发现偏差及时纠正。

（3）试验及见证取样：各种材料及施工试验应符合相应规范和标准的要求，如原材料的性能、混凝土的配合比和坍落度、成品强度、桩的承载力等，均需通过试验的手段进行控制。

（4）实行质量否决制度：质量检查人员和技术人员对施工中存有的问题，有权以口头方式或书面方式要求施工操作人员停工或者返工，纠正违章行为，责令不合格的产品推倒重做。

（5）按规定的工作程序控制：预检、隐检应由专人负责并按规定检查，做好记录，第一次使用的混凝土配合比要进行开盘鉴定，混凝土浇筑应经申请和批准，完成的分项工程质量要进行实测实量的检验评定等。

（6）对涉及使用安全与功能的项目实行竣工抽查检测，严把分项工程质量检验评定关。

4. 成品保护措施

在施工过程中，有些分部分项工程已经完成，而其他工程还在施工，或者某些部位已经完成，而其他部位还在施工，如果不对已完成的成品采取妥善的措施加以保护，就会造成损伤，影响质量。这样，不仅会增加修补工作量、浪费工料、拖延工期，更严重的是有的损伤可能难以恢复到原样而成为永久性的缺陷。因此，成品保护是一个关系到确保工程质量、降低工程成本、按期竣工的重要环节。

加强成品保护，首先要教育全体职工树立质量观念，对国家、对人民负责，自觉爱护公物，尊重他人和自己的劳动成果，施工操作时要珍惜已完成的和部分完成的成品；其次要合理安排施工顺序，采取行之有效的成品保护措施。

1）施工顺序与成品保护

合理安排施工顺序，按正确的施工流程组织施工，是进行成品保护的有效途径之一。可以参考的具体施工顺序如下。

（1）遵循“先地下后地上”“先深后浅”的施工顺序，就不致破坏地下管网和道路路面。

（2）地下管道与基础工程配合进行施工，可避免基础完工后再打洞挖槽安装管道，影响质量和进度。

（3）先在房心回填土后再做基础防潮层，可保护防潮层不致受填土夯实损伤。

（4）装饰工程采取自上而下的流水顺序，可以使房屋主体工程完成后，有一定的沉降期；已做好的屋面防水层，可防止雨水渗漏。这些都有利于保护装饰工程质量。

（5）先做地面，后做顶棚、墙面抹灰，可以保护下层顶棚、墙面抹灰不致受渗水污染；但在已做好的地面上施工，需对地面加以保护。若先做顶棚、墙面抹灰，后做地面，则要求楼板灌缝密实，以免漏水污染墙面。

（6）楼梯间和踏步饰面，宜在整个饰面工程完成后，再自上而下地进行。

（7）门窗扇的安装通常在抹灰后进行；一般先刷油漆，后安装玻璃。

（8）当采用单排外脚手砌墙时，由于砖墙上面有脚手洞眼，故一般情况下内墙抹灰需待同一层外墙粉刷完成，脚手架拆除，洞眼填补后，才能进行，以免影响内墙抹灰的质量。

（9）先喷浆而后安装灯具，可避免安装灯具后又修理浆活，从而污染灯具。

（10）当铺贴连续多跨的屋面卷材时，应按先高跨后低跨，先远（离交通进出口）后近，先刷天窗油漆、安装玻璃后铺贴屋面卷材的顺序进行。这样可避免在铺好卷材的屋面上行走和堆放材料、工具等物，有利于保护屋面的质量。

以上示例说明，合理安排施工顺序，既可有效地保护成品质量，也可有效地防止后道工序损伤或污染前道工序。

2）成品保护的措施

成品保护主要有护、包、盖、封4种措施。

(1) 护。护就是提前保护，以防止成品可能发生的损伤和污染。例如，为了防止清水墙面污染，在脚手架、安全网横杆、进料口四周及临近水刷石墙面上，提前钉上塑料布或纸板；清水墙楼梯踏步采用护棱角铁上下连通固定；推车易碰的门口部位，在小车轴的高度钉上防护条或槽型盖铁；进出口台阶应垫砖或方木，搭脚手板过人；外檐水刷石大角或柱子要立板固定保护；门扇安装好后要加楔固定；等等。

(2) 包。包就是进行包裹，以防止成品被损伤或污染。例如，大理石或高级水磨石块柱子贴好后，应用立板包裹捆扎；楼梯扶手易污染变色，油漆前应裹纸保护；铝合金门窗应用塑料布包扎；炉片、管道污染后不好清理，应包纸保护；电气开关、插座、灯具等设备也应包裹，防止喷浆时污染；等等。

(3) 盖。盖就是表面覆盖，防止堵塞、损伤。例如，预制水磨石、大理石楼梯应用木板、加气板等覆盖，以防操作人员踩踏和物体磕碰；水泥地面、现浇或预制水磨石地面，应铺干锯末保护；高级水磨石地面或大理石地面，应用苫布或棉毡覆盖；落水口、排水管安好后要加以覆盖，以防堵塞；散水交活后，为保水养护并防止磕碰，可盖一层土或砂子；其他需要防晒、防冻、保温养护的项目，也要采取适当的覆盖措施；等等。

(4) 封。封就是局部封闭。例如，预制水磨石楼梯、水泥抹面楼梯施工后，应将楼梯口暂时封闭，待达到上人强度并采取保护措施后再开放；室内塑料墙纸、木地板油漆完成后，均应立即锁门；屋面防水做完后，应封闭上屋面的楼梯门或出入口；室内抹灰或浆活交活后，为调节室内温、湿度，应有专人开关外窗；等等。

总之，在工程项目施工中，必须充分重视成品保护工作。因为即使生产出来的产品是优质品、上等品，若保护不好，遭受损伤或污染，也将会成为次品、废品、不合格品。所以，成品保护，除合理安排施工顺序，采取有效的对策、措施外，还必须加强对成品保护工作的检查。

案例 2-5

【背景】

某网球馆工程采用筏板基础，按流水施工方案组织施工，在第一段施工过程中，材料已送检，为了在雨期来临之前完成基础工程施工，施工单位负责人未经监理许可，在材料送检时，擅自进行筏板基础混凝土浇筑，待筏板基础浇筑完毕后，发现水泥试验报告中某些检验项目质量不合格，如果返工重做，工期将拖延15天，经济损失预计达1.32万元。

【问题】

(1) 施工单位未经监理许可即进行筏板基础混凝土浇筑，该做法是否正确？如果不正确，施工单位应如何做？

(2) 为了保证该网球馆工程质量达到设计和规范要求，施工单位对进场材料应如何进行质量控制？

（3）简述材料质量控制的要点。

（4）材料质量控制的内容有哪些？

【分析与答案】

（1）施工单位未经监理单位许可即进行筏板基础混凝土浇筑的做法是错误的。

正确做法：施工单位运进水泥前，应向项目监理机构提交工程材料报审表，同时附有水泥出厂合格证、技术说明书、按规定要求进行送检的检验报告，经监理工程师审查并确认其质量合格后，方准进场。

施工单位还可以采用（ISO 9000国际标准）质量管理和质量保证标准中有关检验和试验程序中的“紧急放行”和“例外放行”。

通常不允许使用未经检验合格的物资，确因生产急需又来不及检验和试验而投入使用的物资，需经相应授权人员批准（如由施工单位申请，监理工程师批准），做出明确标识并做好记录，保证一旦发现不符合规定要求，能够立即追回或更换。这种做法，习惯上称为“紧急放行”。本例适合采用“紧急放行”程序，但其风险由施工单位承担。

通常不允许检验、试验未完成或必要的检验和试验报告未经验证合格而将工作转入下一过程，确因生产急需来不及完成检验和试验或检验和试验报告完成前就要转入下一过程时，需经相应授权人员批准（如一层混凝土浇筑的试验报告还没完成，急需进入二层混凝土浇筑，则应由施工单位申请，监理工程师批准，才能进入二层混凝土浇筑），做出明确标识并做好记录，保证一旦发现不符合规定要求，能够立即返工重做。这种做法，习惯上称为“例外放行”。“例外放行”的风险由施工单位承担。

（2）施工单位对进场材料的质量控制方法主要是严格检查验收，正确合理地使用，建立管理台账，进行收、发、储、运等环节的技术管理，避免混料和将不合格的原材料使用到工程上。

（3）材料质量控制的要点如下。

材料（包括原材料、成品、半成品、构配件）是工程施工的物质基础，没有材料就无法施工；材料质量是工程质量的基础，材料质量不符合要求，工程质量也就不可能符合标准。所以加强材料质量控制，是提高工程质量的重要保证。

① 掌握材料信息，优选供货厂家。

② 合理组织材料供应，确保施工正常进行。

③ 合理组织材料使用，减少材料损失。

④ 加强材料检查验收，严把材料质量关。

⑤ 要重视材料的使用认证，以防错用或使用不合格的材料。

⑥ 加强现场材料管理。

（4）材料质量控制的内容主要有材料的质量标准，材料的性能，材料的质量检验取样、检验方法，材料的适用范围和施工要求，等等。其中，材料的质量标准是用以衡量材料质量的尺度，也是验收、检验材料质量的标准。材料的质量检验取样必须有代表性，必须按规定的部位、数量及采选的操作要求进行。材料的检验方法有书面检验、外观检验、理化检验和无损检验，检验程度有免检、抽检和全数检验。

本章小结

通过本章的学习，学生应了解有关技术文件、报告、报表的审核方法，掌握现场质量检验方法、质量控制统计法，熟悉工序质量控制、质量控制点的设置、检查和检测手段、成品保护措施等施工项目质量控制手段。

施工质量控制的依据主要是工程项目施工质量验收标准。施工准备的质量控制包括施工承包单位资质的核查、施工组织设计的审查、现场施工准备的质量控制；施工过程的质量控制包括承包单位的自检、技术复核工作的监控、见证取样送检工作的监控、工程变更的监控、见证点实施的控制、原材料管理质量的监控、计量工作质量的监控、质量记录资料的监控、工地例会的管理、工程暂停令及复工令的实施。

施工项目质量控制方法，主要是审核有关技术文件、报告、报表，进行现场质量检验，运用质量控制统计法，等等。质量控制统计法主要有排列图法、因果图法、直方图法、控制图法、相关图法、分层法和调查表法。

施工项目质量的控制手段包括工序质量控制、质量控制点的设置、检查和检测手段、成品保护措施。

简答题

1. 建筑工程质量控制的方法有哪些？
2. 项目经理对工程质量进行全面控制，主要的审核文件有哪些？
3. 现场质量检验的内容有哪些？
4. 现场质量检验的方法有哪些？
5. 质量控制统计法有哪些？各适用于哪些场合？
6. 工程质量控制的手段有哪些？

第3章 建筑工程施工质量控制措施

思维导图

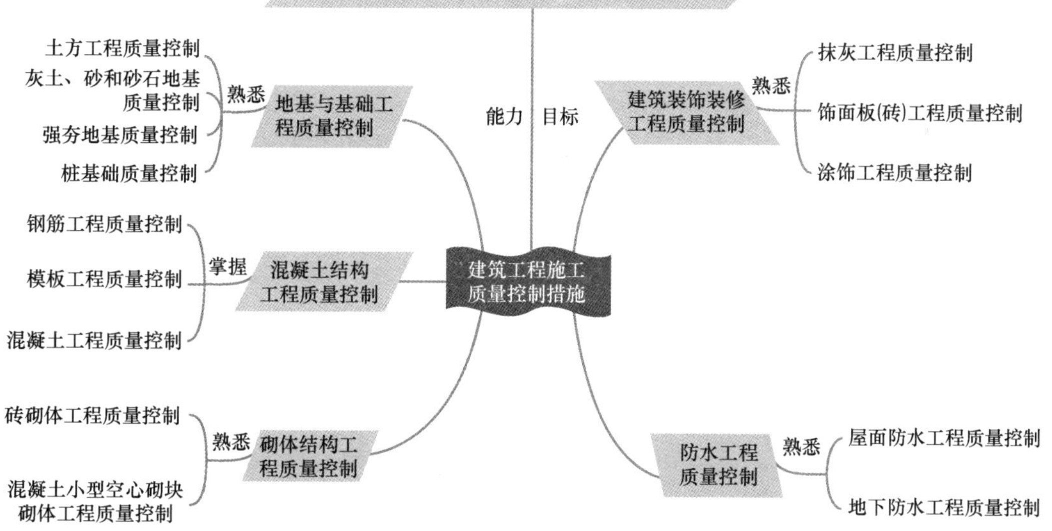

引例

某大学学生宿舍楼发生一起6层悬臂式雨篷根部突然断裂的恶性质量事故。幸好事故发生在凌晨两点，因而未造成人员伤亡。该宿舍楼为6层砖混结构，建筑面积为2784m^2。经事故调查、原因分析，发现造成该质量事故的主要原因是施工人员在施工时将受力钢筋位置放错，使悬臂结构受拉区无钢筋而产生脆性破坏。

问题：(1) 施工单位现场质量检查的内容有哪些？

(2) 为了满足质量要求，施工单位进行现场质量检查的目测法和实测法有哪些常用手段？

(3) 针对该钢筋工程隐蔽验收的要点有哪些？

3.1 地基与基础工程质量控制

3.1.1 土方工程质量控制

1. 场地和基坑开挖施工技术要求

1) 土方开挖施工技术要求

哈尔滨“8•8”办公楼顶层坍塌事故

(1) 场地挖方。

① 土方开挖应具有一定的边坡坡度，以防塌方和发生施工安全事故。

② 挖方上边缘至土堆坡脚的距离应根据挖方深度、边坡高度和土的类别确定，当土质干燥密实时，不得小于3m；当土质松软时，不得小于5m。

(2) 基坑（槽）开挖。

① 基坑（槽）和管沟开挖上部应有排水措施，防止地面水流入坑内，以防冲刷边坡，造成塌方和基土破坏。图3.1所示为基坑开挖。

推土机施工

铲运机施工

图3.1 基坑开挖

② 挖深在5m以内的应按规定放坡，为防止事故发生，必要时应设支撑。

正铲挖土机施工

③ 在已有建筑物侧开挖基坑（槽）应间隔分段进行，每段不超过2.5m，相邻槽段开挖应待已挖好槽段基础回填夯实后进行。

④ 开挖基坑深于邻近建筑物基础时，开挖应保持一定的距离和坡度，要满足 $H/L \leqslant 0.5 \sim 1$（H 为相邻基础高差，L 为相邻两基础外边缘水平距离）。

⑤ 正确确定基坑护面措施，确保施工安全。

2）深基坑开挖的技术要求

反铲挖土机施工

（1）有合理的经评审过的基坑围护设计、降水和挖土施工方案。

（2）挖土前，围护结构达到设计要求，基坑降水至坑底以下500mm。

（3）挖土过程中，对周围邻近建筑物、地下管线进行监测。

（4）挖土过程中保证支撑、工程桩和立桩的稳定。

（5）施工现场配备必要的抢险物资，及时减小事故的扩大。

3）土方开挖施工质量控制

（1）在挖土过程中及时排除坑底表面积水。

（2）在挖土过程中若发生边坡滑移、基坑涌水，则必须立即暂停挖土，并根据具体情况采取必要的措施。

（3）基坑严禁超挖，在开挖过程中，用水准仪跟踪监测标高，机械挖土遗留200～300mm原余土，采用人工修土。

2. 土方工程质量检验标准与检验方法

装载机施工

（1）柱基、基坑（槽）、管沟基底的土质必须符合设计要求，并严禁扰动。

（2）填方的基底处理必须符合设计要求或施工规范要求。

（3）填方柱基、基坑（槽）、管沟的回填土料必须符合设计要求和施工规范要求。

（4）填方柱基、基坑（槽）、管沟的回填必须按规定分层夯压密实。

（5）土方开挖工程质量检验标准与检验方法见表3-1，土方回填工程质量检验标准与检验方法见表3-2。

表3-1 土方开挖工程质量检验标准与检验方法

项目	序号	检验项目	允许偏差或允许值/mm					检验方法
			柱基、基坑（槽）	挖方场地平整		管沟	地（路）面基层	
				人工	机械			
主控项目	1	标高	−50	±30	±50	−50	−50	用水准仪检查
	2	分层压实系数	按设计要求					按规定方法
	3	表面平整度	20	20	50	20	20	用2m靠尺和楔形塞尺检查
一般项目	1	回填土料	按设计要求					取样检查或直观鉴别
	2	分层厚度及含水量	按设计要求					用水准仪及抽样检查

表 3-2　土方回填工程质量检验标准与检验方法

<table>
<tr><th rowspan="3">项目</th><th rowspan="3">序号</th><th rowspan="3">检验项目</th><th colspan="5">允许偏差或允许值/mm</th><th rowspan="3">检验方法</th></tr>
<tr><th rowspan="2">柱基、基坑（槽）</th><th colspan="2">挖方场地平整</th><th rowspan="2">管沟</th><th rowspan="2">地（路）面基层</th></tr>
<tr><th>人工</th><th>机械</th></tr>
<tr><td rowspan="3">主控项目</td><td>1</td><td>标高</td><td>−50</td><td>±30</td><td>±50</td><td>−50</td><td>−50</td><td>用水准仪检查</td></tr>
<tr><td>2</td><td>长度、宽度（由设计中心线向两边量）</td><td>+200
−50</td><td>+300
−100</td><td>+500
−150</td><td>+100</td><td>—</td><td>用经纬仪和钢尺检查</td></tr>
<tr><td>3</td><td>边坡坡度</td><td colspan="5">按设计要求</td><td>观察或用坡度尺检查</td></tr>
<tr><td rowspan="2">一般项目</td><td>1</td><td>表面平整度</td><td>20</td><td>20</td><td>50</td><td>20</td><td>20</td><td>用 2m 靠尺和楔形塞尺检查</td></tr>
<tr><td>2</td><td>基本土性</td><td colspan="5">按设计要求</td><td>观察或土样分析</td></tr>
</table>

注：地（路）面基层的偏差只适用于直接在挖、填方上做地（路）面的基层。

3.1.2 灰土、砂和砂石地基质量控制

灰土、砂和砂石地基工程质量控制流程如图 3.2 所示。

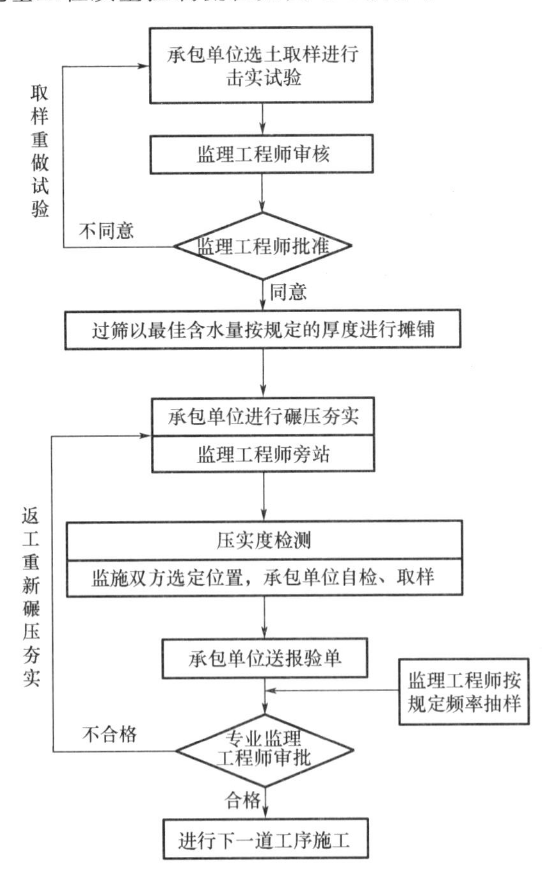

图 3.2　灰土、砂和砂石地基工程质量控制流程

1. 施工过程技术要求

(1) 灰土、砂和砂石地基施工前，应进行验槽，合格后方可进行施工。

(2) 施工前应检查槽底是否有积水、淤泥，清除干净并干燥后再施工。

(3) 检查灰土的配料是否正确，除设计有特殊要求外，一般按 2∶8 或 3∶7 的体积比配制；检查砂石的级配是否符合设计或试验要求。

(4) 控制灰土的含水量，以“手握成团，落地开花”为好。

(5) 检查控制地基的铺设厚度，灰土为 200～300mm、砂或砂石为 150～350mm。

(6) 检查每层铺设压实后的压实密度，合格后方可进行下一道工序的施工。

(7) 检查分段施工时上、下两层搭接部位和搭接长度是否符合规定。

2. 灰土地基质量检验标准、检验方法及检验数量

(1) 灰土地基质量检验标准与检验方法见表 3-3。

表 3-3 灰土地基质量检验标准与检验方法

项目	序号	检验项目	允许偏差或允许值		检验方法
			单位	数值	
主控项目	1	地基承载力	符合设计要求		由设计提出要求，在施工结束一定间歇时间后进行灰土地基的承载力检验。具体检验方法可按当地设计单位的习惯、经验等选用标准贯入试验、静力触探试验、十字板剪切试验及荷载试验等方法。其结果必须符合设计要求的标准
主控项目	2	配合比	符合设计要求		土料、石灰或水泥材料的质量、配合比、拌和时的体积比应符合设计要求；观察检查，必要时检查材料抽样试验报告
主控项目	3	压实系数	符合设计要求		现场实测（常用环刀法取样，采用贯入仪或动力触探仪等进行测量）。检查施工记录及灰土压实系数检测报告
一般项目	1	石灰粒径	mm	≤5	检查筛子及实施情况
一般项目	2	土料有机质含量	%	≤5	检查焙烧试验报告和观察检查
一般项目	3	土颗粒粒径	mm	≤1	检查筛子及实施情况
一般项目	4	含水量（与要求的最优含水量比较）	%	±2	现场观察检查和检查烘干报告
一般项目	5	分层厚度偏差（与设计要求比较）	mm	±50	水准仪和钢尺测量

(2) 灰土地基质量检验数量。

① 主控项目。第 1 项：每个单位工程不少于 3 点。1000m^2 以上，每 100m^2 抽查 1 点；

3000m²以上，每300m²抽查1点；独立柱基每柱抽查1点；基槽每20延长米抽查1点。第2项：配合比每工作班至少检查2次。第3项：采用环刀法取样应位于每层厚度的2/3深处，大基坑每50～100m²不应少于1点，基槽每10～20m不应少于1点；每个独立柱基不应少于1点。采用贯入仪或动力触探仪检验施工质量时，每个分层检验点的间距应小于4m。

② 一般项目。基坑每50～100m²取1点，基槽每10～20m取1点，且均不少于5点；每个独立柱基不少于1点。

3. 砂和砂石地基质量检验标准、检验方法及检验数量

（1）砂和砂石地基质量检验标准与检验方法见表3-4。

表3-4　砂和砂石地基质量检验标准与检验方法

项目	序号	检验项目	允许偏差或允许值		检验方法
			单位	数值	
主控项目	1	地基承载力	符合设计要求		同灰土地基
	2	配合比	符合设计要求		现场实测体积比或质量比，检查施工记录及抽样试验报告
	3	压实系数	符合设计要求		采用贯入仪、动力触探仪或灌砂法、灌水法检验，检查试验报告
一般项目	1	砂石料有机质含量	%	≤5	检查焙烧试验报告和观察检查
	2	砂石料含泥量	%	≤5	现场检查及检查水洗试验报告
	3	砂石料粒径	mm	≤100	检查筛分报告
	4	含水量（与要求的最优含水量比较）	%	±2	检查烘干报告
	5	分层厚度偏差（与设计要求比较）	mm	±50	与设计厚度比较，用水准仪和钢尺检查

（2）砂和砂石地基质量检验数量。

① 主控项目。第1项：同灰土地基。第2项：同灰土地基。第3项：大基坑每50～100m²不应少于1点，基槽每10～20m不应少于1点；每个独立柱基不应少于1点。采用贯入仪或动力触探仪检验施工质量时，每个分层检验点的间距应小于4m。

② 一般项目。同灰土地基。

3.1.3 强夯地基质量控制

1. 强夯地基施工过程的检查项目

（1）开夯前应检查夯锤的锤重和落距，以确保单击夯击能量符合设计要求。

（2）检查测量仪器的使用情况，核对夯点位置及标高，仔细审核测量及计算结果。

（3）夯击前，应对夯点放线进行复核，夯完后检查夯坑位置，发现偏差或漏击应及时纠正。

(4) 按设计要求检查每个夯点的夯击遍数和每击的沉降量及前后两遍之间的间歇时间等。

(5) 按设计要求做好质量检验和夯击效果检验，未达到要求或预期效果时应及时补救。

(6) 施工过程中应对各项施工参数及施工情况进行详细记录，作为质量控制的依据。

2. 强夯地基质量检验标准、检验方法及检验数量

(1) 强夯地基质量检验标准与检验方法见表3-5。

表3-5 强夯地基质量检验标准与检验方法

项目	序号	检验项目	允许偏差或允许值		检验方法
			单位	数值	
主控项目	1	地基强度	符合设计要求		按设计指定方法检测，强度达到设计要求
	2	地基承载力	符合设计要求		根据土性选用原位测试和室内土工试验；对于一般工程应采用两种或两种以上的方法进行检验，相互校验，常用的方法主要有剪切试验、触探试验、荷载试验及动力测试等。对重要工程应增加检验项目，必要时也可做现场压板荷载试验
一般项目	1	夯锤落距	mm	±300	钢索设标志，观察检查
	2	锤重	kg	±100	施工前称重
	3	夯击遍数及顺序	符合设计要求		现场观测计数，检查记录
	4	夯点间距	mm	±500	用钢尺量
	5	夯击范围（超出基础范围距离）	符合设计要求		按设计要求在放线挖土时放宽、放长，用经纬仪和钢卷尺放线量测。每边超出基础外缘的宽度宜为设计处理深度的1/2～2/3，并不宜小于3m
	6	前后两遍间歇时间	符合设计要求		观察检查（施工记录）

(2) 强夯地基质量检验数量。

① 主控项目。第1项：同灰土地基。第2项：同灰土地基。

② 一般项目。第1项：每工作班不少于3次。第2项：全数检查。第3项：全数检查。第4项：按夯点数量的5%抽查。第5项：全数检查。第6项：全数检查并记录。

3.1.4 桩基础质量控制

桩基础质量直接关系到上部结构的安全与使用功能，必须采取有效措施加以控制。各种桩基础质量控制的主要措施如下。

1. 钢筋混凝土预制桩

(1) 桩身轴线定位要准确。

（2）合理安排打桩顺序，避免挤土导致桩身侧移、涌起，避免打桩期间同时开挖基坑。

泥浆护壁成孔灌注桩

（3）控制桩身垂直度，避免桩身倾斜。

（4）根据地质条件和施工机具合理设计制作桩头、桩帽与桩垫，避免击碎桩头。

（5）打桩前查清地下障碍物、认真检查桩身质量，避免沉桩过程中桩身断裂。

（6）重视接桩质量，控制接桩强度，避免沉桩过程中桩的接头处松脱、开裂。

（7）沉桩过程中出现桩身下沉过快或过慢、达不到设计控制标高或不满足贯入度指标等情况，要分析其原因，采取地质补勘、改换施工机具、变更设计桩长、换桩重打或在桩位旁补桩等措施。

锤击沉管灌注桩

2. 混凝土灌注桩

（1）避免坍孔。

提升、下落冲锤和掏渣筒及下钢筋笼时要保持垂直；控制泥浆质量、保持泥浆液位高于孔外地下水位；轻度坍孔可加大泥浆比重，严重坍孔要投入黏土泥膏，待孔壁沉淀后低速重新钻进。

（2）避免孔位偏移或孔身倾斜。

螺旋钻机成孔灌注桩

校准钻机导架，将桩架安放牢固；针对不同土层采用不同进尺速度；发现偏斜可填入石子、黏土重新钻进，控制钻速，慢速往复提升、下降，反复扫孔纠正。

（3）避免吊脚桩（桩孔底部泥石过多无混凝土）。

成孔后做好清孔工作，立即浇筑混凝土；清孔后控制泥浆密度；下钢筋笼时注意保护孔壁。

（4）控制流砂。

使孔内泥浆平面高于孔外水位 0.5m 以上，加大泥浆密度；流砂严重时抛入碎砖、石、黏土，通过锤击冲入流砂层。

人工挖孔灌注桩

（5）控制钢筋笼质量。

钢筋笼的形状要保持准确、刚度要足够、吊放要缓慢垂直。

（6）控制混凝土浇筑质量。

混凝土级配、配合比、坍落度要符合设计要求；泥浆护壁时要用导管按水下混凝土浇筑方法施工；干成孔时要用串筒下料，防止混凝土离析；沉管灌注桩要控制拔管速度，防止产生缩径、断桩等事故。

3. 试桩及桩身检测

（1）试桩。

桩基础正式施工前一般应做试桩，以了解桩的贯入深度、持力层强度、桩的承载力及施工中可能遇到的问题，用以校核、调整桩的设计。试桩应选择具有代表性的场地地质条件，并做好详细的施工记录。试桩方法一般采用加荷试验，试验时间一般要求预制桩在砂土中入土 7d 以上（淤泥质土不得少于 15d），灌注桩应在桩身混凝土达到设计强度以后（一般 28～35d）。加荷试验一般模拟实际荷载情况，分级加载、分级卸载。

（2）桩身检测。

桩基础施工完毕并达到设计强度后，要对其承载力进行抽样检测和评价。桩身检测有静载法和动测法两种。静载法是通过静载加压确定桩身容许承载力的方法，通常采用竖向抗压、竖向抗拔和水平抗侧力试验。动测法是通过给桩身一个动荷载，用电子量测技术得出桩的振动参数，进而得出对桩身质量和承载力评价的方法。通过对一定数量比例的桩进行检测，即可给出施工完毕的桩基础的质量评价，从而达到质量控制的目的。

知识链接

混凝土灌注桩施工质量控制

1. 混凝土灌注桩钢筋笼制作质量控制

（1）钢筋笼制作的允许偏差按规范执行。

（2）主筋净距必须大于混凝土粗骨料粒径3倍以上。当因设计配筋率大而不能满足要求时，应通过设计调整钢筋直径加大主筋之间的净距，以确保混凝土灌注时达到密实度要求。

（3）箍筋宜设在主筋外侧。主筋需设弯钩时，弯钩不得向内圆伸露，以免钩住灌注导管，妨碍导管正常工作。

（4）钢筋笼的内径应比导管接头处的外径大100mm以上。

（5）分节制作的钢筋笼，主筋接头宜用焊接，由于在灌注桩孔口进行焊接只能做单面焊，因此搭接长度应保证在10倍主筋直径以上。

（6）沉放钢筋笼前，应在钢筋笼上套上或焊上主筋保护层垫块或耳环，使主筋保护层偏差符合以下规定：水下灌注混凝土为±20mm，非水下灌注混凝土为±10mm。

2. 泥浆护壁成孔灌注桩施工质量控制

（1）泥浆制备和处理施工质量控制。

① 制备泥浆的性能指标按规范执行。

② 一般地区施工期间护筒内的泥浆面应高出地下水位1.0m以上。在受潮水涨落影响地区施工时，泥浆面应高出最高水位1.5m以上。以上数据应记入开孔通知单或钻探班报表中。

③ 在清孔过程中要不断置换泥浆，直至灌注水下混凝土时才能停止置换，以保证已清好符合沉渣厚度要求的孔底沉渣不会出现由于泥浆静止渣土下沉而导致孔底实际沉渣厚度超差的弊病。

④ 灌注混凝土前，孔底500mm以内的泥浆相对密度应小于1.25，含砂率不大于8%，黏度不大于28s。

（2）正反循环钻孔灌注桩施工质量控制。

① 孔深大于30m的端承桩，钻孔机具工艺选择时宜用反循环工艺成孔或清孔。

② 为了保证钻孔的垂直度，钻机应设置导向装置。潜水钻的钻头上应有不小于3倍钻头直径长度的导向装置；利用钻杆加压的正循环回转钻机，在钻具中应加设扶正器。

③ 孔达到设计深度后，孔底沉渣厚度应符合下列规定：端承桩≤50mm；摩擦端承桩、端承摩擦桩≤100mm；摩擦桩≤300mm。

④ 正反循环钻孔灌注桩成孔施工的允许偏差应满足规范的要求。

(3) 冲击成孔灌注桩施工质量控制。

① 冲击成孔灌注桩孔口护筒的内径应大于钻头直径200mm，护筒设置要求按规范相应条款执行。

② 护壁要求按规范相应条款执行。

(4) 水下混凝土灌注施工质量控制。

① 水下混凝土配制的强度等级应有一定的余量，能保证水下灌注混凝土强度等级符合设计强度的要求（并非在标准条件下养护的试块达到设计强度等级即判定符合设计要求）。

② 水下混凝土必须具备良好的和易性，坍落度宜为180～220mm，水泥用量不得少于360kg/m^3。

③ 水下混凝土的含砂率宜控制在40%～45%，粗骨料粒径应小于40mm。

④ 导管使用前应试拼装、试压，试水压力取0.6～1.0MPa，以免导管进水。

⑤ 隔水栓应有良好的隔水性能，并能使隔水栓顺利从导管中排出，以保证水下混凝土灌注成功。

⑥ 用以储存混凝土的储料斗的容量必须满足第一斗混凝土灌下后能使导管一次埋入混凝土面以下0.8m以上。

⑦ 水下混凝土灌注时应有专人测量导管内外混凝土面标高，保证混凝土在埋管2～6m深时才提升导管。当选用吊车提拔导管时，必须严格控制导管提拔时导管离开混凝土面的可能，防止发生断桩事故。

⑧ 严格控制浮桩标高，凿除泛浆高度后必须保证暴露的桩顶混凝土达到设计强度值。

知识链接

混凝土预制桩施工

1. 混凝土预制桩钢筋骨架质量控制

(1) 桩主筋可采用对焊或电弧焊，同一截面的主筋接头面积百分率不得超过50%，相邻主筋接头截面的距离应大于35d（d为主筋直径）且不小于500mm。

(2) 为了防止桩顶破碎，桩顶钢筋网片位置要严格控制，按图施工，并采取措施使网片位置固定正确、牢固，保证混凝土浇筑时不移位。浇筑混凝土时，要从桩顶开始浇筑，并保证桩顶和桩尖不积聚过多的砂浆。

(3) 为防止锤击时桩身出现纵向裂缝，导致桩身破碎、被迫停锤，桩钢筋骨架中主筋距桩顶的距离必须严格控制，绝不允许出现主筋距桩顶面过近甚至触及桩顶的质量问题。

(4) 桩分段长度的确定应在掌握地层土质的情况下进行，并应避免桩尖接近硬持力层或桩尖处于硬持力层中接桩。电焊接桩应抓紧时间，以免耗时长导致桩摩阻力得到恢复，使桩下沉困难。

2. 混凝土预制桩的起吊、运输和堆存质量控制

(1) 桩达到设计强度的70%方可起吊，达到100%方可运输。

(2) 桩水平运输，应用运输车辆，严禁在场地上直接拖拉桩身。

（3）垫木和吊点应保持在同一横断面上，且各层垫木上下对齐，防止因垫木参差不齐而导致桩断裂。

（4）根据许多工程的实践经验，只有龄期和强度都达到的预制桩才能被顺利打入土中，且很少打裂。沉桩应做到强度和龄期双控制。

3. 混凝土预制桩接桩施工质量控制

（1）硫黄胶泥锚接法仅适用于软土层，管理和操作要求较严；一级建筑桩基或承受拔力的桩应慎用。

（2）焊接接桩材料：钢板宜用低碳钢，焊条宜用 E43 系列焊条；焊条使用前必须经过烘焙，以降低烧焊时的含氢量，防止焊缝产生气孔而降低其强度和韧性；焊条烘焙应有记录。

（3）焊接接桩时，应先将四角点焊固定，焊接必须对称进行，以保证设计尺寸正确，使上下节桩对齐。

4. 混凝土预制桩沉桩质量控制

（1）沉桩顺序是打桩施工方案的一项十分重要的内容，必须正确选择确定，避免桩位偏移、上拔、地面隆起过多、邻近建筑物破坏等事故发生。

（2）沉桩中何时停止锤击应根据桩的受力情况确定，摩擦桩以标高为主、贯入度为辅，而端承桩应以贯入度为主、标高为辅，并进行综合考虑，当两者差异较大时，应会同各参与方进行研究，共同研究确定停止锤击桩的标准。

（3）为避免或减少沉桩挤土效应和对邻近建筑物、地下管线的影响，在施打大面积密集桩群时，可采取预钻孔，设置袋装砂井或塑料排水板，消除部分超孔隙水压力，以减少挤土现象。

（4）插桩是保证桩位正确和桩身垂直度的重要开端，插桩应控制桩的垂直度，并应逐桩记录，以备核对查验，避免打偏。

案例 3-1

某市一商品房开发商拟建 10 栋商品房，根据工程地质勘察资料和设计要求，采用振动沉管灌注桩，桩尖深入沙夹卵石层 5m 以上，按地勘报告桩长应为 9～10m。该工程振动沉管灌注桩施工完成后，由某工程质量检测机构采用低应变动测方式对该批桩进行桩身完整性检测，并出具了相应的检测报告。施工单位按规定进行主体施工，个别栋号在施工进行到第 3 层左右时，由于当地质量监督人员对检测报告有争议，故经研究决定又从外地请了两家检测机构对部分桩进行了抽检。这两家检测机构由于未按规范要求进行检测，因此未及时发现问题。后经省建筑科学研究院对其检测报告进行审核，并在现场对部分桩进行高、低应变检测，发现该工程振动沉管灌注桩存在非常严重的质量问题，有的桩身未进入持力层，有的桩身严重缩径，有的桩甚至是断桩。后经查证，该工程地质报告显示，在自然地坪以下 4～6m 深处有淤泥层，在此施工振动沉管灌注桩由于工艺方面的问题，容易发生缩径和断桩。该市检测机构个别检测人员思想素质差，一味地迎合施工单位的施工记录桩长（施工单位由于单方造价报得低，经常利用多报桩长的方法来弥补造价），将混凝土测试波速由 3600m/s 左右调整到 4700～4800m/s，个别桩身经实测波速推定桩身测试长度为 5.8m，而当时测试桩长为 9.4m，两者相差达 3.6m。这样一来，原本未进入持力层的桩、严重缩径桩和断桩就成了与施工单位记录桩长一样的完整桩。该工程后经加固处理达到了要求，但造成了很大的经济损失。

（资料来源：王赫．建筑工程质量事故百问［M］．北京：中国建筑工业出版社，2000）

3.2 混凝土结构工程质量控制

混凝土结构工程质量控制工作流程如图3.3所示。

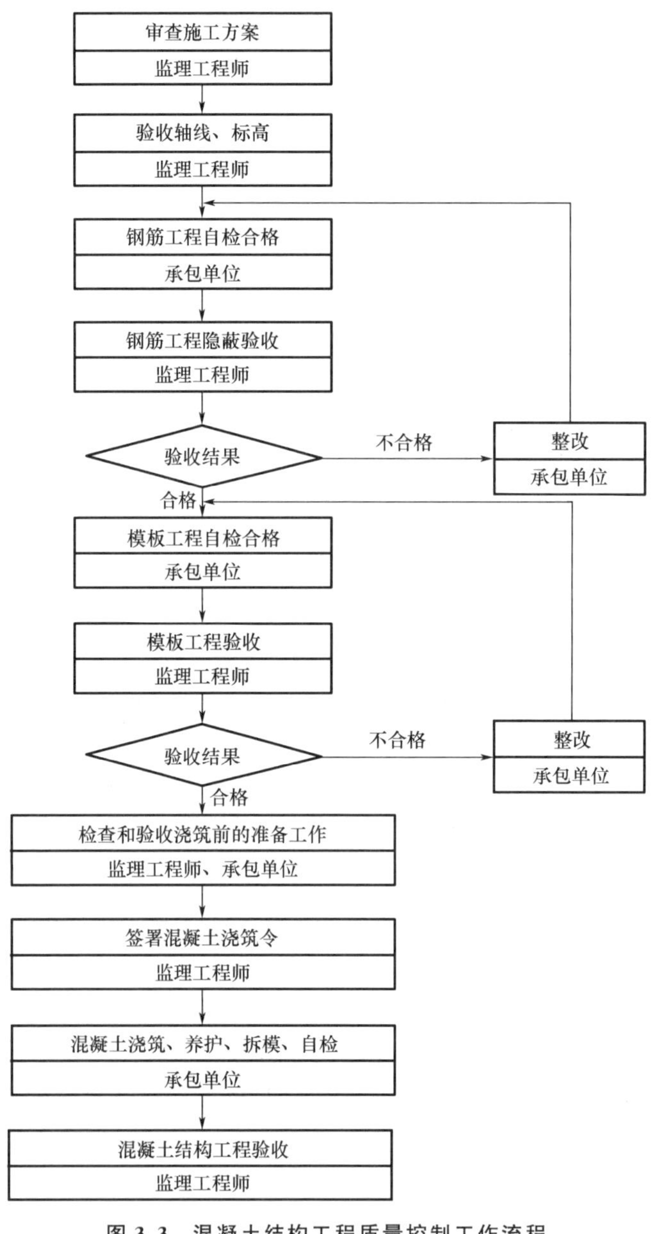

图3.3 混凝土结构工程质量控制工作流程

3.2.1 钢筋工程质量控制

钢筋工程质量控制工作流程如图 3.4 所示。

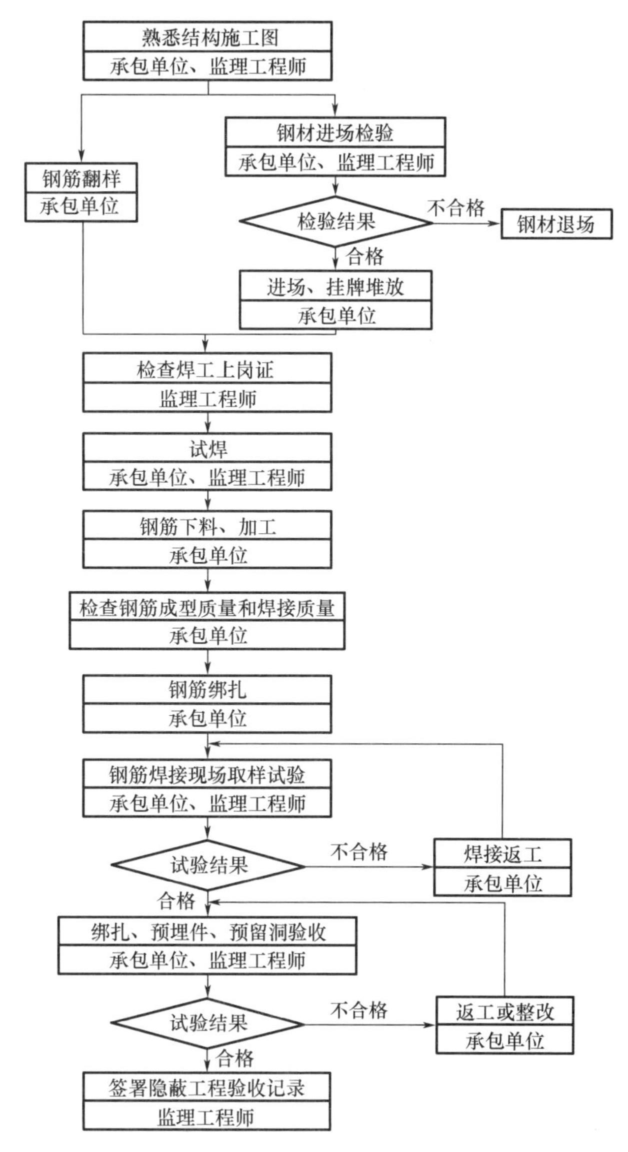

图 3.4 钢筋工程质量控制工作流程

1. 一般规定

钢筋采购与进场验收需符合以下规定。

(1) 钢筋进场时，应按国家现行相关标准的规定抽取试件做力学性能和质量偏差检验，检验结果必须符合有关标准的规定。

检查数量：按进场的批次和产品的抽样检验方案确定。

检验方法：检查产品合格证、出厂检验报告和进场复验报告。

工程材料质量控制工作流程如图 3.5 所示。

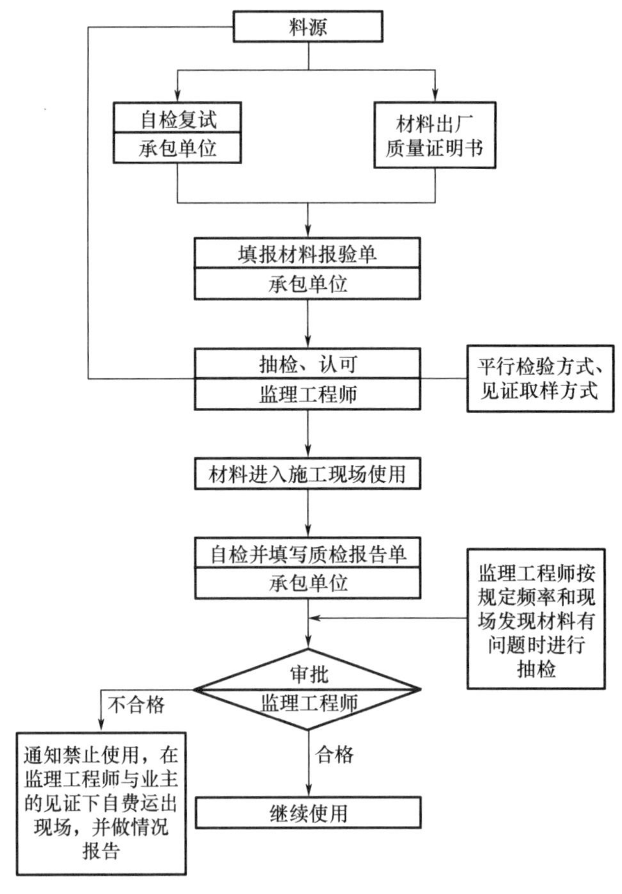

图 3.5　工程材料质量控制工作流程

(2) 对有抗震设防要求的结构，其纵向受力钢筋的性能应满足设计要求；当设计无具体要求时，对按一、二、三级抗震等级设计的框架和斜撑构件（含梯段），其纵向受力钢筋应采用 HRB400E、HRBF400E 或 HRBF500E 钢筋，其强度和最大力下总伸长率的实测值应符合下列规定。

① 钢筋的抗拉强度实测值与屈服强度实测值的比值不应小于 1.25。

② 钢筋的屈服强度实测值与屈服强度标准值的比值不应大于 1.30。

③ 钢筋的最大力下总伸长率不应小于 9%。

检查数量：按进场的批次和产品的抽样检验方案确定。

检验方法：检查进场复验报告。

(3) 当发现钢筋脆断、焊接性能不良或力学性能显著不正常等现象时，应对该批钢筋进行化学成分检验或其他专项检验。

检验方法：检查化学成分等专项检验报告。

(4) 钢筋应平直、无损伤，表面不得有裂纹、油污、颗粒状或片状老锈。

检查数量：进场时和使用前全数检查。

检验方法：观察。

2. 钢筋加工质量控制

(1) 钢筋的弯钩和弯折应符合如下规定。

① 受力钢筋的弯钩和弯折应符合下列规定：HPB300级钢筋末端应做180°弯钩，其弯弧内直径不应小于钢筋直径的2.5倍，弯钩的弯后平直部分长度不应小于钢筋直径的3倍。

② 当设计要求钢筋末端需做135°弯钩时，HRB400级钢筋的弯弧内直径不应小于钢筋直径的4倍，弯钩的弯后平直部分长度应符合设计要求。

③ 钢筋做不大于90°的弯折时，弯折处的弯弧内直径不应小于钢筋直径的5倍。

检查数量：按每工作班同一类型钢筋、同一加工设备抽查不应少于3件。

检验方法：钢尺检查。

(2) 除焊接封闭环式箍筋外，箍筋的末端应做弯钩，弯钩形式应符合设计要求；当设计无具体要求时，应符合下列规定。

① 箍筋弯钩的弯弧内直径除应满足前面的规定外，尚应不小于受力钢筋直径。

② 箍筋弯钩的弯折角度：对一般结构，不应小于90°；对有抗震等要求的结构，应为135°。

③ 箍筋弯后平直部分长度：对一般结构，不宜小于箍筋直径的5倍；对有抗震等要求的结构，不应小于箍筋直径的10倍。

检查数量：按每工作班同一类型钢筋、同一加工设备抽查不应少于3件。

检验方法：钢尺检查。

(3) 钢筋调直后应进行力学性能和质量偏差的检验，其强度应符合有关标准的规定。

盘卷钢筋和直条钢筋调直后的断后伸长率、质量偏差要求见表3-6。

表3-6 盘卷钢筋和直条钢筋调直后的断后伸长率、质量偏差要求

钢筋牌号	断后伸长率 A/%	质量负偏差/%		
		直径6～12mm	直径14～20mm	直径22～50mm
HPB300	≥21	≤10	—	—
HRB400、HRBF400	≥15	≤8	≤6	≤5
RRB400	≥13			
HRB500、HRBF500	≥14			

注：1. 断后伸长率 A 的量测标距为5倍钢筋公称直径。

2. 质量负偏差（%）按公式 $(W_o - W_d)/W_o \times 100$ 计算，其中 W_o 为钢筋理论质量（kg/m），W_d 为调直后钢筋的实际质量（kg/m）。

3. 对直径为28～40mm的带肋钢筋，表中断后伸长率可降低1%；对直径大于40mm的带肋钢筋，表中断后伸长率可降低2%。

采用无延伸功能的机械设备调直的钢筋可不进行本条规定的检验。

检查数量：同一厂家、同一牌号、同一规格调直钢筋，质量不大于30t为一批；每批见证取3个试件。

检验方法：3个试件先进行质量偏差检验，再取其中2个试件经时效处理后进行力学性能检验。检验质量偏差时，试件切口应平滑且与长度方向垂直，且长度不应少于

500mm；长度和质量的量测精度分别不应低于1mm和1g。

（4）钢筋宜采用无延伸功能的机械设备进行调直，也可采用冷拉方法调直。当采用冷拉方法调直时，HPB300光圆钢筋的冷拉率不宜大于4%；HRB400、HRB500、HRBF400、HRBF500及RRB400带肋钢筋的冷拉率不宜大于1%。

检查数量：每工作班按同一类型钢筋、同一加工设备抽查不应少于3件。

检验方法：观察，钢尺检查。

（5）钢筋加工的形状、尺寸应符合设计要求，其偏差应符合表3-7的规定。

表3-7　钢筋加工的允许偏差

检验项目	允许偏差/mm
受力钢筋长度方向全长的净尺寸	±10
弯起钢筋的弯折位置	±20
钢筋内净尺寸	±5

检查数量：按每工作班同一类型钢筋、同一加工设备抽查不应少于3件。

检验方法：钢尺检查。

3. 钢筋连接质量控制

（1）纵向受力钢筋的连接方式应符合设计要求。

（2）在施工现场，应按现行行业标准《钢筋机械连接技术规程》（JGJ 107—2016）、《钢筋焊接及验收规程》（JGJ 18—2012）的规定抽取钢筋机械连接接头、焊接接头试件做力学性能检验，其质量应符合有关规程的规定。

钢筋焊接连接

检查数量：按有关规程确定。

检验方法：检查产品合格证、接头力学性能试验报告。

（3）钢筋的接头宜设置在受力较小处。同一纵向受力钢筋不宜设置2个或2个以上接头。接头末端至钢筋弯起点的距离不应小于钢筋直径的10倍。

（4）在施工现场，应按现行行业标准《钢筋机械连接技术规程》（JGJ 107—2016）、《钢筋焊接及验收规程》（JGJ 18—2012）的规定对钢筋机械连接接头、焊接接头的外观进行检查，其质量应符合有关规程的规定。

（5）当受力钢筋采用机械连接接头或焊接接头时，设置在同一构件内的接头宜相互错开。

纵向受力钢筋机械连接接头及焊接接头连接区段的长度为35d（d为纵向受力钢筋的较大直径）且不小于500mm，凡接头中点位于该连接区段长度内的接头均属于同一连接区段。同一连接区段内，纵向受力钢筋机械连接及焊接的接头面积百分率为该区段内有接头的纵向受力钢筋截面面积与全部纵向受力钢筋截面面积的比值。

同一连接区段内，纵向受力钢筋的接头面积百分率应符合设计要求。当设计无具体要求时，应符合下列规定：①在受拉区不宜大于50%；②接头不宜设置在有抗震设防要求的框架梁端、柱端的箍筋加密区，当无法避开时，对等强度高质量机械连接接头不应大于50%；③直接承受动力荷载的结构构件中不宜采用焊接接头，当采用机械连接接头时，不应大于50%。

检查数量：在同一检验批内，对梁、柱和独立基础应抽查构件数量的10%，且不少于3件；对墙和板应按有代表性的自然间抽查10%，且不少于3间；对大空间结构，墙可按相邻轴线间高度5m左右划分检查面，板可按纵、横轴线划分检查面，抽查10%，且均不少于3面。

(6) 同一构件中相邻纵向受力钢筋的绑扎搭接接头宜相互错开。绑扎搭接接头中钢筋的横向净距不应小于钢筋直径，且不应小于25mm。

钢筋绑扎搭接接头连接区段的长度为1.3l_l（l_l为搭接长度），凡搭接接头中点位于该连接区段长度内的搭接接头均属于同一连接区段。同一连接区段内，纵向受力钢筋搭接接头面积百分率为该区段内有搭接接头的纵向受力钢筋截面面积与全部纵向受力钢筋截面面积的比值（图3.6）。

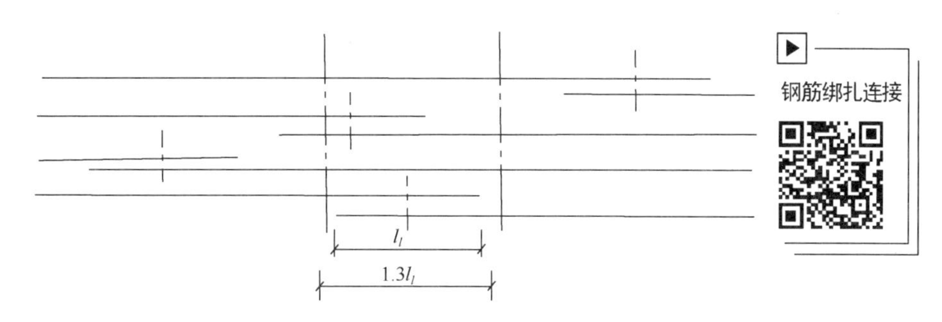

图3.6 钢筋绑扎搭接接头连接区段及接头面积百分率

注：图中所示搭接接头同一连接区段内的搭接钢筋为2根，当各钢筋直径相同时，接头面积百分率为50%。

纵向受压钢筋的搭接接头面积百分率可不受限制。同一连接区段内，纵向受拉钢筋搭接接头面积百分率应符合设计要求。当设计无具体要求时，应符合下列规定：①对梁类、板类及墙类构件，不宜大于25%；②对柱类构件，不宜大于50%；③当工程中确有必要增大接头面积百分率时，对梁类构件不应大于50%，对其他构件可根据实际情况放宽。

纵向受力钢筋绑扎搭接接头的最小搭接长度应符合《混凝土结构工程施工规范》(GB 50666—2011) 的规定。

检查数量：在同一检验批内，对梁、柱和独立基础应抽查构件数量的10%，且不少于3件；对墙和板应按有代表性的自然间抽查10%，且不少于3间；对大空间结构，墙可按相邻轴线间高度5m左右划分检查面，板可按纵、横轴线划分检查面，抽查10%，且均不少于3面。

(7) 在梁、柱类构件的纵向受力钢筋搭接长度范围内，应按设计要求配置箍筋。当设计无具体要求时，应符合下列规定：①箍筋直径不应小于搭接钢筋较大直径的25%；②受拉搭接区段的箍筋间距不应大于搭接钢筋较小直径的5倍，且不应大于100mm；③受压搭接区段的箍筋间距不应大于搭接钢筋较小直径的10倍，且不应大于200mm；④当柱中纵向受力钢筋直径大于25mm时，应在搭接接头两个端面外100mm范围内各设置2根箍筋，其间距宜为50mm。

检查数量：在同一检验批内，对梁、柱和独立基础应抽查构件数量的10%，且不少于3

件；对墙和板应按有代表性的自然间抽查10%，且不少于3间；对大空间结构，墙可按相邻轴线间高度5m左右划分检查面，板可按纵、横轴线划分检查面，抽查10%，且均不少于3面。

4. 钢筋安装质量控制

(1) 钢筋安装时，受力钢筋的品种、级别、规格和数量必须符合设计要求。

(2) 钢筋安装位置的允许偏差和检验方法应符合表3-8的规定。

表3-8 钢筋安装位置的允许偏差和检验方法

<table>
<tr><th colspan="3">检验项目</th><th>允许偏差/mm</th><th>检验方法</th></tr>
<tr><td rowspan="2">绑扎钢筋网</td><td colspan="2">长、宽</td><td>±10</td><td>钢尺检查</td></tr>
<tr><td colspan="2">网眼尺寸</td><td>±20</td><td>钢尺量连续3档，取最大值</td></tr>
<tr><td rowspan="2">绑扎钢筋骨架</td><td colspan="2">长</td><td>±10</td><td>钢尺检查</td></tr>
<tr><td colspan="2">宽、高</td><td>±5</td><td>钢尺检查</td></tr>
<tr><td rowspan="5">受力钢筋</td><td colspan="2">间距</td><td>±10</td><td rowspan="2">钢尺量两端、中间各一点，取最大值</td></tr>
<tr><td colspan="2">排距</td><td>±5</td></tr>
<tr><td rowspan="3">保护层厚度</td><td>基础</td><td>±10</td><td>钢尺检查</td></tr>
<tr><td>柱、梁</td><td>±5</td><td>钢尺检查</td></tr>
<tr><td>板、墙、壳</td><td>±3</td><td>钢尺检查</td></tr>
<tr><td colspan="3">绑扎箍筋、横向钢筋间距</td><td>±20</td><td>钢尺量连续3档，取最大值</td></tr>
<tr><td colspan="3">钢筋弯起点位置</td><td>20</td><td>钢尺检查</td></tr>
<tr><td rowspan="2">预埋件</td><td colspan="2">中心线位置</td><td>5</td><td>钢尺检查</td></tr>
<tr><td colspan="2">水平高差</td><td>±3，0</td><td>钢尺和塞尺检查</td></tr>
</table>

注：1. 检查预埋件中心线位置时，应沿纵、横两个方向量测，并取其中的较大值。

2. 表中梁类、板类构件上部纵向受力钢筋保护层厚度的合格点率应达到或超过90%，且不得有超过表中数值1.5倍的尺寸偏差。

检查数量：在同一检验批内，对梁、柱和独立基础应抽查构件数量的10%，且不少于3件；对墙和板应按有代表性的自然间抽查10%，且不少于3间；对大空间结构，墙可按相邻轴线间高度5m左右划分检查面，板可按纵、横轴线划分检查面，抽查10%，且均不少于3面。

案例3-2

北京市某工程地上52层，总高183.5m，工程幕墙采用钢筋混凝土预制墙板。墙板的上、下节点都采用预埋M24螺栓连接固定。施工中出现已吊装就位的墙板突然脱落的事故，其原因是预埋的M24螺栓脆断。出现该事故后分析，除了脱落的墙板，其他墙板连接节点也存在严重隐患，因此必须认真处理。

该工地调查并分析了螺栓脆断的原因，主要有以下两方面。

(1) 钢材选用不当。幕墙板的主要连接件是M24螺栓，它在使用中承受地震荷载和风荷载引起的动载拉力。而该工程却采用可焊性很差的35号钢制作M24螺栓，因而留下严重隐患。

（2）焊接工艺不当。35号钢属优质中碳钢，工程所用的35号钢含碳量为0.35%～0.38%，对焊接有特定的要求：焊接前应预热；焊条应采用烘干的碱性焊条，焊丝直径宜小（如3.2mm）；焊接应采用小电流（135A）、慢焊速、短段多层焊工艺，焊接长度应小于100mm；焊后应缓慢冷却，并进行回火热处理；等等。由于加工单位不了解这些要求，盲目采用F422焊条，并用一般Q235钢的焊接工艺，因此在焊缝热影响区产生了低塑性的马氏体组织，使焊件冷却时易产生冷裂纹。这是导致连接件脆断的直接原因。

（资料来源：王赫．建筑工程质量事故百问［M］．北京：中国建筑工业出版社，2000）

3.2.2 模板工程质量控制

模板工程质量控制工作流程如图3.7所示。

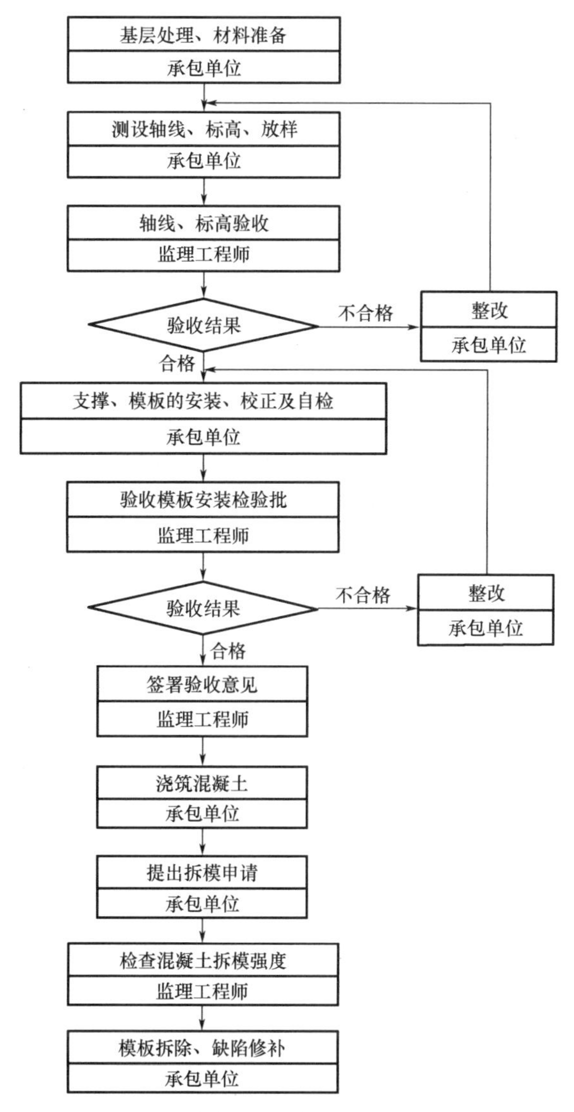

图3.7　模板工程质量控制工作流程

1. 一般规定

（1）模板及其支架必须符合下列规定。

模板种类

模板工程

① 保证工程结构和构件各部分形状、尺寸和相互位置的正确。这就要求模板工程的几何尺寸、相互位置及标高满足设计图纸要求及混凝土浇筑完毕后在其允许偏差范围内。

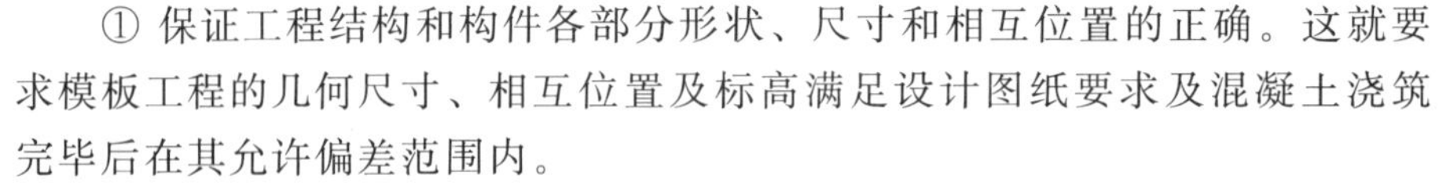

② 要求模板工程具有足够的承载力、刚度和稳定性，能使它在静荷载和动荷载的作用下不出现塑性变形、倾覆和失稳。

③ 构造简单，拆装方便，便于钢筋的绑扎和安装及混凝土的浇筑和养护，做到加工容易、集中制造、提高工效、紧密配合、综合考虑。

④ 模板的拼缝不应漏浆。对于反复使用的钢模板要不断进行整修，保证其棱角顺直、平整。

（2）组合钢模板、大模板、滑升模板等的设计、制作和施工尚应符合国家现行标准的有关规定。

（3）模板使用前应涂刷隔离剂，且不宜采用油质类隔离剂。严禁隔离剂污染钢筋与混凝土接槎处，以免影响钢筋与混凝土的握裹力或导致混凝土接槎处不能有机结合。故不得在模板安装后刷隔离剂。

（4）模板及其支架应定期维修，钢模板及其支架应防止锈蚀，从而延长模板及其支架的使用寿命。

2. 模板安装质量控制

（1）竖向模板及其支架的支撑部分必须坐落在坚实的基土上，并应加设垫板，使其有足够的强度和支撑面积。

（2）一般情况下，模板应自下而上安装。在安装过程中要注意模板的稳定，可设临时支撑稳住模板，待安装完毕且校正无误后方可固定牢固。

（3）模板安装要考虑拆除方便，宜在不拆梁的底模和支撑的情况下，先拆除梁的侧模，以利于周转使用。

（4）模板在安装过程中应多检查，注意垂直度、中心线、标高及各部位的尺寸，保证结构部分的几何尺寸和相邻位置的正确。

（5）现浇钢筋混凝土梁、板，当跨度大于或等于 4m 时，模板应起拱；当设计无要求时，起拱高度宜为全跨长的 1/1000～3/1000。不允许起拱过小而造成梁、板底下垂。

（6）现浇多层建筑物和构筑物支模时，采用分段分层方法。下层混凝土须达到足够的强度以承受上层作业荷载传来的力，且上、下立柱应对齐，并铺设垫板。

（7）固定在模板上的预埋件和预留洞不得遗漏，安装必须牢固，位置必须准确，其允许偏差应符合《混凝土结构工程施工质量验收规范》（GB 50204—2015）中的规定。

（8）现浇结构模板安装的允许偏差，应符合《混凝土结构工程施工质量验收规范》（GB 50204—2015）中的规定。

3. 模板拆除质量控制

1）混凝土结构拆模时的强度要求

模板及其支架拆除时的混凝土强度应符合设计要求，当设计无具体要求时，应符合下列规定。

(1) 侧模在混凝土强度能保证其表面及棱角不因拆除模板而受损伤后，方可拆除。

(2) 底模在混凝土强度符合表3-9的规定后，方可拆除。

表3-9 现浇结构拆模时所需混凝土强度

结构类型	结构跨度/m	按设计的混凝土强度标准值的百分率计/%
板	≤2	≥50
	>2且≤8	≥75
	>8	≥100
梁、拱、壳	≤8	≥75
	>8	≥100
悬臂构件	≤2	≥100
	>2	≥100

注："设计的混凝土强度标准值"是指与设计混凝土强度等级相应的混凝土立方体抗压强度标准值。

2) 混凝土结构拆模后的强度要求

混凝土结构在模板和支架拆除后，需待混凝土强度达到设计混凝土强度等级后，方可承受全部使用荷载；当施工荷载所产生的效应比使用荷载的效应更为不利时，必须经过核算，加设临时支撑。

3) 其他注意事项

(1) 拆模时不要用力过猛过急，拆下来的模板和支撑用料要及时运走、整理。

(2) 拆模顺序一般是后支的先拆、先支的后拆，先拆非承重部分、后拆承重部分。重大复杂模板的拆除，事先要制定拆模方案。

(3) 多层楼板模板支柱的拆除应按下列要求进行：上层楼板正在浇筑混凝土时，下层楼板的模板支柱不得拆除，再下层楼板的支柱仅可拆除一部分；跨度4m及4m以上的梁下均应保留支柱，其间距不得大于3m。

3.2.3 混凝土工程质量控制

混凝土工程质量控制工作流程如图3.8所示。

1. 混凝土搅拌质量控制

1) 搅拌机的选用

搅拌机按搅拌原理可分为自落式搅拌机和强制式搅拌机两种。自落式搅拌机适用于搅拌塑性混凝土；强制式搅拌机的搅拌作用比自落式搅拌机强烈，宜搅拌干硬性混凝土和轻骨料混凝土。

2) 混凝土搅拌前材料质量检查

在混凝土拌制前，应对原材料质量进行检查，合格原材料才能使用。

3) 混凝土工程的施工配料计量

(1) 水泥、砂、石子、混合料等干料的配合比，应采用质量法计量。

(2) 水的计量必须在搅拌机上配置水箱或定量水表。

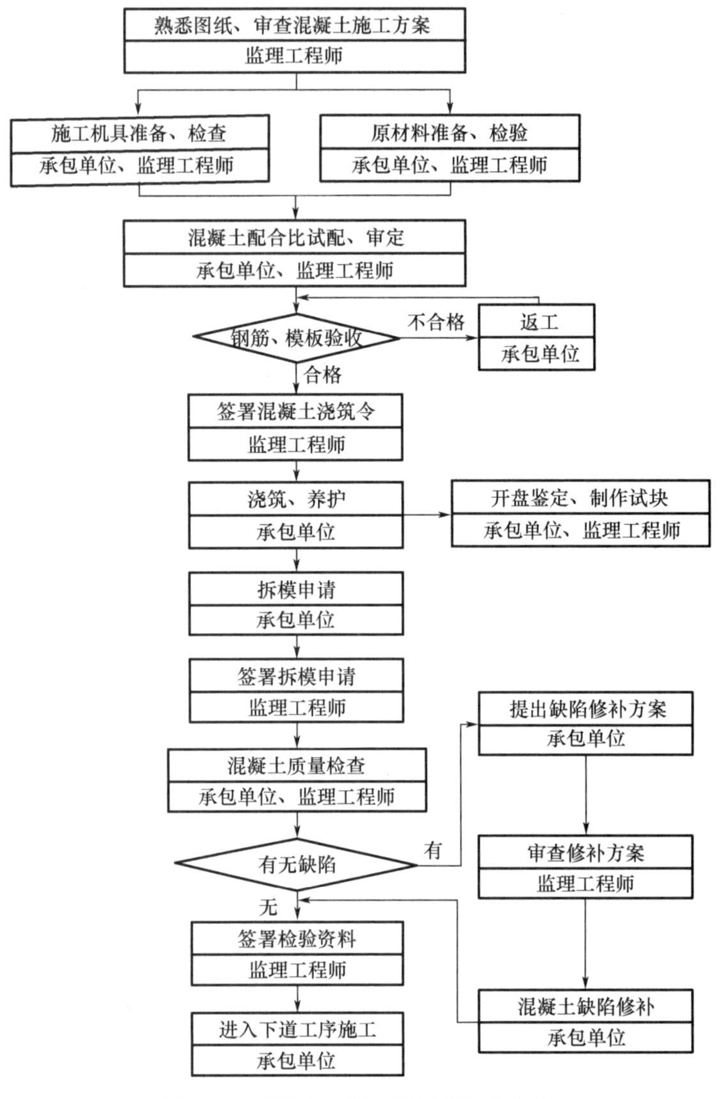

图 3.8 混凝土工程质量控制工作流程

(3) 外加剂中的粉剂可按水泥计量的一定比例先与水泥拌匀，在搅拌时加入；溶液掺入先按比例稀释为溶液，按用水量加入。

(4) 混凝土原材料每盘称量的偏差不得超过下列规定：水泥及掺和料不超过±2%，粗、细骨料土不超过 3%，水和外加剂不超过±2%。

2. 混凝土浇捣质量控制

(1) 为了保证混凝土的整体性，浇捣工作原则上要求一次完成。但由于振捣机具性能、配筋等的不同，混凝土需要分层浇捣时，其浇筑层的厚度应符合相应规定。

(2) 浇捣的时间间隔：浇捣工作原则上应连续进行；当必须间歇时，其间歇时间应尽量缩短，并应在前层混凝土初凝之前将次层混凝土浇筑完毕；前层混凝土凝结时间不得超过相关规定，否则应留施工缝。

(3) 采用振捣器振实混凝土时，每一振点的振捣时间应将混凝土振实至呈现浮浆和不再沉落为止。

(4) 在浇筑与柱和墙连成整体的梁和板时，应在柱和墙浇捣完毕后停歇1～1.5h再继续浇筑。梁和板宜同时浇筑混凝土。

(5) 大体积混凝土的浇筑应按施工方案合理分段、分层进行，浇筑应在室外气温较高时进行，但混凝土浇筑温度不宜超过35℃。

3. 混凝土工程质量检验

1) 一般规定

(1) 混凝土工程的外观质量缺陷应由监理（建设）单位、施工单位等各方根据其对结构性能和使用功能影响的严重程度按表3-10确定。

表3-10 混凝土工程的外观质量缺陷

名称	现象	严重缺陷	一般缺陷
露筋	构件内钢筋未被混凝土包裹而外露	纵向受力钢筋有露筋	其他钢筋有少量露筋
蜂窝	混凝土表面缺少水泥砂浆而形成石子外露	构件主要受力部位有蜂窝	其他部位有少量蜂窝
孔洞	混凝土中孔穴深度和长度均超过保护层厚度	构件主要受力部位有孔洞	其他部位有少量孔洞
夹渣	混凝土中夹有杂物且深度超过保护层厚度	构件主要受力部位有夹渣	其他部位有少量夹渣
疏松	混凝土中局部不密实	构件主要受力部位有疏松	其他部位有少量疏松
裂缝	缝隙从混凝土表面延伸至混凝土内部	构件主要受力部位有影响结构性能或使用功能的裂缝	其他部位有少量不影响结构性能或使用功能的裂缝
连接部位缺陷	构件连接部位有混凝土缺陷或连接钢筋、连接件松动	连接部位有影响结构传力性能的缺陷	连接部位有基本不影响结构传力性能的缺陷
外形缺陷	缺棱掉角、棱角不直、翘曲不平、飞边凸肋等	清水混凝土构件有影响使用功能或装饰效果的外形缺陷	其他混凝土构件有不影响使用功能的外形缺陷
外表缺陷	构件表面麻面、掉皮、起砂、污染等	具有重要装饰效果的清水混凝土构件有外表缺陷	其他混凝土构件有不影响使用功能的外表缺陷

(2) 混凝土工程拆模后，应由监理（建设）单位、施工单位对外观质量和尺寸偏差进行检查、做出记录，并应及时按施工技术方案对缺陷进行处理。

2) 外观质量检验

(1) 主控项目：混凝土工程的外观质量不应有严重缺陷。对已经出现的严重缺陷，应由施工单位提出技术处理方案，并经监理（建设）单位认可后进行处理。对经处理的部位，应重新检查验收。

检查数量：全数检查。

检验方法：观察，检查技术处理方案。

（2）一般项目：混凝土工程的外观质量不宜有一般缺陷。对已经出现的一般缺陷，应由施工单位按技术处理方案进行处理，并重新检查验收。

检查数量：全数检查。

检验方法：观察，检查技术处理方案。

3）尺寸偏差检验

（1）主控项目：混凝土工程不应有影响结构性能和使用功能的尺寸偏差。混凝土设备基础不应有影响结构性能和设备安装的尺寸偏差。

对超过尺寸允许偏差且影响结构性能和安装、使用功能的部位，应由施工单位提出技术处理方案，并经监理（建设）单位认可后进行处理。对经处理的部位，应重新检查验收。

检查数量：全数检查。

检验方法：量测，检查技术处理方案。

（2）一般项目：混凝土工程拆模后的尺寸允许偏差和检验方法应符合表3-11的规定。

表3-11　混凝土工程拆模后的尺寸允许偏差和检验方法

检验项目			允许偏差/mm	检验方法
轴线位置	基础		15	钢尺检查
	独立基础		10	
	墙、柱、梁		8	
	剪力墙		5	
垂直度	层高	≤5m	8	经纬仪或吊线、钢尺检查
		>5m	10	经纬仪或吊线、钢尺检查
	全高（H）		H/1000且≤30	经纬仪、钢尺检查
标高	层高		±10	水准仪或拉线、钢尺检查
	全高		±30	
截面尺寸			+8，-5	钢尺检查
电梯井	井筒长、宽对定位中心线		+25，0	钢尺检查
	井筒全高（H）垂直度		H/1000且≤30	经纬仪、钢尺检查
表面平整度			8	2m靠尺和塞尺检查
预埋设施中心线位置	预埋件		10	钢尺检查
	预埋螺栓		5	
	预埋管		5	
预留洞中心线位置			15	钢尺检查

检查数量：按楼层、结构缝或施工段划分检验批。在同一检验批内，对梁、柱和独立基础应抽查构件数量的10%，且不少于3件；对墙和板应按有代表性的自然间抽查10%，且不少于3间；对大空间结构，墙可按相邻轴线间高度5m左右划分检查面，板可按纵、

横轴线划分检查面，抽查10%，且均不少于3面；对电梯井，应全数检查；对设备基础，应全数检查。

3.3 砌体结构工程质量控制

砌体结构子分部工程包括砖砌体、混凝土小型空心砌块砌体、石砌体、配筋砖砌体、填充墙砌体五个分项工程，这里主要介绍砖砌体和混凝土小型空心砌块砌体工程质量控制。

3.3.1 砖砌体工程质量控制

砖砌体工程质量控制工作流程如图3.9所示。

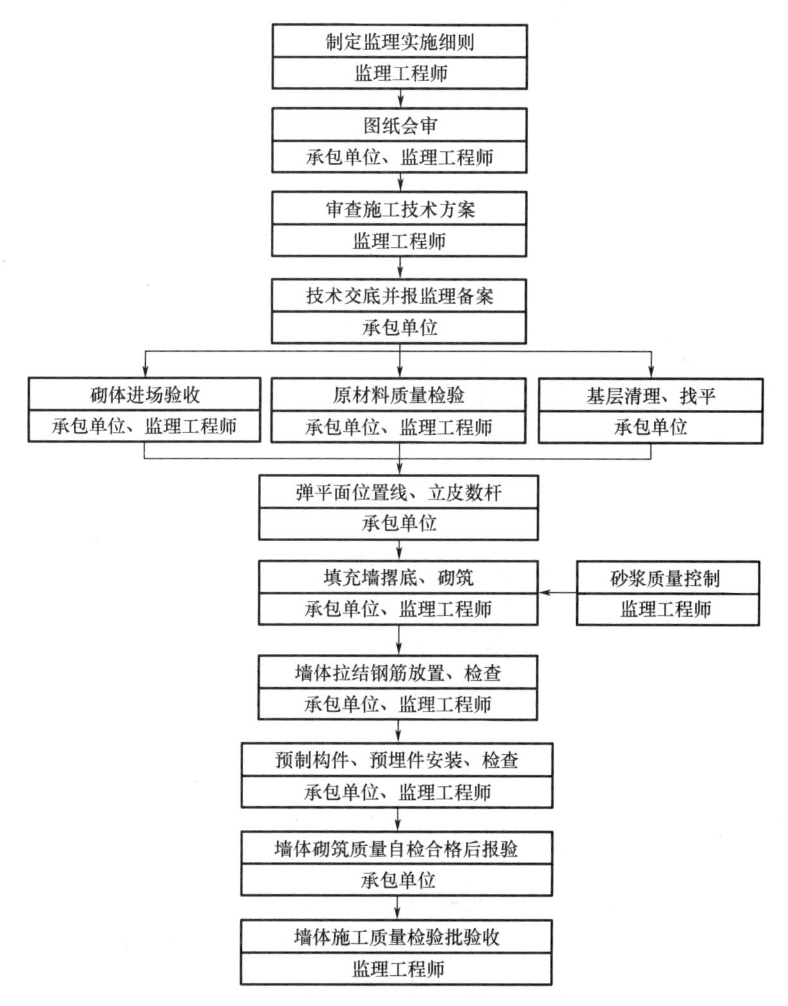

图3.9 砖砌体工程质量控制工作流程

1. 一般规定

(1) 砌体砌筑时，混凝土多孔砖、混凝土实心砖、蒸压灰砂砖、蒸压粉煤灰砖等块体的产品龄期不应小于28d。

(2) 有冻胀环境和条件的地区，地面以下或防潮层以下的砌体不应采用多孔砖。

(3) 不同品种的砖不得在同一楼层混砌。

(4) 砌筑烧结普通砖、烧结多孔砖、蒸压灰砂砖、蒸压粉煤灰砖砌体时，砖应提前1～2d适度湿润，严禁采用干砖或处于吸水饱和状态的砖砌筑，块体湿润程度宜符合下列规定。

① 烧结类块体的相对含水率为60%～70%。

砖的准备

② 混凝土多孔砖及混凝土实心砖不需浇水湿润，但在气候干燥炎热的情况下，宜在砌筑前对其喷水湿润。其他非烧结类块体的相对含水率为40%～50%。

(5) 采用铺浆法砌筑砌体时，铺浆长度不得超过750mm；施工期间气温超过30℃时，铺浆长度不得超过500mm。

(6) 240mm厚承重墙的每层墙的最上一皮砖，砖砌体的阶台水平面上及挑出层的外皮砖，应整砖丁砌。

(7) 弧拱式及平拱式过梁的灰缝应砌成楔形缝，拱底灰缝宽度不宜小于5mm，拱顶灰缝宽度不应大于15mm，拱体的纵向及横向灰缝应填实砂浆；平拱式过梁拱脚下面应伸入墙内不小于20mm；砖砌平拱过梁底应有1%的起拱。

砖基础施工

(8) 砖过梁底部的模板及其支架拆除时，灰缝砂浆强度不应低于设计强度的75%。

(9) 多孔砖的孔洞应垂直于受压面砌筑，半盲孔、多孔砖的封底面应朝上砌筑。

(10) 竖向灰缝不得出现瞎缝、透明缝和假缝。

(11) 砖砌体施工临时间断处补砌时，必须将接槎处表面清理干净，洒水湿润，并填实砂浆，保持灰缝平直。

砖柱的施工

(12) 夹心复合墙的砌筑应符合下列规定。

① 墙体砌筑时，应采取措施防止空腔内掉落砂浆和杂物。

② 拉结件设置应符合设计要求，拉结件在叶墙上的搁置长度不应小于叶墙厚度的2/3，并不应小于60mm。

③ 保温材料品种及性能应符合设计要求。保温材料的浇注压力不应对砌体强度、变形及外观质量产生不良影响。

2. 主控项目

(1) 砖和砂浆的强度等级必须符合设计要求。

抽检数量：每一生产厂家，烧结普通砖、混凝土实心砖每15万块，烧结多孔砖、混凝土多孔砖、蒸压灰砂砖及蒸压粉煤灰砖每10万块各为一检验批，不足上述数量时按1批计，抽检数量为1组。砂浆试块的抽检数量执行《砌体结构工程施工质量验收规范》(GB 50203—2011)第4.0.12条的有关规定。

检验方法：查砖和砂浆试块试验报告。

(2) 砌体灰缝砂浆应密实饱满，砖墙水平灰缝的砂浆饱满度不得低于80%；砖柱水平灰缝和竖向灰缝饱满度不得低于90%。

抽检数量：每检验批抽查不应少于5处。

检验方法：用百格网检查砖底面与砂浆的黏结痕迹面积，每处检测3块砖，取其平均值。

(3) 砖砌体的转角处和交接处应同时砌筑，严禁无可靠措施的内外墙分砌施工。在抗震设防烈度为8度及8度以上地区，对不能同时砌筑而又必须留置的临时间断处应砌成斜槎，普通砖砌体斜槎水平投影长度不应小于高度的2/3，多孔砖砌体斜槎长高比不应小于1/2。斜槎高度不得超过一步脚手架的高度。

抽检数量：每检验批抽查不应少于5处。

检验方法：观察检查。

(4) 非抗震设防及抗震设防烈度为6度、7度地区的临时间断处，当不能留斜槎时，除转角处外，可留直槎，但直槎必须做成凸槎，且应加设拉结钢筋，拉结钢筋应符合下列规定。

① 每120mm墙厚放置1Φ6拉结钢筋（120mm厚墙应放置2Φ6拉结钢筋）。

② 间距沿墙高不应超过500mm，且竖向间距偏差不应超过100mm。

③ 埋入长度从留槎处算起每边均不应小于500mm，对抗震设防烈度为6度、7度的地区，不应小于1000mm。

④ 末端应有90°弯钩。

抽检数量：每检验批抽查不应少于5处。

检验方法：观察和尺量检查。

3. 一般项目

(1) 砖砌体组砌方法应正确，内外搭砌，上下错缝。清水墙、窗间墙无通缝；混水墙中不得有长度大于300mm的通缝，长度200～300mm的通缝每间不超过3处，且不得位于同一面墙体上。砖柱不得采用包心砌法。

抽检数量：每检验批抽查不应少于5处。

检验方法：观察检查。砌体组砌方法抽检每处应为3～5m。

(2) 砖砌体的灰缝应横平竖直，厚薄均匀，水平灰缝厚度及竖向灰缝宽度宜为10mm，但不应小于8mm，也不应大于12mm。

抽检数量：每检验批抽查不应少于5处。

检验方法：水平灰缝厚度用尺量10皮砖砌体高度折算，竖向灰缝宽度用尺量2m砌体长度折算。

(3) 砖砌体尺寸、位置的允许偏差及检验应符合表3-12的规定。

表3-12 砖砌体尺寸、位置的允许偏差及检验

项次	检验项目	允许偏差/mm	检验方法	抽检数量
1	轴线位移	10	用经纬仪和尺检查或用其他测量仪器检查	承重墙、柱全数检查
2	基础、墙、柱顶面标高	±15	用水准仪和尺检查	不应少于5处

续表

项次	检验项目			允许偏差/mm	检验方法	抽检数量
3	墙面垂直度	每层		5	用2m托线板检查	不应少于5处
		全高	≤10m	10	用经纬仪、吊线和尺或用其他测量仪器检查	外墙全部阳角
			>10m	20		
4	表面平整度		清水墙、柱	5	用2m靠尺和楔形塞尺检查	不应少于5处
			混水墙、柱	8		
5	水平灰缝平直度		清水墙	7	拉5m线和尺检查	不应少于5处
			混水墙	10		
6	门窗洞口高、宽（后塞口）			±10	用尺检查	不应少于5处
7	外墙上下窗口偏移			20	以底层窗口为准，用经纬仪或吊线检查	不应少于5处
8	清水墙游丁走缝			20	以每层第一皮砖为准，用吊线和尺检查	不应少于5处

3.3.2 混凝土小型空心砌块砌体工程质量控制

混凝土小型空心砌块砌体工程质量要求如下。

（1）同一检验批砂浆立方体抗压强度各组平均值应等于或大于检验批砂浆设计强度等级所对应的立方体抗压强度。

（2）同一检验批中砂浆立方体抗压强度的最小一组平均值应等于或大于0.75倍检验批砂浆设计强度等级所对应的立方体抗压强度。

（3）砌体砂浆必须密实饱满，水平灰缝的砂浆饱满度应按净面积计算，不得低于90%，竖向灰缝的砂浆饱满度不得低于80%。

（4）砌体的水平灰缝厚度和竖向灰缝宽度应控制在8～12mm，砌筑时的铺灰长度不得超过800mm，严禁用水冲浆灌缝。

（5）对设计规定的洞口、管道、沟槽和预埋件等，应在砌筑时预留或预埋，严禁在砌好的墙体上打凿。在混凝土小型空心砌块砌体墙体中不得预留水平沟槽。

（6）外墙的转角处严禁留直槎，其他临时间断处留槎的做法必须符合相应小砌块的技术规程。接槎处砂浆应密实，灰缝、砌块平直。

（7）混凝土小型空心砌块砌体缺少辅助规格时，墙体通缝不得超过2皮砌块高。

（8）预埋拉结筋的数量、长度及留置应符合设计要求。

（9）清水墙应组砌正确，墙面整洁，刮缝深度适宜。

（10）芯柱混凝土的拌制、浇筑、养护应符合《混凝土结构工程施工质量验收规范》（GB 50204—2015）的要求。

（11）混凝土小型空心砌块砌体的尺寸、位置的允许偏差及检验方法应符合表3-13的规定。

表 3-13　混凝土小型空心砌块砌体的尺寸、位置的允许偏差及检验方法

<table>
<tr><th colspan="3">检验项目</th><th>允许偏差/mm</th><th>检验方法</th></tr>
<tr><td colspan="3">轴线位置偏移</td><td>10</td><td>用经纬仪和尺检查</td></tr>
<tr><td colspan="3">基础顶面和楼面标高</td><td>±15</td><td>用水平仪和尺检查</td></tr>
<tr><td rowspan="3">混凝土小型空心砌块砌体垂直度</td><td colspan="2">每层</td><td>5</td><td>用 2m 托线板检查</td></tr>
<tr><td rowspan="2">全高</td><td>≤10m</td><td>10</td><td rowspan="2">用经纬仪、吊线和尺检查</td></tr>
<tr><td>>10m</td><td>20</td></tr>
<tr><td colspan="2" rowspan="2">填充墙砌体垂直度</td><td>≤3m</td><td>5</td><td rowspan="2">用 2m 托线板和尺检查</td></tr>
<tr><td>>3m</td><td>10</td></tr>
<tr><td colspan="2" rowspan="2">表面平整度</td><td>清水墙、柱</td><td>5</td><td rowspan="2">用 2m 靠尺和楔形塞尺检查</td></tr>
<tr><td>混水墙、柱</td><td>8</td></tr>
<tr><td colspan="2" rowspan="2">水平灰缝平直度</td><td>清水墙</td><td>7</td><td rowspan="2">拉 10m 线和尺检查</td></tr>
<tr><td>混水墙</td><td>10</td></tr>
<tr><td colspan="3">门窗洞口高、宽（后塞口）</td><td>±5</td><td>用尺检查</td></tr>
<tr><td colspan="3">外墙上下窗口偏移</td><td>20</td><td>用经纬仪或吊线检查，以底层窗口为准</td></tr>
</table>

加气混凝土设备生产工艺流程实况

3.4　建筑装饰装修工程质量控制

建筑装饰装修工程质量控制工作流程如图 3.10 所示。

3.4.1　抹灰工程质量控制

抹灰工程包括一般抹灰、保温墙体抹灰、装饰抹灰、清水砌体勾缝等，这里主要介绍一般抹灰质量控制。

1. 一般抹灰质量控制

（1）一般抹灰按质量要求分为普通抹灰、中级抹灰和高级抹灰 3 级，主要工序如下：普通抹灰——分层赶平、修整，表面压光；中级抹灰——阳角找方，设置标筋，分层赶平、

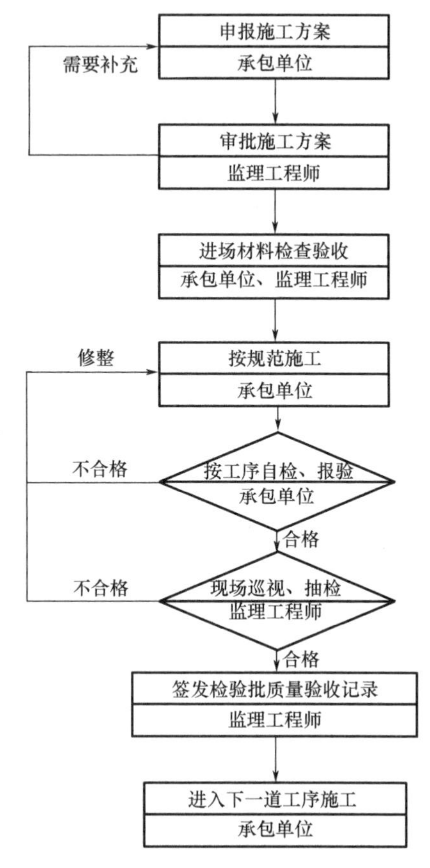

图 3.10　建筑装饰装修工程质量控制工作流程

修整，表面压光；高级抹灰——阴阳角找方，设置标筋，分层赶平、修整，表面压光。

(2) 抹灰层的平均总厚度不得大于下列规定。

① 顶棚：板条、空心砖、现浇混凝土为 15mm，预制混凝土为 18mm，金属网为 20mm。

② 内墙：普通抹灰为 18mm，中级抹灰为 20mm，高级抹灰为 25mm。

③ 外墙为 20mm；勒脚及突出墙面部分为 25mm。

④ 石墙为 35mm。

(3) 涂抹水泥砂浆每遍厚度宜为 5～7mm。涂抹石灰砂浆和水泥混合砂浆每遍厚度宜为 7～9mm。

(4) 面层抹灰经赶平压实后的厚度：麻刀石灰不得大于 3mm，纸筋石灰、石膏灰不得大于 2mm。

(5) 水泥砂浆和水泥混合砂浆的抹灰层应待前一层抹灰层凝结后方可涂抹后一层，石灰砂浆的抹灰层应待前一层七八成干后方可涂抹后一层。

(6) 混凝土大板和大模板建筑的内墙面和楼板底面宜用腻子分遍刮平，各遍应黏结牢固，总厚度为 2～3mm。例如，用聚合物水泥砂浆、水泥混合砂浆喷毛打底，纸筋石灰罩面，以及用膨胀珍珠岩水泥砂浆抹面，总厚度为 3～5mm。

(7) 加气混凝土表面抹灰前，应清扫干净，并应做基层表面处理，随即分层抹灰，防止表面空鼓开裂。

（8）板条、金属网顶棚和墙的抹灰尚应符合下列规定。

① 板条、金属网安装完成，必须经检查合格后，方可抹灰。

② 底层和中层宜用麻刀石灰砂浆或纸筋石灰砂浆，各层应分遍成活，每遍厚度为3～6mm。

③ 底层砂浆应压入板条缝或金属网眼内，形成转脚，以使结合牢固。

④ 顶棚的高级抹灰应加钉长350～450mm的麻束，间距为400mm，并交错布置，分遍按放射状梳理抹进中层砂浆内。

⑤ 金属网抹灰砂浆中掺用水泥时，其掺量应由试验确定。

（9）抹灰的面层应在踢脚板、门窗贴脸板和挂镜线等安装前涂抹。安装后与抹灰面相接处如有缝隙，应用砂浆或腻子填补。

（10）采用机械喷涂抹灰，尚应符合下列规定。

① 喷涂石灰砂浆前，宜先做水泥砂浆护角、踢脚板、墙裙、窗台板的抹灰，以及混凝土过梁等底层的抹灰。

② 喷涂时，应防止污染门窗、管道和设备，被污染的部位应及时清理干净。

③ 砂浆稠度：用于混凝土面的为90～100mm，用于砖墙面的为100～120mm。

（11）混凝土表面的抹灰宜使用机械喷涂，用手工涂抹时，宜先凿毛刮水泥浆（水灰比为0.37～0.40），洒水泥砂浆或用界面处理剂处理。

2. 抹灰工程质量验收

（1）检查数量：室外，以4m左右高为一检查层，每20m长抽查一处（每处3延长米），但不少于3处；室内按有代表性的自然间抽查10%，过道按10延长米，礼堂、厂房等大间可按两轴线为一间，但不少于3间。

（2）检查所用材料的品种、面层的颜色及花纹等是否符合设计要求。

（3）抹灰面层不得有爆灰和裂缝。各抹灰层之间及抹灰层与基体之间应黏结牢固，不得有脱层、空鼓等缺陷。

（4）抹灰分格缝的宽度和深度应均匀一致，表面光滑、无砂眼，不得有错缝、缺棱掉角。

（5）一般抹灰面层的外观质量应符合下列规定。

① 普通抹灰：表面光滑、洁净，接槎平整。

② 中级抹灰：表面光滑、洁净，接槎平整，灰线清晰顺直。

③ 高级抹灰：表面光滑、洁净，颜色均匀、无抹纹，灰线平直方正、清晰美观。

（6）装饰抹灰面层的外观质量应符合下列规定。

① 水刷石：石粒清晰，分布均匀，紧密平整，色泽一致，不得有掉粒和接槎痕迹。

② 水磨石：表面平整、光滑，石子显露均匀，不得有砂眼、磨纹和漏磨处，分格条位置准确、全部露出。

③ 斩假石：剁纹均匀顺直、深浅一致，不得有漏剁处。阳角处横剁和留出不剁的边条宽窄一致，棱角不得有损坏。

④ 干粘石：石粒黏结牢固，分布均匀，颜色一致，不露浆，不漏粘，阳角处不得有明显黑边。

⑤ 假面砖：表面平整，沟纹清晰，留缝整齐，色泽均匀，不得有掉角、脱皮、起砂等缺陷。

⑥ 拉条灰：拉条清晰顺直，深浅一致，表面光滑洁净，上下端头齐平。

⑦ 拉毛灰、洒毛灰：花纹、斑点分布均匀，不显接槎。

⑧ 喷砂：表面平整，砂粒黏结牢固、均匀、密实。

⑨ 喷涂、滚涂、弹涂：颜色一致，花纹大小均匀，不显接槎。

⑩ 仿石和彩色抹灰：表面密实，线条清晰。仿石的纹理顺直，彩色抹灰的颜色应一致。

⑪ 干粘石、拉毛灰、洒毛灰、喷砂、滚涂和弹涂等，在涂抹面层前，应检查其中层砂浆表面的平整度。

(7) 一般抹灰质量的允许偏差和检验方法应符合表 3-14 的规定。

表 3-14　一般抹灰质量的允许偏差和检验方法

项次	检验项目	允许偏差/mm			检验方法
		普通抹灰	中级抹灰	高级抹灰	
1	表面平整	5	4	2	用 2m 直尺和楔形塞尺检查
2	阴、阳角垂直	—	4	2	用 2m 托线板和尺检查
3	立面垂直	—	5	3	
4	阴、阳角方正	—	4	2	用 200mm 方尺检查
5	分隔条（缝）平直	—	3	—	拉 5m 线和尺检查

注：1. 外墙一般抹灰，立面总高度的垂直度偏差应符合现行《砌体结构工程施工质量验收规范》(GB 50203—2011)、《混凝土结构工程施工质量验收规范》(GB 50204—2015) 和《装配式混凝土结构技术规程》(JGJ 1—2014) 的有关规定。

2. 中级抹灰，本表第 4 项阴角方正可不检查。

3. 顶棚抹灰，本表第 1 项表面平整可不检查，但应平顺。

(8) 装饰抹灰质量的允许偏差和检验方法应符合表 3-15 的规定。

表 3-15　装饰抹灰质量的允许偏差和检验方法

项次	检验项目	允许偏差/mm													检验方法
		水刷石	水磨石	斩假石	干粘石	假面砖	拉条灰	拉毛灰	洒毛灰	喷砂	喷涂	滚涂	弹涂	仿石和彩色抹灰	
1	表面平整	3	2	3	5	4	4	4	4	5	4	4	4	3	用 2m 直尺和楔形塞尺检查
2	阴、阳角垂直	4	2	3	4	—	4	4	4	4	4	4	4	3	用 2m 托线板和尺检查
3	立面垂直	5	3	4	5	5	5	5	5	5	5	5	5	4	
4	阴、阳角方正	3	2	3	4	4	4	4	4	3	4	4	4	3	用 200mm 方尺检查
5	墙裙上口平直	3	3	3	—	—	—	—	—	—	—	—	—	3	拉 5m 线检查，不足 5m 拉通线检查
6	分隔条（缝）平直	3	2	3	3	3	—	—	—	3	3	3	3	3	

3.4.2 饰面板（砖）工程质量控制

1. 施工过程质量控制

(1) 检查时，首先应查看设计图纸，了解设计对饰面板（砖）工程所选用的材料、规格、颜色、施工方法的要求，对工程所用材料检查其是否有产品出厂合格证或试验报告，特别对工程中所使用的水泥、胶黏剂，干挂饰面板和金属饰面板骨架所使用的钢材、不锈钢连接件、膨胀螺栓等应严格把关。对钢材的焊接应检查焊缝的试验报告。当在高层建筑外墙采用干挂法进行饰面板安装时，应采用膨胀螺栓固定不锈钢连接件，还应检查膨胀螺栓的抗拔试验报告，以保证饰面板安装安全可靠。

(2) 在对饰面板的检查中，当外墙面采用干挂法施工时，应检查是否按要求做了防水处理，如有遗漏应督促施工单位及时补做。检查不锈钢连接件的固定方法、每块饰面板的连接点数量是否符合设计要求。当连接件与建筑物墙面预埋件焊接时，应检查焊缝长度、厚度、宽度等是否符合设计要求，焊缝是否做防锈处理。对饰面板的销钉孔，应检查是否有隐性裂缝，深度是否满足要求。饰面板销钉孔的深度应为上下两块板的孔深加上板的接缝宽度，且应稍大于销钉的长度，否则会因上块板的重力通过销钉传到下块板上，而引起饰面板损坏。

(3) 饰面板施铺时，应着重检查钢筋网片与建筑物墙面的连接、饰面板与钢筋网片的绑扎是否牢固，还应检查钢筋焊缝长度、钢筋网片的防锈处理。施工中应检查饰面板灌浆是否按规定分层进行。

(4) 在饰面砖的检查中，应注意检查墙面基层的处理是否符合要求，这会直接影响饰面砖的镶贴质量。可用小锤检查基层的水泥抹灰有否空鼓，发现有空鼓应立即铲掉重做(板条墙除外)，检查处理过的墙面是否平整、毛糙。

(5) 为了保证建筑工程面砖的黏结质量，外墙饰面砖应进行黏结强度的检验。每 $300m^2$ 同类墙体取1组试样，每组3个，每楼层不得少于1组；不足 $300m^2$ 每两楼层取1组。每组试样的平均黏结强度不应小于0.4MPa；每组可有一个试样的黏结强度小于0.4MPa，但不应小于0.3MPa。

(6) 对金属饰面板应着重检查金属骨架是否严格按设计图纸施工，安装是否牢固；还应检查焊缝的长度、宽度、高度及防锈措施是否符合设计要求。

2. 饰面板（砖）工程质量验收

(1) 饰面板（砖）工程质量验收时应检查的资料：饰面板（砖）工程的施工图、设计说明及其他设计文件；材料的产品合格证书、性能检测报告、进场验收记录和复验报告；后置埋件的现场拉拔检测报告；外墙饰面砖样板件的黏结强度检测报告；隐蔽工程验收记录；施工记录。

(2) 饰面板（砖）工程应进行复验的内容：室内用花岗石的放射性；粘贴用水泥的凝结时间、安定性和抗压强度；外墙陶瓷面砖的吸水率；寒冷地区外墙陶瓷面砖的抗冻性。

(3) 饰面板（砖）工程应进行验收的隐蔽工程项目：预埋件（或后置埋件）；连接节点；防水层。

(4) 检验批的划分规定：相同材料、工艺和施工条件的室内饰面板（砖）工程每50间（大面积房间和走廊按施工面积30m^{2}为一间）应划分为一个检验批，不足50间也应划分为一个检验批；相同材料、工艺和施工条件的室外饰面板（砖）工程每500～1000m^{2}划分为一个检验批，不足500m^{2}也应划分为一个检验批。

检验数量的规定：室内每个检验批至少应抽查10%，并不得少于3间，不足3间时应全数检查。室外每个检验批每100m^{2}至少抽查一处，每处不得小于10m^2。

(5) 饰面板安装质量验收。

① 主控项目验收内容如下。

(a) 饰面板的品种、规格、颜色和性能应符合设计要求，木龙骨、木饰面板和塑料饰面板的燃烧性能等级应符合设计要求。

检验方法：观察；检查产品合格证书、进场验收记录和性能检测报告。

(b) 饰面板孔、槽的数量、位置和尺寸应符合设计要求。

检验方法：检查进场验收记录和施工记录。

(c) 饰面板安装工程的预埋件（或后置埋件）、连接件的数量、规格、位置、连接方法和防腐处理必须符合设计要求。后置埋件的现场拉拔强度必须符合设计要求。饰面板安装必须牢固。

检验方法：手扳检查；检查进场验收记录、现场拉拔检测报告、隐蔽工程验收记录和施工记录。

② 一般项目验收内容如下。

(a) 饰面板表面应平整、洁净、色泽一致，无裂痕和缺损。石材表面应无泛碱等污染。

检验方法：观察。

(b) 饰面板嵌缝应密实、平直，宽度和深度应符合设计要求，嵌填材料色泽应一致。

检验方法：观察；尺量检查。

(c) 采用湿作业法施工的饰面板工程，石材应进行防碱背涂处理。饰面板与基体之间的灌注材料应饱满、密实。

检验方法：用小锤轻击检查；检查施工记录。

(d) 饰面板上的孔洞应套割吻合，边缘应整齐。

检验方法：观察。

(e) 饰面板安装的允许偏差和检验方法应符合表3-16的规定。

表3-16 饰面板安装的允许偏差和检验方法

项次	检验项目	允许偏差/mm							检验方法
		石材			瓷板	木材	塑料	金属	
		光面	斩假石	蘑菇石					
1	光立面垂直度	2	3	3	2	1.5	2	2	用2m垂直检测尺检查
2	表面平整度	3	3	—	1.5	1	3	3	用2m靠尺和塞尺检查
3	阴阳角方正	2	4	4	2	1.5	3	3	用直角检测尺检查

续表

项次	检验项目	允许偏差/mm							检验方法
		石材			瓷板	木材	塑料	金属	
		光面	斩假石	蘑菇石					
4	接缝直线度	2	4	4	2	1	1	1	拉5m线，不足5m拉通线，用钢直尺检查
5	墙裙、勒脚上口直线度	2	3	3	2	2	2	2	拉5m线，不足5m拉通线，用钢直尺检查
6	接缝高低差	0.5	3	—	0.5	0.5	1	1	用钢直尺和塞尺检查
7	接缝宽度	1	2	2	1	1	1	1	用钢直尺检查

(6) 饰面砖粘贴质量验收。

① 主控项目验收内容如下。

(a) 饰面砖的品种、规格、图案、颜色和性能应符合设计要求。

检验方法：观察；检查产品合格证书、进场验收记录、性能检测报告和复验报告。

(b) 饰面砖粘贴工程的找平、防水、黏结和勾缝材料及施工方法应符合设计要求及国家现行产品标准和工程技术标准的规定。

检验方法：检查产品合格证书、复验报告和隐蔽工程验收记录。

(c) 饰面砖粘贴必须牢固。

检验方法：检查样板件黏结强度检测报告和施工记录。

(d) 满粘法施工的饰面砖工程应无空鼓、裂缝。

检验方法：观察；用小锤轻击检查。

② 一般项目验收内容如下。

(a) 饰面砖表面应平整、洁净、色泽一致，无裂痕和缺损。

检验方法：观察。

(b) 阴阳角处搭接方式、非整砖使用部位应符合设计要求。

检验方法：观察。

(c) 墙面突出物周围的饰面砖应整砖套割吻合，边缘应整齐。墙裙、贴脸凸出墙面的厚度应一致。

检验方法：观察；尺量检查。

(d) 饰面砖接缝应平直、光滑，填嵌应连续、密实；宽度和深度应符合设计要求。

检验方法：观察；尺量检查。

(e) 有排水要求的部位应做滴水线（槽）。滴水线（槽）应顺直，流水坡向应正确，坡度应符合设计要求。

检验方法：观察；用水平尺检查。

(f) 饰面砖粘贴的允许偏差和检验方法应符合表3-17的规定。

表 3-17　饰面砖粘贴的允许偏差和检验方法

项次	检验项目	允许偏差/mm		检验方法
		外墙面砖	内墙面砖	
1	立面垂直度	3	2	用 2m 垂直检测尺检查
2	表面平整度	4	3	用 2m 靠尺和塞尺检查
3	阴阳角方正	3	3	用直角检测尺检查
4	接缝直线度	3	2	拉 5m 线，不足 5m 拉通线，用钢直尺检查
5	接缝高低差	1	0.5	用钢直尺和塞尺检查
6	接缝宽度	1	1	用钢直尺检查

3.4.3 涂饰工程质量控制

1. 施工过程中的质量控制

1）材料质量检验

（1）腻子：材料进入现场应有产品合格证、性能检测报告、出厂质量保证书、进场验收记录，水泥、胶黏剂的质量应按有关规定进行复验，严禁使用安定性不合格的水泥，严禁使用黏结强度不达标的胶黏剂。普通硅酸盐水泥强度等级不宜低于 32.5 级。超过 90d 的水泥应进行复验，复验不达标的不得使用。

配套使用的腻子和封底材料必须与选用饰面涂料性能相适应，内墙腻子的主要技术指标应符合《建筑室内用腻子》（JG/T 298—2010）的规定，外墙腻子的强度应符合《复层建筑涂料》（GB 9779—2015）的规定，且不易开裂。

民用建筑室内用胶黏剂材料必须符合《民用建筑工程室内环境污染控制规范》（GB 50325—2020）的有关要求。

（2）涂料：涂料类型的选用应符合设计要求。检查材料的产品合格证、性能检测报告及进场验收记录。进场涂料按有关规定进行复验，并经试验鉴定合格后方可使用。超过出厂保质期的涂料应进行复验，复验达不到质量标准不得使用。

室内用水性涂料、溶剂型涂料必须符合《民用建筑工程室内环境污染控制规范》（GB 50325—2020）的有关要求。

2）基层处理质量检验

基层处理的质量是影响涂刷质量的最主要因素之一，基层质量应符合下列要求。

（1）基层应牢固，不开裂、不掉粉、不起砂、不空鼓、无剥离、无石灰爆裂点和无附着力不良的旧涂层等。

（2）基层应表面平整，立面垂直，阴阳角垂直、方正，无缺棱掉角，分格缝深浅一致且横平竖直。允许偏差应符合要求且表面平而不光。

（3）基层应清洁，表面无灰尘、无浮浆、无油迹、无锈斑、无霉点、无盐类析出物、无青苔等杂物。

（4）基层应干燥，涂刷溶剂型涂料时，基层含水率不得大于 8%；涂刷乳液型涂料时，基层含水率不得大于10%。木材基层的含水率不得大于12%。

(5) 基层的pH不得大于10。厨房、卫生间必须使用耐水腻子。

3) 施工中的质量检验

(1) 首先应注意施工的环境条件是否符合要求，在不符合要求时有否采取有效的措施。

(2) 检查组成腻子材料的石膏粉、大白粉、水泥、掺加物的计量方法能否保证计量精度，是否按方案进行配置，材料的品种有无变化，用水是否符合要求，检查腻子的稠度、和易性和均匀性。腻子应随拌随用，对拌制时间过长，有硬块现象无法搅拌均匀的应弃用。

(3) 检查涂料的品种、型号、性能是否符合设计要求，涂料配制中色浆、掺加物、掺水量的计量方法，施工中能否按配合比的标准进行稀释、配色调制，通过色板对比查看配制的准确性，颜色、图案是否符合样板间（段）的要求。

(4) 检查施工的方法是否符合规定的要求。例如，施工顺序有否颠倒，喷涂的设备压力能否满足施工要求，滚刷、排刷在使用时能否达到工程的质量要求，等等。

(5) 检查涂料涂饰是否均匀、黏结是否牢固，涂料不得漏涂、透底、起皮和掉粉。

(6) 施工应按“底涂层、中间涂层、面涂层”的要求进行施工。施工中注意检查每道工序的前一次操作与后一次操作之间的间隔时间是否足够，具体时间间隔详见有关规定及有关产品说明书的要求。

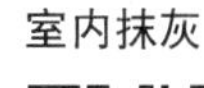

2. 涂饰工程质量验收

1) 检验批

(1) 室外涂饰工程每一栋楼的同类涂料涂饰的墙面每500～1000m^{2}应划分为一个检验批，不足500m^{2}也应划分为一个检验批。

(2) 室内涂饰工程同类涂料涂饰墙面每50间（大面积房间和走廊按涂饰面积30m^{2}为一间）应划分为一个检验批，不足50间也应划分为一个检验批。

2) 检查数量

(1) 室外涂饰工程每100m^{2}应至少检查一处，每处不得小于10m^2。

(2) 室内涂饰工程每个检验批应至少抽查10%，并不得少于3间；不足3间时应全数检查。

3.5 防水工程质量控制

3.5.1 屋面防水工程质量控制

屋面防水工程质量控制工作流程如图3.11所示。

屋面防水工程是房屋建筑的一项重要工程。根据建筑物的性质、重要程度、使用功能

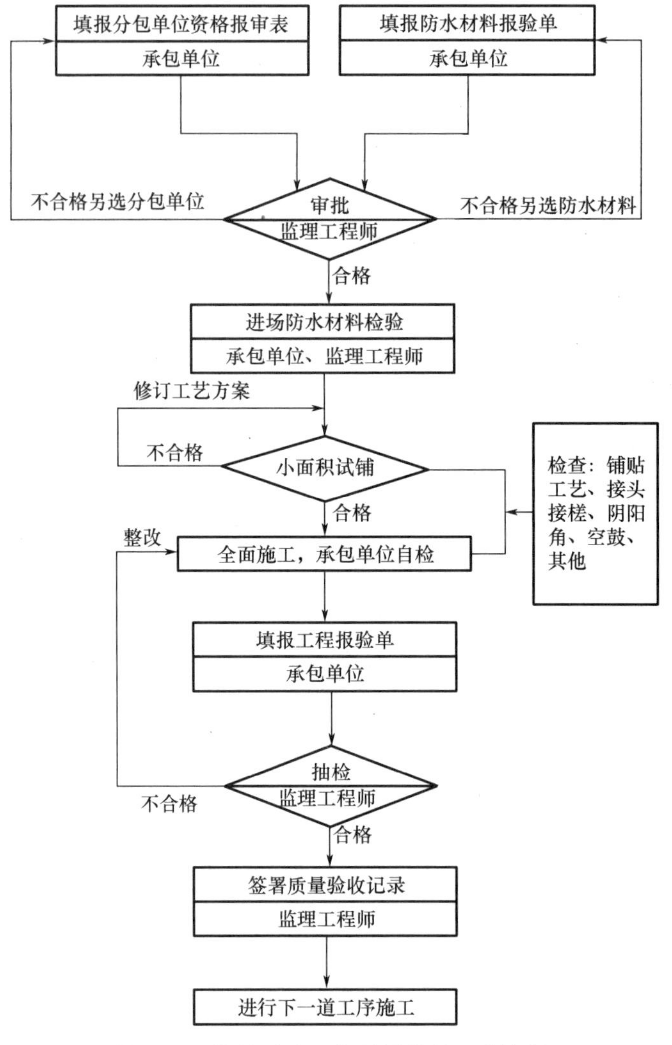

图 3.11　屋面防水工程质量控制工作流程

要求及防水层耐用年限等，屋面防水可分为Ⅰ、Ⅱ两个等级，并按不同等级设防。屋面防水常见种类：卷材防水屋面、涂膜防水屋面和刚性防水屋面等。

屋面工程所采用的防水、保温隔热材料应有合格证书和性能检测报告，材料的品种、规格、性能等应符合现行国家产品标准和设计要求。屋面施工前，要编制施工方案，应建立各道工序的自检、交接检和专职人员检查的“三检”制度，并有完整的检查记录。伸出屋面的管道、设备或预埋件应在防水层施工前安设好。每道工序完成后，应经监理单位检查验收，合格后方可进行下道工序的施工。屋面工程的防水应由经资质审查合格的防水专业队伍进行施工，作业人员应持有当地建筑行政主管部门颁发的上岗证。

材料进场后，施工单位应按规定取样复验，提出复验报告。不得在工程中使用不合格材料。屋面的保温层和防水层严禁在雨天、雪天和5级以上大风下施工，温度过低也不宜施工，屋面工程完工后，应对屋面细部构造接缝、保护层等进行外观检验，并用淋水或蓄水进行检验，防水层不得有渗漏或积水现象。

屋面工程应建立管理、维修、保养制度，由专人负责，定期进行检查维修，一般应在每年的秋末冬初对屋面检查一次，主要清理落叶、尘土，以免堵塞水落口，雨季前再检查一次，发现问题应及时维修。

下面就屋面防水工程常用做法的施工质量控制进行介绍。

1. 卷材防水屋面工程施工质量控制

1）施工过程中的质量控制

（1）材料质量检验。

防水卷材现场抽样复验应遵守下列规定。

① 同一品种、牌号、规格的卷材，抽验数量：大于1000卷抽取5卷，500～1000卷抽取4卷，100～499卷抽取3卷，小于100卷抽取2卷。

② 将抽验的卷材开卷进行规格和外观质量检验，全部指标达到标准规定时，即为合格。其中如有一项指标达不到要求，即应在受检产品中加倍取样复验，全部达到标准规定为合格。复验时有一项指标不合格，则判定该产品规格和外观质量为不合格。

③ 卷材的物理性能应检验下列项目。

（a）沥青防水卷材：拉力、耐热度、柔性、不透水性。

（b）高聚物改性沥青防水卷材：拉伸性能、耐热度、柔性、不透水性。

（c）合成高分子防水卷材：拉伸强度、断裂伸长率、低温弯折性、不透水性。

④ 胶黏剂的物理性能应检验下列项目。

（a）改性沥青胶黏剂：黏结剥离强度。

（b）合成高分子胶黏剂：黏结剥离强度、黏结剥离强度浸水后保持率。

防水卷材一般可用卡尺、卷尺等工具进行外观质量的测试。用手拉伸可进行强度、延伸率、回弹力的测试，重要的项目应送质量监督部门认定的检测单位进行测试。

（2）施工质量检验。

① 卷材防水屋面的质量要求如下。

（a）屋面不得有渗漏和积水现象。

（b）屋面所用的合成高分子防水卷材必须符合质量标准和设计要求，以便能达到设计所规定的耐久使用年限。

（c）坡屋面和平屋面的坡度必须准确，坡度的大小必须符合设计要求。平屋面不得出现排水不畅和局部积水现象。

（d）找平层应平整坚固，表面不得有酥软、起砂、起皮等现象，平整度不应超过5mm。

（e）屋面的细部构造和节点是防水的关键部位，所以，其做法必须符合设计要求和规范的规定，节点处的封闭应严密，不得开缝、翘边、脱落。水落口及凸出屋面设施与屋面连接处应固定牢靠，密封严实。

（f）绿豆砂、细砂、蛭石、云母等松散材料保护层和涂料保护层覆盖应均匀，黏结应牢固；刚性整体保护层与防水层之间应设隔离层，表面分格缝、分离缝留设应正确；块体保护层应铺砌平整，勾缝严密，分格缝、分离缝留设位置、宽度应正确。

（g）卷材铺贴方法、方向和搭接顺序应符合规定，搭接宽度应正确，卷材与基层、卷材与卷材之间黏结应牢固，接缝缝口、节点部位密封应严密，无皱折、鼓泡、翘边。

（h）保温层厚度、含水率、表观密度应符合设计要求。

② 卷材防水屋面的质量检验如下。

(a) 卷材防水屋面工程施工中应做好从屋面结构层、找平层、节点构造直至防水屋面施工完毕，分项工程的交接检查，未经检查验收合格的分项工程不得进行后续施工。

(b) 对于多道设防的防水层，包括涂膜、卷材、刚性材料等，每一道防水层完成后，都应由专人进行检查。每一道防水层均应符合质量要求、不渗水，才能进行下一道防水层的施工，使其真正起到多道设防的应有效果。

(c) 检验屋面有无渗漏或积水，排水系统是否畅通，可在雨后或持续淋水 2h 以后进行。有可能做蓄水检验的屋面宜做蓄水 24h 检验。

(d) 卷材屋面的节点、接缝、保护层是屋面防水的关键部位，也是质量检查的重点部位。节点处理不当会造成渗漏；接缝密封不好会出现裂缝、翘边、张口，最终导致渗漏。保护层质量低劣或厚度不够会出现松散脱落、龟裂爆皮，失去保护作用，导致防水层过早老化而降低使用年限。所以，对这些部位应认真地进行外观检查，不合格的应重做。

(e) 找平层的平整度，用 2mm 直尺检查，面层与直尺间的最大空隙不应超过 5mm，空隙应允许平缓变化，每米长度内不多于一处。

(f) 对于用卷材作防水层的蓄水屋面，种植屋面应做蓄水 24h 检验。

卷材防水施工

2) 卷材防水屋面工程质量验收

(1) 主控项目。

① 防水卷材及其配套材料的质量，应符合设计要求。

检验方法：检查出厂合格证、质量检验报告和进场检验报告。

② 卷材防水层不得有渗漏和积水现象。

检验方法：雨后观察或淋雨、蓄水试验。

③ 卷材防水层在檐口、檐沟、天沟、水落口、泛水、变形缝和伸出屋面管道的防水构造，应符合设计要求。

检验方法：观察检查。

(2) 一般项目。

① 卷材搭接缝应黏结或焊接牢固，密封应严密，不得扭曲、皱折和翘边。

检验方法：观察检查。

② 卷材防水层铺贴的收头和基层黏结，钉压应牢固，密封应严密。

检验方法：观察检查。

③ 卷材防水层的铺贴方向应正确，卷材搭接宽度的允许偏差为－10mm。

检验方法：观察和尺量检查。

④ 屋面排汽构造的排汽道应纵横贯通，不得堵塞；排汽管应安装牢固，位置应正确，封闭应严密。

检验方法：观察检查。

2. 涂膜防水屋面工程施工质量控制

1) 施工过程中的质量控制

(1) 材料质量检验。

进场的防水涂料和胎体增强材料抽样复验应符合下列规定。

① 同一规格、品种的防水涂料，每 10t 为一批，不足 10t 者按一批进行抽检；胎体增

强材料，每 3000m^{2}为一批，不足 3000m^{2}者按一批进行抽检。

② 防水涂料应检查延伸率或断裂延伸率、固体含量、柔性、不透水性和耐热度；胎体增强材料应检查拉力和延伸率。

（2）施工质量检验。

① 涂膜防水屋面的质量要求如下。

（a）屋面不得有渗漏和积水现象。

（b）为保证屋面涂膜防水层的使用年限，所用防水涂料应符合质量标准和涂膜防水的设计要求。

（c）屋面坡度应准确，排水系统应通畅。

（d）找平层表面平整度应符合要求，不得有酥松、起砂、起皮、尖锐棱角现象。

（e）细部节点做法应符合设计要求，封固应严密，不得开缝、翘边。水落口及凸出屋面设施与屋面连接处应固定牢靠、密封严实。

（f）涂膜防水层不应有裂纹、脱皮、流淌、鼓泡、胎体外露和皱皮等现象，与基层应黏结牢固，厚度应符合规范要求。

（g）胎体增强材料的铺设方法和搭接方法应符合要求；上下层胎体不得互相垂直铺设，搭接缝应错开，间距不应小于幅宽的 1/3。

（h）松散材料保护层、涂料保护层应覆盖均匀严密、黏结牢固。刚性整体保护层与防水层间应设置隔离层，其表面分格缝的留设应正确。

② 涂膜防水屋面的质量检查要求如下。

（a）屋面工程施工中应对结构层、找平层、细部节点构造、施工中的每遍涂膜防水层、附加防水层、节点收头、保护层等做分项工程的交接检查，未经检查验收合格不得进行后续施工。

（b）涂膜防水层或与其他材料进行复合防水施工时，每一道涂层完成后，应由专人进行检查，合格后方可进行下一道涂层和下一道防水层的施工。

（c）检验涂膜防水屋面有无渗漏和积水、排水系统是否通畅，可在雨后或持续淋水 2h 以后进行。有可能做蓄水检验的屋面宜做蓄水检验，其蓄水时间不宜少于 24h。淋水或蓄水检验应在涂膜防水层完全固化后再进行。

（d）涂膜防水屋面的涂膜厚度可用针测或测厚仪控测等方法进行检验。每 100m^{2}屋面不应少于 1 处；每一屋面不应少于 3 处，并应取其平均值评定。

涂膜防水层的厚度应避免采用破坏防水层整体性的切割取片测厚法。

（e）找平层的平整度应用 2m 直尺检查；面层与直尺间的最大空隙不应大于 5mm；空隙应平缓变化，每米长度内不应多于 1 处。

2）涂膜屋面防水工程质量验收

（1）主控项目。

① 防水涂料和胎体增强材料的质量，应符合设计要求。

检验方法：检查出厂合格证、质量检验报告和进场检验报告。

② 涂膜防水层不得有渗漏和积水现象。

检验方法：雨后观察或淋水、蓄水试验。

③ 涂膜防水层在檐口、檐沟、天沟、水落口、泛水、变形缝和伸出屋面管道的防水

构造，应符合设计要求。

检验方法：观察检查。

④ 涂膜防水层的平均厚度应符合设计要求，且最小厚度不得小于设计厚度的 80%。

检验方法：针测法或取样量测。

(2) 一般项目。

① 涂膜防水层与基层应黏结牢固，表面应平整，涂布应均匀，不得有流淌、皱皮、鼓泡和胎体外露等缺陷。

检验方法：观察检查。

② 涂膜防水层的收头应用防水涂料多遍涂刷。

检验方法：观察检查。

③ 铺贴胎体增强材料应平整顺直，搭接尺寸应准确，应排除气泡，并应与防水涂料黏结牢固；胎体增强材料搭接宽度的允许偏差为－10mm。

检验方法：观察和尺量检查。

3.5.2 地下防水工程质量控制

地下防水工程是防止地下水对地下构筑物或建筑物基础的长期浸透，保证地下构筑物或地下室使用功能正常发挥的一项重要工程。由于地下工程常年受到地表水、潜水、上层滞水、毛细管水等的作用，因此对地下工程防水的处理比屋面防水工程要求更高、防水技术难度更大，一般应遵循“防、排、截、堵”结合，刚柔相济，因地制宜，综合治理的原则，根据使用要求、自然环境条件及结构形式等因素确定。地下工程混凝土结构主体防水包括防水混凝土、水泥砂浆防水层、卷材防水层、涂料防水层、塑料防水板防水层、金属防水层、膨润土防水材料防水层、地下工程种植顶板防水等。地下防水工程应采用经过试验、检测和鉴定并经实践检验质量可靠的材料及行之有效的新技术、新工艺，一般可采用钢筋混凝土结构自防水、卷材防水和涂料防水等技术措施，现就后两种技术措施的质量控制与验收加以介绍。

1. 地下工程卷材防水工程质量控制与验收

1) 施工过程中的质量控制

(1) 地下工程卷材防水所使用的合成高分子防水卷材和新型沥青防水卷材的材质证明必须齐全。

(2) 防水卷材进场后，应对材质分批进行抽样复验，其技术性能指标必须符合所用卷材规定的质量要求。

(3) 防水施工的每道工序必须经检查验收合格后方能进行后续工序的施工。

(4) 卷材防水层必须确认无任何渗漏隐患后方能覆盖隐蔽。

(5) 卷材与卷材之间的搭接宽度必须符合要求。搭接缝嵌缝宽度不得小于 10mm，并且必须用封口条对搭接缝进行封口和密封处理。

(6) 防水层不允许有皱折、孔洞、脱层、滑移和虚粘等现象存在。

(7) 地下工程卷材防水施工必须做好隐蔽工程记录，预埋件和隐蔽物需变更设计方案时必须有工程洽商单。

2）地下工程卷材防水工程质量验收

（1）主控项目。

① 卷材防水层所用卷材及其配套材料必须符合设计要求。

检验方法：检查产品合格证、产品性能检测报告和材料进场检验报告。

② 卷材防水层在转角处及变形缝、施工缝、穿墙管等部位的做法必须符合设计要求。

检验方法：观察检查和检查隐蔽工程验收记录。

（2）一般项目。

① 卷材防水层的搭接缝应黏结或焊接牢固，密封严密，不得有扭曲、皱折、翘边和鼓泡等缺陷。

检验方法：观察检查。

② 采用外防外贴法铺贴卷材防水层时，高聚物改性沥青类卷材其立面卷材接槎的搭接宽度应为150mm，合成高分子类卷材其立面卷材接槎的搭接宽度应为100mm，且上层卷材应盖过下层卷材。

检验方法：观察和尺量检查。

③ 侧墙卷材防水层的保护层与防水层应结合紧密，保护层厚度应符合设计要求。

检验方法：观察和尺量检查。

④ 卷材搭接宽度的允许偏差应为－10mm。

检验方法：观察和尺量检查。

2. 地下工程涂料防水工程质量控制与验收

1）施工过程中的质量控制

（1）有机防水涂料基面应干燥。当基面较潮湿时，应涂刷湿固化型胶黏剂或潮湿界面隔离剂；无机防水涂料施工前，基面应充分润湿，但不得有明水。

（2）涂料防水层的施工应符合下列规定。

① 多组分涂料应按配合比准确计量，搅拌均匀，并应根据有效时间确定每次配制的用量。

② 涂料应分层涂刷或喷涂，涂层应均匀，涂刷应待前遍涂层干燥成膜后进行；每遍涂刷时应交替改变涂层的涂刷方向，同层涂膜的先后搭压宽度宜为30～50mm。

③ 涂料防水层的甩槎处接缝宽度不应小于100mm，接涂前应将其甩槎表面处理干净。

④ 采用有机防水涂料时，基层阴阳角处应做成圆弧；在转角处及变形缝、施工缝、穿墙管等部位应增加胎体增强材料和增涂防水涂料，宽度不应小于50mm。

⑤ 胎体增强材料的搭接宽度不应小于100mm，上下两层和相邻两幅胎体的接缝应错开1/3幅宽，且上下两层胎体不得相互垂直铺贴。

（3）涂料防水层完工并经验收合格后应及时做保护层，保护层应符合下列规定。

① 顶板的细石混凝土保护层与防水层之间宜设置隔离层。细石混凝土保护层厚度：机械回填时不宜小于70mm，人工回填时不宜小于50mm。

② 底板的细石混凝土保护层厚度不应小于50mm。

③ 3 侧墙宜采用软质保护材料或铺抹20mm厚1∶2.5水泥砂浆。

2）地下工程涂料防水工程质量验收

涂料防水工程检验批的抽检数量，应按铺贴面积每100m^{2}抽查1处，每处10m^2，且

不得少于 3 处。

(1) 主控项目。

① 涂料防水层所用的材料及配合比必须符合设计要求。

检验方法：检查产品合格证、产品性能检测报告、计量措施和材料进场检验报告。

② 涂料防水层的平均厚度应符合设计要求，最小厚度不得低于设计厚度的 90%。

检验方法：用针测法检查。

③ 涂料防水层在转角处及变形缝、施工缝、穿墙管等部位做法必须符合设计要求。

检验方法：观察检查和检查隐蔽工程验收记录。

(2) 一般项目。

① 涂料防水层应与基层黏结牢固、涂刷均匀，不得流淌、鼓泡、露槎。

地下室防水施工

检验方法：观察检查。

② 涂层间夹铺胎体增强材料时，应使防水涂料浸透胎体覆盖完全，不得有胎体外露现象。

检验方法：观察检查。

③ 侧墙涂料防水层的保护层与防水层应结合紧密，保护层厚度应符合设计要求。

检验方法：观察检查。

案例 3-3

【背景】

某市路南区建设一综合楼，结构形式采用现浇框架-剪力墙结构体系，地上 20 层，地下 2 层，建筑物檐高 66.75m，建筑面积 56000m^2，混凝土强度等级为 C35，于 2020 年 3 月 12 日开工，在工程施工中出现了如下质量问题：试验测定地上 3 层和 4 层混凝土标准养护试块强度未达到设计要求，监理工程师采用回弹法测定，结果仍不能满足设计要求，最后法定检测单位从 3 层和 4 层钻取部分芯样，为了进行对比，又在试块强度检验合格的 2 层钻取部分芯样，检测结果发现，试块强度合格的芯样其强度能达到原设计要求，而试块强度不合格的芯样其强度仍不能达到原设计要求。

【问题】

(1) 针对该工程，施工单位应采取哪些质量控制对策来保证工程质量?

(2) 为避免以后施工中出现类似质量问题，施工单位应采取何种质量控制方法对工程质量进行控制?

(3) 简述该建筑施工项目质量控制的过程。

(4) 针对工程项目的质量问题，现场常用的质量检验方法有哪些?

【分析与答案】

(1) 施工单位应采取的质量控制对策主要有以下几种。

① 以人的工作质量确保工程质量。

② 严格控制投入品的质量。

③ 全面控制施工过程，重点控制工序质量。

④ 严把分项工程质量检验评定关。

⑤ 贯彻“预防为主”的方针。

⑥ 严防系统性因素的质量变异。

(2) 施工单位应采取的质量控制方法主要是审核有关技术文件和报告，直接进行现场质量检验或必要的试验等。

(3) 施工项目质量控制的过程既是一个从工序质量到分项工程质量、分部工程质量、单位工程质量的系统控制过程，也是一个由投入原材料的质量控制开始到完成工程质量检验为止的全过程的系统过程。

(4) 现场常用的质量检验方法有目测法、实测法和试验法3种。

① 目测法，即凭感官进行检查。

② 实测法，就是利用量测工具或计量仪表，通过实际量测并与规定的质量标准或规范的要求相对照，从而判断质量是否符合要求。

③ 试验法，指通过现场试验或试验室试验等理化试验手段，取得数据，分析判断质量情况，主要方法有理化试验和无损试验。

本章小结

通过本章的学习，要求学生掌握地基与基础工程、混凝土结构工程、砌体结构工程、建筑装饰装修工程、防水工程等质量控制方法、手段。

地基与基础工程质量控制包括土方工程质量控制，灰土、砂和砂石地基质量控制，强夯地基质量控制，桩基质量控制。

混凝土结构工程质量控制介绍了钢筋工程质量控制、模板工程质量控制、混凝土工程质量控制。

砌体结构工程质量控制主要介绍了砖砌体工程质量控制、混凝土小型空心砌块砌体工程质量控制。

建筑装饰装修工程质量控制介绍了抹灰工程质量控制、饰面板（砖）工程质量控制、涂饰工程质量控制。

防水工程质量控制介绍了屋面防水工程质量控制、地下防水工程质量控制。

习　题

简答题

1. 土方工程质量如何控制？
2. 灰土、砂和砂石地基质量如何控制？
3. 强夯地基质量如何控制？
4. 桩基质量如何控制？
5. 钢筋工程质量如何控制？

6. 模板工程质量如何控制？
7. 混凝土工程质量如何控制？
8. 砖砌体工程质量如何控制？
9. 抹灰工程质量如何控制？
10. 饰面板（砖）工程质量如何控制？
11. 涂饰工程质量如何控制？
12. 屋面防水工程质量如何控制？
13. 地下防水工程质量如何控制？
14. 土方工程施工前应进行哪些方面的检查工作？
15. 砖砌体的转角处和交接处如何进行砌筑？
16. 简述模板拆除工程的质量检验标准和检验方法。
17. 屋面卷材防水层施工过程应检查哪些项目？
18. 饰面砖粘贴工程验收的主控项目有哪些？

第3章在线答题

第4章 建筑工程施工质量评定及验收

思维导图

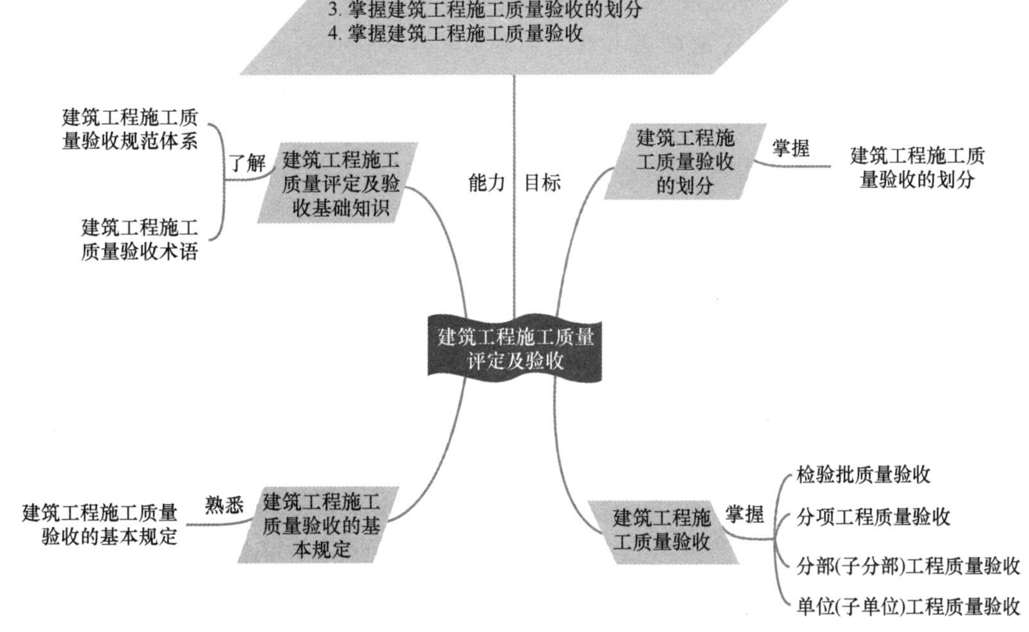

引例

A大学与B公司签订了一份《建筑安装工程承包合同》，约定由A大学将其“A大学图书馆”工程承包给B公司施工，工程建筑面积约10500m²，承包范围为除桩基外的全部土建、安装、装饰工程，工期为425天。B公司必须按施工图及国家有关规定施工，并保证工程质量符合设计要求和现行有关国家验收合格标准。B公司要严格执行隐蔽工程验收制度，隐蔽工程完成后必须经过验收，做出记录，方能进行下一道工序的施工。

在施工过程中，B公司依约严格执行隐蔽工程验收制度，每项隐蔽工程均经A大学检查验收，且A大学派驻工地代表也对逐项隐蔽工程进行了检查监督并做出意见。经A大学工地代表签证认可的隐蔽工程验收记录中的“验收意见”栏中有签证人做出的“符合设计要求”“同意进行下道工序”等对工程认可的意见。此外，A大学还自工程开工时起即委托C监理公司对“A大学图书馆”工程实行监理。工程完工后，由建设单位（A大学）、设计单位、施工单位（B公司）、省质监站4家联合对“A大学图书馆”主体工程进行验收。

经验收评定，结论如下。

（1）主体结构几何尺寸准确，外观良好。

（2）资料基本齐全。

（3）混凝土强度等级符合设计要求。

（4）墙砌体饱满度符合要求，平整度和垂直度符合规范。

最后得出验收意见：“A大学图书馆”主体工程质量资料基本齐全，经外观检查评定符合设计要求，核验等级为优良。

参加验收单位及代表均在主体工程质量验收证明书上签字盖章。

随后，施工单位（B公司）、设计单位、建设单位（A大学）、开户银行、监督单位5家单位及其他参加核验人员组成核验组，对B公司承建的“A大学图书馆”工程进行核查验收。经过打分评定，核验组认为B公司承建工程符合建筑安装工程质量检验评定标准，将其评定为优良工程。参加核验单位及其他参加核验人员均在竣工工程质量验收证书上签字盖章。

后来，A大学致省建筑工程质量监督站《关于图书馆工程验收质量评定等级问题的函》，该函对工程合格无异议，但对评定为优良工程质疑，要求该站对工程质量等级评定予以复议，但A大学未得到该站答复。

A大学委托省建筑试验中心对“A大学图书馆”楼板混凝土的厚度、强度及钢筋保护层厚度进行检测，检测9个点的结果为：楼板厚度在96mm以下，最薄处为55mm。A大学以B公司施工楼板未达到设计标准为由，要求B公司赔偿施工缺陷所造成的损失。双方未能达成一致意见，遂引发诉讼。根据以上认定的事实，当地人民法院认为：A大学与B公司签订的《建筑安装工程承包合同》未违反有关法律、政策的规定，且系双方的真实意思表示，故双方所签合同合法有效；B公司已依约完成工程的承建义务，且所建工程按有关程序及标准经检查认定施工符合设计要求，各项指标也均认定合格，说明B公司已经全面履行合同规定的义务；A大学称B公司承建工程楼板厚度达不到要求且工程存在其他质量问题，要求索赔，但B公司承建的工程尤其是隐蔽工程始终是在A大学及其委托的监理公司监督检查之下进行的，每道工序均经检查达到设计要求后才进行下一道工序的施工，况且所有的检查验收签证也都显示隐蔽工程合格，A大学对已经认可的质量过后再提出质量问题没有道理；工程楼板厚度不够，A大学自施工时就知道或应当知道，现A大学在保修期届满，工程交付使用已2年8个月之后方就质量问题提起诉讼，显然已过诉讼时效；其间A大学就工程是否应评定优良等级问题，曾向省建筑工程质量监督站发函要求重新审定，函中仅反映A大学对工程评定优良有异议，但未否认工程合格，该函不能证明A大学向B公司主张过权利，故该函不能作为诉讼时效中断的事由。A大学的诉讼请求因超过法定诉讼时效而不受法律保护。

问题：（1）建筑工程施工质量如何评定？

（2）如何组织工程验收？

4.1 建筑工程施工质量评定及验收基础知识

建筑工程施工质量验收是工程建设质量控制的一个重要环节，它包括工程施工质量的中间验收和工程竣工验收两个方面。工程建设中间产品和最终产品的质量验收，通过从过程控制和终端把关两个方面进行工程项目的质量控制，可以确保达到业主所要求的功能和使用价值，最终实现建设投资的经济效益和社会效益。

4.1.1 建筑工程施工质量验收规范体系

为了加强建筑工程质量管理，统一建筑工程施工质量验收，保证工程质量，2001年建设部发布了《建筑工程施工质量验收统一标准》(GB 50300—2001)，并从2002年1月1日起开始实施。2013年住房和城乡建设部发布了《建筑工程施工质量验收统一标准》(GB 50300—2013)，并从2014年6月1日起开始实施，原《建筑工程施工质量验收统一标准》(GB 50300—2001)同时废止。这个标准连同15个建筑工程施工质量验收规范，组成了一个技术标准体系，统一了建筑工程施工质量的验收方法、程序和质量标准。这个技术标准体系是将以前的施工及验收规范和工程质量检验评定标准合并，组成了新的建筑工程施工质量验收规范体系。

建筑工程施工质量验收规范体系中各规范名称如下。

（1）《建筑工程施工质量验收统一标准》(GB 50300—2013)。

（2）《建筑地基基础工程施工质量验收标准》(GB 50202—2018)。

（3）《砌体结构工程施工质量验收规范》(GB 50203—2011)。

（4）《混凝土结构工程施工质量验收规范》(GB 50204—2015)。

（5）《钢结构工程施工质量验收标准》(GB 50205—2020)。

（6）《木结构工程施工质量验收规范》(GB 50206—2012)。

（7）《屋面工程质量验收规范》(GB 50207—2012)。

(8)《地下防水工程质量验收规范》(GB 50208—2011)。

(9)《建筑地面工程施工质量验收规范》(GB 50209—2010)。

(10)《建筑装饰装修工程质量验收标准》(GB 50210—2018)。

(11)《建筑给水排水及采暖工程施工质量验收规范》(GB 50242—2002)。

(12)《通风与空调工程施工质量验收规范》(GB 50243—2016)。

(13)《建筑电气工程施工质量验收规范》(GB 50303—2015)。

(14)《电梯工程施工质量验收规范》(GB 50310—2002)。

(15)《智能建筑工程质量验收规范》(GB 50339—2013)。

(16)《建筑节能工程施工质量验收标准》(GB 50411—2019)。

知识链接

建筑工程施工质量验收系列规范编制的16字方针为“验评分离，强化验收，完善手段，过程控制”。图4.1所示为“验评分离，强化验收”示意图。

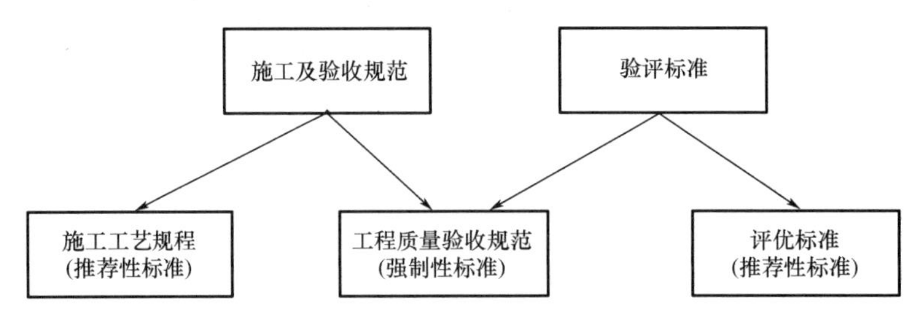

图4.1 “验评分离，强化验收”示意图

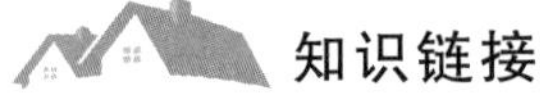

知识链接

建筑工程施工质量验收支持体系

建筑工程施工质量验收支持体系示意图如图4.2所示。

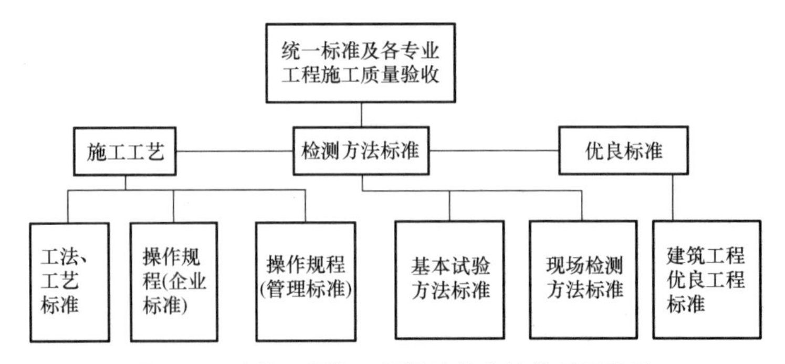

图4.2 建筑工程施工质量验收支持体系示意图

(1) 施工工艺(做某个工程的具体规范)：质量验收规范必须有企业的企业标准作为施工操作、上岗培训、质量控制和质量验收的基础，来保证质量验收规范的落实。

(2) 检测方法标准：要达到有效控制和科学管理，使质量验收的指标数据化，必须有完善的检测试验手段、试验方法和规定的设备等，才有可比性和规范性。

（3）优良标准：国家强制性标准是质量合格的标准，优良标准采用的是推荐性标准，而这些检测方法、规程是多种多样的，在一个规范中是规定不了的，而必须依靠各种专门的国家标准及行业标准。

4.1.2 建筑工程施工质量验收术语

《建筑工程施工质量验收统一标准》（GB 50300—2013）给出17个术语，这些术语对规范有关建筑工程施工质量验收活动中的用语，加深对标准条文的理解，特别是更好地贯彻执行标准是十分必要的。

1. 建筑工程

通过对各类房屋建筑及其附属设施的建造和与其配套线路、管道、设备等的安装所形成的工程实体。

2. 检验

对被检验项目的特征、性能进行量测、检查、试验等，并将结果与标准规定的要求进行比较，以确定项目每项性能是否为合格的活动。

3. 进场检验

对进入施工现场的建筑材料、构配件、设备及器具等，按相关标准的要求进行检验，并对其质量、规格及型号等是否符合要求做出确认的活动。

4. 见证检验

施工单位在工程监理单位或建设单位的见证下，按照有关规定从施工现场随机抽取试样，送至具备相应资质的检测机构进行检验的活动。

5. 复验

建筑材料、设备等进入施工现场后，在外观质量检查和质量证明文件核查符合要求的基础上，按照有关规定从施工现场抽取试样送至试验室进行检验的活动。

6. 检验批

按相同的生产条件或按规定的方式汇总起来供抽样检验用的，由一定数量样本组成的检验体。

7. 验收

建筑工程质量在施工单位自行检查合格的基础上，由工程质量验收责任方组织，工程建设相关单位参加，对检验批、分项、分部、单位工程及其隐蔽工程的质量进行抽样检验，对技术文件进行审核，并根据设计文件和相关标准以书面形式对工程质量是否达到合格做出确认。

8. 主控项目

建筑工程中对安全、节能、环境保护和主要使用功能起决定性作用的检验项目。

9. 一般项目

除主控项目外的检验项目。

10. 抽样方案

根据检验项目的特性所确定的抽样数量和方法。

11. 计数检验

通过确定抽样样本中不合格的个体数量，对样本总体质量做出判定的检验方法。

对于计数抽样的一般项目，正常检验一次抽样应按表 4-1 判定，正常检验二次抽样应按表 4-2 判定。

样本容量在表 4-1 或表 4-2 给出的数值之间时，合格判定数和不合格判定数可通过插值并四舍五入取整数值。

表 4-1　一般项目正常检验一次抽样判定

样本容量	合格判定数	不合格判定数	样本容量	合格判定数	不合格判定数
5	1	2	32	7	8
8	2	3	50	10	11
13	3	4	80	14	15
20	5	6	125	21	22

表 4-2　一般项目正常检验二次抽样的判定

抽样次数	样本容量	合格判定数	不合格判定数	抽样次数	样本容量	合格判定数	不合格判定数
(1)	3	0	2	(1)	20	3	6
(2)	6	1	2	(2)	40	9	10
(1)	5	0	3	(1)	32	5	9
(2)	10	3	4	(2)	64	12	13
(1)	8	1	3	(1)	50	7	11
(2)	16	4	5	(2)	100	18	19
(1)	13	2	5	(1)	80	11	16
(2)	26	6	7	(2)	160	26	27

注：(1) 和 (2) 表示抽样次数，(2) 对应的样本容量为二次抽样的累计数量。

12. 计量检验

以抽样样本的检测数据计算总体均值、特征值或推定值，并以此判断或评估总体质量的检验方法。

13. 错判概率

合格批被判为不合格批的概率，即合格批被拒收的概率，用 α 表示。

14. 漏判概率

不合格批被判为合格批的概率，即不合格批被误收的概率，用 β 表示。

15. 观感质量

通过观察和必要的测试所反映的工程外在质量和功能状态。

16. 返修

对施工质量不符合标准规定的部位采取的整修等措施。

17. 返工

对施工质量不符合标准规定的部位采取的更换、重新制作、重新施工等措施。

4.2 建筑工程施工质量验收的基本规定

在建筑工程施工质量验收的过程中，一些基本的规定如下。

（1）施工现场质量管理应有健全的质量管理体系、相应的施工技术标准、施工质量检验制度和综合施工质量水平评定考核制度。

施工现场质量管理检查记录应由施工单位按表4-3填写，总监理工程师（建设单位项目负责人）进行检查，并做出检查结论。

表4-3 施工现场质量管理检查记录 开工日期：

<table>
<tr><td colspan="2">工程名称</td><td colspan="2"></td><td>施工许可证号</td><td colspan="2"></td></tr>
<tr><td colspan="2">建设单位</td><td colspan="2"></td><td>项目负责人</td><td colspan="2"></td></tr>
<tr><td colspan="2">设计单位</td><td colspan="2"></td><td>项目负责人</td><td colspan="2"></td></tr>
<tr><td colspan="2">监理单位</td><td colspan="2"></td><td>总监理工程师</td><td colspan="2"></td></tr>
<tr><td colspan="2">施工单位</td><td></td><td>项目负责人</td><td></td><td>项目技术负责人</td><td></td></tr>
<tr><td>序号</td><td colspan="3">项目</td><td colspan="3">主要内容</td></tr>
<tr><td>1</td><td colspan="3">项目部质量管理体系</td><td colspan="3"></td></tr>
<tr><td>2</td><td colspan="3">现场质量责任制</td><td colspan="3"></td></tr>
<tr><td>3</td><td colspan="3">主要专业工种操作岗位证书</td><td colspan="3"></td></tr>
<tr><td>4</td><td colspan="3">分包单位管理制度</td><td colspan="3"></td></tr>
<tr><td>5</td><td colspan="3">图纸会审记录</td><td colspan="3"></td></tr>
<tr><td>6</td><td colspan="3">地质勘察资料</td><td colspan="3"></td></tr>
<tr><td>7</td><td colspan="3">施工技术标准</td><td colspan="3"></td></tr>
<tr><td>8</td><td colspan="3">施工组织设计、施工方案编制及审批</td><td colspan="3"></td></tr>
<tr><td>9</td><td colspan="3">物资采购管理制度</td><td colspan="3"></td></tr>
<tr><td>10</td><td colspan="3">施工设施和机械设备管理制度</td><td colspan="3"></td></tr>
<tr><td>11</td><td colspan="3">计量设备配备</td><td colspan="3"></td></tr>
<tr><td>12</td><td colspan="3">检测试验管理制度</td><td colspan="3"></td></tr>
<tr><td>13</td><td colspan="3">工程质量检查验收制度</td><td colspan="3"></td></tr>
<tr><td colspan="4">自检结果：

施工单位项目负责人： 年 月 日</td><td colspan="3">检查结论：

总监理工程师： 年 月 日</td></tr>
</table>

(2) 建筑工程施工质量控制应符合下列规定。

① 建筑工程采用的主要材料、半成品、成品、建筑构配件、器具和设备应进行进场检验。凡涉及安全、节能、环境保护和主要使用功能的重要材料、产品，都应按各专业工程施工规范、验收规范和设计文件等规定进行复验，并应经监理工程师检查认可。

② 各施工工序应按施工技术标准进行质量控制，每道施工工序完成后，经施工单位自检符合规定后，才能进行下一道工序施工。各专业工种之间的相关工序应进行交接检验，并做记录。

③ 对于监理单位提出检查要求的重要工序，应经监理工程师检查认可，才能进行下一道工序施工。

(3) 建筑工程施工质量应按下列要求进行验收。

① 建筑工程质量验收均应在施工单位自检合格的基础上进行。

② 参加建筑工程施工质量验收的各方人员应具备相应的资格。

③ 检验批的质量应按主控项目和一般项目验收。

④ 对涉及结构安全、节能、环境保护和主要使用功能的试块、试件及材料，应在进场时或施工中按规定进行见证检验。

⑤ 隐蔽工程在隐蔽前应由施工单位通知监理单位进行验收，并应形成验收文件，验收合格后方可继续施工。

⑥ 对涉及结构安全、节能、环境保护和使用功能的重要分部工程，应在验收前按规定进行抽样检验。

⑦ 建筑工程的观感质量应由验收人员现场检查，并应共同确认。

(4) 检验批的质量检验，应根据检验项目的特点在下列抽样方案中进行选择。

① 计量、计数或计量-计数等抽样方案。

② 一次、两次或多次抽样方案。

③ 对重要的检验项目，当有简易快速的检验方法时，选用全数检验方案。

④ 根据生产连续性和生产控制稳定性情况，采用调整型抽样方案。

⑤ 经实践证明有效的抽样方案。

(5) 计量抽样的错判概率 α 和漏判概率 β 可按下列规定采取。

① 主控项目：对应于合格质量水平的 α 和 β 均不宜超过 5%。

② 一般项目：对应于合格质量水平的 α 不宜超过 5%，β 不宜超过 10%。

4.3 建筑工程施工质量验收的划分

建筑工程施工质量验收涉及建筑工程施工过程控制和竣工验收控制，合理划分建筑工程施工质量验收层次是非常必要的。特别是不同专业工程的检验批如何确定，将直接影响质量验收工作的科学性、经济性、实用性及可操作性，通过检验批和中间验收层次及最终验收单位的确定，实施对建筑工程施工质量的过程控制和终端把握，确保建筑工程施工质量达到工程项目决策阶段所确定的质量目标和水平。

(1) 建筑工程质量验收应划分为单位（子单位）工程、分部（子分部）工程、分项工程和检验批。

(2) 单位工程的划分应按下列原则确定。

① 具备独立施工条件并能形成独立使用功能的建筑物及构筑物为一个单位工程。

② 建筑规模较大的单位工程，可将其能形成独立使用功能的部分作为一个子单位工程。

(3) 分部工程的划分应按下列原则确定。

① 分部工程的划分应按专业性质、建筑部位确定。

② 当分部工程较大或较复杂时，可按材料种类、施工特点、施工程序、专业系统及类别等划分为若干子分部工程。

(4) 分项工程应按主要工种、材料、施工工艺、设备类别等进行划分。

(5) 分项工程可由一个或若干个检验批组成，检验批可根据施工及质量控制和专业验收需要按工程量、楼层、施工段、变形缝进行划分。

建筑工程的分部工程、分项工程划分可按表4-4采用。

表4-4 建筑工程的分部工程、分项工程划分

序号	分部工程	子分部工程	分项工程
1	地基与基础	地基	素土、灰土地基，砂和砂石地基，土工合成材料地基，粉煤灰地基，强夯地基，注浆地基，预压地基，砂石桩复合地基，高压旋喷注浆地基，水泥土搅拌桩地基，土和灰土挤密桩复合地基，水泥粉煤灰碎石桩复合地基，夯实水泥土桩复合地基
		基础	无筋扩展基础，钢筋混凝土扩展基础，筏形与箱形基础，钢结构基础，钢管混凝土结构基础，型钢混凝土结构基础，钢筋混凝土预制桩基础，泥浆护壁成孔灌注桩基础，干作业成孔桩基础，长螺旋钻孔压灌桩基础，沉管灌注桩基础，钢桩基础，锚杆静压桩基础，岩石锚杆基础，沉井与沉箱基础
		基坑支护	灌注桩排桩围护墙，板桩围护墙，咬合桩围护墙，型钢水泥土搅拌墙，土钉墙，地下连续墙，水泥土重力式挡墙，内支撑，锚杆，与主体结构相结合的基坑支护
		地下水控制	降水与排水，回灌
		土方	土方开挖，土方回填，场地平整
		边坡	喷锚支护，挡土墙，边坡开挖
		地下防水	主体结构防水，细部构造防水，特殊施工法结构防水，排水，注浆

续表

序号	分部工程	子分部工程	分项工程
2	主体结构	混凝土结构	模板，钢筋，混凝土，预应力，现浇结构，装配式结构
		砌体结构	砖砌体，混凝土小型空心砌块砌体，石砌体，配筋砌体，填充墙砌体
		钢结构	钢结构焊接，紧固件连接，钢零部件加工，钢构件组装与预拼装，单层钢结构安装，多层及高层钢结构安装，钢管结构安装，预应力钢索和膜结构，压型金属板，防腐涂料涂装，防火涂料涂装
		钢管混凝土结构	构件现场拼装，构件安装，钢管焊接，构件连接，钢管内钢筋骨架，混凝土
		型钢混凝土结构	型钢焊接，紧固件连接，型钢与钢筋连接，型钢构件组装及预拼装，型钢安装，模板，混凝土
		铝合金结构	铝合金焊接，紧固件连接，铝合金零部件加工，铝合金构件组装，铝合金构件预拼装，铝合金框架结构安装，铝合金空间网格结构安装，铝合金面板，铝合金幕墙结构安装，防腐处理
		木结构	方木和原木结构，胶合木结构，轻型木结构，木结构防护
3	建筑装饰装修	建筑地面	基层铺设，整体面层铺设，板块面层铺设，木、竹面层铺设
		抹灰	一般抹灰，保温层薄抹灰，装饰抹灰，清水砌体勾缝
		外墙防水	外墙砂浆防水，涂膜防水，透气膜防水
		门窗	木门窗安装，金属门窗安装，塑料门窗安装，特种门安装，门窗玻璃安装
		吊顶	整体面层吊顶，板块面层吊顶，格栅吊顶
		轻质隔墙	板材隔墙，骨架隔墙，活动隔墙，玻璃隔墙
		饰面板	石板安装，陶瓷板安装，木板安装，金属板安装，塑料板安装
		饰面砖	外墙饰面砖粘贴，内墙饰面砖粘贴
		幕墙	玻璃幕墙安装，金属幕墙安装，石材幕墙安装，陶板幕墙安装
		涂饰	水性涂料涂饰，溶剂型涂料涂饰，美术涂饰
		裱糊与软包	裱糊，软包
		细部	橱柜制作与安装，窗帘盒和窗台板制作与安装，门窗套制作与安装，护栏和扶手制作与安装，花饰制作与安装

续表

序号	分部工程	子分部工程	分项工程
4	建筑屋面	基层与保护	找坡层和找平层，隔汽层，隔离层，保护层
		保温与隔热	板状材料保温层，纤维材料保温层，喷涂硬泡聚氨酯保温层，现浇泡沫混凝土保温层，种植隔热层，架空隔热层，蓄水隔热层
		防水与密封	卷材防水层，涂膜防水层，复合防水层，接缝密封防水
		瓦面与板面	烧结瓦和混凝土瓦铺装，沥青瓦铺装，金属板铺装，玻璃采光顶铺装
		细部构造	檐口，檐沟和天沟，女儿墙和山墙，水落口，变形缝，伸出屋面管道，屋面出入口，反梁过水孔，设施基座，屋脊，屋顶窗
5	建筑给水排水及供暖	室内给水系统	给水管道及配件安装，给水设备安装，室内消火栓系统安装，消防喷淋系统安装，防腐，绝热，管道冲洗、消毒，试验与调试
		室内排水系统	排水管道及配件安装，雨水管道及配件安装，防腐，试验与调试
		室内热水系统	管道及配件安装，辅助设备安装，防腐，绝热，试验与调试
		卫生器具	卫生器具安装，卫生器具给水配件安装，卫生器具排水管道安装，试验与调试
		室内供暖系统	管道及配件安装，辅助设备安装，散热器安装，低温热水地板辐射采暖系统安装，电加热供暖系统安装，燃气红外辐射供暖系统安装，热风供暖系统安装，热计量及调控装置安装，试验及调试，防腐，绝热
		室外给水管网	给水管道安装，室外消火栓系统安装，试验与调试
		室外排水管网	排水管道安装，排水管沟与井池，试验与调试
		室外供热管网	管道及配件安装，系统水压试验，土建结构，防腐，绝热，试验与调试
		建筑饮用水供应系统	管道及配件安装，水处理设备及控制设施安装，防腐，绝热，试验与调试
		建筑中水系统及雨水利用系统	建筑中水系统、雨水利用系统管道及配件安装，水处理设备及控制设施安装，防腐，绝热，试验与调试
		游泳池及公共浴池水系统	管道及配件系统安装，水处理设备及控制设施安装，防腐，绝热，试验与调试

续表

序号	分部工程	子分部工程	分项工程
5	建筑给水排水及供暖	水景喷泉系统	管道系统及配件安装，防腐，绝热，试验与调试
		热源及辅助设备	锅炉安装，辅助设备及管道安装，安全附件安装，换热站安装，防腐，绝热，试验与调试
		监测与控制仪表	检测仪器及仪表安装，试验与调试
6	通风与空调	送风系统	风管与配件制作，部件制作，风管系统安装，风机与空气处理设备安装，风管与设备防腐，旋流风口、岗位送风口、织物（布）风管安装，系统调试
		排风系统	风管与配件制作，部件制作，风管系统安装，风机空气处理设备安装，风管与设备防腐，吸风罩及其他空气处理设备安装，厨房、卫生间排风系统安装，系统调试
		防排烟系统	风管与配件制作，部件制作，风管系统安装，风机与空气处理设备安装，风管与设备防腐，排烟风阀（口）、常闭正压风口、防火风管安装，系统调试
		除尘系统	风管与配件制作，部件制作，风管系统安装，风机与空气处理设备安装，风管与设备防腐，除尘器与排污设备安装，吸尘罩安装，高温风管绝热，系统调试
		舒适性空调系统	风管与配件制作，部件制作，风管系统安装，风机与空气处理设备安装，风管与设备防腐，组合式空调机组安装，消声器、静电除尘器、换热器、紫外线灭菌器等设备安装，风机盘管、变风量与定风量送风装置、射流喷口等末端设备安装，风管与设备绝热，系统调试
		恒温恒湿空调系统	风管与配件制作，部件制作，风管系统安装，风机与空气处理设备安装，风管与设备防腐，组合式空调机组安装，电加热器、加湿器等设备安装，精密空调机组安装，风管与设备绝热，系统调试
		净化空调系统	风管与配件制作，部件制作，风管系统安装，风机与空气处理设备安装，风管与设备防腐，净化空调机组安装，消声器、静电除尘器、换热器、紫外线灭菌器等设备安装，中、高效过滤器及风机过滤器单元等末端设备清洗与安装，洁净度测试，风管与设备绝热，系统调试
		地下人防通风系统	风管与配件制作，部件制作，风管系统安装，风机与空气处理设备安装，风管与设备防腐，过滤吸收器、防爆波活门、防爆超压排气活门等专用设备安装，系统调试

续表

序号	分部工程	子分部工程	分项工程
6	通风与空调	真空吸尘系统	风管与配件制作，部件制作，风管系统安装，风机与空气处理设备安装，风管与设备防腐，管道安装，快速接口安装，风机与滤尘设备安装，系统压力试验及调试
		冷凝水系统	管道系统及部件安装，水泵及附属设备安装，管道冲洗，管道、设备防腐，板式热交换器，辐射板及辐射供热、供冷地埋管，热泵机组设备安装，管道、设备绝热，系统压力试验及调试
		空调（冷、热）水系统	管道系统及部件安装，水泵及附属设备安装，管道冲洗，管道、设备防腐，冷却塔与水处理设备安装，防冻伴热设备安装，管道、设备绝热，系统压力试验及调试
		冷却水系统	管道系统及部件安装，水泵及附属设备安装，管道冲洗，管道、设备防腐，系统灌水渗漏及排放试验，管道、设备绝热
		土壤源热泵换热系统	管道系统及部件安装，水泵及附属设备安装，管道冲洗，管道、设备防腐，埋地换热系统与管网安装，管道、设备绝热，系统压力试验及调试
		水源热泵换热系统	管道系统及部件安装，水泵及附属设备安装，管道冲洗，管道、设备防腐，地表水源换热管及管网安装，除垢设备安装，管道、设备绝热，系统压力试验及调试
		蓄能系统	管道系统及部件安装，水泵及附属设备安装，管道冲洗，管道、设备防腐，蓄水罐与蓄冰槽、罐安装，管道、设备绝热，系统压力试验及调试
		压缩式制冷（热）设备系统	制冷机组及附属设备安装，管道、设备防腐，制冷剂管道及部件安装，制冷剂灌注，管道、设备绝热，系统压力试验及调试
		吸收式制冷设备系统	制冷机组及附属设备安装，管道、设备防腐，系统真空试验，溴化锂溶液加灌，蒸汽管道系统安装，燃气或燃油设备安装，管道、设备绝热，系统压力试验及调试
		多联机（热泵）空调系统	室外机组安装，室内机组安装，制冷剂管路连接及控制开关安装，风管安装，冷凝水管道安装，制冷剂灌注，系统压力试验及调试

续表

序号	分部工程	子分部工程	分项工程
6	通风与空调	太阳能供暖空调系统	太阳能集热器安装，其他辅助能源、换热设备安装，蓄能水箱、管道及配件安装，蓄能水箱、管道及配件安装，防腐，绝热，低温热水地板辐射采暖系统安装，系统压力试验及调试
		设备自控系统	温度、压力与流量传感器安装，执行机构安装调试，防排烟系统功能测试，自动控制及系统智能控制软件调试
7	建筑电气	室外电气	变压器、箱式变电所安装，成套配电柜、控制柜（屏、台）和动力、照明配电箱（盘）及控制柜安装，梯架、支架、托盘和槽盒安装，导管敷设，电缆敷设，管内穿线和槽盒内敷线，电缆头制作、导线连接和线路绝缘测试，普通灯具安装，专用灯具安装，建筑照明通电试运行，接地装置安装
		变配电室	变压器、箱式变电所安装，成套配电柜、控制柜（屏、台）和动力、照明配电箱（盘）安装，母线槽安装，梯架、支架、托盘和槽盒安装，电缆敷设，电缆头制作、导线连接和线路绝缘测试，接地装置安装，接地干线敷设
		供电干线	电气设备试验和试运行，母线槽安装，梯架、支架、托盘和槽盒安装，导管敷设，电缆敷设，管内穿线和槽盒内敷线，电缆头制作、导线连接和线路绝缘测试，接地干线敷设
		电气动力	成套配电柜、控制柜（屏、台）和动力配电箱（盘）安装，电动机、电加热器及电动执行机构检查接线，电气设备试验和试运行，梯架、支架、托盘和槽盒安装，导管敷设，电缆敷设，管内穿线和槽盒内敷线，电缆头制作、导线连接和线路绝缘测试
		电气照明	成套配电柜、控制柜（屏、台）和照明配电箱（盘）安装，梯架、支架、托盘和槽盒安装，导管敷设，管内穿线和槽盒内敷线，塑料护套线直敷布线，钢索配线，电缆头制作、导线连接和线路绝缘测试，普通灯具安装，专用灯具安装，开关、插座、风扇安装，建筑照明通电试运行
		备用和不间断电源安装	成套配电柜、控制柜（屏、台）和动力、照明配电箱（盘）安装，柴油发电机组安装，不间断电源装置及应急电源装置安装，母线槽安装，导管敷设，电缆敷设，管内穿线和槽盒内敷线，电缆头制作、导线连接和线路绝缘测试，接地装置安装
		防雷及接地	接地装置安装，防雷引下线及接闪器安装，建筑物等电位连接，浪涌保护器安装

续表

序号	分部工程	子分部工程	分项工程
8	智能建筑	智能化集成系统	设备安装，软件安装，接口及系统调试，试运行
		信息接入系统	安装场地检查
		用户电话交换系统	线缆敷设，设备安装，软件安装，接口及系统调试，试运行
		信息网络系统	计算机网络设备安装，计算机网络软件安装，网络安全设备安装，网络安全软件安装，系统调试，试运行
		综合布线系统	梯架、托盘、槽盒和导管安装，线缆敷设，机柜、机架、配线架安装，信息插座安装，链路或信道测试，软件安装，系统调试，试运行
		移动通信室内信号覆盖系统	安装场地检查
		卫星通信系统	安装场地检查
		有线电视及卫星电视接收系统	梯架、托盘、槽盒和导管安装，线缆敷设，设备安装，软件安装，系统调试，试运行
		公共广播系统	梯架、托盘、槽盒和导管安装，线缆敷设，设备安装，软件安装，系统调试，试运行
		会议系统	梯架、托盘、槽盒和导管安装，线缆敷设，设备安装，软件安装，系统调试，试运行
		信息导引及发布系统	梯架、托盘、槽盒和导管安装，线缆敷设，显示设备安装，机房设备安装，软件安装，系统调试，试运行
		时钟系统	梯架、托盘、槽盒和导管安装，线缆敷设，设备安装，软件安装，系统调试，试运行
		信息化应用系统	梯架、托盘、槽盒和导管安装，线缆敷设，设备安装，软件安装，系统调试，试运行
		建筑设备监控系统	梯架、托盘、槽盒和导管安装，线缆敷设，传感器安装，执行器安装，控制器、箱安装，中央管理工作站和操作分站设备安装，软件安装，系统调试，试运行
		火灾自动报警系统	梯架、托盘、槽盒和导管安装，线缆敷设，探测器类设备安装，控制器类设备安装，其他设备安装，软件安装，系统调试，试运行
		安全技术防范系统	梯架、托盘、槽盒和导管安装，线缆敷设，设备安装，软件安装，系统调试，试运行

续表

序号	分部工程	子分部工程	分项工程
8	智能建筑	应急响应系统	设备安装，软件安装，系统调试，试运行
		机房	供配电系统，防雷与接地系统，空气调节系统，给水排水系统，综合布线系统，监控与安全防范系统，消防系统，室内装饰装修，电磁屏蔽，系统调试，试运行
		防雷与接地	接地装置，接地线，等电位联接，屏蔽设施，电涌保护器，线缆敷设，系统调试，试运行
9	建筑节能	围护系统节能	墙体节能，幕墙节能，门窗节能，屋面节能，地面节能
		供暖空调设备及管网节能	供暖节能，通风与空调设备节能，空调与供暖系统冷热源节能，空调与供暖系统管网节能
		电气动力节能	配电节能，照明节能
		监控系统节能	监测系统节能，控制系统节能
		可再生能源	地源热泵系统节能，太阳能光热系统节能，太阳能光伏节能
10	电梯	电力驱动的曳引式或强制式电梯	设备进场验收，土建交接检验，驱动主机，导轨，门系统，轿厢，对重，安全部件，悬挂装置，随行电缆，补偿装置，电气装置，整机安装验收
		液压电梯	设备进场验收，土建交接检验，液压系统，导轨，门系统，轿厢，对重，安全部件，悬挂装置，随行电缆，电气装置，整机安装验收
		自动扶梯、自动人行道	设备进场验收，土建交接检验，整机安装验收

(6) 室外工程可根据专业类别和工程规模划分单位（子单位）工程。

室外工程的划分可按表 4-5 采用。

表 4-5 室外工程的划分

单位工程	子单位工程	分部工程
室外设施	道路	路基，基层，面层，广场与停车场，人行道，人行地道，挡土墙，附属构筑物
	边坡	土石方，挡土墙，支护
附属建筑及室外环境	附属建筑	车棚，围墙，大门，挡土墙
	室外环境	建筑小品，亭台，水景，连廊，花坛，场坪绿化，景观桥

4.4 建筑工程施工质量验收

4.4.1 检验批质量验收

检验批质量验收程序如图 4.3 所示。

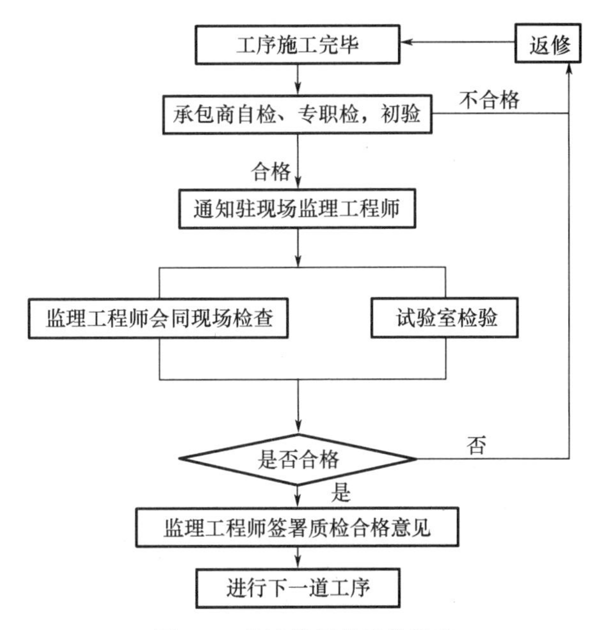

图 4.3 检验批质量验收程序

1. 检验批质量验收合格规定

(1) 主控项目和一般项目的质量经抽样检验合格。

(2) 具有完整的施工操作依据、质量验收记录。

检验批质量验收可按表 4-6 进行记录。

表 4-6 检验批质量验收记录

工程名称					
分项工程名称			验收部位		
施工总承包单位		项目经理		专业工长	
专业承包单位		项目经理		施工班组长	
施工执行标准名称及编号					

续表

施工质量验收规范的规定				施工单位检查评定记录	监理/建设单位验收记录
主控项目					
一般项目					
施工单位检查评定结果： 质量检查员　　　　年　月　日					
监理或建设单位验收结论： 监理工程师或建设单位项目专业技术负责人　　　　年　月　日					

2. 资料检查

质量控制资料反映了检验批从原材料到验收的各施工工序的施工操作依据、检查情况及保证质量所必需的管理制度等，对其完整性的检查，实际上是对过程控制的确认。所要检查的资料主要包括如下内容。

(1) 图纸会审、设计变更、洽商记录。

(2) 建筑材料、成品、半成品、建筑构配件、器具和设备的质量证明及进场检（试）验报告。

(3) 工程测量、放线记录。

(4) 按专业质量验收规范规定的抽样检验报告。

(5) 隐蔽工程检查记录。

(6) 施工过程记录和施工过程检查记录。

(7) 新材料、新工艺的施工记录。

(8) 质量管理资料和施工单位操作依据等。

3. 主控项目和一般项目的检验

1) 主控项目

主控项目的条文是必须达到的要求。主控项目是保证工程安全和使用功能的重要检验项目，是对安全、卫生、环境保护和公众利益起决定性作用的检验项目，是确定该检验批主要性能的项目。如果达不到规定的质量指标，降低要求就相当于降低该工程项目的性能指标，就会严重影响工程的安全性能。

主控项目包括的内容主要如下。

(1) 重要材料、构件及配件、成品及半成品、设备性能及附件的材质、技术性能等。检查出厂证明及试验数据，如水泥、钢材的质量；预制楼板、墙板、门窗等构配件的质量；风机等设备的质量。检查出厂证明，其技术数据、项目应符合有关技术标准规定。

(2) 结构的强度、刚度和稳定性等检验数据、工程性能的检测。例如，混凝土、砂浆的强度；钢结构的焊缝强度；管道的压力试验；风管的系统测定与调整；电气的绝缘、接地测试；电梯的安全保护、试运转结果；等等。检查测试记录，其数据及项目应符合设计要求和相关质量验收规范规定。

(3) 一些重要的允许偏差项目，必须控制在允许偏差限值之内。

对一些有龄期要求的检测项目，在其龄期不到，不能提供数据时，可先评价其他项目，并根据施工现场的质量保证和控制情况，暂时验收该项目，待检测数据出来后，再填入数据。如果数据达不到规定数值，以及对一些材料、构配件质量及工程性能的测试数据有疑问时，应进行复验、鉴定及实地检验。

2) 一般项目

一般项目是指除主控项目外的检验项目，其质量要求也是应该达到的，只不过对不影响工程安全和使用功能的少数规定可以适当放宽一些。这些规定虽不像主控项目那样重要，但对工程安全、使用功能、美观等都有较大影响。

一般项目包括的内容主要如下。

(1) 允许有一定偏差的项目，这些项目在验收时，绝大多数（80%）抽查的点、位、处，其质量指标都必须达到要求，其余20%虽可以超过一定的指标，但也是有限的，通常不得超过规定值的150%。

(2) 对不能确定偏差值而又允许出现一定缺陷的项目，则以缺陷的数量来区分。

(3) 一些无法定量的而采用定性的项目（如碎拼大理石地面颜色协调，无明显裂缝和坑洼；油漆工程中，中级油漆的光亮和光滑项目；卫生器具给水配件安装项目，接口严密，启闭部分灵活；管道接口项目，无外露油麻；等等），则要靠监理工程师来掌握。

4.4.2 分项工程质量验收

分项工程质量验收程序如图4.4所示。

1. 分项工程质量验收合格规定

分项工程质量验收合格应符合下列规定。

(1) 分项工程所包含的检验批均应符合合格质量的规定。

(2) 分项工程所包含的检验批的质量验收记录应完整。

分项工程质量验收应按表4-7进行记录。

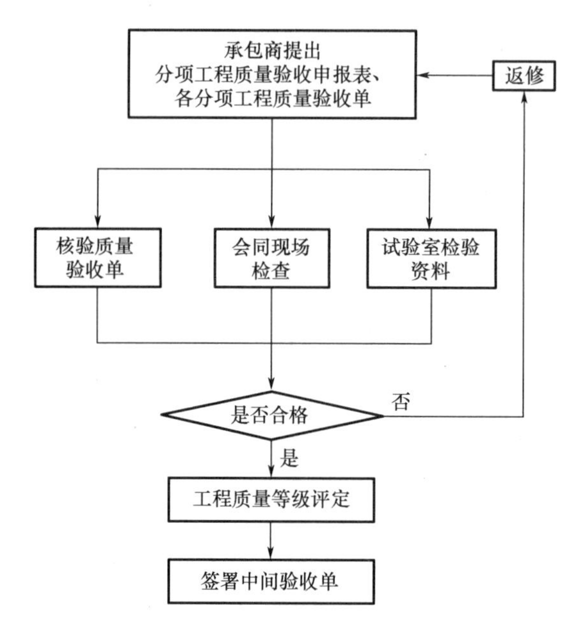

图 4.4 分项工程质量验收程序

表 4-7 分项工程质量验收记录

工程名称		结构类型		检验批数	
施工总承包单位		项目经理		项目技术负责人	
专业承包单位		单位负责人		项目经理	

序号	检验批名称及部位、区段	施工单位检查评定结果	监理或建设单位验收意见

说明：

检查结论	项目专业技术负责人 年　月　日	验收结论	监理工程师或 建设单位项目专业技术负责人 年　月　日

2. 分项工程质量的验收应注意的问题

分项工程质量的验收是在检验批验收的基础上进行的，是一个统计过程，有时也有一些直接的验收内容，所以在验收分项工程质量时应注意以下方面。

(1) 核对检验批的部位、区段是否全部覆盖分项工程的范围，有没有缺漏的部位。

(2) 一些在检验批中无法检验的项目是否在分项工程中直接验收，如砖砌体工程中的全高垂直度、砂浆强度的评定等。

(3) 检验批验收记录的内容及签字人是否正确、齐全。

4.4.3 分部（子分部）工程质量验收

分部（子分部）工程质量验收程序如图4.5所示。

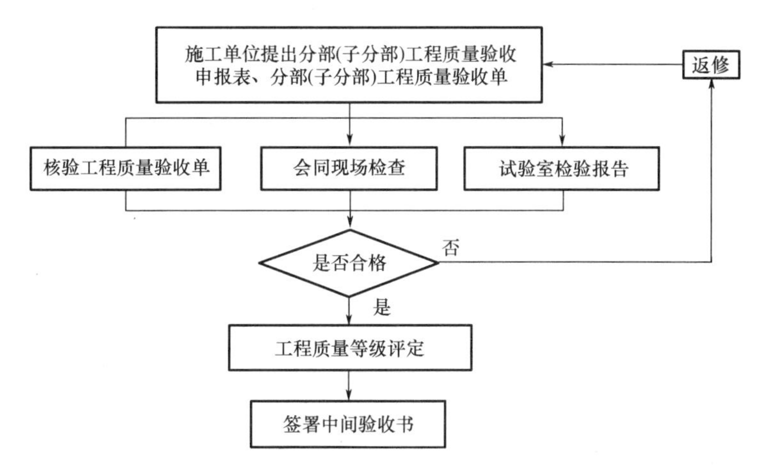

图4.5 分部（子分部）工程质量验收程序

子分部工程和分部工程的验收内容、程序都是一样的，当一个分部工程中只有一个子分部工程时，子分部工程就是分部工程。当其不只有一个子分部工程时，可以一个一个地对子分部工程进行质量验收，然后，应将各子分部工程的质量控制资料进行核查；对地基与基础、主体结构和设备安装工程等分部工程中的有关安全及功能的检验和抽样检测结果的资料进行核查；对观感质量进行评价；等等。

分部（子分部）工程质量验收合格应符合下列规定。

(1) 分部（子分部）工程所含分项工程的质量均应验收合格。这项验收内容应注意以下3点。

① 检查每个分项工程验收是否正确。

② 注意查对所含分项工程，看是否有缺漏的分项工程没有归纳进来，或是没有进行验收。

③ 注意检查分项工程的资料是否完整，每份验收资料的内容是否有缺漏项，以及分项工程验收人员的签字是否齐全及符合规定。

(2) 质量控制资料应完整。这项验收内容应注意以下3点。

① 核查和归纳各检验批的验收记录资料，查对其是否完整。

② 检验批验收时，应具备的资料要准确完整才能验收。

③ 注意核对各种资料的内容、数据及验收人员的签字是否规范等。

在分部（子分部）工程验收时，主要是核查和归纳各检验批的施工操作依据、质量检查记录，查对其是否配套完整，包括有关施工工艺（企业标准）、原材料、构配件出厂合格证及按规定进行的试验资料的完整程度。一个分部（子分部）工程能否具有数量和内容完整的质量控制资料，是检验规范指标能否通过验收的关键。

(3) 地基与基础、主体结构和设备安装等分部工程有关安全及功能的检验和抽样检测结果应符合有关规定。这项验收内容应注意以下3点。

① 检查各规范中规定检测的项目是否都进行了验收，不能进行检测的项目应说明原因。

② 检查各项检测记录（报告）的内容、数据是否符合要求，所遵循的检测方法标准、检测结果的数据是否达到规定的标准。

③ 核查资料的检测程序，有关取样人、见证人、检测人、审核人、试验负责人，以及公章签字是否符合要求。

(4) 观感质量验收应符合要求。这项验收内容应注意以下2点。

① 在进行质量检查时，注意一定要在现场将工程的各个部位全部看到，能操作的应实地操作，观察其方便性、灵活性或有效性等；能打开观看的应打开观看，不能只看“外观”，应全面了解分部（子分部）的实物质量。

② 观感质量没有放在重要位置，只是一个辅助项目，其评价内容只列出了项目，其标准没有具体化，多数在一般项目内。检查评价人员应宏观掌握，如果没有较明显达不到要求的，就可评为“一般”；如果某些部位质量较好，细部处理到位，就可评为“好”；如果有的部位达不到要求，或有明显的缺陷，但不影响结构安全和使用功能的，就可评为“差”。评为“差”的项目能返修的应返修，不能返修的，只要不影响结构安全和使用功能就可通过验收；有影响结构安全和使用功能的，不能评价，应修理后再评价。

分部（子分部）工程质量验收应按表4-8进行记录。

表4-8　分部（子分部）工程质量验收记录

<table>
<tr><td colspan="2">工程名称</td><td colspan="2"></td><td>结构类型</td><td></td><td>层数</td><td></td></tr>
<tr><td colspan="2">施工总承包单位</td><td></td><td>技术部门负责人</td><td></td><td colspan="2">质量部门负责人</td><td></td></tr>
<tr><td colspan="2">专业承包单位</td><td></td><td>专业承包单位负责人</td><td></td><td colspan="2">专业承包单位
技术负责人</td><td></td></tr>
<tr><td>序号</td><td colspan="2">分项工程名称</td><td>检验批数</td><td colspan="2">施工单位检查评定</td><td colspan="2">验收意见</td></tr>
<tr><td></td><td colspan="2"></td><td></td><td colspan="2"></td><td colspan="2" rowspan="7"></td></tr>
<tr><td></td><td colspan="2"></td><td></td><td colspan="2"></td></tr>
<tr><td></td><td colspan="2"></td><td></td><td colspan="2"></td></tr>
<tr><td></td><td colspan="2"></td><td></td><td colspan="2"></td></tr>
<tr><td></td><td colspan="2"></td><td></td><td colspan="2"></td></tr>
<tr><td></td><td colspan="2"></td><td></td><td colspan="2"></td></tr>
<tr><td></td><td colspan="2"></td><td></td><td colspan="2"></td></tr>
</table>

续表

<table>
<tr><td colspan="2">质量控制资料</td><td></td><td></td></tr>
<tr><td colspan="2">安全和功能检验（检测）报告</td><td></td><td></td></tr>
<tr><td colspan="2">观感质量验收</td><td></td><td></td></tr>
<tr><td rowspan="5">验收单位</td><td>专业承包单位</td><td colspan="2">项目经理　　年　月　日</td></tr>
<tr><td>施工总承包单位</td><td colspan="2">项目经理　　年　月　日</td></tr>
<tr><td>勘察单位</td><td colspan="2">项目负责人　　年　月　日</td></tr>
<tr><td>设计单位</td><td colspan="2">项目负责人　　年　月　日</td></tr>
<tr><td>监理单位或建设单位</td><td colspan="2">总监理工程师或建设单位项目负责人
年　月　日</td></tr>
</table>

4.4.4 单位（子单位）工程质量验收

单位（子单位）工程质量验收工作流程如图 4.6 所示。

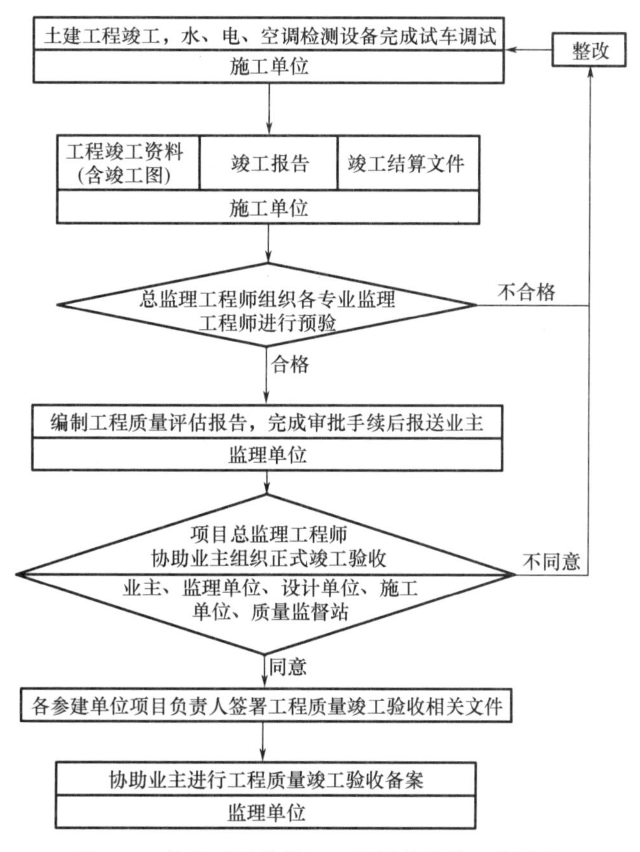

图 4.6　单位（子单位）工程质量验收工作流程

单位（子单位）工程质量验收的目的是对工程交付使用前的最后一道工序把好关。单位（子单位）工程质量验收既是对工程质量的一次总体综合评价，又是工程质量管理的一道重要程序。

单位（子单位）工程质量验收合格应符合下列规定。

(1) 单位（子单位）工程所含分部（子分部）工程的质量均应验收合格。

总承包单位应事前进行认真准备，将所有分部（子分部）工程质量验收的记录表及时进行收集整理，列出目次表，并依序将其装订成册。在核查及整理过程中，应注意以下3点。

① 核查各分部工程中所含的子分部工程是否齐全。

② 核查各分部（子部分）工程质量验收记录表的质量评价是否完善，是否有分部（子分部）工程质量的综合评价，质量控制资料的评价，地基与基础、主体结构和设备安装分部（子分部）工程规定的有关安全及功能的检验和抽样检测项目的检测记录，以及分部（子分部）观感质量的评价等。

③ 核查分部（子分部）工程质量验收记录表的验收人员是否为规定的有相应资质的技术人员，是否进行了评价和签认。

(2) 质量控制资料应完整。

总承包单位应对各分部（子分部）工程应有的质量控制资料进行核查。质量控制资料包括图纸会审及变更记录，定位测量放线记录，施工操作依据，原材料、构配件等质量证书，按规定进行检验的检测报告，隐蔽工程验收记录，施工中有关的施工试验、测试、检验及抽样检测项目的检测报告等。

(3) 单位（子单位）工程所含分部工程有关安全及功能的检测资料应完整。

在单位（子单位）工程验收时，监理工程师应对各分部（子分部）工程应检测的项目进行核对，对检测资料的数量和数据、使用的检测方法标准、检测程序进行核查，以及核查有关人员的签认情况等。

(4) 主要功能项目的抽查结果应符合相关专业质量验收规范的规定。

主要功能的抽查项目已在各分部（子分部）工程中列出，有的需要在分部（子分部）工程完成后进行检测，有的还需要待相关分部（子分部）工程完成后才能检测，有的则需要待单位工程全部完成后进行检测。这些检测项目应在单位工程完工，施工单位向建设单位提交工程验收报告之前，全部检测完毕，并将检测报告写好。

(5) 观感质量验收应符合要求。

单位（子单位）工程质量竣工验收应按表4-9进行记录。

表4-9 单位（子单位）工程质量竣工验收记录

<table>
<tr><td>工程名称</td><td colspan="2"></td><td>结构类型</td><td></td><td>层数/建筑面积</td><td></td></tr>
<tr><td>施工单位</td><td colspan="2"></td><td>技术负责人</td><td></td><td>开工日期</td><td></td></tr>
<tr><td>项目经理</td><td colspan="2"></td><td>项目技术负责人</td><td></td><td>竣工日期</td><td></td></tr>
<tr><td>序号</td><td colspan="2">项目</td><td colspan="2">验收记录</td><td colspan="2">验收结论</td></tr>
<tr><td>1</td><td colspan="2">分部工程</td><td colspan="2">共　分部，经查　分部
符合标准及设计要求　分部</td><td colspan="2"></td></tr>
</table>

续表

<table>
<tr><td>2</td><td colspan="2">质量控制资料核查</td><td colspan="2">共　项，经核定符合要求　项
经核定不符合规范要求　项</td><td colspan="2"></td></tr>
<tr><td>3</td><td colspan="2">安全和主要使用功能核查及抽查结果</td><td colspan="2">共核查　项，符合要求　项
共抽查　项，符合要求　项
经返工处理符合要求　项</td><td colspan="2"></td></tr>
<tr><td>4</td><td colspan="2">观感质量验收</td><td colspan="2">共抽查　项，符合要求　项
不符合要求　项</td><td colspan="2"></td></tr>
<tr><td>5</td><td colspan="2">综合验收结论</td><td colspan="2"></td><td colspan="2"></td></tr>
<tr><td rowspan="2">参加验收单位</td><td>建设单位</td><td colspan="2">监理单位</td><td colspan="2">施工单位</td><td>设计单位</td></tr>
<tr><td>（公章）
单位（项目）负责人

年　月　日</td><td colspan="2">（公章）
单位（项目）负责人

年　月　日</td><td colspan="2">（公章）
单位（项目）负责人

年　月　日</td><td>（公章）
单位（项目）负责人

年　月　日</td></tr>
</table>

案例4-1

某市阳光花园高层住宅1号楼，由两栋地上24层地下2层的塔楼和一栋连体建筑组成，总建筑面积31100m^2，采用全现浇钢筋混凝土剪力墙结构。该工程施工组织采用总分包管理模式。

该工程9月中旬挖槽，11月中旬完成基础底板混凝土浇筑工作，12月中旬完成地下2层墙体、顶板支模、钢筋绑扎及混凝土浇筑工作，次年1月中旬基础工程全部完工。

该工程按照质量检验评定的程序，钢筋分项工程应由监理工程师（建设单位项目技术负责人）组织施工单位项目专业质量（技术）负责人进行验收；基础工程应由总监理工程师（建设单位项目负责人）组织施工单位项目负责人和技术、质量负责人，以及勘察、设计单位工程项目负责人进行验收；该住宅楼完工后，施工单位应自行组织有关人员进行检查评定，并向建设单位提交工程验收报告；建设单位收到工程验收报告后，由建设单位（项目）负责人组织施工单位（含分包单位）、设计单位、监理单位等单位（项目）负责人进行单位工程验收；分包单位对所承包的工程项目应按规定的程序检查评定，总包单位应派人参加，分包工程完工后，分包单位应将工程有关资料交给总包单位；当参加验收各方对工程质量验收意见不一致时，可请当地建设行政主管部门或工程质量监督机构协调处理；单位工程质量验收合格后，建设单位应在规定时间内将工程质量竣工验收报告和有关文件报建设行政主管部门备案。

（资料来源：全国一级建造师执业资格考试用书编写委员会．房屋建筑工程管理与实务［M］．北京：中国建筑工业出版社，2004）

案例 4-2

某建筑公司承接了一项综合楼任务，建筑面积 109828m^2，地下 3 层，地上 26 层，采用箱形基础，主体为框架-剪力墙结构。该项目地处城市主要街道交叉路口，是该地区的标志性建筑物。因此，施工单位在施工过程中加强了对工序指令的控制。在第 5 层楼板钢筋隐蔽工程验收时发现整个楼板受力钢筋型号不对、位置放置错误，施工单位非常重视，及时进行了返工处理。在第 10 层混凝土部分试块检测时发现混凝土强度达不到设计要求，但经有资质的检测单位实体检测鉴定，混凝土强度达到了要求。由于加强了预防和检查，该综合楼没有再发生类似情况。该综合楼最终顺利完工，达到验收条件后，建设单位组织了竣工验收。

分析：

工序质量控制的内容主要有：①制订工序质量控制的计划；②严格遵守施工工艺规程；③主动控制工序活动条件的质量；④及时检查工序活动效果的质量；⑤设置工序质量控制点。

在施工过程中，测得的工序特性数据是有波动的，由于产生波动的原因有两种，因此波动也分为两类。一类是操作人员在相同的技术条件下按照工艺标准操作，可是不同产品的工序特性数据却存在着波动，这种波动在目前的技术条件下还不能控制，是由无数客观原因引起的波动，此类因素称为偶然因素，如构件允许范围内的尺寸误差、季节气候的变化、机具的正常磨损等。另一类是在施工过程中发生了异常现象，如不遵守工艺标准，违反操作规程，机械、设备发生故障，仪器、仪表失灵等，这类因素称为异常因素，经有关人员的共同努力在技术上是可以控制的。工序管理就是分析和发现影响施工中每道工序质量的异常因素，并采取相应的技术和管理措施使这些异常因素被控制在允许范围内，从而保证每道工序的质量。工序管理的实质是工序质量控制，是为把工序质量的波动限制在要求的范围内所进行的质量控制活动，一旦工序质量波动超出允许范围，应立即对影响工序质量波动的因素进行分析，并针对问题采取必要的管理措施，使工序质量处于稳定受控状态。另外，工序质量控制还需做好施工中重、难点工序的质量控制。

在验收第 5 层楼板钢筋隐蔽工程时应注意以下要点：①按施工图核查纵向受力钢筋，检查钢筋品种、直径、数量、位置、间距、形状；②检查混凝土保护层厚度，构造钢筋是否符合构造要求；③检查钢筋锚固长度、钢筋加密区及加密间距；④检查钢筋接头，如绑扎搭接要检查搭接长度、接头位置（错开长度）和数量（接头百分率），焊接接头或机械连接要检查接头外观质量、取样试件力学性能、接头位置（错开长度）和数量（接头百分率）。

在第 10 层发现的质量问题不需要处理，这是因为虽然混凝土部分试块检测达不到设计要求，但经有资质的检测单位实体检测鉴定，混凝土强度达到了要求，这种情况可以予以验收。如果第 10 层经实体检测混凝土强度都未达到要求，则施工单位应返工重做或者采取加固补强措施。

单位工程竣工验收应当具备下列条件：①完成建设工程设计和合同约定的各项内容；②有完整的技术档案和施工管理资料；③有工程使用的主要建筑材料、建筑构配件和设备的进场试验报告；④有勘察、设计、施工、工程监理等单位分别签署的质量合格文件；⑤有施工单位签署的工程质量保修书。

本章小结

通过本章的学习，要求学生了解建筑工程施工质量验收规范体系、建筑工程施工质量验收术语；熟悉建筑工程施工质量验收的基本规定；掌握建筑工程施工质量验收的划分，检验批、分项工程、分部（子分部）工程、单位（子单位）工程等的质量验收方法内容。

建筑工程施工质量验收是工程建设质量控制的一个重要环节，它包括工程施工质量的中间验收和工程的竣工验收两个方面。工程建设中间产品和最终产品的质量验收，通过从过程控制和终端把关两个方面进行工程项目的质量控制，可以确保工程达到业主所要求的功能和使用价值，最终实现建设投资的经济效益和社会效益。

建筑工程施工质量验收涉及建筑工程施工过程控制和竣工验收控制，合理划分建筑工程施工质量验收层次是非常必要的。建筑工程质量验收应划分为单位（子单位）工程、分部（子分部）工程、分项工程和检验批验收。

习　题

简答题

1. 建筑工程施工质量验收的基本规定有哪些？
2. 建筑工程施工质量验收如何划分？
3. 单位工程的划分原则有哪些？
4. 分部工程的划分原则有哪些？
5. 检验批质量如何进行验收？
6. 分项工程质量如何进行验收？
7. 分部工程质量如何进行验收？
8. 单位工程质量如何进行验收？
9. 验收不合格工程如何处理？
10. 简述建筑工程质量验收程序。
11. 简述检验批及分项工程的验收程序。
12. 简述分部工程的验收程序。
13. 简述单位工程的验收程序。
14. 监理工程师在质量评定和竣工验收中有何作用？
15. 工程项目竣工验收的条件和主要内容是什么？

第4章在线答题

第5章 建筑工程质量事故处理

思维导图

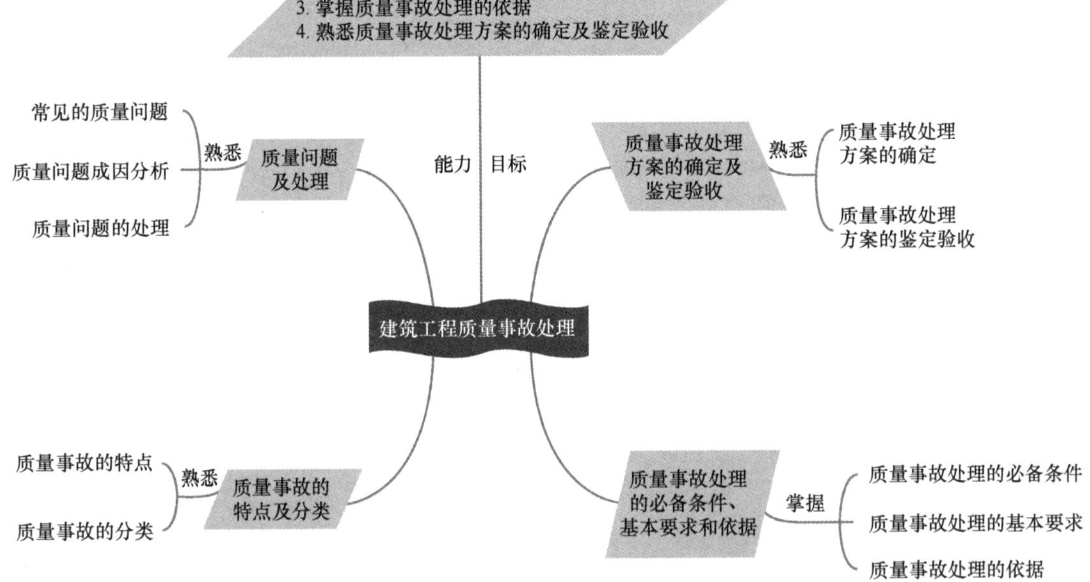

引例

某建筑工程项目为框架结构，业主已委托监理单位进行施工阶段监理。

主体结构施工时，在现浇钢筋混凝土柱的施工过程中，监理工程师对24根柱子进行检查，发现有6根柱子拆模后存在轻度蜂窝、麻面的质量问题，有13根柱子存在混凝土强度严重不足及表面蜂窝、麻面的质量问题，有5根柱子存在局部露筋及较严重的蜂窝、麻面的质量问题。

在主体结构悬臂式雨篷施工过程中，发生了一起第5层悬臂式雨篷根部突然断裂的严重质量事故，造成直接经济损失50万元，所幸无人员伤亡。

问题：(1) 质量问题的处理方式有哪些？

(2) 对6根柱子拆模后存在的轻度蜂窝、麻面的质量问题应如何处理？

(3) 对13根柱子混凝土强度严重不足及蜂窝、麻面的质量问题应如何处理？

(4) 对5根柱子局部漏筋及较严重的蜂窝、麻面的质量问题应如何处理？

(5) 质量事故处理应遵循什么程序？上述悬臂式雨篷根部突然断裂的质量事故属于哪类？说明理由。

(6) 质量事故处理的基本要求是什么？

(7) 质量事故处理验收结论通常有哪几种？

5.1 质量问题及处理

5.1.1 常见的质量问题

1. 违背建设程序

违背建设程序表现为：工程项目不经可行性论证，不做调查分析就拍板定案；没有搞清工程地质、水文地质情况就仓促开工；无证设计，无图施工；任意修改设计，不按图纸施工；工程竣工不进行试车运转、不经验收就交付使用；等等。

2. 违反法规

违反法规表现为：工程项目无证设计，无证施工，越级设计，越级施工，工程招投标中的不公平竞争，超常的低价中标，非法分包，转包、挂靠，擅自修改设计等。

3. 工程地质勘察失真

工程地质勘察失真表现为：地质勘察或勘探时钻孔深度、间距、范围不符合规定要求，地质勘察报告不能全面反映实际的地基情况；对基岩起伏、土层分布误判，或未查清地下软土层、墓穴、孔洞；等等。

4. 设计差错

设计差错表现为：设计考虑不周，盲目套用图纸，结构构造不合理，计算简图与实际情况不符，计算荷载取值过小，内力分析有误，沉降缝及伸缩缝设置不当，悬挑结构未进行抗倾覆验算或计算错误等。

5. 施工与管理不到位

施工与管理不到位表现为：不按图施工或未经设计单位同意擅自修改设计（如将铰接做成刚接，将简支梁做成连续梁，挡土墙不按图设滤水层、排水孔）；不按有关的施工规范和操作规程施工（如浇筑混凝土时振捣不良，砖砌体砌筑上下通缝、灰浆不饱满）；施工组织管理紊乱；不熟悉图纸，盲目施工；施工方案考虑不周，施工顺序颠倒；图纸未经会审，仓促施工；技术交底不清，违章作业；疏于检查、验收；等等。

6. 使用不合格的原材料、制品及设备

使用不合格的原材料、制品及设备表现为：建筑材料及制品不合格（如钢筋物理力学性能不良，骨料中存在活性氧化硅，水泥安定性不合格）；建筑设备不合格（如变配电设备质量缺陷，电梯质量不合格）。

7. 自然环境因素

自然环境因素表现为：施工项目周期长，露天作业多，空气温度、湿度、暴雨、大风、洪水、雷电、日晒和浪潮等均可能成为质量问题的诱因。

8. 结构使用不当

结构使用不当表现为：未经校核验算就任意对建筑物加层，任意拆除承重结构部位；任意在结构物上开槽、打洞、削弱承重结构截面；等等。

5.1.2 质量问题成因分析

1. 基本步骤

(1) 进行细致的现场调查研究，观察记录全部实况，充分了解与掌握引发质量问题的现象和特征。

(2) 收集调查与问题有关的全部设计和施工资料，分析摸清工程在施工或使用过程中所处的环境及面临的各种条件和情况。

(3) 找出可能产生质量问题的所有因素。

(4) 分析、比较和判断，找出最可能造成质量问题的原因。

(5) 进行必要的计算分析或模拟试验予以论证确认。

2. 分析的基本原理

分析的要领是逻辑推理法，其基本原理如下。

(1) 确定质量问题的初始点，即所谓原点，它是一系列独立原因集合起来形成的爆发点。因其反映质量问题的直接原因，所以在分析过程中具有关键性作用。

(2) 围绕原点对现场各种现象和特征进行分析，区别导致同类质量问题的不同原因，逐步揭示质量问题萌生、发展和最终形成的过程。

(3) 确定诱发质量问题的起源点及真正原因。质量问题原因分析是对一堆模糊不清的事物和现象的客观属性及其内在联系的反映，它的准确性与监理工程师的能力、学识、经验和态度有极大的关系，其结果不单是简单的信息描述，而是逻辑推理的产物，其推理可用于工程质量的事前控制。

5.1.3 质量问题的处理

在工程施工过程中，由于可能出现前述的诸多主观和客观原因，因此发生质量问题往往难以避免。为此，作为工程监理人员必须掌握如何防止和处理施工中出现的不合格项和各种质量问题，对已发生的质量问题，应掌握其正确的处理方式和处理程序。

1. 处理方式

在各项工程的施工过程中或完工以后，现场监理人员如发现工程项目存在着不合格项或质量问题，应根据其性质和严重程度按如下方式处理。

(1) 当发现质量问题是由施工引起并在萌芽状态时，应及时制止，并要求施工单位立即更换不合格材料、设备或不称职人员，或要求施工单位立即改变不正确的施工方法和操作工艺。

(2) 如因施工而引起的质量问题已出现，应立即向施工单位发出监理通知，要求其对质量问题进行补救处理，并在采取足以保证施工质量的有效措施后，填报监理通知回复单报监理单位。

(3) 当某道工序或分项工程完工以后，若出现不合格项，监理工程师应填写不合格项处置记录，要求施工单位及时采取措施予以整改。监理工程师应对其补救方案进行确认，跟踪处理过程，对处理结果进行验收，否则不允许进行下道工序或分项工程的施工。

(4) 在交工使用后的保修期内发现的施工质量问题，监理工程师应及时签发监理通知，指令施工单位进行修补、加固或返工处理。

2. 处理程序

工程监理人员发现质量问题后，应按图 5.1 所示工作流程进行处理。

(1) 当发生质量问题时，监理工程师首先应判断其严重程度。对可以通过返修或返工弥补的质量问题可签发监理通知，责令施工单位写出质量问题调查报告，提出处理方案，填写监理通知回复单报监理工程师审核后，批复施工单位处理，必要时应经建设单位和设计单位认可，处理结果应重新进行验收。

(2) 对需要加固补强的质量问题，或质量问题的存在影响下道工序和分项工程的质量时，应签发工程暂停令，指令施工单位停止有质量问题的部位和与其有关联部位及下道工序的施工。必要时，应要求施工单位采取防护措施，责成施工单位写出质量问题调查报告，由设计单位提出处理方案，并征得建设单位同意，批复施工单位处理。处理结果应重新进行验收。

(3) 施工单位接到监理通知后，在监理工程师的组织参与下，应尽快进行质量问题调查并完成调查报告的编写。调查报告应力求全面、详细、客观准确。调查报告主要应包括如下内容。

① 与质量问题相关的工程情况。

② 质量问题发生的时间、地点、部位、性质、现状及发展变化等详细情况。

③ 调查中的有关数据和资料。

④ 原因分析与判断。

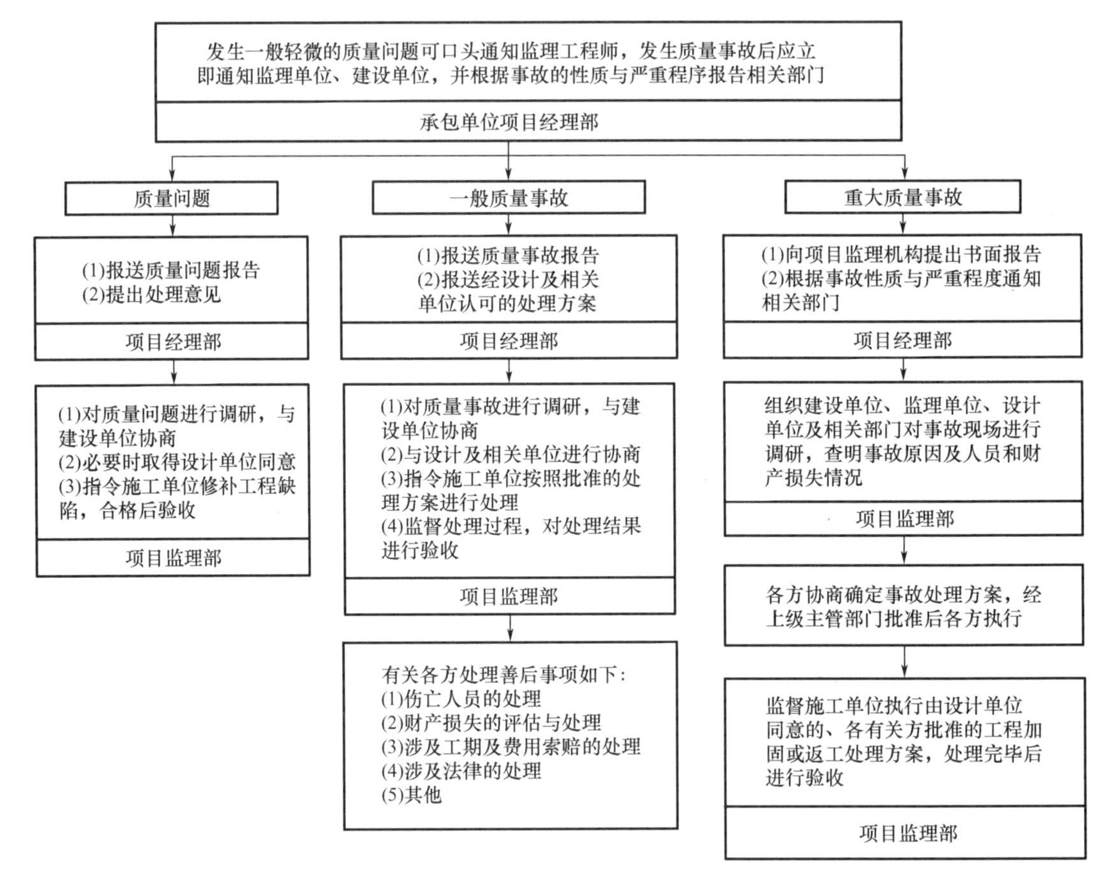

图 5.1　质量问题处理工作流程

⑤ 是否需要采取临时防护措施。

⑥ 质量问题处理补救的建议方案。

⑦ 涉及的有关人员和责任及预防该质量问题重复出现的措施。

（4）监理工程师审核、分析质量问题调查报告，判断和确认质量问题产生的原因。必要时，工程监理人员应组织设计单位、施工单位、供货单位和建设单位各方共同参与分析。

（5）在原因分析的基础上，认真审核并签认质量问题处理方案。

质量问题处理方案应以原因分析为基础，如果某些问题一时认识不清，且一时不致产生严重恶化，可以继续进行调查、观测，以便掌握更充分的资料和数据，做进一步分析，找出起源点，避免急于求成造成反复处理的不良后果。监理工程师审核确认处理方案应牢记：安全可靠，不留隐患；满足建筑物的功能和使用要求；遵循技术可行、经济合理原则。针对确认不需专门处理的质量问题，应能保证其不构成对工程安全的危害，且满足安全和使用要求，并必须征得设计单位和建设单位的同意。

（6）指令施工单位按既定的处理方案实施处理并进行跟踪检查。

发生的质量问题不论是否由于施工单位造成，都应通过建设单位要求设计单位或责任单位提出处理方案，然后由施工单位负责实施处理。监理工程师应对处理过程和完工后的一定时期进行跟踪检查。

（7）质量问题处理完毕，监理工程师应组织有关人员对处理的结果进行严格的检查、鉴定和验收，写出质量问题处理报告，报建设单位和监理单位存档，主要内容如下。

① 基本处理过程描述。

② 调查与核查情况，包括调查的有关数据、资料。

③ 原因分析结果。

④ 处理的依据。

⑤ 审核认可的质量问题处理方案。

⑥ 实施处理方案中的有关原始数据、验收记录和资料。

⑦ 对处理结果的检查、鉴定和验收结论。

⑧ 质量问题处理结论。

5.2 质量事故的特点及分类

5.2.1 质量事故的特点

通过对诸多质量事故案例进行调查、分析表明，质量事故具有复杂性、严重性、可变性和多发性的特点。

1. 复杂性

施工项目质量问题的复杂性主要表现在引发质量问题的因素复杂，从而增加了对质量问题的性质与危害的分析、判断和处理的复杂性。例如，建筑物的倒塌可能是由于未认真进行地质勘察，地基的容许承载力与持力层不符；也可能是由于未处理好不均匀地基，产生过大的不均匀沉降；或是由于盲目套用图纸，结构方案不正确，计算简图与实际受力不符；或是由于荷载取值过小，内力分析有误，结构的刚度、强度、稳定性差；或是由于施工偷工减料、不按图施工，施工质量低劣；或是由于建筑材料及制品不合格，擅自代用材料；等等。由此可见，即使是同一性质的质量问题，其原因有时也截然不同。

2. 严重性

施工项目一旦出现质量事故，轻则影响施工顺利进行、拖延工期、增加工程费用，重则会留下隐患成为危险的建筑物，影响使用功能或不能使用，更严重的还会引起建筑物的失稳、倒塌，造成人民生命、财产的巨大损失。例如，1995年韩国汉城三峰百货大楼出现倒塌事故，事故造成400余人死亡，当时在韩国及国际上都造成了很大影响，甚至导致韩国国内人心恐慌。

3. 可变性

许多工程的质量问题出现后，其质量状态并非稳定于发现的初始状态，而是有可能随着时间不断地发展、变化。例如，桥墩的超量沉降可能随上部荷载的不断增大而继续发展；混凝土结构出现的裂缝可能随环境温度的变化而变化，或随荷载的变化及承担荷载的时间变化而变化；等等。因此，有些在初始阶段并不严重的质量问题，如不能及时处理和纠正，有可能发展成为一般质量事故，继而有可能发展成为严重或重大质量事故。例如，开始时微细的裂缝任其发展有可能导致结构断裂或倒塌事故；土坝中的涓涓渗漏任其发展有可能导致溃坝。所以，在分析、处理质量问题时，一定要注意质量问题的可变性，应及时采取可靠的措施，防止其进一步恶化而发生质量事故；或加强观测与试验，取得数据，从而预测未来发展的趋势。

4. 多发性

施工项目中有些质量问题就像“常见病”“多发病”一样经常发生，而成为质量通病，如屋面、卫生间漏水，抹灰层开裂、脱落，地面起砂、空鼓，排水管道堵塞，预制构件裂缝等。另外，还有一些同类型的质量问题，往往一再重复发生，如雨篷的倾覆，悬挑梁、板的断裂，混凝土强度不足等。因此，总结经验，吸取教训，采取有效措施予以预防十分必要。

5.2.2 质量事故的分类

1. 按质量事故造成损失的严重程度分类

(1) 特别重大质量事故：是指造成30人以上死亡，或者100人以上重伤（包括急性工业中毒，下同），或者1亿元以上直接经济损失的质量事故。

(2) 重大质量事故：是指造成10人以上30人以下死亡，或者50人以上100人以下重伤，或者5000万元以上1亿元以下直接经济损失的质量事故。

(3) 较大质量事故：是指造成3人以上10人以下死亡，或者10人以上50人以下重伤，或者1000万元以上5000万元以下直接经济损失的质量事故。

(4) 一般质量事故：是指造成3人以下死亡，或者10人以下重伤，或者100万元以上1000万元以下直接经济损失的质量事故。

2. 按质量事故的责任分类

(1) 指导责任质量事故：是指由于工程指导或领导失误而造成的质量事故。

(2) 操作责任质量事故：是指在施工过程中，由于操作者不按规程或标准实施操作，而造成的质量事故。

(3) 自然灾害质量事故：是指由于突发的严重自然灾害等不可抗力造成的质量事故。

3. 按质量事故产生的原因分类

(1) 技术原因引发的质量事故：是指在工程项目实施中由于设计、施工在技术上的失误造成的质量事故。

(2) 管理原因引发的质量事故：是指在管理上的不完善或失误引发的质量事故。

案例5-1

江西丰城发电厂“11·24”冷却塔施工平台坍塌事故

2016年11月24日6时许，在江西丰城发电厂7号冷却塔施工中混凝土班组、钢筋班组先后完成第52节混凝土浇筑和第53节钢筋绑扎作业，离开作业面。5个木工班组共70人先后上施工平台，分布在筒壁四周施工平台上拆除第50节模板并安装第53节模板。此外，与施工平台连接的平桥上有2名平桥操作人员和1名施工升降机操作人员，在7号冷却塔底部中央竖井、水池底板处有19名工人正在作业。7时33分，7号冷却塔第50～52节筒壁混凝土从后期浇筑完成部位开始坍塌，沿圆周方向向两侧连续倾塌坠落，施工平台及平桥上的作业人员随同筒壁混凝土及模架体系一起坠落，在筒壁坍塌过程中，平桥晃动、倾斜后整体向东倒塌，事故持续时间24s，该事故现场如图5.2所示，事故导致73人死亡、2人受伤。依据《企业职工伤亡事故经济损失统计标准》(GB 6721—1986) 等标准和规定统计，核定该事故造成直接经济损失10197.2万元。

图5.2 江西丰城发电厂“11·24”冷却塔施工平台坍塌事故现场

江西丰城发电厂“11·24”冷却塔施工平台坍塌事故

问题：(1) 该事故按质量事故造成损失的严重程度如何分类？

(2) 该事故按质量事故责任如何分类？

(3) 该事故按质量事故产生的原因如何分类？

5.3 质量事故处理的必备条件、基本要求和依据

质量事故分析的最终目的是处理质量事故。由于质量事故处理具有复杂性、危险性、连锁性、选择性及技术难度大等特点，因此必须持科学、谨慎的观点，并严格遵守一定的处理程序。

5.3.1 质量事故处理的必备条件

质量事故处理的必备条件如下。

(1) 处理目的应十分明确。

(2) 质量事故情况应清楚。

质量事故情况一般包括质量事故发生的时间、地点、过程、特征描述、观测记录及发展变化规律等。

(3) 质量事故性质应明确。

质量事故性质通常应明确3个问题：是结构性问题还是一般性问题，是实质性问题还是表面性问题，是迫切性问题还是可缓性问题。

(4) 质量事故原因分析应准确、全面。

质量事故处理就像医生给人看病一样，只有弄清病因，方能对症下药。

(5) 质量事故处理所需资料应齐全。

资料是否齐全直接影响到分析判断的准确性和处理方法的选择。

5.3.2 质量事故处理的基本要求

质量事故处理通常应达到以下4项要求：①安全可靠、不留隐患；②满足使用或生产要求；③经济合理；④施工方便、安全。要达到上述要求，质量事故处理必须注意以下事项。

(1) 综合治理。首先，应防止原有质量事故处理后引发新的质量事故；其次，注意处理方法的综合应用，以取得最佳效果；最后，一定要消除质量事故根源，不可治标不治本。

(2) 质量事故处理过程中的安全。应避免工程处理过程中或加固改造过程中发生倒塌事故，造成更大的人员和财产损失，为此应注意以下问题。

① 对于发生严重质量事故、岌岌可危、随时可能倒塌的建筑，在处理之前必须有可靠的支护。

② 对需要拆除的承重结构部分，必须事先制定拆除方案和安全措施。

③ 凡涉及结构安全的，处理阶段的结构强度和稳定性十分重要，尤其是钢结构容易失稳的问题应引起足够重视。

④ 重视处理过程中由于附加应力而引发的不安全因素。

⑤ 在不卸载条件下进行结构加固，应注意加固方法的选择及对结构承载力的影响。

(3) 质量事故处理的检查验收工作。按质量事故处理方案进行验收，合格后方可进行后续工作。

5.3.3 质量事故处理的依据

进行质量事故处理的主要依据有4个方面：质量事故的实况资料；具有法律效力的，得到有关当事各方认可的工程承包合同、设计委托合同、材料或设备购销合同、监理合同或分包合同等合同文件；有关的设计文件、技术文件、档案和资料；相关的建设法规。

在这4个方面的依据中，前3个方面是与特定的工程项目密切相关的具有特定性质的依据。第4个方面法规性依据是具有很高权威性、约束性、通用性和普遍性的依据，因而它在质量事故的处理事务中也具有极其重要的、不容置疑的作用。

1. 质量事故的实况资料

要搞清质量事故的原因和确定处理对策，最重要的是要掌握质量事故的实际情况。质量事故的实况资料主要可来自以下几个方面。

1）施工单位的质量事故调查报告

质量事故发生后，施工单位有责任就所发生的质量事故进行周密的调查、研究，掌握情况，并在此基础上写出调查报告，提交监理工程师和业主。在调查报告中首先应就与质量事故有关的实际情况做详尽的说明，其具体内容如下。

（1）质量事故发生的时间、地点。

（2）质量事故状况的描述。发生的质量事故类型（如混凝土裂缝、砖砌体裂缝）；发生的部位（如楼层、梁、柱）及其所在的具体位置；分布状态及范围；严重程度（如裂缝长度、宽度、深度等）。

（3）质量事故发展变化的情况（其范围是否继续扩大，程度是否已经稳定等）。

（4）有关质量事故的观测记录、现场状态的照片或录像。

2）监理单位调查研究所获得的第一手资料

其内容大致与施工单位的质量事故调查报告中的有关内容相似，可用来与施工单位所提供的情况对照、核实。

2. 有关的合同文件

有关的合同文件可以是工程承包合同、设计委托合同、材料或设备购销合同、监理合同或分包合同等。

有关的合同文件在处理工程质量事故中的作用是确定在施工过程中有关各方是否按照合同有关条款实施其活动，借以探寻产生质量事故的可能原因。例如，施工单位是否在规定时间内通知监理单位进行隐蔽工程验收，监理单位是否按规定时间实施了检查验收，施工单位在材料进场时是否按规定或约定进行了检验等。此外，有关的合同文件还是界定质量责任的重要依据。

3. 有关的设计文件及与施工有关的技术文件、档案和资料

1）有关的设计文件

有关的设计文件如施工图纸和技术说明等，是施工的重要依据。在处理质量事故中，其作用是：①通过对照，核查施工质量是否完全符合设计的规定和要求；②可以根据所发生的质量事故情况，核查设计中是否存在问题或缺陷。

2）与施工有关的技术文件、档案和资料

（1）施工组织设计或施工方案、施工计划。

（2）施工记录、施工日志等。根据它们可以查对发生质量事故的工程施工时的情况，如施工时的气温、降雨、风、浪等有关的自然条件；施工人员的情况；施工工艺与操作过程的情况；使用的材料情况；施工场地、工作面、交通等情况；工程地质及水文地质情况；等等。借助这些资料可以追溯和探寻质量事故发生的可能原因。

（3）有关建筑材料的质量证明资料。例如，材料批次、出厂日期、出厂合格证或检验报告、施工单位抽检或试验报告等。

（4）现场制备材料的质量证明资料。例如，混凝土拌合料的级配、水灰比、坍落度记录；混凝土试块强度试验报告；沥青拌合料配合比、出机温度和摊铺温度记录；

等等。

（5）质量事故发生后，对质量事故状况的观测记录、试验记录或试验报告等。例如，对地基沉降的观测记录；对建筑物倾斜或变形的观测记录；对地基钻探取样的记录与试验报告，对混凝土结构物钻取试样的记录与试验报告；等等。

（6）其他有关资料。

上述各类技术资料对于分析质量事故原因，判断质量事故的发展变化趋势，推断质量事故的影响及严重程度，考虑处理措施等都是不可缺少的。

4. 相关的建设法规

1998年3月1日《中华人民共和国建筑法》（以下简称《建筑法》）颁布实施，对加强建筑活动的监督管理，维护市场秩序，保证建设工程质量提供了法律保障。这部工程建设和建筑业大法的实施标志着我国工程建设和建筑业进入了法制管理新时期。通过几年的发展，国家已基本建立起以《建筑法》为基础与社会主义市场经济体制相适应的工程建设和建筑业法规体系，包括法律、法规、规章及示范文本等。《建筑法》根据2019年4月23日第十三届全国人民代表大会常务委员会第十次会议《关于修改〈中华人民共和国建筑法〉等八部法律的决定》进行了修正。与工程质量及质量事故处理有关的法规有以下几类，简述如下。

1）勘察、设计、施工、监理等单位资质管理方面的法规

《建筑法》明确规定，“国家对从事建筑活动的单位实行资质审查制度”。勘察、设计、施工、监理等单位资质管理方面的法规有《建设工程勘察设计企业资质管理规定》《建筑业企业资质管理规定》和《工程监理企业资质管理规定》等。这类法规的主要内容涉及勘察、设计、施工、监理等单位的等级划分，明确各级企业应具备的条件，确定各级企业所能承担的任务范围，以及其等级评定的申请、审查、批准、升降管理等方面。

2）从业者资格管理方面的法规

《建筑法》规定，对注册建筑师、注册结构工程师和注册监理工程师等有关人员实行资格认证制度。从业者资格管理方面的法规有《中华人民共和国注册建筑师条例》《注册结构工程师执业资格制度暂行规定》《监理工程师资格考试和注册试行办法》等。这类法规主要涉及建筑活动的从业者应具有相应的执业资格，注册等级划分，考试和注册办法，执业范围，权利、义务及管理等。

3）建筑市场方面的法规

建筑市场方面的法规主要涉及工程发包、承包活动，以及国家对建筑市场的管理活动。于2021年1月1日施行的《中华人民共和国民法典》（以下简称《民法典》）和于2000年1月1日施行的《中华人民共和国招标投标法》（以下简称《招标投标法》）是国家对建筑市场管理的两个基本法律（根据2017年12月27日第十二届全国人民代表大会常务委员会第三十一次会议《全国人民代表大会常务委员会关于修改〈中华人民共和国招标投标法〉、〈中华人民共和国计量法〉的决定》）。与之相配套的法规有《工程建设项目招标范围和规模标准的规定》《工程项目自行招标的试行办法》《建筑工程设计招标投标管理办法》《评标委员会和评标方法的暂行规定》《建筑工程发包与承包价格计价管理办法》，以及《建设工程勘察合同（示范文本）》《建筑工程设计合同（示范文本）》《建设工程施工合同（示范文本）》和《建设工程监理合同（示范文本）》等示范文本。这类法律、法规、文

件主要是为了维护建筑市场的正常秩序和良好环境，充分发挥竞争机制，保证工程项目质量，提高建设水平。例如，《招标投标法》明确规定，“投标人不得以低于成本的报价竞标”，就是为了防止恶性杀价竞争，导致偷工减料引起质量事故。《民法典》明文规定，“禁止承包人将工程分包给不具备相应资质条件的单位，禁止分包单位将其承包的工程再分包。建设工程主体结构的施工必须由承包人自行完成”。对违反者处以罚款，没收非法所得直至吊销资质证书，这均是为了保证工程施工的质量，防止因操作人员素质低造成质量事故。

4）建筑施工方面的法规

建筑施工方面的法规有《建筑工程勘察设计管理条例》《建设工程质量管理条例》《建筑装饰装修管理规定》《房屋建筑工程质量保修办法》《关于建设工程质量监督机构深化改革的指导意见》《建设工程质量监督机构监督工作指南》《建设工程监理规范》和《建设工程施工现场管理规定》等，主要涉及施工技术管理、建设工程监理、建筑安全生产管理、施工机械设备管理和建设工程质量监督管理。它们与现场施工密切相关，因而与工程施工质量有直接或间接关系。例如，《建设工程监理规范》明确了现场监理工作的内容、深度、范围、程序、行为规范和工作制度；《建设工程施工现场管理规定》则要求有施工技术、安全岗位责任制度、组织措施制度，对施工准备、计划、技术、安全交底、施工组织设计编制、现场总平面布置等均做了明确规定。特别是国务院颁布的《建设工程质量管理条例》，它以《建筑法》为基础，全面系统地对与建设工程有关的质量责任和管理问题做了明确的规定，可操作性强。它不但对建设工程的质量管理具有指导作用，而且是全面保证工程质量和处理质量事故的重要依据。

5）标准化管理方面的法规

标准化管理方面的法规有《工程建设标准强制性条文》和《实施工程建设强制性标准监督规定》，它们的实施为《建设工程质量管理条例》提供了法规支持，既是参与建设活动各方执行工程建设强制性标准和政府实施监督的依据，也是保证建设工程质量的必要条件，还是分析处理质量事故，判定责任方的重要依据。一切工程建设的勘察、设计、施工、安装、验收都应按现行标准进行，不符合现行强制性标准的勘察报告不得报出，不符合强制性条文规定的设计不得审批，不符合强制性标准的材料、半成品、设备不得进场，不符合强制性标准的工程质量必须处理，否则不得验收、不得投入使用。现行工程建设标准强制性条文为《工程建设标准强制性条文：房屋建筑部分（2013年版）》。

拓展讨论

党的二十大报告提出，法治社会是构筑法治国家的基础。

请思考：在建筑活动中，不遵守相关建设法规可能造成哪些后果？

案例 5-2

福建省泉州市欣佳酒店“3·7”坍塌事故

2020年3月7日19时14分，位于福建省泉州市鲤城区的欣佳酒店所在建筑物发生坍塌事故（图5.3），造成29人死亡、42人受伤，直接经济损失5794万元。

福建省泉州市欣佳酒店“3·7”坍塌事故

图 5.3　福建省泉州市欣佳酒店“3·7”坍塌事故现场

问题：（1）该坍塌事故如何定级？
（2）该坍塌事故责任如何认定？
（3）该坍塌事故调查如何开展？

5.4　质量事故处理方案的确定及鉴定验收

5.4.1　质量事故处理方案的确定

质量事故处理的目的是消除质量隐患，以达到建筑物的安全可靠和正常使用要求，并保证施工的正常进行，其方案属技术处理方案。

1. 质量事故处理方案的基本要求

（1）处理应达到安全可靠，不留隐患，满足生产、使用要求，施工方便，经济合理的目的。

（2）正确确定质量事故性质，重视消除质量事故的原因。这不仅是一种处理方向，也是防止质量事故重演的重要措施。

（3）注意综合治理。既要防止原有质量事故的处理引发新的质量事故，又要注意处理方法的综合应用。

（4）正确确定处理范围。除了直接处理质量事故发生的部位，还应检查质量事故对相邻区域及整个结构的影响，以正确确定处理范围。

（5）正确选择处理时间和方法。发现质量问题后，一般均应及时分析处理；但并非所有质量问题的处理都是越早越好，如裂缝、沉降，变形尚未稳定就匆忙处理往往不能达到预期的效果，而常会导致重复处理。处理方法的选择应根据质量问题的特点，综合考虑安全可靠、技术可行、施工方便、经济合理等因素，经分析比较，择优选定。

（6）加强质量事故处理的检查验收工作。从施工准备到竣工均应根据有关规范的规定和设计要求的质量标准进行检查验收。

(7) 认真复查质量事故的实际情况。在质量事故处理中若发现质量事故情况与调查报告中所述的内容差异较大时，应停止施工，待查清问题的实质，采取相应的措施后再继续施工。

(8) 确保质量事故处理期的安全。质量事故现场不安全因素较多，应事先采取可靠的安全技术措施和防护措施，并严格检查、执行。

监理工程师在审核质量事故处理方案时，应以分析质量事故原因为基础，结合实地勘查成果，正确掌握质量事故的性质和变化规律，并应尽量满足建设单位的要求。

2. 质量事故处理方案类型

1) 不进行处理

某些质量问题虽然不符合规定的要求和标准构成质量事故，但视其严重情况，经过分析、论证、法定检测单位鉴定和设计等有关单位认可，对结构安全和正常使用影响不大，也可不进行专门处理。通常不用专门处理的情况有以下几种。

(1) 不影响结构安全和正常使用。例如，有的工业建筑物出现放线定位偏差，且严重超过规范标准规定，若要纠正则会造成重大经济损失，经过分析、论证，如果其偏差不影响生产工艺和正常使用，在外观上也无明显影响，那么可不做处理。又如，某些隐蔽部位结构混凝土表面裂缝，经检查分析，属于表面养护不够造成的干缩微裂，不影响使用及外观，也可不进行处理。

(2) 有些质量问题，经过后续工序可以弥补。例如，混凝土墙表面的轻微麻面可通过后续的抹灰、喷涂或刷白等工序弥补，也可不做专门处理。

(3) 经法定检测单位鉴定合格。例如，某检验批混凝土试块强度值不满足规范要求，强度不足，若法定检测单位对混凝土实体采用非破损检验等方法测定其实际强度已达规范允许和设计要求值，则可不做处理。又如，某检验批经检测未达要求值，但相差不多，经分析、论证，只要使用前经再次检测达到设计强度，也可不做处理，但应严格控制施工荷载。

(4) 出现的质量问题经检测鉴定达不到设计要求，但经原设计单位核算，仍能满足结构安全和使用功能。例如，某一结构构件截面尺寸不足或材料强度不足，影响结构承载力，但按实际检测所得截面尺寸和材料强度复核验算，仍能满足设计的承载力，也可不进行专门处理。

2) 修补处理

这是最常用的一类处理方案。通常当工程的某个检验批、分项工程或分部工程的质量虽未达到规范、标准或设计要求，存在一定缺陷，但通过修补或更换器具、设备后还可达到要求的标准，又不影响使用功能和外观要求时，可进行修补处理。例如，某些质量问题造成的结构混凝土表面裂缝，可根据其受力情况，仅做表面封闭保护。又如，某些混凝土结构表面的蜂窝、麻面，经调查分析，可进行剔凿、抹灰等表面处理，一般不会影响其使用和外观。

3) 返工处理

当工程质量未达到规定的标准和要求，对结构安全和正常使用构成重大影响，且又无法通过修补处理时，可对检验批、分项工程、分部工程甚至整个工程进行返工处理。

例如，某项目回填土填筑压实后，当其压实土的干密度未达到规定值，经核算将影响土体的稳定且不能满足抗渗能力要求时，可挖除不合格土，重新填筑。又如，某公路桥梁工程预应力按规定张力系数为 1.3，实际仅为 0.8，属于严重的质量缺陷，也无法修补，只有返工处理。对某些存在严重质量缺陷，且无法采用加固补强等措施进行修补处理或修补处理费用比原工程造价还高的工程，应进行整体拆除，全面返工。

监理工程师应牢记，不论哪种情况，特别是不做处理的质量问题，均要备好必要的书面文件，对技术处理方案、不做处理结论和各方协商文件等有关档案资料认真组织签认，对责任方应承担的经济责任和合同中约定的法则应正确判定。

3. 质量事故处理方案决策的辅助方法

选择质量事故处理方案是复杂而重要的工作，它直接关系到工程的质量、费用和工期。若处理方案选择不合理，不仅劳民伤财，严重的还会留有隐患，危及人身安全，特别是对需要返工或不做处理的方案，更应慎重对待。对于某些复杂的质量问题做出处理决定前，可采取以下辅助决策方法。

1）试验验证

试验验证即对某些有严重质量缺陷的项目，可采取合同规定的常规试验以外的试验方法进一步进行验证，以便确定缺陷的严重程度。例如，当混凝土构件的试件强度低于要求的标准不太大（如 10%以下）时，可进行加载试验，以证明其是否满足使用要求。又如，公路工程的沥青面层厚度误差超过了规范允许的范围，可采用弯沉试验检查路面的整体强度等。监理工程师可根据对试验验证结果的分析、论证，研究和选择最佳的处理方案。

2）定期观测

有些工程，在发现其质量缺陷时，其状态可能尚未达到稳定，仍会继续发展，在这种情况下，一般不宜过早做出决定，可以对其进行一段时间的观测，然后再根据情况做出决定。属于这类的质量问题有：桥墩或其他工程的基础在施工期间发生沉降超过预计的或规定的标准；混凝土表面发生裂缝，并处于发展状态；等等。有些有缺陷的工程，短期内其影响可能不十分明显，需要较长时间的观测才能得出结论。对此，监理工程师应与建设单位及施工单位协商，看是否可以留待责任期解决或采取修改合同、延长责任期的办法解决。

3）专家论证

对于某些质量问题，可能涉及的技术领域比较广泛，或问题很复杂，有时仅根据合同规定还难以决策，这时可提请专家论证。而采用这种办法时，应事先做好充分准备，尽早为专家提供尽可能详尽的情况说明和资料，以便专家进行充分、全面和细致的分析与研究，提出切实可行的意见与建议。实践证明，采取这种方法，对于帮助监理工程师正确选择重大质量问题的处理方案十分有益。

4）方案比较

这是比较常用的一种方法。同类型和同一性质的质量事故可先设计多种处理方案，然后结合当地的资源情况、施工条件等逐项给出权重，可将其每一种方案按经济、工期、效果等指标列项并分配相应权重值，进行对比，辅助决策，从而选择具有较高处理效果又便于施工的处理方案。

4. 质量事故处理的应急措施

工程中的质量问题往往随时间、环境、施工情况等而发展变化，有的细微裂缝可能逐步发展成较大裂缝而导致构件断裂，有的局部沉降、变形逐步发展可能致使房屋倒塌。为此，在处理工程质量问题前，应及时对问题的性质进行分析，做出判断，对那些随着时间、温度、湿度、荷载条件变化的变形、裂缝要认真观测记录，寻找变化规律，分析可能产生的恶果；对那些可能发展成为构件断裂、房屋倒塌的恶性质量事故，更要及时采取应急措施。

在拟定应急措施时，一般应注意以下事项。

（1）对危险性较大的质量事故，首先应予以封闭或设立警戒区，只有在确认不可能倒塌或进行可靠支护后，方准进入现场处理，以免造成人员伤亡。

（2）对需要进行部分拆除的质量事故，应充分考虑质量事故对相邻区域结构的影响，以免质量事故进一步扩大，且应制定可靠的安全措施和拆除方案，要严防对原有质量事故的处理引发新的质量事故，如托梁柱，稍有疏忽将会引起整幢房屋的倒塌。

（3）凡涉及结构安全的情况，都应对处理阶段的结构强度、刚度和稳定性进行验算，提出可靠的防护措施，并在处理中严密监视结构的稳定性。

（4）在不卸荷条件下进行结构加固时，要注意加固方法和施工荷载对结构承载力的影响。

（5）要充分考虑质量事故处理中所产生的附加内力对结构的作用，以及由此引起的不安全因素。

5.4.2 质量事故处理方案的鉴定验收

监理工程师应通过组织检查和必要的鉴定，确定质量事故的技术处理方案是否达到了预期效果，并对处理方案进行验收且予以最终确认。

1. 检查验收

质量事故处理完成后，监理工程师在施工单位自检合格报验的基础上，应严格按施工验收标准及有关规范的规定，结合监理人员的旁站、巡视和平行检验结果，依据事故技术处理方案设计要求，通过实际量测进行检查验收，并应办理交工验收文件及组织各有关单位会签。

2. 必要的鉴定

为确保质量事故的处理效果，凡涉及结构承载力等使用安全和其他重要性能的处理工作，常需做必要的试验和检验鉴定工作。当质量事故处理施工过程中建筑材料及构配件保证资料严重缺乏，或各参与单位对检查验收结果有争议时，常见的检验工作有：混凝土钻芯取样，用于检查密实性和裂缝修补效果，或检测实际强度；结构荷载试验，确定其实际承载力；超声波检测焊接或结构内部质量；池、罐、箱柜工程的渗漏检验；等等。检测鉴定必须委托政府批准的有资质的法定检测单位进行。

3. 验收结论

在质量事故处理中，所有事故无论是经过技术处理、通过检查鉴定验收还是无须专门处理的，均应有明确的书面结论。若对后续工程施工有特定要求，或对建筑物使用有一定

限制条件，应在结论中提出。验收结论通常有以下几种情况。

（1）质量事故已排除，可以继续施工。

（2）隐患已消除，结构安全有保证。

（3）经修补处理后，完全能满足使用要求。

（4）基本上满足使用要求，但使用时应有附加限制条件，如限制荷载等。

（5）对耐久性的结论。

（6）对建筑物外观影响的结论。

（7）对短期内难以做出结论的，可进一步观测检验意见。

对于处理后符合《建筑工程施工质量验收统一标准》（GB 50300—2013）规定的分部（子分部）工程、单位（子单位）工程，监理工程师应予验收、确认，并应注明责任方主要承担的经济责任。对经加固补强或返工处理仍不能满足安全使用要求的分部（子分部）工程、单位（子单位）工程，应拒绝验收。

案例 5－3

某工程由 1 栋 10 层的办公大楼、3 栋 15 层的员工宿舍楼和地下车库组成。该工程办公大楼及员工宿舍楼基础形式为桩基础，结构形式为框架-剪力墙结构；地下车库基础形式为独立柱基础，结构为框架结构。发生混凝土质量事故的为该工程中的 2 号楼、3 号楼，发生混凝土质量事故时施工至 8 层。

该工程根据施工单位编制的施工方案，混凝土采用商品混凝土，施工单位经过与建设单位、监理单位共同研究择优选择了某商品混凝土公司生产的商品混凝土。2 号楼 8 层结构混凝土于 2018 年 1 月 1 日 17 时浇筑振捣完毕，在浇筑至电梯间处时，监理单位、施工单位技术人员发现混凝土颜色及和易性有异常，建设单位立即通知了商品混凝土公司，因混凝土已浇筑下去，因此只能等拆模后组织相关人员对混凝土进行查看。施工单位于 1 月 7 日拆除剪力墙模板后，建设单位、监理单位、施工单位、商品混凝土公司等单位技术人员对混凝土质量进行了现场检查，发现电梯间处混凝土仍未水化凝固，混凝土呈离析状，部分结块、部分呈疏松状，强度低，用锤敲击，纷纷散落，混凝土强度显然没有达到设计要求，工程暂停。随后，监理工程师发出工程暂停令，并紧急通知了建设工程质量监督站，于 2018 年 1 月 8 日上午组织了由质监站、建设单位、监理单位、施工单位、设计单位、商品混凝土公司等单位技术人员参加的混凝土质量事故专项会议。

当 2 号楼发现问题后，商品混凝土公司就对该批混凝土进行了原因分析。商品混凝土公司对原材料及混凝土配合比进行了检查，对浇筑时留存的样品再次复验，发现该批混凝土所用的水泥、粉煤灰、缓凝减水剂、砂石等质量均符合国家标准，搅拌设备保存的数据也与配合比相符，但根据现场实际情况来看，初步判断是缓凝减水剂超掺造成的混凝土超缓凝。

在混凝土工程的施工中，为了提高模板的周转率，往往要求新浇筑的混凝土尽早拆模。当混凝土温度高于气温时应适当考虑拆模时间，以免引起混凝土表面的早期裂缝。在混凝土浇筑初期，由于水化热的散发，混凝土表面会引起相当大的拉应力，此时混凝土表面温度也高于气温，当拆除模板时，混凝土表面温度骤降，必然引起温度梯度，从而在混凝土表面附加一拉应力，此拉应力与水化热应力叠加，再加上混凝土干缩，混凝土表面的拉应力将达到很大的数值，有导致裂缝的危险。但如果在拆除模板后及时在混凝土表面覆盖一层轻型保温材料，如泡沫海绵等，则对于防止混凝土表面产生过大的拉应力具有显著的效果。

继2号楼出现问题后，3号楼再次出现类似问题，明显表现出混凝土黏性大、成团但不凝固、颜色呈酱红色（缓凝减水剂颜色），更加确定是缓凝减水剂超掺造成的混凝土超缓凝。但令人百思不得其解的是，从保存的数据上反映不出外加剂超掺，为此，商品混凝土公司对混凝土生产的所有环节（包括从原材料进场到混凝土出厂）进行了全面检查，最终发现问题出在生产环节上。主因是减水剂重力秤的控制蝶阀阀芯烧坏，当主机启动后，所有原材料都按设定的配合比质量进行称重，然后进入各自的料斗，搅拌机启动后，原材料自动投入搅拌机搅拌，至设定的搅拌时间后放入搅拌车。但由于减水剂蝶阀阀芯烧坏，减水剂料斗关闭不严，致使减水剂徐徐流入搅拌机，当重力秤中的减水剂质量与设定的质量不符时，计算机又会自动补偿至设定的质量而不显示累加，间隔时间越长，流入搅拌机的减水剂就越多，由此造成混凝土超缓凝。

根据工程特点和混凝土质量对工程结构的重要性，经各方研究讨论，对该工程质量事故制定如下处理措施。

（1）暂停2号楼、3号楼结构的施工。

（2）施工单位、监理单位、建设单位项目部人员对已施工混凝土结构进行全面检查，找出存在混凝土质量问题的部位并在图纸上详细标明。

（3）施工单位针对查出存在混凝土质量问题的部位，将混凝土全部凿除、清理、清洗，凡剪力墙根部或上部有观感不良或质量较差的混凝土一并凿除。

（4）对钢筋重新进行处理。混凝土凿除处理完毕后，首先将钢筋表面黏结物清理干净，然后重新进行钢筋的绑扎，施工单位自检合格经监理单位隐蔽验收后重新支模、浇筑混凝土。

（5）浇筑混凝土前首先将浇筑混凝土结合部位用水清洗，用1∶1同强度等级水泥砂浆处理，再采用比原混凝土强度等级（混凝土强度等级为C30）高一级的混凝土，即C35混凝土（内掺聚丙乙烯纤维）浇筑、振捣、养护，并做好混凝土试块（标准养护和同条件养护）和施工资料记录。

（6）对观感较好的结构混凝土，由于7d后混凝土试块强度分别达到设计强度的86%、94%，28d后混凝土试块强度分别达到设计强度的161%、127%，初步判定混凝土质量问题仅存在于2号楼、3号楼两栋楼混凝土观感不良的电梯间等部位，其余部位日平均气温累计达到600℃进行实体检测后发现混凝土强度满足设计要求。

本章小结

通过本章的学习，要求学生熟悉常见质量问题及处理、质量事故的特点及分类，掌握质量事故处理的必备条件、基本要求、依据，熟悉质量事故处理方案的确定及鉴定验收。

质量问题及处理主要学习常见工程质量问题的成因、常见工程质量问题成因的分析方法、质量问题的处理方法。

质量事故具有复杂性、严重性、可变性和多发性的特点。现在通常采用按质量事故造成损失的严重程度进行分类，其可分为一般质量事故、较大质量事故、重大质量事故、特别重大质量事故。

质量事故要严格遵守一定的处理程序。质量事故处理通常应做到安全可靠、不留隐患，满足使用或生产要求，经济合理，施工方便、安全。

进行质量事故处理的主要依据有4个方面：质量事故的实况资料；具有法律效力的，得到有关当事各方认可的工程承包合同、设计委托合同、材料或设备购销合同、监理合同或分包合同等合同文件；有关的设计文件及与施工有关的技术文件、档案和资料；相关的建设法规。

监理工程师应当组织设计单位、施工单位、建设单位等各方参加质量事故原因分析。

各方人员应熟悉各级政府建设行政主管部门处理质量事故的基本程序，特别是应把握在质量事故处理过程中如何履行自己的职责。

简答题

1. 常见质量问题的成因主要有哪些？
2. 如何分析质量问题成因？
3. 质量问题处理方式有哪些？
4. 简述质量问题处理程序。
5. 质量事故的特点有哪些？
6. 简述我国现行质量事故分类方法。
7. 质量事故处理的基本要求及注意事项有哪些？
8. 质量事故处理的依据有哪些？
9. 监理单位如何编制质量事故调查报告？
10. 简述质量事故处理程序。
11. 质量事故处理方案类型有哪些？
12. 质量事故处理的应急措施有哪些？
13. 如何进行质量事故处理方案鉴定验收？
14. 常见质量通病有哪些？
15. 质量通病防治措施有哪些？
16. 如何区分质量不合格、质量问题与质量事故？

第5章在线答题

第6章 建筑工程安全生产管理责任与制度

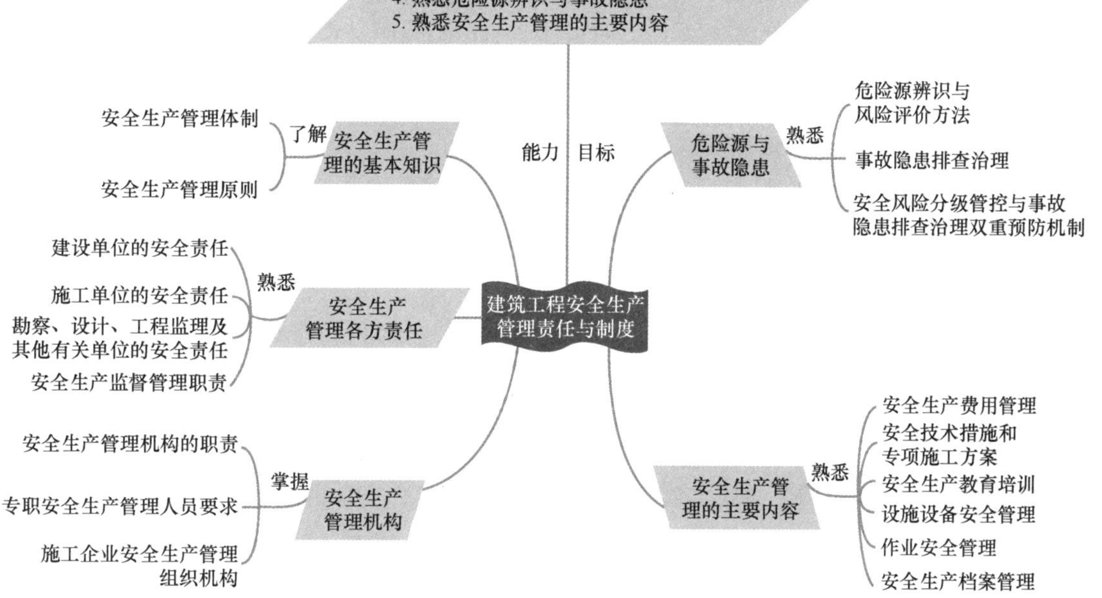

引例

2020年1月5日下午，武汉市江夏区的武汉巴登城生态休闲旅游开发项目一期工程在进行混凝土浇筑时发生高支模整体坍塌事故。事故造成6人死亡、5人受伤。

问题：（1）参与施工的各方各有哪些责任？

（2）施工过程中如何进行安全检查？

（3）施工单位如何建立安全生产保证体系？

（4）安全生产管理制度有哪些？

6.1 安全生产管理的基本知识

6.1.1 安全生产管理体制

《国务院关于加强安全生产工作的通知》（国发〔1993〕50号）中正式提出：我国实行企业负责、行业管理、国家监察和群众监督的安全生产管理体制。

“企业负责”是市场经济体制下安全生产管理体制的基础和根本，即企业在其生产经营活动中必须对本企业的安全生产负全面责任。“行业管理”，即各级行业主管部门对生产经营单位的安全生产工作应加强指导，进行管理。“国家监察”是指各级政府部门对生产经营单位遵守安全生产法律、法规的情况实施监督检查，对生产经营单位违反安全生产法律、法规的行为实施行政处罚。“群众监督”，一方面，工会应当依法对生产经营单位的安全生产工作实行监督；另一方面，劳动者对违反安全生产及劳动保护法律、法规和危害生命及身体健康的行为，有权提出批评、检举和控告。

《中华人民共和国安全生产法》

《中华人民共和国安全生产法》（以下简称《安全生产法》）规定了保障安全生产的运行机制，即政府监管与指导、企业实施与保障、员工权益与自律、社会监督与参与、中介服务与支持的“五方结构”管理体制。

1. 政府监管与指导

国家安全生产综合监管和专项监察相结合，各级职能部门合理分工、相互协调，实施“监管—协调—服务”三位一体的行政执法系统。

由国家授权某政府部门对各类具有独立法人资格的生产经营单位执行安全法规的情况进行监督和检查，用法律的强制力量推动安全生产方针、政策的正确实施，具有法律的权威性和特殊的行政法律地位。

安全监察必须依法进行，监察机构、人员依法设置；执法不干预企业内部事务；监察按程序实施。安全监察对象为重点岗位人员（厂长、矿长、班组长、特种作业人员），特种作业场所和有害工序，以及特殊产品的安全认证三大类。

2. 企业实施与保障

企业全面落实生产过程安全保障的事故防范机制，严格遵守《安全生产法》等安全生产法律、法规要求，落实安全生产保障。

3. 员工权益与自律

从业人员依法获得安全与健康权益保障，同时实现生产过程安全作业的“自我约束机制”。要求劳动者在劳动过程中必须严格遵守安全操作规程，珍惜生命，爱护自己，勿忘安全，广泛深入地开展“我不伤害自己、我不伤害他人、我不被他人伤害、我保护他人不受伤害”的“四不伤害”活动，自觉做到遵章守纪，确保安全。

4. 社会监督与参与

形成工会、媒体、社区和公民广泛参与监督的“社会监督机制”。

5. 中介服务与支持

与市场经济体制相适应，建立国家认证、社会咨询、第三方审核、技术服务、安全评价等功能的中介支持与服务机制。

拓展讨论

党的二十大报告提出，坚持安全第一、预防为主，建立大安全大应急框架，完善公共安全体系，推动公共安全治理模式向事前预防转型。推进安全生产风险专项整治，加强重点行业、重点领域安全监管。

请思考：建筑工程施工安全的原则是什么？如何编制项目的安全管理制度、操作规程、现场应急预案和处置方案？

6.1.2 安全生产管理原则

1. “管生产必须管安全”原则

“管生产必须管安全”原则是指建设工程项目各级领导和全体员工在生产过程中必须坚持在抓生产的同时抓好安全工作。它体现了安全与生产的统一，安全与生产是一个有机的整体，两者不能分割，更不能对立起来，应将安全寓于生产之中。

2. “安全具有否决权”原则

“安全具有否决权”原则是指安全生产工作是衡量建设工程项目管理的一项基本内容，它要求在对项目各项指标进行考核及评优创先时，首先必须考虑安全指标的完成情况。安全指标没有实现，其他指标顺利完成，仍无法实现项目的最优化，安全具有一票否决的作用。

3. 职业安全卫生“三同时”原则

职业安全卫生“三同时”原则是指一切生产性的基本建设和技术改造项目，必须符合国家职业安全卫生方面的法规和标准，职业安全卫生技术措施及设施应与主体工程同时设计、同时施工、同时投产使用，以确保项目投产后符合职业安全卫生要求。

4. 事故处理“四不放过”原则

在处理事故时必须坚持和实施“四不放过”原则，即事故原因分析不清不放过，事故责任者和群众没有受到教育不放过，没有采取防范措施不放过，事故责任者和责任领导不处理不放过。

6.2 安全生产管理各方责任

国务院颁发的《建设工程安全生产管理条例》对政府部门、有关企业及相关人员的建设工程安全生产和管理行为进行了全面规范，完善了目前的市场准入制度中施工企业资质和施工许可制度，规定了建设活动各方主体应当承担的安全生产责任和安全生产监督管理体制。其主要框架内容如下。

《建设工程安全生产管理条例》

(1) 13 项基本管理制度：备案制度，整改制度，持证制度，专家论证审查制度，消防制度，登记制度，考核教育培训制度，意外伤害保险制度，监督检查制度，许可证制度，淘汰制度，救援制度，报告制度。

(2) 明确规定了各方主体应当承担的安全责任。在《建设工程安全生产管理条例》中规定，建设单位、勘察单位、设计单位、施工单位、工程监理单位及其他与建设工程安全生产有关的单位，必须遵守安全生产法律、法规的规定，保证建设工程安全生产，依法承担建设工程安全生产责任。《建设工程安全生产管理条例》用法律明确了相关人员和部门承担的行政责任、民事责任及刑事责任。

拓展讨论

党的二十大报告提出，构建高水平社会主义市场经济体制，要加快构建全国统一大市场，深化要素市场化改革，建设高标准市场体系；要完善产权保护、市场准入、公平竞争、社会信用等市场经济基础制度，优化营商环境。

请思考：为什么我国会对建筑施工企业实施资质管理制度?

6.2.1 建设单位的安全责任

1. 规定建设单位安全责任的必要性

(1) 建设单位是建筑工程的投资主体，在建筑活动中居于主导地位。

作为业主和甲方，建设单位有权选择勘察、设计、施工、工程监理的单位，可以自行选购施工所需的主要建筑材料，检查工程质量，控制进度，监督工程款的使用，对施工的各个环节实行综合管理。

(2) 因建设单位的市场行为不规范所造成的事故居多，必须依法规范。

有的建设单位为降低工程造价，不择手段地追求利润最大化，在招投标中压价，使工程发包价低于成本价；向勘察单位、设计单位和工程监理单位提出违法要求，强令改变勘察设计；对安全措施费不认可，拒付安全生产合理费用，安全生产资金投入低；强令施工单位压缩工期，偷工减料，搞“豆腐渣工程”；将工程交给不具备资质和安全条件的单位或者个人。

《建设工程安全生产管理条例》针对建设单位的不规范行为，从 6 个方面做出了严格的规定。

2. 建设单位应当如实向施工单位提供有关施工资料

《建设工程安全生产管理条例》第六条规定，建设单位应当向施工单位提供施工现场及毗邻区域内供水、排水、供电、供气、供热、通信、广播电视等地下管线资料，气象和水文观测资料，相邻建筑物和构筑物、地下工程的有关资料，并保证资料的真实、准确、完整。这里要强调4个方面的内容。一是施工资料的真实性。施工资料不得伪造、篡改。二是施工资料的科学性。施工资料必须经过科学论证，数据准确。三是施工资料的完整性。施工资料必须齐全，能够满足施工需要。四是有关部门和单位应当协助提供施工资料，不得推诿。

3. 建设单位不得向有关单位提出非法要求，不得压缩合同工期

《建设工程安全生产管理条例》第七条规定，建设单位不得对勘察、设计、施工、工程监理等单位提出不符合建设工程安全生产法律、法规和强制性标准规定的要求，不得压缩合同约定的工期。该规定强调了以下3个方面的内容。

(1) 遵守建设工程安全生产法律、法规和安全标准，是建设单位的法定义务。进行建筑活动，必须严格遵守法定的安全生产条件，依法进行建设施工。违法从事建设工程建设，将要承担法律责任。

(2) 要求勘察、设计、施工、工程监理等单位违法从事有关活动，必然会给建设工程带来重大结构性的安全隐患和施工中的安全隐患，容易造成事故。建设单位不得为了盲目赶工期，简化工序，粗制滥造，或者留下建设工程安全隐患。

(3) 压缩合同工期必然带来事故隐患，必须禁止。压缩工期是建设单位为了早发挥效益，迫使施工单位增加人力、物力赶工期，简化工序和违规操作，容易诱发很多事故，或者留下结构性安全隐患。确定合理工期是保证建设施工安全和质量的重要措施。合理工期应经双方充分论证、协商一致确定，具有法律效力。要采用科学合理的施工工艺、管理方法和工期定额，保证施工质量和安全。

4. 必须保证必要的安全投入

《建设工程安全生产管理条例》第八条规定，建设单位在编制工程概算时，应当确定建设工程安全作业环境及安全施工所需费用。

这是对《安全生产法》第十八条规定的具体落实。要保证建设施工安全，必须有相应的资金投入。安全资金投入不足的直接结果，必然是降低工程造价，不具备安全生产条件，甚至导致建设施工事故的发生。工程建设中改善安全作业环境、落实安全生产措施及其相应资金一般由施工单位承担，但是安全作业环境及施工措施所需费用应由建设单位承担。其原因包括两方面：一方面安全作业环境及施工措施所需费用是保证建设工程安全和质量的重要条件，该项费用已纳入工程总造价，应由建设单位支付；另一方面建设工程作业危险复杂，要保证安全生产，必须有大量的资金投入，这部分资金应由建设单位支付。安全作业环境及施工措施所需费用应当符合《建筑施工安全检查标准》(JGJ 59—2011)的要求，建设单位应当据此承担安全施工措施费用，不得随意降低取费标准。

5. 不得明示或者暗示施工单位购买不符合安全要求的设备、设施、器材和用具

《安全生产法》第三十八条规定，国家对严重危及生产安全的工艺、设备实行淘汰制度。生产经营单位不得使用应当淘汰的危及生产安全的工艺、设备。《建设工程安全生产

管理条例》第九条进一步规定，建设单位不得明示或者暗示施工单位购买、租赁、使用不符合安全施工要求的安全防护用具、机械设备、施工机具及配件、消防设施和器材。

为了确保工程质量和施工安全，施工单位应当严格按照勘察设计文件、施工工艺和施工规范的要求选用符合国家质量标准、卫生标准和环保标准的安全防护用具、机械设备、施工机具及配件、消防设施和器材。但实践中违反国家规定，使用不符合要求的安全防护用具、机械设备、施工机具及配件、消防设施和器材，导致生产安全事故屡见不鲜的重要原因之一就是受利益驱动，建设单位干预施工单位造成的。施工单位购买不安全的设备、设施、器材和用具，会对施工安全和建筑物安全构成极大威胁。为此，《建设工程安全生产管理条例》严禁建设单位明示或者暗示施工单位购买不符合安全要求的设备、设施、器材和用具，并规定了相应的法律责任。

6. 开工前报送有关安全施工措施的资料

依照《建设工程安全生产管理条例》第十条的规定，建设单位在申请领取施工许可证时，应当提供建设工程有关安全施工措施的资料。依法批准开工报告的建设工程，建设单位应当自开工报告批准之日起 15 日内，将保证安全施工的措施报送建设工程所在地的县级以上地方人民政府建设行政主管部门或者其他有关部门备案。建设单位在申请领取施工许可证前，应当提供以下安全施工措施的资料。

（1）施工现场总平面布置图。

（2）临时设施规划方案和已搭建情况。

（3）施工现场安全防护设施（防护网、棚）搭设（设置）计划。

（4）施工进度计划、安全措施费用计划。

（5）施工组织设计（方案、措施）。

（6）拟进入现场使用的起重机械设备（塔式起重机、物料提升机、外用电梯）的型号、数量。

（7）工程项目负责人、安全管理人员和特种作业人员持证上岗情况。

（8）建设单位安全监督人员和工程监理人员的花名册。

建设单位在申请领取施工许可证时，所报送的安全施工措施的资料应当真实、有效，能够反映建设工程的安全生产准备情况、达到的条件和施工实施阶段的具体措施。必要时，建设行政主管部门收到资料后，应当尽快派人员到现场进行实地勘察。

7. 拆除工程应当发包给具有相应资质等级的施工单位

过去较长时期内，有关建设法律、法规主要是对新建、改建和扩建等工程建设做出了规范，对施工单位的拆除工程安全要求不够明确，这就致使拆除工程安全没有纳入法律规范，比较混乱，从事拆除工程活动的单位中有的无资质、无技术力量，拆除工程事故频发。为了规范拆除工程安全，《建设工程安全生产管理条例》第十一条规定，建设单位应当将拆除工程发包给具有相应资质等级的施工单位。建设单位应当在拆除工程施工 15 日前，将下列资料报送建设工程所在地的县级以上地方人民政府建设行政主管部门或者其他有关部门备案。

（1）施工单位资质等级证明。

（2）拟拆除建筑物、构筑物及可能危及毗邻建筑的说明。

（3）拆除施工组织方案。

（4）堆放、清除废弃物的措施。

实施爆破作业的，应当遵守国家有关民用爆炸物品管理的规定。依据《民用爆炸物品安全管理条例》第三十五条的规定，在城市、风景名胜区和重要工程设施附近实施爆破作业的，应当向爆破作业所在地设区的市级人民政府公安机关提出申请，提交《爆破作业单位许可证》和具有相应资质的安全评估企业出具的爆破设计、施工方案评估报告。受理申请的公安机关应当自受理申请之日起20日内对提交的有关材料进行审查，对符合条件的，作出批准的决定；对不符合条件的，作出不予批准的决定，并书面向申请人说明理由。

6.2.2 施工单位的安全责任

1. 主要负责人、项目负责人的安全责任

《建设工程安全生产管理条例》第二十一条规定，施工单位主要负责人依法对本单位的安全生产工作全面负责。这里的“主要负责人”并不仅限于法定代表人，而是指对施工单位有生产经营决策权的人。

《建设工程安全生产管理条例》第二十一条还规定，施工单位的项目负责人应当由取得相应执业资格的人员担任，对建设工程项目的安全施工负责。具体地说，施工单位的项目负责人应当对本单位交给的工程项目的安全施工负责。

施工单位的项目负责人的安全责任主要如下。

（1）落实安全生产责任制度、安全生产规章制度和操作规程。

（2）确保安全生产费用的有效使用。

（3）根据工程的特点组织制定安全施工措施，消除安全施工隐患。

（4）及时并如实报告生产安全事故。

2. 施工单位依法应当采取的安全措施

1）编制安全技术措施、施工现场临时用电方案和专项施工方案

（1）编制安全技术措施。《建设工程安全生产管理条例》第二十六条规定，施工单位应当在施工组织设计中编制安全技术措施。

《建设工程施工现场管理规定》第十一条规定了施工组织设计应当包括的主要内容，其中对安全防护措施做了相关规定。

（2）编制施工现场临时用电方案。临时用电方案直接关系到用电人员的安全，应当严格按照《施工现场临时用电安全技术规范》（JGJ 46—2005）进行编制，保障施工现场用电，防止触电和电气火灾事故的发生。

（3）编制专项施工方案。对下列达到一定规模的危险性较大的分部分项工程编制专项施工方案，并附具安全验算结果，经单位技术负责人、总监理工程师签字后实施，由专职安全生产管理人员进行现场监督：基坑支护与降水工程；土方开发工程；模板工程；起重吊装工程；脚手架工程；拆除、爆破工程；国务院建设行政主管部门或其他有关部门规定的其他危险性较大的工程。

2）安全技术交底

《建设工程安全生产管理条例》第二十七条规定，建设工程施工前，施工单位负责项目管理的技术人员应当对有关安全施工的技术要求向施工作业班组、作业人员做出详细说

明，并由双方签字确认。施工前安全技术交底的目的就是让所有安全生产从业人员都对安全生产有所了解，最大限度地避免安全事故的发生。

3）施工现场设置安全警示标志

《建设工程安全生产管理条例》第二十八条第1款规定，施工单位应当在施工现场入口处、施工起重机械、临时用电设施、脚手架、出入通道口、楼梯口、电梯井口、孔洞口、桥梁口、隧道口、基坑边沿、爆破物及有害危险气体和液体存放处等危险部位，设置明显的安全警示标志。安全警示标志必须符合国家标准。《民法典》第一千二百五十八条规定，在公共场所或者道路上挖掘、修缮安装地下设施等造成他人损害，施工人不能证明已经设置明显标志和采取安全措施的，应当承担侵权责任。设置安全警示标志，既是对他人的警示，也时刻提醒自己要注意安全。安全警示标志可以采取各种标牌、文字、符号、灯光等形式。

4）施工现场的安全防护

《建设工程安全生产管理条例》第二十八条第2款规定，施工单位应当根据不同施工阶段和周围环境及季节、气候的变化，在施工现场采取相应的安全施工措施。施工现场暂时停止施工的，施工单位应当做好现场防护，所需费用由责任方承担，或者按照合同约定执行。

5）施工现场的布置应当符合安全和文明的要求

《建设工程安全生产管理条例》第二十九条规定，施工单位应当将施工现场的办公、生活区与作业区分开设置，并保持安全距离；办公、生活区的选址应当符合安全性要求。职工的膳食、饮水、休息场所等应当符合卫生标准。施工单位不得在尚未竣工的建筑物内设置员工集体宿舍。

《中华人民共和国建筑法》

6）对周边环境采取防护措施

工程建设不能以牺牲环境为代价，施工时必须采取措施减少对周边环境的不良影响。

《建筑法》第四十一条规定，建筑施工企业应当遵守有关环境保护和安全生产的法律、法规的规定，采取控制和处理施工现场的各种粉尘、废气、废水、固体废物以及噪声、振动对环境的污染和危害的措施。

《建设工程安全生产管理条例》第三十条规定，施工单位对因建设工程施工可能造成损害的毗邻建筑物、构筑物和地下管线等，应当采取专项防护措施。施工单位应当遵守有关环境保护法律、法规的规定，在施工现场采取措施，防止或者减少粉尘、废气、废水、固体废物、噪声、振动和施工照明对人和环境的危害和污染。在城市市区内的建设工程，施工单位应当对施工现场实行封闭围挡。

7）加强施工现场的消防安全措施

施工现场应明确划分用火作业区，易燃可燃材料堆场、仓库、易燃废品集中站和生活区等区域；施工现场必须道路畅通，保证有灾情时消防车畅通无阻；施工现场应配备足够的消防器材，指定专人维护、管理、定期更新，保证完整好用；施工现场禁火区域严禁吸烟。

8）建立健全安全防护设备的使用和管理制度

安全防护设备在采购过程中必须选择有生产许可证、资质证书、产品合格证的生产厂家，并了解其各种参数，确保产品符合安全要求。安全防护设备的使用应符合设备使用说明书和相关操作规程，作为使用记录。

6.2.3 勘察、设计、工程监理及其他有关单位的安全责任

建设工程具有投资规模大、建设周期长、生产环节多、参与主体多等特点。安全生产也贯穿于工程建设的勘察、设计、工程监理及其他有关单位的活动中。勘察单位的勘察文件是设计和施工的基础材料和重要依据，勘察文件的质量直接关系到设计工程的质量和安全性能。设计单位的设计文件质量关系到施工安全操作、安全防护，以及作业人员和建设工程的主体结构安全。工程监理单位是保证建设工程安全生产的重要一方，对保证施工单位作业人员的安全起着重要的作用。施工机械设备的生产、租赁、安装单位及检验检测机构等与工程建设有关的其他单位是否依法从事相关活动，直接影响到建设工程安全。

1. 勘察单位的安全责任

建设工程勘察是指根据工程要求，查明、分析、评价建设场地的地质地理环境特征和岩土工程条件，编制建设工程勘察文件的活动。

（1）勘察单位的注册资本、专业技术人员、技术装备和业绩应当符合规定，取得相应等级资质证书后，在许可范围内从事勘察活动。

（2）勘察单位应当按照法律、法规和工程建设强制性标准进行勘察。

（3）勘察单位提供的勘察文件应当真实、准确，满足建设工程安全生产的要求。

（4）勘察单位在勘察作业时，应当严格执行操作规程，采取措施保证各类管线、设施和周边建筑物、构筑物的安全。

2. 设计单位的安全责任

（1）设计单位必须取得相应等级的资质证书，在许可范围内承揽设计业务。

（2）设计单位必须按照法律、法规和工程建设强制性标准进行设计，防止因设计不合理导致生产安全事故的发生。

（3）设计单位应当考虑施工安全和防护需要，对涉及施工安全的重点部位和环节在设计文件中注明，并对防范生产安全事故提出指导意见。

（4）采用新结构、新材料、新工艺的建设工程和特殊结构的建设工程，设计单位应当在设计中提出保障施工作业人员安全和预防生产安全事故的措施建议。

（5）设计单位和注册建筑师等注册执业人员应当对其设计负责。

3. 工程监理单位的安全责任

（1）工程监理单位应当审查施工组织设计中的安全技术措施或者专项施工方案是否符合工程建设强制性标准。

（2）工程监理单位在实施监理过程中，发现存在安全事故隐患的，应当要求施工单位整改；情节严重的，应当要求施工单位暂时停止施工，并及时报告建设单位。施工单位拒不整改或者不停止施工的，工程监理单位应当及时向有关主管部门报告。

（3）工程监理单位和监理工程师应当按照法律、法规和工程建设强制性标准实施监理，对建设工程安全生产承担监理责任。

4. 其他有关单位的安全责任

(1) 提供机械设备和配件的单位的安全责任。为建设工程提供机械设备和配件的单位，应当按照安全施工的要求配备齐全有效的保险、限位等安全设施和装置。

(2) 出租单位的安全责任。①出租的机械设备和施工机具及配件，应当具有生产（制造）许可证、产品合格证。②出租单位应当对出租的机械设备和施工机具及配件的安全性能进行检测，在签订租赁协议时，应当出具检测合格证明。③禁止出租检测不合格的机械设备和施工机具及配件。

(3) 现场安装、拆卸单位的安全责任。①在施工现场安装、拆卸施工起重机械和整体提升脚手架、模板等自升式架设设施，必须由具有相应资质的单位承担。②安装、拆卸施工起重机械和整体提升脚手架、模板等自升式架设设施，应当编制拆装方案、制定安全施工措施，并由专业技术人员现场监督。③施工起重机械和整体提升脚手架、模板等自升式架设设施安装完毕后，安装单位应当自检，出具自检合格证明，并向施工单位进行安全使用说明，办理验收手续并签字。

(4) 检验检测机构的安全责任。①施工起重机械和整体提升脚手架、模板等自升式架设设施的使用达到国家规定的检验检测期限的，必须经具有专业资质的检验检测机构检测。经检测不合格的，不得继续使用。②检验检测机构对检测合格的施工起重机械和整体提升脚手架、模板等自升式架设设备，应当出具安全合格证明文件，并对检测结果负责。③设备检验检测机构进行设备检验检测时发现严重事故隐患，应当及时告知施工单位，并立即向特种设备安全监督管理部门报告。

6.2.4 安全生产监督管理职责

(1) 国务院负责安全生产监督管理的部门依照《安全生产法》的规定，对全国建设工程安全生产工作实施综合监督管理。

县级以上地方人民政府负责安全生产监督管理的部门依照《安全生产法》的规定，对本行政区域内建设工程安全生产工作实施综合监督管理。

(2) 国务院建设行政主管部门对全国的建设工程安全生产实施监督管理。国务院铁路、交通、水利等有关部门按照国务院规定的职责分工，负责有关专业建设工程安全生产的监督管理。

县级以上地方人民政府建设行政主管部门对本行政区域内的建设工程安全生产实施监督管理。县级以上地方人民政府交通、水利等有关部门在各自的职责范围内，负责本行政区域内的专业建设工程安全生产的监督管理。

(3) 建设行政主管部门和其他有关部门应当将《建设工程安全生产管理条例》第十条、第十一条规定的有关资料的主要内容抄送同级负责安全生产监督管理的部门。

(4) 建设行政主管部门在审核发放施工许可证时，应当对建设工程是否有安全施工措施进行审查，对没有安全施工措施的，不得颁发施工许可证。

建设行政主管部门或者其他有关部门对建设工程是否有安全施工措施进行审查时，不得收取费用。

(5) 县级以上地方人民政府负有建设工程安全生产监督管理职责的部门在各自的职责范围内履行安全监督检查职责时，有权采取下列措施。

① 要求被检查单位提供有关建设工程安全生产的文件和资料。

② 进入被检查单位施工现场进行检查。

③ 纠正施工中违反安全生产要求的行为。

④ 对检查中发现的安全事故隐患，责令立即排除；重大安全事故隐患排除前或者排除过程中无法保证安全的，责令从危险区域内撤出作业人员或者暂时停止施工。

(6) 建设行政主管部门或者其他有关部门可以将施工现场的监督检查委托给建设工程安全监督机构具体实施。

(7) 国家对严重危及施工安全的工艺、设备、材料实行淘汰制度。具体目录由国务院建设行政主管部门会同国务院其他有关部门制定并公布。

(8) 县级以上地方人民政府建设行政主管部门和其他有关部门应当及时受理对建设工程生产安全事故及安全事故隐患的检举、控告和投诉。

6.3 安全生产管理机构

安全生产管理机构是指建筑施工企业及其在建设工程项目中设置的负责安全生产管理工作的独立职能部门，其工作人员都是专职安全生产管理人员。安全生产管理机构的作用是落实国家有关安全生产的法律、法规和标准，组织生产经营单位内部各种安全检查活动，负责日常安全检查，及时整改各种事故隐患，监督安全生产责任制的落实等。安全生产管理机构是生产经营单位安全生产的重要组织保证。

6.3.1 安全生产管理机构的职责

安全生产管理机构的职责如下。

(1) 落实国家有关安全生产法律、法规和标准。

(2) 编制并适时更新安全生产管理制度。

(3) 组织开展全员安全教育培训及安全检查等活动。

6.3.2 专职安全生产管理人员要求

按照《建筑施工企业安全生产管理机构设置及专职安全生产管理人员配备办法》规定，建设工程项目的专职安全生产管理人员要求如下。

1) 总承包单位配备项目专职安全生产管理人员要求

(1) 建筑工程、装修工程按照建筑面积配备人数如下。

① 1万平方米及以下的工程不少于1人。

② 1万～5万平方米的工程不少于2人。

③ 5万平方米及以上的工程不少于3人，且按专业配备专职安全生产管理人员。

《关于印发<建筑施工企业安全生产管理机构设置及专职安全生产管理人员配备办法>的通知》

（2）土木工程、线路管道、设备安装工程按照工程合同价配备人数如下。

① 5000万元以下的工程不少于1人。

② 5000万～1亿元的工程不少于2人。

③ 1亿元及以上的工程不少于3人，且按专业配备专职安全生产管理人员。

2）分包单位配备项目专职安全生产管理人员要求

（1）专业承包单位应当配置至少1人，并根据所承担的分部分项工程的工程量和施工危险程度增加。

（2）劳务分包单位施工人员在50人以下的，应当配备1名专职安全生产管理人员；50～200人的，应当配备2名专职安全生产管理人员；200人及以上的，应当配备3名及以上专职安全生产管理人员，并根据所承担的分部分项工程施工危险实际情况增加，不得少于工程施工人员总人数的0.5%。

6.3.3 施工企业安全生产管理组织机构

施工现场成立以项目经理为首，由施工员、安全员、技术员、班组长等参加的安全生产管理小组，检查监督施工现场及班组安全制度的贯彻执行，做好安全日检记录，并对违反安全规定的人员进行处罚。

某施工企业安全生产管理组织机构图如图6.1所示。

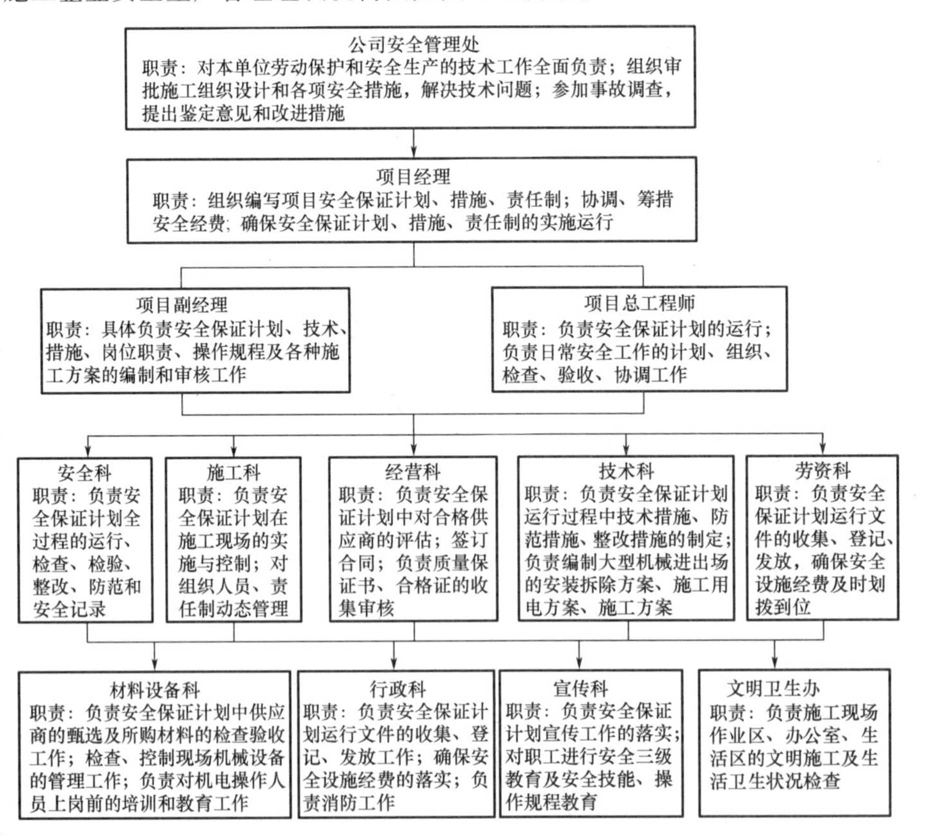

图6.1 某施工企业安全生产管理组织机构图

6.4 危险源与事故隐患

6.4.1 危险源辨识与风险评价方法

危险源是指可能导致人员伤害或疾病、物质财产损失、工作环境破坏或这些情况组合的根源或状态因素。

1. 危险源的辨识内容

(1) 工作环境：包括周围环境、工程地质、地形、自然灾害、气象条件、资源交通、抢险救灾支持条件等。

(2) 平面布局：功能分区（生产区、管理区、辅助生产区、生活区）；高温，有害物质，噪声，辐射，易燃、易爆危险品设施布置；建筑物、构筑物布置；风向、安全距离、卫生防护距离；等等。

(3) 运输路线：施工便道，各施工作业区、作业面、作业点的贯通道路及与外界联系的交通路线等。

(4) 施工工序：物资特性（毒性、腐蚀性、燃爆性）、温度、压力、速度、作业及控制条件、事故及失控状态。

(5) 施工机具、设备：化工设备、装置的高温、低温、腐蚀、高压、振动、关键部位的备用设备、控制、操作、检修和故障、失误时的紧急异常情况；机械设备的运动零部件和工件、操作条件、检修作业、误运转和误操作；电气设备的断电、触电、火灾、爆炸、误运转和误操作，静电、雷电。

(6) 危险性较大设备和高处作业设备：如提升、起重设备等。

(7) 特殊装置、设备：锅炉房、危险品库房等。

(8) 有害作业部位：粉尘、毒物、噪声、振动、辐射、高温、低温等。

(9) 各种设施：管理设施（指挥机关等），事故应急抢救设施（医院、卫生所等），辅助生产、生活设施等。

(10) 劳动组织生理、心理因素和人机工程学因素等。

2. 危险因素与危害因素分类

为了便于进行危险源辨识和分析，首先应对危险因素与危害因素进行分类。

(1) 按导致事故和职业危害的直接原因进行分类，共分为6类：物理性危险因素与危害因素，化学性危险因素与危害因素，生物性危险因素与危害因素，心理、生理危险因素与危害因素，行为性危险因素与危害因素，其他行为性危险因素与危害因素。

(2) 按事故类别和职业病类别进行分类，共分为20类：物体打击、车辆伤害、机械伤害、起重伤害、触电、淹溺、灼烫、火灾、高处坠落、坍塌、冒顶片帮、透水、放炮、瓦斯爆炸、火药爆炸、锅炉爆炸、容器爆炸、其他爆炸、中毒和窒息及其他伤害。

3. 危险源辨识方法

(1) 调查法：辨识小组按上述内容在现场进行调查、辨识。

(2) 安全检查表辨识法：辨识小组按辨识内容编制安全检查表，并根据安全检查表进行辨识。

(3) 经验法：辨识小组按辨识内容，结合以往经验进行辨识。

4. 危险源辨识的要点

危险源辨识要防止遗漏，不仅要分析正常施工、操作时的危险源，更重要的是要充分考虑组织活动的3种时态（过去、现在、将来）和3种状态（正常、异常、紧急）下潜在的各种危险，分析导致支护失效，设备、装置破坏及操作失误可能产生严重后果的危险源。

5. 危险源风险评价方法

危险源风险评价应由有关管理人员、技术人员成立评价小组，在熟悉作业现场及相关法规、标准、评价方法后方能进行。危险源风险评价的方法一般有专家打分法和作业条件危险性评价法。

1) 专家打分法

(1) 危险源分两个级别，分别为一般危险源和重大危险源。由评价小组（一般5～7人）对本单位、本项目已辨识出的危险源进行逐个打分，根据分值大小确定一般危险源和重大危险源。在评价时要考虑伤害程度 A、风险发生的可能性 B、法律法规符合性 C、影响范围 D、资源消耗 E 等因素。其分值大小见表6-1。

表6-1 危险源风险评价专家打分法分值表

评价项目	伤害可能的程度	应得分值
伤害程度 A	严重	5
	一般	3
	轻微	1
风险发生的可能性 B	大	5
	中	3
	小	1
法律法规符合性 C	超标	5
	接近标准	3
	达标	1
影响范围 D	周围社区	5
	场界内	3
	操作者本人	1
资源消耗 E	大	3
	中	2
	小	1

(2) 评价时，对应危险源风险评价专家打分法分值表，各位专家同时对某一危险源进

行打分，然后由主持人将各位专家的分值相加，再除以人数，所得分数即为危险源风险评价分数。综合得分在 12 分以下的为一般危险源，综合得分在 12 分以上的为重大危险源；当 $A=5$ 和 $B=5$ 时，也应确定为重大危险源。评价情况填入危险源（专家打分法）评价表。

2）作业条件危险性评价法（*LEC* 法）

（1）作业条件危险性评价法用与系统风险有关的三种因素之积来评价操作人员伤亡风险大小，这三种因素是：事故发生的可能性（*L*）、人员暴露于危险环境中的频繁程度（*E*）和一旦发生事故可能造成的后果（*C*）。其赋分标准见表 6-2～表 6-4。

表 6-2 事故发生的可能性（*L*）

L 值	事故发生的可能性
10	完全可以预料
6	相当可能
3	可能，但不经常
1	可能性小，完全意外
0.5	很不可能，可以设想
0.2	极不可能

表 6-3 人员暴露于危险环境中的频繁程度（*E*）

E 值	人员暴露于危险环境的频繁程度
10	连续暴露
6	每天工作时间内暴露
3	每周 1 次，或偶然暴露
2	每月 1 次暴露
1	每年几次暴露
0.5	罕见暴露

表 6-4 一旦发生事故可能造成的后果（*C*）

C 值	一旦发生事故可能造成的后果
100	大灾难，许多人死亡，或造成重大的财产损失
40	灾难，数人死亡，或造成很大的财产损失
15	非常严重，一人死亡，或造成一定的财产损失
7	严重，重伤，或造成较小的财产损失
3	重大，致残，或造成很小的财产损失
1	引人注目，不利于基本的安全卫生要求

（2）由评价小组专家共同确定每一危险源的 *L*、*E*、*C* 各项的分值，然后再以 3 个分

值的乘积来评价作业条件危险性的大小（D），即

$$D=LEC$$

危险源的风险等级分为四级，由高到低依次为重大风险、较大风险、一般风险和低风险。

① 重大风险：发生风险事件概率、危害程度均为大，或危害程度为大、发生风险事件概率为中；极其危险，由建设单位组织监理单位、施工单位共同管控，主管部门重点监督检查。

② 较大风险：发生风险事件概率、危害程度均为中，或危害程度为中、发生风险事件概率为小；高度危险，由监理单位组织施工单位共同管控，建设单位监督。

③ 一般风险：发生风险事件概率为中、危害程度为小；中度危险，由施工单位管控，监理单位监督。

④ 低风险：发生风险事件概率、危害程度均为小；轻度危险，由施工单位自行管控。

危险源风险等级划分以作业条件危险性大小 D 值作为标准，按表 6－5 的规定确定。

表 6－5　危险源风险等级划分标准

D 值区间	危险程度	风险等级
$D>320$	极其危险，不能继续作业	重大风险
$160<D\leqslant 320$	高度危险，需要立即整改	较大风险
$70<D\leqslant 160$	一般危险（或显著危险），需要整改	一般风险
$D\leqslant 70$	稍有危险，需要注意（或可以接受）	低风险

6.4.2 事故隐患排查治理

1. 事故隐患的概念及分类

1）事故隐患的概念

事故隐患是安全生产事故隐患的简称，是指违反安全生产法律、法规、规章、标准、规程和安全生产管理制度的规定，或者因其他因素在生产经营活动中存在可能导致事故发生的物的危险状态、人的不安全行为和管理上的缺陷。

2）事故隐患的分类

《房屋市政工程生产安全重大事故隐患判定标准（2022版）》

事故隐患分为一般事故隐患、重大事故隐患。

（1）一般事故隐患，是指危害和整改难度较小，发现后能够立即整改排除的隐患。

（2）重大事故隐患，是指危害和整改难度较大，应当全部或者局部停产停业，并经过一定时间整改治理方能排除的隐患，或者因外部因素影响致使生产经营单位自身难以排除的隐患。

对于重大事故隐患，由单位主要负责人组织制定并实施事故隐患治理方案。在事故隐患治理过程中，事故隐患部门应当采取相应的安全防范措施，防止事故发生。

2. 事故隐患分级

1）事故隐患分级判定公式

事故隐患特征值（等级）判别公式如下。

$$L=DCR_n$$

式中，L——事故隐患特征值（等级）；

D——事故隐患系数，发生事故所导致的后果的严重程度；

C——事故隐患发生的部位和类别；

R_n——事故隐患发生的相对数量。

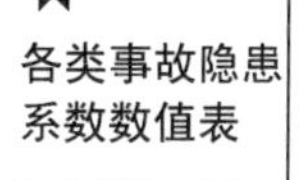

（1）事故隐患系数（D）的取值见各类事故隐患系数数值表。

（2）按事故隐患发生的部位和类别（C）划分如下。

① 一般工程事故隐患，对应系数为1。

② 危险性较大的分部分项工程事故隐患，对应系数为4。

③ 超过一定规模的危险性较大的分部分项工程事故隐患，对应系数为8。

（3）按事故隐患在相对范围内存在的数量（R_n）划分如下。

① 个别，指发现的同类事故隐患数量少量存在，或低于受检样本数量的20%，对应系数为1。

② 部分，指发现的同类事故隐患数量较多，或占受检样本数量的20%～50%，对应系数为1.5。

③ 普遍，指发现的同类事故隐患大量存在，或高于受检样本数量的50%，对应系数为2。

2）事故隐患分级判定标准

（1）当$L>24$时，判定为一级事故隐患。

（2）当$12<L\leqslant 24$时，判定为二级事故隐患。

（3）当$4<L\leqslant 12$时，判定为三级事故隐患。

（4）当$L\leqslant 4$时，判定为四级事故隐患。

一级事故隐患和二级事故隐患属于重大事故隐患，三级事故隐患和四级事故隐患属于一般事故隐患。

3. 事故隐患排查治理的基本要求

（1）工程参建各方应当依照法律、法规、规章、标准和规程的要求从事生产经营活动。严禁非法从事生产经营活动。

（2）工程参建各方是开展事故隐患排查治理的责任主体。

（3）工程参建各方应按照自查自改，检查、总结、提高的原则，落实企业的安全生产主体责任和项目的事故隐患排查治理工作。

（4）工程参建各方应落实岗位安全职责，保障事故隐患排查治理工作所需资金、设备和人员等有效投入。

（5）工程参建各方应建立事故隐患排查治理制度，确保事故隐患得到及时消除或控制，推进企业安全生产标准化管理。

（6）工程参建各方应主动接受政府部门监督管理和社会监督。

4. 工程参建各方事故隐患排查治理职责

1）建设单位职责

（1）对建筑工程施工安全生产工作负首要责任，应设立专门的安全生产管理机构，全面协调督促勘察、设计、施工、监理单位组织开展事故隐患排查治理工作。

（2）可委托依法设立的第三方服务机构，为事故隐患排查治理工作提供技术、管理服务，但安全生产责任仍由建设单位承担。

（3）按照规定及合同约定，向施工单位足额及时支付事故隐患排查治理所需相关费用。

2）勘察、设计单位职责

勘察、设计单位应在勘察和设计阶段提前识别工程施工中存在的安全风险，考虑施工安全操作和施工安全保障措施的需要，在勘察设计文件中注明涉及施工安全的重点部位和环节，提出保障工程周边环境安全和工程施工安全的措施建议，必要时进行专项设计。

3）施工单位职责

（1）对施工过程中安全生产工作负主体责任，应将事故隐患排查治理工作纳入企业安全生产责任制。

（2）建立健全事故隐患排查治理各项工作制度，明确安全、技术、成本等部门及岗位的工作职责；制订事故隐患排查治理工作监督检查计划；督促指导项目部开展事故隐患排查治理工作，重点审查重大事故隐患整改情况；定期总结分析事故隐患排查治理情况，持续改进和完善事故隐患排查治理体系。

（3）制订事故隐患排查治理工作计划，组织本单位技术、工程、劳务、物资等管理部门，对施工项目部事故隐患排查治理情况进行督导检查。

（4）积极配合住房和城乡建设部门及其他有关部门依法履行事故隐患监督检查职责，不得拒绝和阻挠。

（5）施工单位主要负责人对本单位事故隐患排查治理工作全面负责，保障事故隐患治理资金投入，及时掌握重大事故隐患治理情况，督促有关部门制定重大事故隐患治理和防范措施，并明确分管负责人。

（6）施工单位分管负责人负责组织检查事故隐患排查治理制度落实情况，定期研究解决事故隐患排查治理工作中出现的问题，及时向主要负责人报告重大情况，对所分管部门和单位的事故隐患排查治理工作负责。

（7）工程项目实行施工总承包的，施工总承包单位应负责协调各分包单位开展事故隐患排查治理工作。各分包单位应服从施工总承包单位的管理，具体负责分包范围内的事故隐患排查治理工作。

（8）施工单位其他负责人按照“一岗双责”要求，对所分管部门和单位的事故隐患排查治理工作负责。

（9）项目负责人对本建筑工程项目安全生产管理全面负责，明确项目管理人员的安全职责，落实安全生产管理制度。应按照规定实施项目安全管理，及时排查治理施工现场的事故隐患，建立事故隐患排查治理档案；发生事故时，应当按规定及时报告并开展现场救援。

（10）项目专职安全生产管理人员应当每天在施工现场开展事故隐患排查治理，现场监督危险性较大的分部分项工程安全专项施工方案实施。对检查中发现的事故隐患，应当立即处理；不能处理的，应当及时报告项目负责人和企业安全生产管理机构。项目负责人应当及时处理。

4）监理单位职责

（1）建立本单位事故隐患排查治理工作制度，将事故隐患排查治理工作列入监理计划，制定相应的监理实施细则。

（2）定期对监理单位项目部事故隐患排查治理工作进行检查，确保监理单位项目部事故隐患排查治理制度的落实，人员配备齐全。

（3）督促施工单位开展现场事故隐患排查治理工作，定期参加建设单位组织的施工现场事故隐患排查治理工作联合检查。

（4）通过现场巡查、旁站监督、审核查验等方式，检查管控施工单位事故隐患排查治理情况，审查项目部事故隐患排查治理工作的相关规定，参加建设、施工等有关单位组织的事故隐患排查治理联合检查，对发现的事故隐患整改情况进行复查。

（5）发现施工单位一般事故隐患排查治理措施未落实或落实不到位的，要求施工单位限期整改。发现重大事故隐患治理措施未落实或落实不到位的，应要求施工单位暂时停止施工，并及时报告建设单位。施工单位拒不整改或者不停止施工的，应及时报告属地住房和城乡建设部门。

5）安全生产技术服务机构职责

取得国家规定的执业资质，依照法律、法规、规章、国家标准或者行业标准的规定，接受相关单位的委托为其安全生产工作及事故隐患排查治理工作提供技术、管理服务，对出具的报告或意见负责。

5. 事故隐患排查治理制度的建立

1）基本要求

（1）工程参建各方应针对每个工程项目建立项目事故隐患排查治理制度。

（2）事故隐患排查治理制度的建立，应在安全生产相关政策、标准，以及法律、法规、规章的指导下形成。

（3）事故隐患排查治理制度应明确各相关部门和人员的职责与权限、工作内容、工作程序及标准。

（4）事故隐患排查治理制度应随有关法律、法规以及企业生产经营、管理体制的变化，实时更新、修订完善。

（5）事故隐患排查治理工作必须依据事故隐患排查治理制度开展。

2）建设单位制度建立要求

建设单位的事故隐患排查治理制度的建立，应覆盖项目全部参建主体的安全生产行为。

3）施工单位制度建立要求

（1）施工单位必须在本单位安全生产体系的基础上，建立健全工程项目的事故隐患排查治理制度，明确事故隐患排查治理工作的决策、管理、实施的机构或岗位。

（2）施工单位建立的事故隐患排查治理制度应包括以下内容。

① 明确各级管理人员及相关部门事故隐患排查治理工作要求、职责范围、管理责任。

② 按照规定对本单位存在的重大事故隐患做出判定，结合实际编制企业范围事故隐患清单库，包含一般事故隐患与重大事故隐患目录。

③ 对项目专业承包、劳务承包等企业的事故隐患排查治理工作管理的相关规定。

④ 对重大事故隐患、一般事故隐患的处理措施及流程等事项做出具体规定。

⑤ 事故隐患排查治理专项资金保障措施。

⑥ 对企业相关人员、部门事故隐患排查治理工作进行考核。

⑦ 组织开展相应培训，提高施工现场事故隐患排查治理能力。

⑧ 应当纳入的其他内容。

(3) 施工单位项目部应严格落实企业事故隐患排查治理制度，明确各部门、施工班组、管理人员和作业人员的工作职责和任务，制订工程项目事故隐患排查治理工作计划，定期对施工现场事故隐患进行排查治理。

4) 监理单位制度建立要求

监理单位必须建立健全项目监理部事故隐患排查治理制度，明确责任人及其管理职责，并按照相关法律、法规、标准、规范的要求监督检查项目施工单位的事故隐患排查治理工作。

5) 其他参建单位制度建立要求

工程其他参建单位（安全生产技术服务机构、设备租赁单位等）应根据项目概况和建设单位、施工总承包单位、监理单位的事故隐患排查治理制度，建立健全自身的项目事故隐患排查治理制度，明确各相关责任岗位和责任人。

6. 事故隐患排查治理类别

工程参建各方应结合日常安全生产管理工作开展事故隐患排查治理工作，包括定期事故隐患排查治理、日常事故隐患排查治理、季节性及节假日前后事故隐患排查治理、专项事故隐患排查治理、事故类比事故隐患排查治理、综合性事故隐患排查治理等。

1) 定期事故隐患排查治理

根据制订的周期性事故隐患排查治理计划（周期性事故隐患排查治理计划一般应根据工程规模、性质及地区气候、地理环境等因素制订），定期组织对建筑工程施工现场安全生产情况进行全面性的事故隐患排查治理。

2) 日常事故隐患排查治理

施工班组、岗位员工的交接班检查和班中巡回检查，以及项目专职安全管理人员进行的日常性事故隐患排查治理，重点是对关键装置、关键环节的检查和巡查。

3) 季节性及节假日前后事故隐患排查治理

根据工程所在地区的气候环境特点，组织的高温、汛期、冰冻等恶劣天气和重大活动及节假日前后开展的事故隐患排查治理。

4) 专项事故隐患排查治理

对某个专项问题或在施工中存在的普遍性安全问题进行的单项定性或定量事故隐患排查治理。

5) 事故类比事故隐患排查治理

企业内或同类企业发生事故后，或某一类事故隐患频繁出现而进行的举一反三的事故隐患排查治理。

6）综合性事故隐患排查治理

由上级主管部门或地方政府负有安全生产监督管理职责的部门，对辖区内房屋市政工程安全生产管理情况进行的督查或巡查。

7. 事故隐患排查治理频次

事故隐患排查治理的频次应符合以下要求。

(1) 项目专职安全管理人员应结合施工动态进行事故隐患排查治理，每天不少于1次，并留有记录。

(2) 项目各相关部门负责人应按照岗位责任制要求，每周组织不少于1次专项事故隐患排查治理，并建立台账。

(3) 项目负责人应按照岗位责任制要求，每月组织不少于1次事故隐患排查治理，并建立台账。

(4) 总承包工程项目部应组织各分包单位，每周组织不少于1次事故隐患排查治理，并建立台账。

(5) 施工企业应对工程项目施工现场安全生产情况，每月组织不少于1次事故隐患排查治理，针对事故隐患排查治理中发现的普遍性、倾向性问题及安全生产状况较差的工程项目，组织专项事故隐患排查治理，并建立台账。

(6) 施工企业应针对承建工程所在地区的气候与环境特点，组织季节性事故隐患排查治理，并建立台账。

(7) 当获知同类企业发生伤亡、泄漏、火灾、爆炸等事故，或当企业某一类事故隐患频繁出现时，应举一反三，及时进行事故类比事故隐患排查治理。

(8) 当发生以下情形之一时，施工单位应及时组织进行相关专业的事故隐患排查治理。

① 颁布实施有关新的法律、法规、标准、规范或原有适用法律、法规、标准、规范重新修订的。

② 组织机构和人员发生重大调整的。

③ 施工工艺、设备设施、技术方案、地质条件或施工队伍发生重大改变的。

④ 外部安全生产环境发生重大变化的。

⑤ 发生事故或对事故、事件有新的认识的。

⑥ 气候条件发生大的变化或预报可能发生重大自然灾害的。

⑦ 中止施工后再次恢复施工的。

(9) 对于办公区、生活区、已完工区域等不经常发生变化的，可依据实际变化情况确定排查周期，如果发生变化，应及时进行事故隐患排查治理。

8. 事故隐患排查治理档案

(1) 所有事故隐患排查治理情况应做好记录，建立事故隐患排查治理档案，保存事故隐患排查治理活动资料与记录。

(2) 对事故隐患排查治理中发现的问题，应按事故隐患类别分类记录、定期统计，并应分析确定多发和重大事故隐患类别，制定实施治理措施。

(3) 鼓励使用现代信息化技术开展事故隐患排查治理数据统计分析，提高事故隐患排查治理工作效率。

9. 事故隐患治理

1）基本要求

（1）对于排查出的一般事故隐患，由相关责任人或者有关人员立即组织整改，整改完成后由施工单位项目部专职安全管理人员组织相关人员复查，事故隐患消除后方可进行下一道工序或恢复施工。

（2）对于排查出的重大事故隐患，应及时向本单位上级管理部门和监理单位、建设单位报告，同时局部或全部停止施工。在保证施工安全的前提下实施整改，整改完成后经施工单位安全生产管理部门组织相关技术质量管理人员、安全生产管理人员、工程管理人员等进行复查，复查合格后报总监理工程师进行核查，核查合格后方可进入下一道工序或恢复施工。

（3）事故隐患治理要做到方案科学、资金到位、治理及时、责任到人、限期完成。

2）基本原则

（1）以人为本原则：在事故隐患治理过程中，应当首先考虑人员的安全，采取相应的安全防范措施，防止事故发生。事故隐患消除前或者消除过程中无法保证安全的，应当从危险区域内撤出作业人员，并疏散可能危及的其他人员，设置警戒标志，暂时停止施工或者停止使用。

（2）立查立改原则：针对排查发现的事故隐患，根据其性质，提出立即整改、限期整改等措施要求，定人、定时间、定措施进行整改，直至消除事故隐患。

（3）举一反三原则：针对排查发现的事故隐患，施工单位应从管理的高度，举一反三，制订整改计划并积极落实整改，全面整治同类事故隐患，有效控制或消除危险源。

3）治理目的

（1）消除或减弱生产过程中产生的危险、有害因素。

（2）处置危险有害物，并降低到国家规定的限值内。

（3）预防生产设备装置失灵和操作失误产生的危险、有害因素。

（4）有效地预防重大事故和职业危害的发生。

（5）发生意外事故时，能为遇险人员提供自救和互救的条件。

4）事故隐患分级治理

（1）发现的一级事故隐患，应由施工企业技术负责人组织落实事故隐患的整改治理工作，并报项目建设单位或监理单位。项目建设单位或监理单位应组织施工单位对一级事故隐患整改完成情况进行验收，建设单位可根据事故隐患治理复杂程度要求相关责任单位组织进行整治效果专家论证。

（2）发现的二级事故隐患，应由项目负责人负责组织落实事故隐患的整改治理工作，并报项目建设单位或监理单位。项目建设单位或监理单位应组织施工单位对二级事故隐患整改完成情况进行验收，并形成书面记录。由施工单位安全管理部门对事故隐患整改落实情况及相关记录台账进行监督和抽查。

（3）发现的三级事故隐患，应由项目安全管理部门负责组织落实事故隐患的整改治理工作，并形成书面记录。项目负责人定期对事故隐患整改落实情况进行监督并抽查。

（4）发现的四级事故隐患，应由相关生产负责人立即组织整改和验收，并制定落实该类事故隐患的长效整改治理措施，形成书面记录。由项目安全管理部门定期对事故隐患整改落实情况进行抽查。

5）事故隐患排查治理方案的内容

（1）治理的目标和任务。

（2）采取的方法和措施。

（3）经费和物资的落实。

（4）负责治理的机构和人员。

（5）治理的时限和要求。

（6）安全措施和应急预案。

6.4.3 安全风险分级管控与事故隐患排查治理双重预防机制

1. 明确构建双重预防机制的实施主体

根据《安全生产法》第三条“安全生产工作实行管行业必须管安全、管业务必须管安全、管生产经营必须管安全”及第四十一条“生产经营单位应当建立安全风险分级管控制度，按照安全风险分级采取相应的管控措施。生产经营单位应当建立健全并落实生产安全事故隐患排查治理制度，采取技术、管理措施，及时发现并消除事故隐患”的规定，建设单位、施工单位、监理单位及其他参建单位均属于生产经营单位，应履行安全生产主体责任。构建双重预防机制应由建设单位会同施工单位、监理单位及其他参建单位具体实施。

2. 明确构建双重预防机制的实施内容

1）编制项目双重预防机制实施方案

（1）编制内容：（包括但不限于）安全风险辨识与管控、事故隐患排查治理、各企业工作分工和奖惩措施等。

（2）编制依据：《安全生产法》第四十一条、建筑施工安全风险分级管控与事故隐患排查治理工作要求和项目实际情况等。

（3）编制要求：①方案由施工单位项目经理进行研究、编制，若项目经理专业技术能力不足，则必须提请公司一级或公司总部技术负责人和安全主管进行研究、编制；②方案应在项目取得施工许可证后、现场实际开工前完成，并留存项目部备查；③方案中建设单位、施工单位、监理单位工作分工应明确；④方案中的安全风险分级管控制度和事故隐患排查治理制度应包括但不限于工作目标、组织领导、排查内容（安全风险辨识内容）、工作步骤、实施方式和工作要求；⑤专项施工方案应当由施工单位技术负责人审核签字、加盖单位公章，并由总监理工程师审核签字、加盖执业印章后方可实施；⑥建设单位应督促施工单位构建双重预防机制，督促监理单位落实现场隐患安全监理责任；⑦对发现的现场隐患未采取有效措施立即整改的，应责令施工单位限期整改，对仍不及时落实整改的，应采取停工措施并向属地政府施工安全监督站及时报告。

《住房和城乡建设部关于开展房屋市政工程安全生产治理行动的通知》

2）编制填写建筑施工现场安全风险分级管控台账（表6-6）

（1）编制内容：（包括但不限于）分部分项工程/部位、风险辨识、可能导致事故类型、风险分级/风险标识、主要防范措施、工作依据等。

（2）编制依据：建筑施工安全风险分级管控与事故隐患排查治理工作要求和项目实际情况。

(3) 编制要求：①台账由施工单位项目部技术负责人和项目经理共同研究、编制，若项目部技术负责人和项目经理专业技术能力不足，则必须提请公司一级或公司总部技术负责人和安全主管进行研究、编制；②应根据建筑施工安全风险分级管控与事故隐患排查治理工作要求，查阅具体法律、法规、规范、标准，结合项目专项方案、图纸和特性完成项目台账编制；③风险辨识数据应明确、各分部分项应完整；④必须在具体分部分项实施前10个工作日内完成，需留存项目部备查；⑤风险分级/风险标识应由编制人根据建筑施工安全风险分级管控与事故隐患排查治理要求和项目实际进行分析研判，从而明确风险分级。

表6-6 建筑施工现场安全风险分级管控台账

序号	分部分项工程/部位	风险辨识	可能导致事故类型	风险分级/风险标识	主要防范措施	工作依据	备注

3) 编制填写建筑施工单位安全风险分级管控清单（表6-7）

(1) 编制内容：（包括但不限于）工程名称、风险部位、计划开工时间、计划结束时间、项目安全员、负责领导等。

(2) 编制依据：建筑施工安全风险分级管控与事故隐患排查治理工作要求和项目实际情况。

(3) 编制要求：①应由施工单位技术负责人或项目经理填写清单，要求每日更新。②填写人应把危险性较大的分部分项工程单独列出，并于专项施工方案实施前5个工作日内，将清单报送属地政府施工安全监督站。③严格落实建筑施工领域推行风险主动报告的要求，一是由施工单位牵头汇总分包单位和监理单位有关情况，实行危险性较大的分部分项工程动工前主动报告，包括报告危险性较大的分部分项工程的专项施工方案、人员到岗承诺书、安全应急预案等，应连同清单（表6-7）一并报送；二是施工单位主体责任履行主动报告，项目许可开工后，施工总承包单位一季度内不少于一次向属地政府安全生产监督管理部门主动报告安全生产主体责任履行情况，包括单位负责人带班检查、项目负责人带班生产、保障安全投入、风险预防和事故隐患排查治理、应急救援演练、人员教育培训及危险性较大的分部分项工程管控措施落实情况。

表6-7 建筑施工单位安全风险分级管控清单

施工单位：

序号	工程名称	风险部位	计划开工时间	计划结束时间	项目安全员	负责领导	备注

4) 编制填写安全风险分级管控和事故隐患排查治理双重预防机制台账

(1) 编制内容：（包括但不限于）风险辨识、风险分级、检查频率、排查隐患清单、排查责任人、整改时限、整改人、公司奖惩制度执行情况等。

(2) 编制依据：建筑施工现场安全风险辨识分级管控要求及按照项目双重预防机制实施方案开展的每日、每周、每月安全检查情况。

(3) 编制要求：①事故隐患排查人应将排查隐患交于安全资料员收集汇总，并根据检查情况分楼栋每日形成安全风险分级管控和事故隐患排查治理双重预防机制台账（以下简称“双重预防机制台账”），各楼栋每个月应单独成册，安全资料员不得编造内容填写；②每栋楼的双重预防机制台账中的“风险辨识”“风险分级”“检查频率”“排查人”都应在施工前5个工作日内明确并填写完善，留存项目部备查；③施工单位技术负责人应对照项目建筑施工现场安全风险分级管控台账中的“风险辨识”填写双重预防机制台账中的“风险辨识”一栏，根据具体楼栋的施工实际情况，可将不存在的分部分项工程的风险辨识删除；④双重预防机制台账中的“风险分级分险标识”应和项目建筑施工现场安全风险分级管控台账中的“风险分级/分险标识”一致，由施工单位技术负责人和项目经理进行明确；⑤施工单位技术负责人和项目经理进行应根据安全风险等级和施工现场事故隐患的动态变化规律明确双重预防机制台账中的“检查频率”，检查频率原则上分为每日、每周、每月；⑥应根据双重预防机制实施方案，由施工单位项目经理明确各分部分项工程的排查责任人，按分工开展事故隐患排查，各排查责任人将事故隐患排查情况报安全资料员，由安全资料员汇总并记录，形成双重预防机制台账中的“排查隐患清单”。

5) 填写、公示施工现场事故隐患排查公示牌（表6-8）

(1) 填写、公示的内容：（包括但不限于）现场隐患所属分部分项工程、排查隐患内容、隐患部位、隐患等级、排查时间、整改时限、排查责任人、联系方式、整改责任人和整改情况等。

(2) 填写、公示的依据：依据双重预防机制台账中的“排查隐患清单”，逐一分析、核对。其中半天内可立即整改的立行立改无须公示；需要一天及以上，或安全风险等级较高，或存在即时事故隐患的需填入施工现场事故隐患排查公示牌（以下简称“公示牌”），向建筑从业人员公示。

(3) 填写、公示的要求：①需要公示的隐患要当天在施工现场显著位置（如每栋单体的安全出入口）设置公示牌。②项目经理应每天及时掌握公示牌的信息，并对双重预防机制的落实情况负总责。③项目经理应不定期开展督查，根据双重预防机制实施方案和排查责任人、整改责任人的工作情况，落实奖惩措施。④监理单位应依据双重预防机制台账及公示牌，明确排查监理人员，逐条核查施工单位发现的现场事故隐患的整改落实情况。⑤监理单位在实施监理过程中，发现存在事故隐患的，应当要求施工单位整改；情况严重的，应当要求施工单位暂停施工，并及时报告建设单位；当施工单位拒不整改或不停止施工时，监理单位应及时向有关主管部门报送监理报告。

表6-8 施工现场事故隐患排查公示牌

序号	现场隐患所属分部分项工程	排查隐患内容	隐患部位	隐患等级	排查时间	整改时限	排查责任人	联系方式	整改责任人	整改情况	备注

注：属同一分部分项工程的排查隐患内容单行无法填写完全的，可自行加行填写。

6.5 安全生产管理的主要内容

6.5.1 安全生产费用管理

1. 安全生产费用的计取

(1) 各参建单位应保证用于安全生产管理方面的费用支出，确保安全生产工作的正常开展。

(2) 建设单位在编制工程概算时，应当确定建设工程安全作业环境及安全施工措施所需费用。

(3) 建设单位在工程承包合同中应明确安全生产所需费用、支付计划、使用要求、调整方式等。

(4) 项目招标文件中应包含安全生产费用项目清单，明确投标方应按有关规定计取，单独报价，不得删减。

(5) 建设单位对安全生产有特殊要求，需增加安全生产费用的，应在招标文件中说明，并列入安全生产费用项目清单。

(6) 施工单位应当根据现行标准、规范，按照招标文件要求，并结合自身的施工技术水平、管理水平对增加的安全生产项目进行报价。

(7) 总承包单位实行分包的，分包合同中应明确分包工程的安全生产费用，由总承包单位监督使用。

2. 安全生产费用的使用

(1) 建设单位不得调减或挪用批准概算中所确定的安全生产费用，应监督施工单位落实安全作业环境及安全施工措施费用。

(2) 建设单位、施工单位安全生产费用管理制度应明确安全生产费用使用和管理的程序、职责及权限等，施工单位应按规定及时、足额使用安全生产费用。

(3) 安全生产费用应当按照以下范围使用。

① 完善、改造和维护安全防护设施设备支出（不含“三同时”要求初期投入的安全设施），包括施工现场临时用电系统、洞口、临边、机械设备、高处作业防护、交叉作业防护、防火、防爆、防尘、防毒、防雷、防台风、防地质灾害、地下工程有害气体监测、通风、临时安全防护等设施设备支出。

② 配备、维护、保养应急救援器材和设备支出及应急演练支出。

③ 开展重大危险源和事故隐患排查、评估、监控和整改支出。

④ 安全生产检查、评估、咨询和标准化建设支出。

⑤ 配备和更新现场作业人员安全防护用品支出。

⑥ 安全生产宣传、教育、培训支出。

⑦ 适用的安全生产新技术、新标准、新工艺、新装备的推广应用支出。

⑧ 安全设施及特种设备检测、检验支出。

⑨ 安全生产信息化建设及相关设备支出。

⑩ 其他与安全生产直接相关的支出。

(4) 施工单位应在开工前编制安全生产费用使用计划，经监理单位审核，报建设单位同意后执行。

(5) 施工单位提取的安全生产费用应专门核算，建立安全生产费用使用台账。台账应按月度统计、年度汇总。

(6) 总承包单位对安全生产费用的使用负总责，分包单位对所分包工程的安全生产费用的使用负直接责任。总承包单位应当定期检查评价分包单位施工现场安全生产情况。

(7) 施工单位应按照安全生产措施计划和安全生产费用使用计划开展安全生产工作、使用安全生产费用，并在施工月报中反映安全生产工作开展情况、危险源监测管理情况、事故隐患排查治理情况、现场安全生产状况和安全生产费用使用情况。

(8) 监理单位应对施工单位落实安全生产费用情况进行监理，并在监理月报中反映监理单位及施工单位安全生产工作开展情况、工程现场安全状况和安全生产费用使用情况。

(9) 建设单位应至少每半年组织有关参建单位和专家对安全生产费用使用落实情况进行检查，并将检查意见通知施工单位。施工单位应及时进行整改。

(10) 各施工单位应定期组织对本单位（包括分包单位）安全生产费用使用情况进行检查，并对存在的问题进行整改。

6.5.2 安全技术措施和专项施工方案

1. 施工安全技术管理

(1) 建设单位可根据工程需要，对生产经营活动中的事故风险、安全管理等情况，开展工程现状安全评估。

(2) 设计单位应对可能引起较大安全风险的设计变更提出安全风险评价意见。

(3) 建设单位在办理安全监督手续时，应提供危险性较大的分部分项工程清单和安全管理措施。

(4) 施工单位可结合实际，制定内部安全技术标准和图集，定期评估和持续改进，完善安全生产作业条件，改善作业环境。

(5) 工程完工后，建设单位应按照规定开展验收评估，对项目设备、装置实际运行情况及管理状况进行检测、检查，查找项目投产后可能存在的危险、有害因素，提出合理可靠的安全技术调整方案和安全管理对策。

2. 安全技术措施

(1) 建设单位应组织编制保证安全生产的措施方案，并于开工报告批准之日起15日内报有管辖权的行政主管部门及安全监督机构备案。

建设过程中情况发生变化时，应及时调整保证安全生产的措施方案，并重新备案。

(2) 建设单位保证安全生产的措施方案应包括以下内容。

① 项目概况。

② 编制依据和安全生产目标。

③ 安全生产管理机构及相关负责人。

④ 安全生产的有关规章、制度制定情况。

⑤ 安全生产管理人员及特种作业人员持证上岗情况等。

⑥ 重大危险源监测管理和事故隐患排查治理方案。

⑦ 生产安全事故应急救援预案。

⑧ 其他有关事项。

(3) 建设单位应在拆除工程或者爆破工程施工前15日内，按规定将下列资料报送项目主管部门、安全生产监督机构备案。

① 施工单位资质等级证明、爆破人员资格证书。

② 拟拆除或拟爆破的工程及可能危及毗邻建筑物的说明。

③ 施工组织方案。

④ 堆放、清除废弃物的措施。

⑤ 生产安全事故的应急救援预案。

(4) 施工单位的施工组织设计应包含安全技术措施专篇。安全技术措施应包括以下内容。

① 安全生产管理机构设置、人员配备和安全生产目标管理计划。

② 危险源的辨识、评价、采取的控制措施及事故隐患排查治理方案。

③ 安全警示标志设置。

④ 安全防护措施。

⑤ 危险性较大的分部分项工程安全技术措施。

⑥ 对可能造成损害的毗邻建筑物、构筑物和地下管线等专项防护措施。

⑦ 机电设备使用安全措施。

⑧ 冬季、雨季、高温等不同季节及不同施工阶段的安全措施。

⑨ 文明施工及环境保护措施。

⑩ 消防安全措施。

⑪ 危险性较大的分部分项工程专项施工方案等。

(5) 监理单位应审查安全技术措施是否符合工程建设强制性标准。

《关于印发〈危险性较大的分部分项工程安全管理办法〉的通知》

3. 危险性较大的分部分项工程专项施工方案

危险性较大的分部分项工程（以下简称“危大工程”），是指房屋建筑和市政基础设施工程在施工过程中，容易导致人员群死群伤或者造成重大经济损失的分部分项工程。

1) 危大工程范围

危大工程范围和超过一定规模的危大工程范围，分别如表6－9和表6－10所示。

表6－9 危大工程范围

序号	内容	具体要求
1	基坑工程	(1) 开挖深度超过3m（含3m）的基坑（槽）的土方开挖、支护、降水工程。 (2) 开挖深度虽未超过3m，但地质条件、周围环境和地下管线复杂，或影响毗邻建、构筑物安全的基坑（槽）的土方开挖、支护、降水工程

续表

序号	内容	具体要求
2	模板工程及支撑体系	（1）各类工具式模板工程：包括滑模、爬模、飞模、隧道模等工程。 （2）混凝土模板支撑工程：搭设高度5m及以上，或搭设跨度10m及以上，或施工总荷载（荷载效应基本组合的设计值，以下简称“设计值”）10kN/m^{2}及以上，或集中线荷载（设计值）15kN/m及以上，或高度大于支撑水平投影宽度且相对独立无联系构件的混凝土模板支撑工程。 （3）承重支撑体系：用于钢结构安装等满堂支撑体系
3	起重吊装及起重机械安装拆卸工程	（1）采用非常规起重设备、方法，且单件起吊重量10kN及以上的起重吊装工程。 （2）采用起重机械进行安装的工程。 （3）起重机械安装和拆卸工程
4	脚手架工程	（1）搭设高度24m及以上的落地式钢管脚手架工程（包括采光井、电梯井脚手架）。 （2）附着式升降脚手架工程。 （3）悬挑式脚手架工程。 （4）高处作业吊篮。 （5）卸料平台、操作平台工程。 （6）异形脚手架工程
5	拆除工程	可能影响行人、交通、电力设施、通信设施或其他建（构）筑物安全的拆除工程
6	暗挖工程	采用矿山法、盾构法、顶管法施工的隧道、洞室工程
7	其他	（1）建筑幕墙安装工程。 （2）钢结构、网架和索膜结构安装工程。 （3）人工挖孔桩工程。 （4）水下作业工程。 （5）装配式建筑混凝土预制构件安装工程。 （6）采用新技术、新工艺、新材料、新设备可能影响工程施工安全，尚无国家、行业及地方技术标准的分部分项工程

表6-10　超过一定规模的危大工程范围

序号	内容	具体要求
1	深基坑工程	开挖深度超过5m（含5m）的基坑（槽）的土方开挖、支护、降水工程
2	模板工程及支撑体系	（1）各类工具式模板工程：包括滑模、爬模、飞模、隧道模等工程。 （2）混凝土模板支撑工程：搭设高度8m及以上，或搭设跨度18m及以上，或施工总荷载（设计值）15kN/m^{2}及以上，或集中线荷载（设计值）20kN/m及以上。 （3）承重支撑体系：用于钢结构安装等满堂支撑体系，承受单点集中荷载7kN及以上

续表

序号	内容	具体要求
3	起重吊装及起重机械安装拆卸工程	(1) 采用非常规起重设备、方法，且单件起吊重量 100kN 及以上的起重吊装工程。 (2) 起重量 300kN 及以上，或搭设总高度 200m 及以上，或搭设基础标高 200m 及以上的起重机械安装和拆卸工程
4	脚手架工程	(1) 搭设高度 50m 及以上的落地式钢管脚手架工程。 (2) 提升高度 150m 及以上的附着式升降脚手架工程或附着式升降操作平台工程。 (3) 分段架体搭设高度 20m 及以上的悬挑式脚手架工程
5	拆除工程	(1) 码头、桥梁、高架、烟囱、水塔或拆除中容易引起有毒有害气(液)体或粉尘扩散、易燃易爆事故发生的特殊建、构筑物的拆除工程。 (2) 文物保护建筑、优秀历史建筑或历史文化风貌区影响范围内的拆除工程
6	暗挖工程	采用矿山法、盾构法、顶管法施工的隧道、洞室工程
7	其他	(1) 施工高度 50m 及以上的建筑幕墙安装工程。 (2) 跨度 36m 及以上的钢结构安装工程，或跨度 60m 及以上的网架和索膜结构安装工程。 (3) 开挖深度 16m 及以上的人工挖孔桩工程。 (4) 水下作业工程。 (5) 重量 1000kN 及以上的大型结构整体顶升、平移、转体等施工工艺。 (6) 采用新技术、新工艺、新材料、新设备可能影响工程施工安全，尚无国家、行业及地方技术标准的分部分项工程

2) 危大工程专项施工方案编制要求

施工单位应当在危大工程施工前组织工程技术人员编制专项施工方案。危大工程实行施工总承包的，专项施工方案应当由施工总承包单位组织编制；危大工程实行分包的，专项施工方案可以由相关专业分包单位组织编制。

专项施工方案应当由施工单位技术负责人审核签字、加盖单位公章，并由总监理工程师审查签字、加盖执业印章后方可实施。危大工程实行分包并由分包单位编制专项施工方案的，专项施工方案应当由总承包单位技术负责人及分包单位技术负责人共同审核签字、加盖单位公章。

3) 危大工程专项施工方案内容

危大工程专项施工方案的主要内容如下。

(1) 工程概况：危大工程概况和特点、场地及周边环境情况、施工平面布置、施工要求和技术保证条件等。

(2) 编制依据：相关法律、法规、标准、规范、规范性文件，施工图设计文件，专项设计方案（仅针对实行专项设计的危大工程），施工组织设计等。

(3) 施工计划：包括施工进度计划、材料与设备计划等。

(4) 施工工艺技术：技术参数、工艺流程、施工方法、操作要求、检查要求等。

(5) 施工安全保证措施：组织和技术保障措施、监测监控措施等。

(6) 施工管理及作业人员配备和分工：包括施工管理人员、专职安全生产管理人员、特种作业人员、其他作业人员等的配备和分工。

(7) 验收要求：验收标准、验收程序、验收内容、验收人员等。

(8) 应急处置措施。

(9) 计算书及相关施工图纸等。

《危险性较大的分部分项工程专项施工方案编制指南》

4) 危大工程专项施工方案审核

(1) 达到一定规模的危大工程。

对达到一定规模的危大工程，其专项施工方案应由施工单位技术负责人组织施工技术安全、质量等部门的专业技术人员进行审核，经审核合格的应由施工单位技术负责人签字确认；实行分包的，应由总承包单位和分包单位技术负责人共同签字确认。

达到一定规模的危大工程的专项施工方案一般不需要专家论证，经施工单位审核合格后报监理单位，由总监理工程师审查签字即可实施，如图 6.2 所示。

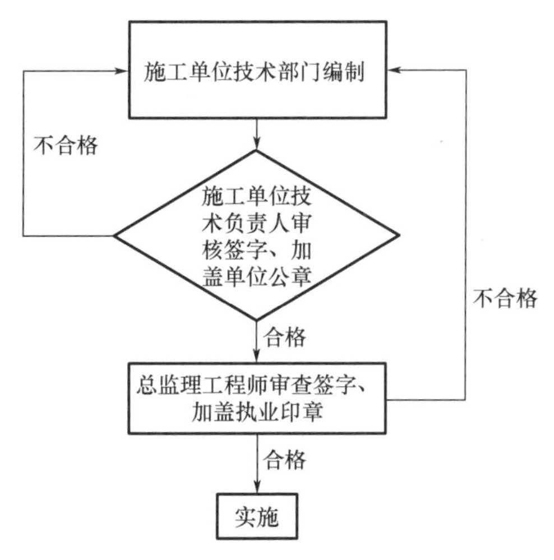

图 6.2 达到一定规模的危大工程专项施工方案编审程序

(2) 超过一定规模的危大工程。

对超过一定规模的危大工程，施工单位应当组织召开专家论证会对专项施工方案进行论证。实行施工总承包的，由施工总承包单位组织召开专家论证会。专家论证前专项施工方案应当通过施工单位审核和总监理工程师审查。专家应当从地方人民政府住房和城乡建设主管部门建立的专家库中选取，符合专业要求且人数不得少于 5 名。与本工程有利害关系的人员不得以专家身份参加专家论证会。

专家论证会后，应当形成论证报告，对专项施工方案提出通过、修改后通过或者不通过的一致意见。专家对论证报告负责并签字确认。专项施工方案经论证需修改后通过的，施工单位应当根据论证报告修改完善后，专项施工方案应当由施工单位技术负责人审核签字、加盖单位公章，并由总监理工程师审查签字、加盖执业印章后方可实施，如图 6.3 所示。

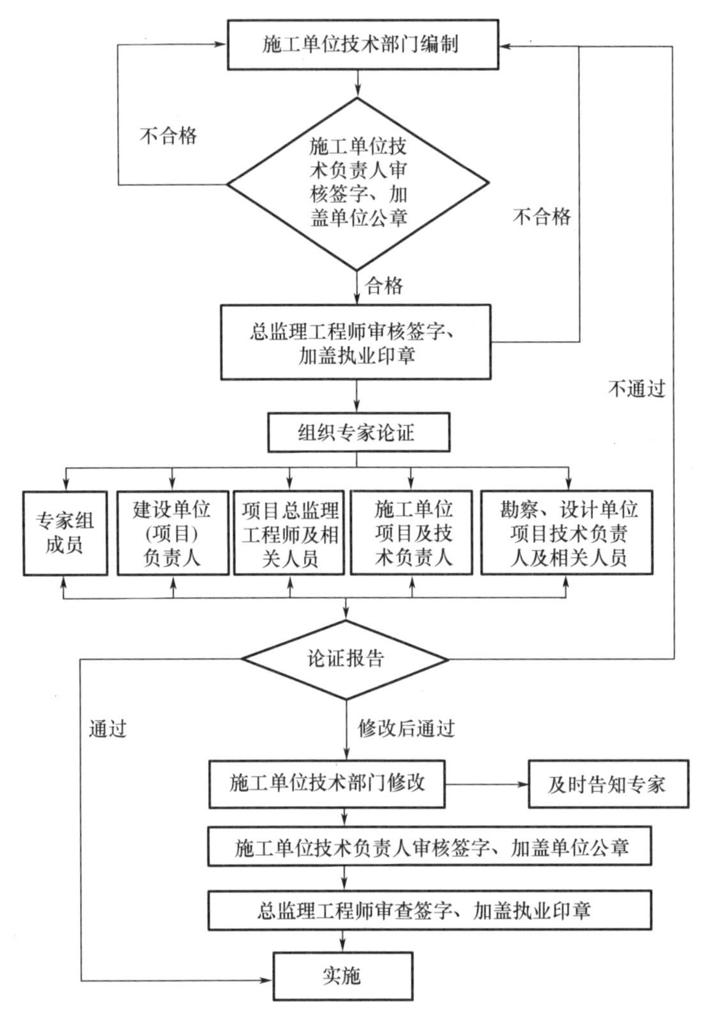

图 6.3　超过一定规模的危大工程专项施工方案编审程序

专项施工方案经论证不通过的，施工单位修改后应当按照本规定的要求重新组织专家论证。

5）危大工程管理

(1）施工单位对危大工程的管理。

① 施工单位应当在施工现场显著位置公告危大工程名称、施工时间和具体责任人员，并在危险区域设置安全警示标志。

② 专项施工方案实施前，编制人员或者项目技术负责人应当向施工现场管理人员进行方案交底。

施工现场管理人员应当向作业人员进行安全技术交底，并由双方和项目专职安全生产管理人员共同签字确认。

③ 施工单位应当严格按照专项施工方案组织施工，不得擅自修改专项施工方案。

因规划调整、设计变更等原因确需调整的，修改后的专项施工方案应当按照本规定重新审核和论证。涉及资金或者工期调整的，建设单位应当按照约定予以调整。

④ 施工单位应当对危大工程施工作业人员进行登记，项目负责人应当在施工现场履职。

项目专职安全生产管理人员应当对专项施工方案实施情况进行现场监督，对未按照专项施工方案施工的，应当要求立即整改，并及时报告项目负责人，项目负责人应当及时组织限期整改。

施工单位应当按照规定对危大工程进行施工监测和安全巡视，发现危及人身安全的紧急情况，应当立即组织作业人员撤离危险区域。

(2) 监理单位对危大工程的管理。

① 监理单位应当结合危大工程专项施工方案编制监理实施细则，并对危大工程施工实施专项巡视检查。

② 监理单位发现施工单位未按照专项施工方案施工的，应当要求其进行整改；情节严重的，应当要求其暂停施工，并及时报告建设单位。施工单位拒不整改或者不停止施工的，监理单位应当及时报告建设单位和工程所在地住房和城乡建设主管部门。

(3) 对于按照规定需要进行第三方监测的危大工程，建设单位应当委托具有相应勘察资质的单位进行监测。

监测单位应当编制监测方案。监测方案由监测单位技术负责人审核签字并加盖单位公章，报送监理单位后方可实施。

监测单位应当按照监测方案开展监测，及时向建设单位报送监测成果，并对监测成果负责；发现异常时，及时向建设、设计、施工、监理单位报告，建设单位应当立即组织相关单位采取处置措施。

(4) 对于按照规定需要验收的危大工程，施工单位、监理单位应当组织相关人员进行验收。验收合格的，经施工单位项目技术负责人及总监理工程师签字确认后，方可进入下一道工序。

危大工程验收合格后，施工单位应当在施工现场明显位置设置验收标识牌，公示验收时间及责任人员。

4. 安全技术交底

(1) 建设单位应在工程开工前，组织各参建单位就落实保证安全生产的措施方案进行全面、系统的布置，明确各参建单位的安全生产责任，并形成会议纪要；同时组织设计单位就工程的外部环境、工程地质、水文条件对工程的施工安全可能构成的影响，工程施工对当地环境安全可能造成的影响，以及工程主体结构和关键部位的施工安全注意事项等进行设计交底。

(2) 工程开工前，施工单位技术负责人应就工程概况、施工方法、施工工艺、施工程序、安全技术措施和专项施工方案，向施工技术人员、施工作业队（区）负责人、工长、班组长和作业人员进行安全技术交底。

(3) 单项工程或专项施工方案施工前，施工单位技术负责人应组织相关技术人员、施工作业队（区）负责人、工长、班组长和作业人员进行全面、详细的安全技术交底。

(4) 各工种施工前，技术人员应进行安全技术交底。

(5) 每天施工前，班组长应向作业人员进行施工要求、作业环境的安全技术交底。

(6) 交叉作业时，项目技术负责人应根据工程进展情况定期向相关作业队和作业人员进行安全技术交底。

(7) 施工过程中，施工条件或作业环境发生变化的，应补充交底；相同项目连续施工超过一个月或不连续重复施工的，应重新交底。

(8) 安全技术交底应填写安全交底单，由交底人与被交底人签字确认。安全交底单应及时归档。

(9) 安全技术交底必须在施工作业前进行，任何项目在没有交底前都不得进行施工作业。

(10) 建设单位、监理单位和施工单位应当定期组织对安全技术交底情况进行检查，并填写检查记录。

知识链接

安全技术交底

根据《建设工程安全生产管理条例》第二十七条规定，建设工程施工前，施工单位负责项目管理的技术人员应当对有关安全施工的技术要求向施工作业班组、作业人员做出详细说明，并由双方签字确认。

项目部负责人在生产作业前对直接生产作业人员进行该作业的安全操作规程和注意事项的培训，并通过书面文件方式予以确认。

建设项目中，分部分项工程在施工前，项目部应按批准的施工组织设计或专项安全技术措施方案，向有关人员进行安全技术交底。安全技术交底主要包括两个方面的内容：一是在施工方案的基础上按照施工的要求，对施工方案进行细化和补充；二是要将作业人员的安全注意事项讲清楚，保证作业人员的人身安全。安全技术交底工作完毕后，所有参加交底的人员必须履行签字手续，班组、交底人、安全员三方各留执一份，并记录存档。

安全技术交底作用如下。

(1) 细化、优化施工方案，从施工技术方案选择上保证施工安全，让施工管理、技术人员从施工方案编制、审核上就将安全放到第一的位置。

(2) 让一线作业人员了解和掌握该作业项目的安全技术操作规程和注意事项，减少因违章操作而导致事故的可能。

(3) 作为项目施工中的重要环节，严格意义上讲，不做交底就不能开工。

知识链接

安全技术交底的基本任务

安全技术交底的基本任务如下。

(1) 对将要开展的工程项目施工进行危险源和施工风险排查。

(2) 对排查出的危险源和施工风险进行分析和评价、评估，找出并确定重大危险源，对重大危险源进行登记。

(3) 根据评价结果，制定应对危险的安全技术措施和预防措施；对有较大危险的高危作业，制定专项安全预防措施，必要时，制定防范事故的应急措施。

(4) 总结以往类似工程施工曾经发生的事故，进行分析，找出原因，结合将要开展的工程施工，制定相适应的安全技术措施和预防措施，改善劳动条件，消除施工中的危险，防止事故发生，实现安全生产。

(5) 收集各种与施工安全有关的信息和相关资料，作为制定安全技术措施和安全预防措施的依据。

(6) 编制安全教育培训教材、安全生产宣传资料和落实计划。

(7) 编制各项应对突发事件、生产安全事故的应急预案。

(8) 分析、研究和制定避免事故发生的方法、措施和方案。

通过上述工作，达到预防、消除和避免事故发生，保护施工作业者在生产劳动活动中的生命安全和身体健康，不断提高劳动生产效率的目的。

知识链接

需要开展安全技术交底的项目

需要开展安全技术交底的项目如下。

(1) 工程开工前，由业主或项目部组织工程技术人员和管理人员的大交底。

(2) 分部分项工程在开工前，组织工程施工的一线员工、工程技术人员和现场管理人员开展的安全技术交底活动。

(3) 技术比较复杂或施工难度较大的施工项目，在开工前应当组织安全技术交底活动。

(4) 危险性较大的施工项目，在开工前应当组织开展安全技术交底活动。

(5) 新工艺、新设备、新技术、新材料使用前，应组织开展安全技术交底活动。

知识链接

安全技术交底活动必须交代的内容

安全技术交流活动必须交代的内容如下。

(1) 交代清楚工程概况、工程技术措施和需要关注的相关重点。

(2) 交代清楚施工采用的工艺、技术、关键工序、机械设备及安全技术措施和注意事项。

(3) 交代清楚施工存在的难度，重点交代工艺复杂的情况和部位。

(4) 交代清楚需要注意的工程质量关键问题和质量控制的内容。

(5) 交代清楚工程质量检验、检查时应关注的重点要求，以及质量检查活动时需要配合的工作。

(6) 交代清楚工序交接时应注意交代的重要事项和岗位职责。

(7) 向施工作业人员如实告知在施工中存在的施工风险、危险因素和重大危险源的实际情况。

(8) 向施工作业人员如实告知在施工作业中应对危险因素的安全技术及预防措施。

(9) 向施工作业人员如实告知应对突发事件发生时的应急处置措施和自我保护措施。

(10) 向施工作业人员交代清楚容易发生事故的作业内容、工序和部位，以及安全防护措施。

知识链接

交底资料的编写与审批

交底资料的编写与审批内容如下。

(1) 大交底活动的资料应由项目总工程师编写；上报本单位总部，由上级公司的总工程师审核，公司总经理审批。

(2) 分部分项工程的交底资料应由工程部的技术人员编写；安全管理部门根据工程部编写的施工技术方案等资料，对危险源排查、应对危险的安全预防措施和应急措施等内容进行完善；交底资料由工程部负责人审核、项目总工程师审批。

知识链接

安全技术交底活动应注意的事项

安全技术交底活动应注意的事项如下。

(1) 编制的交底资料应有针对性。

(2) 安全技术交底活动的对象要明确。

(3) 应有计划、有组织地安排安全技术交底活动。开展安全技术交底活动时，交底资料应发至班组，参加安全技术交底活动的人员应签到、有影像资料记录，并在台账中记录清楚。

(4) 在安全技术交底活动中，应将施工中存在的危险和风险、应对危险的安全技术措施向施工作业人员交代清楚。

(5) 在安全技术交底活动中，应将应关注的工艺、质量和安全问题重点交代清楚。

(6) 在安全技术交底活动中，应将需要控制的质量检验的要点交代清楚。

(7) 每个施工作业人员都应当参加安全技术交底活动，要他们知道施工安全、工程质量控制的重点。

(8) 开展安全技术交底活动时，应当请监理工程师参加并做监理的交底和交代。

(9) 安全技术交底应与安全生产教育培训区分开，避免将施工中的安全生产培训知识与安全技术交底混淆在一起。必须清楚地交代施工中需要交代的重点。

(10) 危险作业和施工工艺复杂的作业，应当请有经验的老职工，甚至请专家进行交底。必须清楚地交代技术复杂和危险性较大的施工安全技术措施和工艺控制重点措施。

知识链接

特殊的安全技术交底活动

(1) 预防自然灾害的安全技术交底活动。在接到自然灾害预报，布置防灾减灾行动的同时，应对防灾减灾行动中可能发生的危险和危害向参战人员进行如实告知。特别要强调随时做好预防危害、伤害的安全防护措施。当自然灾害形成，需要抢险救灾时，一定要强调和交代清楚安全注意事项、危急情况时的应急逃生措施。应对自然灾害的安全技术交底活动是在紧急情况下开展的，无法提前计划安排，但是必须要及时、认真地进行交代。

(2) 事故救援行动的安全技术交底活动。在事故发生现场开展应急救援行动时，可能会危及救援人员的人身安全。在指挥救援行动时，必须保证救援人员的生命安全。行动前，必须对参加救援行动的人员进行危险情况的告知和安全防护措施的交代，应交代清楚安全注意事项、必须注意采取的安全技术措施和对伤员的保护措施。

(3) 灾后恢复生产的安全技术交底。无论是自然灾害还是生产安全事故后的恢复生产，都应当先对现场开展安全检查，根据现场危险排查、检查的结果，组织开展安全技术交底活动，必须清楚地交代恢复生产的方案、现场存在的危险和应对危险的安全预防措施；此外，还必须清楚地交代施工用电安全检查和防范措施，防止在送电时造成意外事故。

(4) 大型施工活动的安全技术交底。由于开展大型施工活动需要投入的机械设备多、施工范围广、参建人员数量多，容易发生意外伤亡事故，因此在开展大型施工活动前，应组织开展安全技术交底活动。在安全技术交底中应将施工组织分工、质量控制的重点、机械设备安全运行、施工中的危险因素、材料供应、道路畅通要求、质量要求、安全注意事项、应急措施、后勤保障供应和各个岗位的安全岗位职责等，向参加施工的作业人员交代清楚，并随时做好安全防护措施。

(5) 重大社会活动的安全技术交底。施工单位在施工过程中，需要开展一些社会活动，由于参加的人多，场地、道路等场所社会活动人员聚集，有可能发生拥挤、踩踏等突发事件，因此在组织活动时，应提前分析可能出现的危险，制定应对可能出现危险的应急预案，落实有关维护安全的措施。在安全技术交底活动中，将不利因素、可能发生的突发事件和应对突发事件的应急措施进行传达、交代，将安排的应急行动措施向相关人员讲解清楚。

6.5.3 安全生产教育培训

1. 一般规定

(1) 各参建单位应建立安全生产教育培训制度，明确安全生产教育培训的对象与内容、组织与管理、检查与考核等要求。

(2) 各参建单位应定期对从业人员进行安全生产教育和培训，保证从业人员具备必要的安全生产知识，熟悉安全生产有关的法律、法规、规章制度和安全操作规程，掌握本岗位的安全操作技能。

（3）各参建单位每年至少应对管理人员和作业人员进行一次安全生产教育培训，并经考试确认其能力符合岗位要求，其教育培训情况记入个人工作档案。安全生产教育培训考核不合格的人员，不得上岗。

建质〔2004〕59号

（4）各参建单位应定期识别安全生产教育培训需求，完善安全生产教育培训计划，保障安全生产教育培训费用、场地、教材、教师等资源，按计划进行安全生产教育培训，建立安全生产教育培训记录、台账和档案，并对培训效果进行评估和改进。

2. 各参建单位主要负责人和安全生产管理人员的教育培训

（1）各参建单位主要负责人和安全生产管理人员应接受安全生产教育培训，具备与其所从事的生产经营活动相应的安全生产知识和管理能力。

（2）施工单位的主要负责人、项目负责人、专职安全生产管理人员必须取得省级以上建设行政主管部门颁发的安全生产考核合格证书，方可参与工程投标，从事施工管理工作。

（3）各参建单位主要负责人安全教育培训应包括下列内容。

① 国家安全生产方针、政策及有关安全生产的法律、法规、规章。

② 安全生产管理基本知识、安全生产技术。

③ 重大危险源管理、重大生产安全事故防范、应急管理及事故管理的有关规定。

④ 职业危害及其预防措施。

⑤ 国内外先进的安全生产管理经验。

⑥ 典型事故和应急救援案例分析。

⑦ 其他需要培训的内容等。

（4）安全生产管理人员安全生产教育培训应包括下列内容。

① 国家安全生产方针、政策及有关安全生产的法律、法规、规章及标准。

② 安全生产管理、安全生产技术、职业卫生等知识。

③ 伤亡事故统计、报告及职业危害防范、调查处理方法。

④ 危险源管理、专项方案及应急预案编制、应急管理及事故管理知识。

⑤ 国内外先进的安全生产管理经验。

⑥ 典型事故和应急救援案例分析。

⑦ 其他需要培训的内容等。

（5）施工单位主要负责人、项目负责人、专职安全生产管理人员、其他安全生产管理人员每年接受安全生产教育培训的时间不得少于规定学时。

3. 其他从业人员的安全生产教育培训

（1）施工单位对新进场的工人，必须进行公司、项目、班组三级安全生产教育培训，经考核合格后，方能允许上岗。三级安全生产教育培训的主要内容如下。

① 公司安全生产教育培训：国家和地方的有关安全生产法律、法规、规范、规程，企业安全管理规章制度和劳动纪律，从业人员安全生产权利和义务等。

② 项目安全生产教育培训：工地安全管理制度、安全职责和劳动纪律、个人防护用品的使用和维护、现场作业环境特点、不安全因素的识别和处理、事故防范等。

③ 班组安全生产教育培训：本工种的安全操作规程和技能、劳动纪律、安全作业与职业卫生要求、作业质量与安全标准、岗位之间衔接配合注意事项、危险点识别、事故防范和紧急避险方法等。

《中华人民共和国特种设备安全法》

(2) 施工单位应每年对全体从业人员进行安全生产教育培训，其中特殊工种作业人员，每年须接受有针对性的安全生产教育培训；待岗、转岗的职工，上岗前必须经过安全生产教育培训。

(3) 特种作业人员应按规定取得特种作业资格证书；离岗3个月以上重新上岗的，应经实际操作考核合格。

(4) 施工单位采用新技术、新工艺、新设备、新材料时，应根据技术说明书、使用说明书、操作技术要求等，对有关作业人员进行安全生产教育培训。

4. 安全生产教育培训组织管理

(1) 各参建单位应将安全生产教育培训工作纳入本单位年度工作计划，并保证安全生产教育培训工作所需费用。

(2) 各参建单位应建立健全从业人员安全生产教育培训档案，详细、准确记录培训考核情况。

(3) 各参建单位安排从业人员进行安全生产教育培训期间，应当支付工资和必要的费用。

(4) 实行分包的，总承包单位应统一管理分包单位的安全生产教育培训工作。分包单位应服从总承包单位的管理。

(5) 各参建单位应对外来参观、学习等人员进行可能接触到的危害及应急知识的教育和告知。

6.5.4 设施设备安全管理

1. 设施设备安全基础管理

(1) 施工单位应建立设施设备安全管理制度，包括购置、租赁、安装、拆除、验收、检测、使用、保养、维修、改造和报废等内容。

(2) 施工单位应设置设施设备管理部门，配备管理人员，明确管理职责和岗位责任，对施工设施设备的采购、进场、退场实行统一管理。

(3) 施工现场所有设施设备应符合有关法律、法规、制度和标准要求，安全设施应与建设项目主体工程同时设计、同时施工、同时投入生产和使用。

(4) 施工单位设施设备投入使用前，应报监理单位验收。验收合格后，方可投入使用。进入施工现场的设施设备的牌证应齐全、有效。

(5)《中华人民共和国特种设备安全法》规定的施工起重机械验收前，应经具备资质的检验检测机构检验。施工单位应自施工起重机械和整体提升脚手架、模板等自升式架设设施验收合格之日起30日内，向建设行政主管部门或者其他有关部门登记。登记、检验结果应报监理单位备案。

(6) 施工单位应建立设施设备的安全管理台账，记录以下内容。

① 设施设备的来源、类型、数量、技术性能、使用年限等信息。

② 设施设备的进场验收资料。

③ 使用地点、状态、责任人及检测检验、日常维修保养等信息。

④ 采购、租赁、改造计划及实施情况。

(7) 施工单位应在特种设备作业人员（含分包商、租赁的特种设备操作人员）入场时确认其证件的有效性，经监理单位审核确认，报建设单位备案。

(8) 监理单位应定期对施工单位设施设备安全管理制度执行情况、设施设备使用情况、操作人员持证上岗情况进行监督检查，规范对设施设备的安全管理。

2. 设施设备安全运行管理

(1) 施工单位在设施设备运行前应进行全面检查；运行过程中应定期对安全设施设备进行维护、更换，每月应对主要施工设施设备的安全状况进行一次全面检查（包含停用一个月以上的起重机械在重新使用前)，并做好记录，确保其运行可靠。

监理单位应定期监督检查设施设备的运行状况、人员操作情况、运行记录。

《特种作业人员安全技术培训考核管理规定》

(2) 施工单位设施设备安全运行管理必须做到以下几点。

① 在使用现场明显部位设置设备负责人及安全操作规程等标牌。

② 在负荷范围内使用施工设施设备。

③ 基础稳固，行走面平整，轨道铺设规范。

④ 制动可靠、灵敏。

⑤ 限位器、联锁联动、保险等装置齐全、可靠、灵敏。

⑥ 灯光、音响、信号齐全可靠，指示仪表准确、灵敏。

⑦ 在传动转动部位设置防护网、罩，无裸露。

⑧ 接地可靠，接地电阻值符合要求。

⑨ 使用的电缆合格，无破损。

⑩ 各种设施设备应履行安装验收手续。

(3) 大、中型设备应坚持定人、定机、定岗，设立人机档案卡和运行记录。大型设备必须实行机长负责制。

(4) 施工单位应根据作业场所的实际情况，按照规范在有较大危险性的作业场所和设备设施上设置明显的安全警示标志，告知危险的种类、后果及应急措施等。

施工单位应在设施设备检查维修、施工、吊装、拆卸等作业现场设置警戒区域和警示标志，对现场的坑、井、洼、沟、陡坡等场所设置围栏和警示标志。

施工单位应对所有设备的润滑进行定点、定质、定时、定量、定人管理，并做好记录。

(5) 施工单位现场的木加工、钢筋加工、混凝土加工场所及卷扬机械、空气压缩机必须搭设防砸、防雨棚。施工现场的氧气瓶、乙炔瓶应与其他易燃气瓶、油脂等易燃、易爆物品分别存放，且不得同车运输。氧气瓶、乙炔瓶应有防振圈和安全帽，不得倒置，不得在强烈日光下曝晒；氧气瓶不得用吊车吊转运。

(6) 施工单位应制订设施设备检查维修计划，检查维修前应制订包含作业行为分析和控制措施的方案，检查维修过程中应采取隐患控制措施，并监督实施。

安全设施设备不得随意拆除、挪用或弃置不用；确因检查维修拆除的，应采取临时安全措施，检查维修完毕后立即复原。检查维修结束后应组织验收，合格后方可投入使用，并做好维修保养记录。

(7) 施工起重机械、缆机等大型施工设备达到国家规定的检验检测期限的，必须经具有专业资质的检验检测机构检测。经检测不合格的，不得继续使用。相邻起重机械等大型施工设备应按规定保持防冲撞安全距离。

(8) 施工单位应执行设施设备报废管理制度，设施设备存在严重安全隐患，无改造、维修价值，或者超过规定使用年限的，应及时报废；已报废的设施设备应及时拆除，或退出施工现场。

拆除的设施设备涉及危险物品的，须制定危险物品处置方案和应急措施，并严格组织实施。

(9) 施工单位在安装、拆除大型设施设备时，应遵守下列规定。

① 应编制专项施工方案，报监理单位审批后，由具有相应资质的单位进行安装、拆除。

② 安装、拆除作业开始前，应对风、水、电等动力管线妥善移设、防护或切断，拆除作业应自上而下进行，严禁多层或内外同时拆除。

③ 安装、拆除过程应确定施工范围和警戒范围，进行封闭管理，由专业技术人员现场监督。

④ 安装、拆除单位应具有相应资质。

(10) 施工单位使用外租施工设备设施时，须签订租赁合同和安全协议书，明确出租方提供的设施设备应符合国家相关的技术标准和安全使用条件，确定双方的安全责任。

6.5.5 作业安全管理

1. 施工现场管理

(1) 建设单位对项目建设全过程的安全生产负总责，承担项目建设安全生产的组织、协调、监督责任，负责施工现场公共区域、交叉区域的协调和监督管理，为施工单位提供安全、良好的施工环境。

(2) 施工单位对施工现场的安全生产全面负责。实行分包的，由总承包单位负责施工现场安全生产的统一管理，并监督检查分包单位的管理情况。分包单位在总包单位的统一管理下，负责分包范围内的安全生产管理工作。

(3) 建设单位应向施工单位提供施工现场及施工可能影响的毗邻区域内供水、排水、供电、供气、供热、通信、广播电视等地下管线资料，气象和水文观测资料，拟建工程可能影响的相邻建筑物、构筑物和地下工程的有关资料，并保证有关资料的真实、准确、完整，满足有关技术规范的要求。对可能影响施工报价的资料，应在招标时提供。

施工单位因工程施工可能造成上述管线、建筑物、构筑物、地下工程损害的，应采取专项防护措施。

(4) 施工单位应采取措施，控制施工过程及物料、设施设备、器材、通道、作业环境等存在的事故隐患；对动火作业、受限空间内作业、临时用电作业、高处作业等危险性较高的作业活动实施作业许可管理，严格履行审批手续。作业许可证应包含危害因素分析和安全措施等内容。

(5) 施工单位应在施工现场入口处、施工起重机械、临时用电设施、脚手架、出入通道口、楼梯口、电梯井口、孔洞口、桥梁口、隧道口、基坑边缘、爆破物及有害危险气体和液体存放处等危险部位，设置明显的安全警示标志。安全警示标志必须符合国家标准。

(6) 施工单位应根据不同施工阶段和周围环境及季节、气候的变化，采取相应的安全施工措施；暂时停止施工的，施工单位应做好现场防护。

(7) 施工单位应向作业人员提供安全防护用具和安全防护服装，并书面告知危险岗位的操作规程和违章操作的危害。

(8) 施工单位应在施工现场的主要入口处设置工程概况牌、管理人员名单及监督电话牌、消防保卫牌、安全生产牌、文明施工牌和施工现场平面图（即“五图一牌”）。标牌应规格统一、位置合理、字迹端正、线条清晰、内容明确。

(9) 施工单位对施工区域宜采取封闭措施，对关键区域和危险区域应实行封闭管理。

(10) 施工单位应按照施工总平面布置图设置各项临时设施、管道线路、排水系统、堆场（大宗材料、成品、半成品、渣土等），停放施工机具、设备，不得侵占场内道路及安全防护等设施。确需变更的，应经监理单位批准。实行分包的，若分包单位确需变更施工中的平面布置，应向总承包单位提出申请，经总承包单位同意后方可实施。

(11) 各种施工设施、管道、线路等应符合防洪、防火、防爆、防雷击、防砸、防坍塌及职业卫生等要求。存放设备、材料的场地应平整牢固，设备、材料存放应整齐稳固，周围通道宽度不宜小于 1m，且应保持畅通。

(12) 施工单位应严格按照安全规程、规范和施工组织设计安装现场用电线路和设施，严禁任意拉线接电。

(13) 夜间施工时，施工单位应保证施工现场设有满足施工安全要求的照明，危险潮湿场所的照明及手持照明灯具必须采用符合安全要求的电压。

(14) 施工单位应保证施工现场道路畅通，排水系统处于良好的使用状态；及时清理建筑垃圾，保持场容场貌的整洁。

2. 安全防护设施管理

(1) 施工单位在工程实施前，应全面布设各类设施、设备、器具的安全防护设施。作业前，安全防护设施应齐全、完善。

(2) 施工单位应在施工现场的临边、洞（孔）、井、坑、升降口、漏斗口等危险处，设置围栏或盖板，并加设明显的警示标志和夜间警示红灯；建（构）筑物、施工电梯出入口及物料提升机地面进料口、防护棚设置应稳固、畅通；在门槽、闸门井、电梯井等井道口（内）安装作业时，应设置可靠的水平安全网。

(3) 施工单位必须在高处作业面的临空边缘设置安全护栏和夜间警示红灯；脚手架作业面高度超过 3.2m 时，临边应挂设水平安全网，并于外侧挂立网封闭；在同一垂直方向上同时进行多层交叉作业时，应设置隔离防护棚。

(4) 施工单位在不稳定岩体、孤石、悬崖、陡坡、高边坡、深槽、深坑下部及基坑内作业时，应设置防护挡墙或积石槽。

(5) 工程（含脚手架）的外侧边缘与输电线路之间的距离必须大于最小安全距离；当作业距离不能满足最小安全距离的要求时，必须采取停电作业或增设屏障、遮栏、围栏、保护网等安全防护措施；不得在外电架空线路正下方施工、搭设作业棚、建造生活设施或堆放构件、架具、材料及其他杂物等。

（6）施工单位在高处施工通道的临边（栈桥、栈道、悬空通道、架空皮带机廊道、垂直运输设备与建筑物相连的通道两侧等）必须设置安全护栏；临空边沿下方需要作业或用作通道时，安全护栏底部应设置高度不低于0.2m的挡脚板；排架、井架、施工用电梯、大坝廊道、隧道等出入口和上部有施工作业通道的，应设置防护棚。

（7）各种机电设备的传动与转动的外露部分（传动带、开式齿轮、电锯、砂轮、接近于行走面的联轴节、转轴、皮带轮和飞轮等）必须安装方便拆装的、网孔尺寸符合要求的、封闭的钢防护网罩或防护挡板、防护栏等安全防护装置。各种机械设备的监测仪表（电压表、电流表、压力表、温度计等）和安全装置（制动机构、限位器、安全阀、闭锁装置、负荷指示器等）必须齐全、配套，灵活可靠，并应定期校验合格。

（8）施工用电配电系统应达到“三相五线制”“三级配电两级保护”和“一机、一闸、一保护”配电标准。施工现场的发电机、电动机、电焊机、配电盘、控制盘和变压器等电气设备的金属外壳，铆工、焊工的工作平台，以及集装箱式办公室、休息室、工具间等设施的金属外壳均应装设接地或接零保护。现场储存易燃易爆物品的场所，起重机、金属井字架、龙门架等机械设备，钢脚手架和工程的金属结构，当在相邻建筑物、构筑物等设施的防雷装置接闪器的保护范围以外时，应装设防雷装置。

（9）露天使用的电气设备应选用防水型的或采取防水措施。大量散发热量的机电设备（电焊机、气焊与气割装置、电热器、碘钨灯等）不得靠近易燃物，必要时应采取隔热措施。

（10）手持电动工具一般应选用Ⅱ类电动工具；若使用Ⅰ类电动工具，必须采用漏电保护器、安全隔离变压器等安全措施。在潮湿或有金属构架等导电良好的作业场所，必须使用Ⅱ类或Ⅲ类电动工具；在狭窄场地（锅炉、金属容器、管道等）内，应使用Ⅲ类电动工具。

3. 作业行为管理

（1）管理人员在施工现场应当佩戴证明其身份的证卡；严禁违章指挥、违章作业、违反劳动纪律。

（2）施工现场作业人员，应遵守以下基本要求。

① 按规定穿戴安全帽、工作服、工作鞋等防护用品，正确使用安全绳、安全带等安全防护用具，严禁穿拖鞋、高跟鞋或赤脚进入施工现场。

② 遵守岗位责任制和交接班制度，不擅离工作岗位或从事与岗位无关的事情；未经许可，不得将自己的工作交给别人，严禁随意操作他人的机械设备。

③ 严禁酒后作业。

④ 严禁在铁路、公路、洞口、陡坡、高处、水上边缘、滚石坍塌地段、设备运行通道等危险地带逗留和休息。

⑤ 上下班应按规定的道路行走，严禁跳车、爬车、强行搭车。

⑥ 起重、挖掘机等施工作业时，严禁非作业人员进入其工作范围。

⑦ 高处作业时，不得向外、向下抛掷物件。

⑧ 严禁乱拉电源线路和随意移动、启动机电设备。

⑨ 不得随意移动、拆除、损坏安全卫生、环境保护设施和警示标志。

(3) 施工单位进行高边坡或深基坑作业时，应按要求放坡，自上而下清理坡顶和坡面的松渣、危石、不稳定体；垂直交叉作业应采取隔离防护措施，或错开作业时间；应安排专人监护、巡视检查，并及时分析、反馈监护信息；人员上下高边坡、深基坑应走专用通道；高处作业人员应同时系挂安全带和安全绳。

(4) 施工单位进行爆破作业必须取得爆破作业单位许可证。

爆破作业前，应进行爆破试验和爆破设计，并严格履行审批手续。

爆破作业应统一时间、统一指挥、统一信号，划定安全警戒区，明确安全警戒人员，采取保护措施，严格按照爆破设计和爆破安全规程作业。

爆破人员应持证上岗。

(5) 施工单位进行高处作业前，应检查安全技术措施和人身防护用具落实情况；凡患高血压、心脏病、贫血病、癫痫病及其他不适于高空作业的人员，不得从事高空作业。

有坠落可能的物件应固定牢固，无法固定的应放置于安全处或先行清除；高处作业时应安排专人进行监护。

遇有六级及以上大风或恶劣天气时，应停止露天高处作业；雨天和雪天进行高处作业时，必须采取可靠的防滑、防寒和防冻措施。

(6) 施工单位起重作业应按规定办理施工作业票，并安排施工技术人员现场指挥。

作业前，应先进行试吊，检查起重设备各部位受力情况；起重作业必须严格执行“十不吊”的原则；起吊过程应统一指挥，确保信号传递畅通；未经现场指挥人员许可，不得在起吊重物下面及受力索具附近停留和通过。

(7) 施工单位进行水上（下）作业前，应根据需要办理中华人民共和国水上水下活动许可证，并安排专职安全管理人员进行巡查。

水上作业应有稳固的施工平台和通道，以及临水、临边设置牢固可靠的护栏和安全网；平台上的设备固定牢固，作业用具应随手放入工具袋；作业平台上应配齐救生衣、救生圈、救生绳和通信工具。

作业人员应持证上岗，正确穿戴救生衣、安全帽、防滑鞋、安全带，定期进行体格检查。

(8) 洞室作业前，应清除洞口和边坡上的浮石、危石及倒悬石，设置截（排）水沟，并按设计要求及时支护。

Ⅲ、Ⅳ类围岩开挖时，须对洞口进行加固，并设置防护棚；当洞室掘进长度达到15～20m时，应依据地质条件、断面尺寸，及时做好洞口段永久性或临时性支护；当洞深长度大于洞径大小的3～5倍时，应强制通风；交叉洞室在贯通前应优先安排锁口锚杆的施工。

施工过程中应按要求布置安全监测系统，及时进行监测、分析、反馈监测资料，并按规定进行巡视检查。

(9) 临近带电体作业前，应办理安全施工作业票，设专人监护；作业人员、机械与带电线路和设备的距离必须大于最小安全距离，并有防感应电措施；当与带电线路和设备的作业距离不能满足最小安全距离的要求时，应采取安全措施，否则严禁作业。

(10) 焊接与切割作业人员应持证上岗，按规定正确佩戴个人防护用品，严格按操作规程作业。

作业前，应对设备进行检查，确保性能良好，符合安全要求。

作业时，应有防止触电、灼伤、爆炸和金属飞溅引起火灾的措施，并严格遵守消防安全管理规定，不得利用管道、设备、容器、钢轨、脚手架、钢丝绳等作为临时接地线（接零线）的通路。

作业结束后，作业人员应清理场地、消除焊件余热、切断电源，仔细检查工作场所周围及防护设施，确认无起火危险后方可离开。

(11) 两个以上施工单位交叉作业可能危及对方生产安全的，应当签订安全生产管理协议，明确各自的安全生产管理职责和应当采取的安全措施，安排专职安全生产管理人员协调与巡视检查。

(12) 各参建单位夏季施工应采取防暴雨、防雷击、防大风等措施。

高温季节施工作业，应提供解暑饮品，备足防治中暑、肠道疾病、食物中毒等药品。

当气温达到35℃以上时，不得在11：00—15：00阳光直射下安排施工作业；气温高于36℃时，施工单位应立即停止露天施工作业。

(13) 昼夜平均气温低于5℃或最低气温低于－3℃时，应编制冬季施工作业计划，制定防寒、防毒、防滑、防冻、防火、防爆等安全生产措施。

6.5.6 安全生产档案管理

(1) 各参建单位应将安全生产档案管理纳入日常工作，明确管理部门、人员及岗位职责，健全制度，安排经费，确保安全生产档案管理正常开展。

(2) 建设单位在签订有关合同、协议时，应对安全生产档案的收集、整理、移交提出明确要求。

检查施工安全时，要同时检查安全生产档案的收集、整理情况。

进行技术鉴定、重要阶段验收与竣工验收时，要同时审查、验收安全生产档案的内容与质量，并做出评价。

(3) 建设单位对安全生产档案管理工作负总责，应做好自身安全生产档案的收集、整理、归档工作，并加强对各参建单位安全生产档案管理工作的监督、检查和指导。

(4) 专业技术人员和管理人员是归档工作的直接责任人，应做好安全生产文件材料的收集、整理、归档工作。如遇工作变动，应做好安全生产档案资料的交接工作。

(5) 监理单位应对施工单位提交的安全生产档案材料履行审核签字手续。凡施工单位未按规定要求提交安全生产档案的，不得通过验收。

案例6-1

某工程项目施工安全保证体系及措施

1. 安全管理目标及其实施方案

1) 安全管理目标

认真贯彻“安全第一、预防为主、综合治理”的方针，严格执行安全施工生产的规程、规范和安全规章制度，落实各级安全生产责任制及第一责任人制度，坚持“安全为了生产，生产必须安全”的原则，加强安全监测，注重施工人员的劳动保护，确保人员、设备及工程安全，杜绝特大、重大安全事故，杜绝人身伤亡事故和重大机械设备事故，减少一般性事故。

2）安全管理目标的实施方案

建立严格的经济责任制是实施安全管理目标的中心环节；运用安全系统工程的思想，坚持以人为本、教育为先、预防为主、管理从严，做好安全事故的超前防范工作，是实现安全管理目标的基础；机构健全、措施具体、落实到位、奖罚分明是实现安全管理目标的关键。

项目部成立项目经理挂帅的安全生产领导小组，指定一名副经理任领导小组副组长，分管安全生产。施工队成立以队长为组长的安全生产小组，全面落实安全生产的保证措施，实现安全生产目标。

建立健全安全保证体系，落实安全责任考核制，实行安全责任金“归零”制度，把安全生产情况与每个员工的经济利益挂钩，使安全生产处于良好状态。

开展安全标准化工地建设，按安全标准化工地进行管理，采用安全易发事故点控制法，确保施工安全。

2. 施工安全管理组织机构及其主要职责

1）施工安全管理组织机构

施工现场成立项目经理领导下的，由生产副经理、安全副经理、总工程师，以及安全部、技术部、生产调度部、机械管理部、消防管理部、劳务管理部、其他有关部门等部门负责人组成的施工安全管理领导小组。各厂、队和部、室负责人是本单位的安全第一责任人，保证全面执行各项安全管理制度，对本单位的安全施工负直接领导责任。各厂、队设专职安全员，在质量安全部的监督指导下负责本厂、队及部门的日常安全管理工作，各施工作业班班长为兼职安全员，在专职安全员的指导下开展班组的安全工作，对本作业班人员在施工过程中的安全和健康全面负责，确保本作业班人员按照业主的规定、作业指导书和安全施工措施进行施工，不违章作业。

该工程项目施工安全管理组织机构图如图 6.4 所示。

2）施工安全管理组织机构的主要职责

下面主要介绍项目经理、安全副经理、总工程师、质量安全部、安全员的主要职责。

（1）项目经理的主要职责如下。

① 项目经理为安全第一责任人，负责全面管理本项目范围内的施工安全、交通安全、防火防盗工作，认真贯彻执行“安全第一，预防为主，综合治理”的方针。

② 负责建立统一的安全生产管理体系，确保安全监察人员的素质和数量。

③ 按规定配发和使用各种劳动保护用品和用具。

④ 建立安全岗位责任制，逐级签订安全生产承包责任书，明确分工，责任到人，奖惩分明。

⑤ 严格执行“布置生产任务的同时布置安全工作，检查生产工作的同时检查安全情况，总结生产的同时总结安全工作”的“三同时”制度。

（2）安全副经理的职责如下。

① 协助项目部项目经理主持本项目日常安全管理工作。

② 每旬进行一次全面安全检查，对检查中发现的安全问题，按照“四不放过”原则

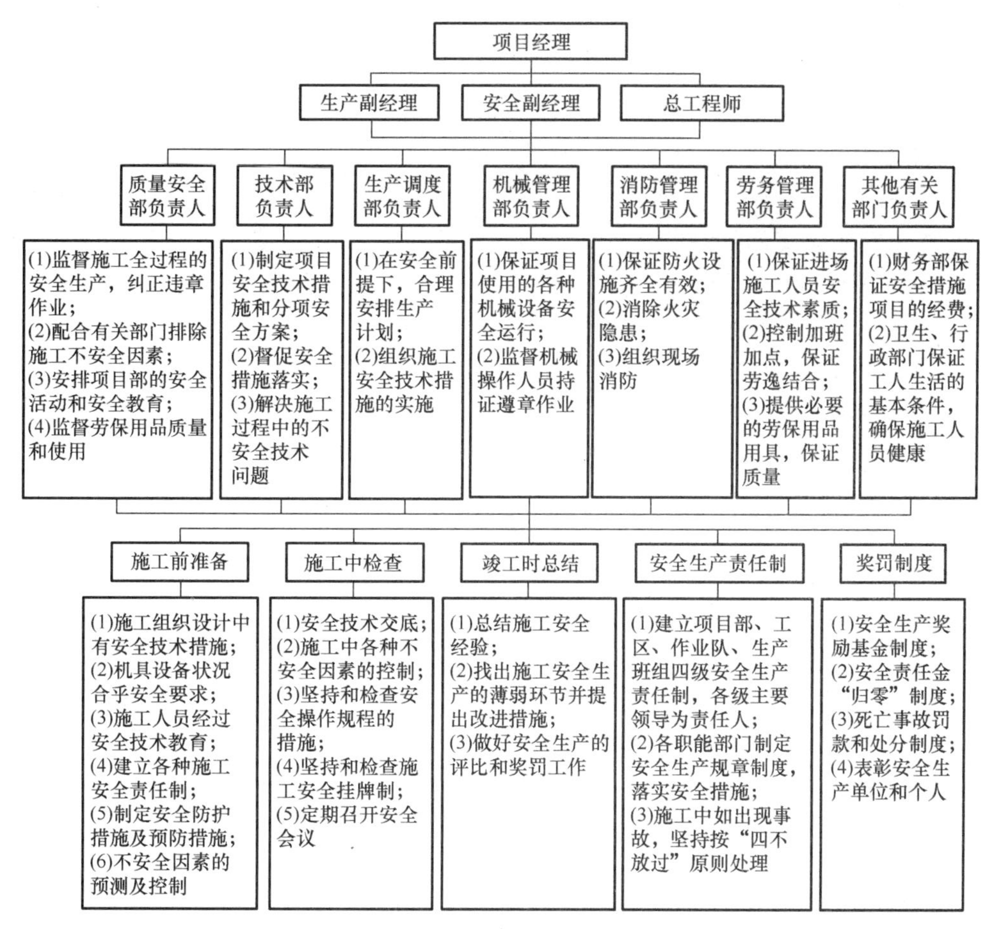

图 6.4　该工程项目施工安全管理组织机构图

立即制定整改措施，定人限期进行整改，监督“管生产必须管安全”的落实。

③ 主持召开工程项目安全事故分析会，及时向业主及监理单位通报事故情况。

④ 及时掌握工程安全情况，对安全工作做得较好的班组、作业队要及时推广。

(3) 总工程师安全管理职责如下。

① 协助安全副经理召开工程项目安全事故分析会，提出安全事故的技术处理方案。

② 对重要项目进行技术安全交底工作。

(4) 质量安全部的职责如下。

① 贯彻执行国家有关安全生产的法规、法令，执行建设单位与地方政府对安全生产发出的有关规定和指令，并在施工过程中严格检查落实情况，严防安全事故的发生。

② 本项目开工前，结合项目部的实践编写通俗易懂且适合于本工程使用的安全防护规程手册，经监理单位审批后分发给全体职工。

安全防护规程手册的内容如下。

(a) 安全帽、防护鞋、工作服、防尘面具、安全带等常用防护品的使用。

(b) 钻机的使用。

(c) 汽车驾驶和运输机械的使用。

(d) 炸药的运输、储存和使用。

(e) 用电安全。

(f) 地下开挖作业的安全。

(g) 模板作业的安全。

(h) 混凝土作业的安全。

(i) 机修作业的安全。

(j) 压缩空气作业的安全。

(k) 意外事故的救护程序。

(l) 防洪和防气象灾害措施。

(m) 信号和报警知识。

(n) 其他有关规定。

③ 制定各工作面、各工序的安全生产规程，经常组织作业人员进行安全学习，尤其对新进场的员工要坚持先进行安全生产基本常识的教育后才允许上岗的制度。

④ 主持工程项目安全检查工作，确定检查日期、参加人员。除正常定期检查外，对施工危险性大、节假日前后等的施工部位还应安排加强安全检查。

⑤ 负责工程项目的安全总结和统计报表工作，及时上报安全事故及其处理情况。

(5) 安全员的职责如下。

① 每天巡视各施工面，检查施工现场的安全情况及是否有违章作业情况，一旦发现应及时制止。施工队和班组安全员在班前交代注意事项，班后讲评安全，力争把事故消灭在萌芽状态。

② 参加安全事故的处理。

3. 安全保证体系

建立健全安全保证体系，贯彻国家有关安全生产和劳动保护方面的法律、法规，定期召开安全生产会议，研究项目安全生产工作，发现问题及时处理解决。逐级签订安全责任书，使各级明确自己的安全目标，制定好各自的安全规划，达到全员参与安全管理的目的，充分体现“安全生产，人人有责”。按照“安全生产，预防为主”的原则组织施工生产，做到消除事故隐患，实现安全生产的目标。

安全保证体系框图如图 6.5 所示。

4. 安全管理制度及办法

(1) 本项目实行安全生产三级管理，即一级管理由安全副经理领导下的质量安全部负责，二级管理由作业厂队负责，三级管理由班组负责。

(2) 根据本工程的特点及条件制定安全生产责任制，并按照颁布的安全生产责任制的要求，落实各级管理人员和操作人员的安全生产负责制，人人做好本岗位的安全工作。

(3) 本项目开工前，由质量安全部编制实施性安全施工组织设计，对爆破、开挖、运输、支护、混凝土浇筑、灌浆等作业，编制和实施专项安全施工组织设计，确保施工安全。

(4) 实行逐级安全技术交底制，由项目经理部组织有关人员进行详细的安全技术交底，凡参加安全技术交底的人员都要履行签字手续，并保存资料，安全监察部专职安全员对安全技术措施的执行情况进行监督检查，并做好记录。

(5) 加强施工现场安全生产教育。

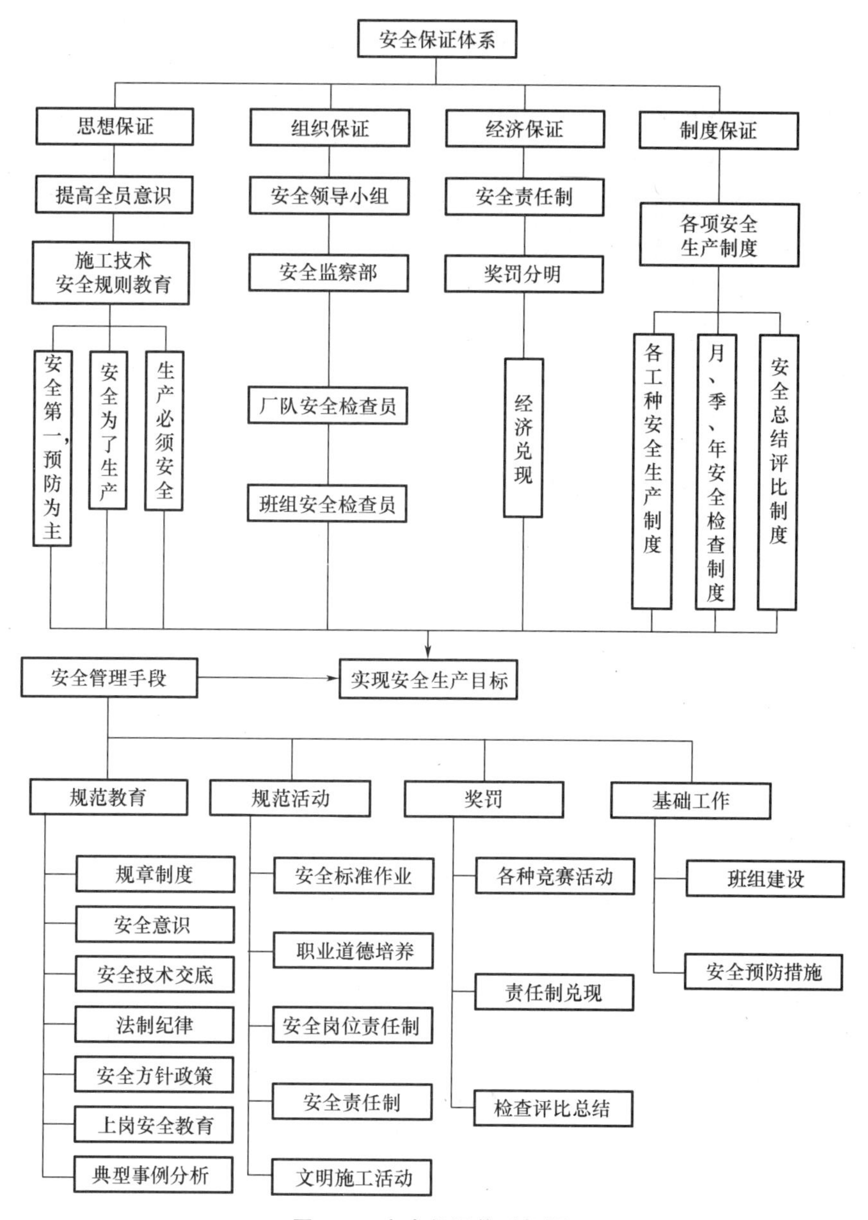

图 6.5　安全保证体系框图

① 针对工程特点，对所有从事管理和生产的人员在施工前进行全面的安全生产教育，重点对专职安全员、班组长和从事特殊作业的操作人员进行安全生产教育。

② 未经安全生产教育的施工管理人员和生产人员，不准上岗，未进行三级教育的新工人不准上岗，变换工作或采用新技术、新工艺、新设备、新材料而没有进行培训的人员不准上岗。

③ 特殊工种的操作人员需进行安全生产教育、考核及复验，严格按照《特种作业人员安全技术培训考核管理规定》进行考核，且考核合格获取操作证后方能持证上岗。对已取得上岗证的特种作业人员要进行登记，按期复审，并设专人管理。

④ 通过安全生产教育，增强职工安全意识，树立“安全第一、预防为主、综合治理”

的思想，并提高职工遵守施工安全纪律的自觉性，认真执行安全检查操作规程，做到不违章指挥、不违章操作、不伤害自己、不伤害他人、不被他人伤害，努力提高职工的整体安全防护意识和自我防护能力。

(6) 认真执行安全检查制度。

项目部要保证安全检查制度的落实，规定检查日期、参加检查人员。质量安全部每旬进行一次全面安全检查，安全员每天进行一次巡视检查。视工程情况，在施工准备前、施工危险性大、季节性变化、节假日前后等组织专项检查。对检查中发现的安全问题，按照"四不放过"的原则立即制定整改措施，定人限期进行整改和验收。

(7) 按照公安部门的有关规定，对易燃易爆物品、火工产品的采购、运输、加工、保管、使用等工作项目制定一系列规章制度，并接受当地公安部门的审查和检查。炸药必须存放在距工地或生活区有一定安全距离的仓库内，不得在施工现场堆放炸药。

(8) 按月进行安全工作的评定，实行重奖重罚的制度。严格执行建设部制定的安全事故报告制度，按要求及时报送安全报表和安全事故调查报告书。

(9) 建立安全事故追究制度，对项目部内部发生的每一起安全事故，都要追究到底，直到所有预防措施全部落实、所有责任人全部得到处理、所有职工都吸取了事故教训。

5. 施工现场安全措施

(1) 施工现场的布置应符合防火、防爆、防雷电等规定和文明施工的要求，施工现场的生产、生活、办公用房、仓库、材料堆放、停车场、修理场等应严格按批准的总平面布置图进行布置。

(2) 现场道路平整、坚实、畅通，危险地点按照《图形符号　安全色和安全标志　第5部分：安全标志使用原则与要求》(GB 2893.5—2020) 的规定挂标牌，现场道路符合《工厂企业厂内铁路、道路运输安全规程》(GB 4387—2008) 的规定。

(3) 现场的生产、生活区设置足够的消防水源和消防设施网点，且经地方政府消防部门检查认可，并使这些设施经常处于良好状态，随时可满足消防要求。消防器材设有专人管理不能乱拿乱动，组成一支15～20人的义务消防队，所有施工人员和管理人员均熟悉并掌握消防设备的性能和使用方法。

(4) 各类房屋、库棚、料场等的消防安全距离符合公安部门的规定，室内不能堆放易燃品；严禁在易燃易爆物品附近吸烟，现场的易燃杂物随时清除，严禁堆放在有火种的场所或近旁。

(5) 施工现场实施机械安全安装验收制度，机械安装要按照规定的安全技术标准进行检测。所有操作人员要持证上岗。使用期间定机定人，保证设备完好率。

(6) 施工现场的临时用电严格按照《施工现场临时用电安全技术规范》(JGJ 46—2005) 规定执行。

(7) 确保必需的安全投入。购置必备的劳动保护用品、安全设备及设施齐备，完全满足安全生产的需要。

(8) 在施工现场，配备适当数量的保安人员，负责工程及施工物资、机械装备和施工人员的安全保卫工作，并配备足够数量的夜间照明和围挡设施；该项保卫工作，在夜间及节假日也不间断。

(9) 在施工现场和生活区设卫生所，根据工程实际情况，配备必要的医疗设备和急救医护人员，急救医护人员应具有5年以上的急救专业经验，并与当地医院签订医疗服务合同。

(10) 积极做好安全生产检查，发现事故隐患，要及时整改。

本章小结

了解安全生产管理的基本概念、特点、方针、原则，熟悉安全生产管理各方责任，掌握安全生产管理机构的构成，熟悉危险源及事故隐患，熟悉安全生产管理主要内容。

安全生产管理是指建设行政主管部门、建设安全监督管理机构、建筑施工企业及有关单位，对建筑安全生产过程中的安全工作进行计划、组织、指挥、控制、监督、调节和改进等一系列致力于满足生产安全的管理活动。

企业应设置安全生产管理机构，其工作人员都是专职安全生产管理人员。安全生产管理机构的作用是落实国家有关安全生产法律、法规，组织生产经营单位内部各种安全检查活动，负责日常安全检查，及时整改各种事故隐患，监督安全生产责任制落实。

习　题

简答题

1. 简述安全生产管理的方针。
2. 安全生产管理的原则有哪些？
3. 安全生产管理各方责任有哪些？
4. 危险源有哪些类型？
5. 危险源辨识方法有哪些？
6. 施工安全技术措施的一般要求有哪些？
7. 安全生产管理机构如何组成？
8. 施工企业安全生产管理组织机构如何组成？
9. 施工企业的安全责任有哪些？
10. 安全生产责任制度有哪些？
11. 安全生产教育培训制度有哪些？

第7章 职业健康安全管理

思维导图

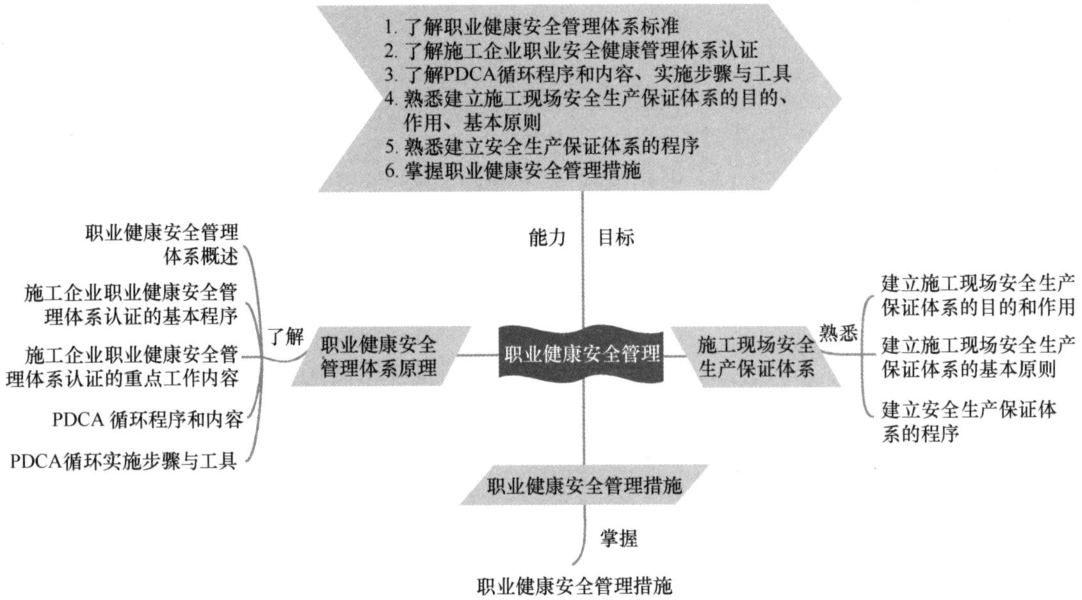

1. 了解职业健康安全管理体系标准
2. 了解施工企业职业安全健康管理体系认证
3. 了解PDCA循环程序和内容、实施步骤与工具
4. 熟悉建立施工现场安全生产保证体系的目的、作用、基本原则
5. 熟悉建立安全生产保证体系的程序
6. 掌握职业健康安全管理措施

能力 目标

职业健康安全管理

职业健康安全管理体系原理 — 了解
- 职业健康安全管理体系概述
- 施工企业职业健康安全管理体系认证的基本程序
- 施工企业职业健康安全管理体系认证的重点工作内容
- PDCA 循环程序和内容
- PDCA循环实施步骤与工具

施工现场安全生产保证体系 — 熟悉
- 建立施工现场安全生产保证体系的目的和作用
- 建立施工现场安全生产保证体系的基本原则
- 建立安全生产保证体系的程序

职业健康安全管理措施 — 掌握
- 职业健康安全管理措施

引例

随着经济的高速增长和科学技术的飞速发展，生产力也得到了高速发展，许多新技术、新材料、新能源涌现，使一些传统的产业和生产工艺逐渐消失，新的产业和生产工艺不断产生。但是，在这样一个生产力高速发展的背后，却出现了许多不文明的现象，尤其是在市场竞争日益加剧的情况下，人们往往专注于追求低成本、高利润，而忽视了劳动者的劳动条件和环境的改善，甚至以牺牲劳动者的职业健康安全和破坏人类赖以生存的自然环境为代价。

据国际劳工组织（International Labour Organization，ILO）统计，全球每年发生各类生产事故和劳动疾病约为2.5亿起，平均每天68.5万起，每分钟就发生475起，其中每年死于职业事故和劳动疾病的人数多达110万人，远远多于交通事故、暴力死亡、局部战争及艾滋病死亡的人数。特别是发展中国家的劳动事故死亡率比发达国家要高出一倍以上，有少数不发达的国家和地区要高出4倍以上。

建设工程项目的职业健康安全管理的目的是保护产品生产者和使用者的健康与安全。管理人员需控制影响工作场所内员工、临时工作人员、合同方人员、访问者和其他有关部门人员健康和安全的条件和因素，考虑和避免因使用不当对使用者造成的健康和安全的危害，控制作业现场的各种粉尘、废水、废气、固体废弃物，以及噪声、振动对环境的污染和危害，考虑能源节约和避免资源的浪费。

问题：（1）建设工程项目的职业健康安全存在的问题有哪些？

（2）建设工程项目的职业健康安全管理的方法、手段有哪些？

7.1 职业健康安全管理体系原理

职业健康安全管理的目标是使企业的职业伤害事故、职业病持续减少。实现这一目标的重要保证是企业建立持续有效并不断改进的职业健康安全管理体系（Occupational Safety and Health Management Systems，OSHMS）。其核心是要求企业采用现代化的管理模式，使包括安全生产管理在内的所有生产经营活动科学、规范并有效，通过建立安全健康风险的预测、评价、定期审核和持续改进完善机制，从而预防事故发生和控制职业危害。

职业健康安全管理体系

7.1.1 职业健康安全管理体系概述

职业健康安全管理体系具有系统性、动态性、预防性、全员性和全过程控制的特征；职业健康安全管理体系以“系统安全”思想为核心，将企业的各个生产要素组合起来作为一个系统，通过危险源辨识、风险评价和控制等手段来达到控制事故发生的目的；职业健康安全管理体系将管理重点放在对事故的预防上，在管理过程中持续不断地根据预先确定的程序和目标，定期审核和完善系统的不安全因素，使系统达到最佳的安全状态。

1. 职业健康安全管理体系标准

《职业健康安全管理体系　要求及使用指南》(GB/T 45001—2020) 是 2020 年 3 月 6 日实施的一项中华人民共和国国家标准。该标准规定了职业健康安全管理体系的要求，并给出了其使用指南，以使组织能够通过防止与工作相关的伤害和健康损害，以及主动改进其职业健康安全绩效来提供安全和健康的工作场所。

《职业健康安全管理体系　要求及使用指南》包括范围、规范性引用文件、术语和定义、组织所处的环境、领导作用和工作人员参与、策划、支持、运行、绩效评价、改进共 10 章内容。

《职业健康安全管理体系　要求及使用指南》中所采用的职业健康安全管理体系的方法是基于“策划—实施—检查—改进”(PDCA) 的概念。

PDCA 概念是一个迭代过程，可被组织用于实现持续改进。它可应用于管理体系及其每个单独的要素，具体如下。

(1) 策划 (P：Plan)：确定和评价职业健康安全风险、职业健康安全机遇以及其他风险和其他机遇，制定职业健康安全目标并建立所需的过程，以实现与组织职业健康安全方针相一致的结果。

(2) 实施 (D：Do)：实施所策划的过程。

(3) 检查 (C：Check)：依据职业健康安全方针和目标，对活动和过程进行监视和测量，并报告结果。

(4) 改进 (A：Act)：采取措施持续改进职业健康安全绩效，以实现预期结果。

《职业健康安全管理体系　要求及使用指南》将 PDCA 概念融入一个新框架中，如图 7.1所示。

《职业健康安全管理体系　要求及使用指南》符合国际标准化组织 (ISO) 对管理体系标准的要求。这些要求包括一个统一的高层结构和相同的核心正文以及具有核心定义的通用术语，旨在方便本标准的使用者实施多个 ISO 管理体系标准。

《职业健康安全管理体系　要求及使用指南》包含了组织可用于实施职业健康安全管理体系和开展符合性评价的要求。希望证实符合本标准的组织可通过以下方式来实现。

(1) 开展自我评价和声明。

(2) 寻求组织的相关方 (如顾客) 对其符合性进行确认。

(3) 寻求组织的外部机构对其自我声明的确认。

(4) 寻求外部组织对其职业健康安全管理体系进行认证或注册。

《职业健康安全管理体系　要求及使用指南》的第 1 章至第 3 章阐述了适用于本标准的范围、规范性引用文件以及术语和定义，第 4 章至第 10 章包含了可用于评价与本标准符合性的要求。

2. 建筑企业职业健康安全管理体系的基本特点

建筑企业在建立与实施自身职业健康安全管理体系时，应注意充分体现建筑业的基本特点。

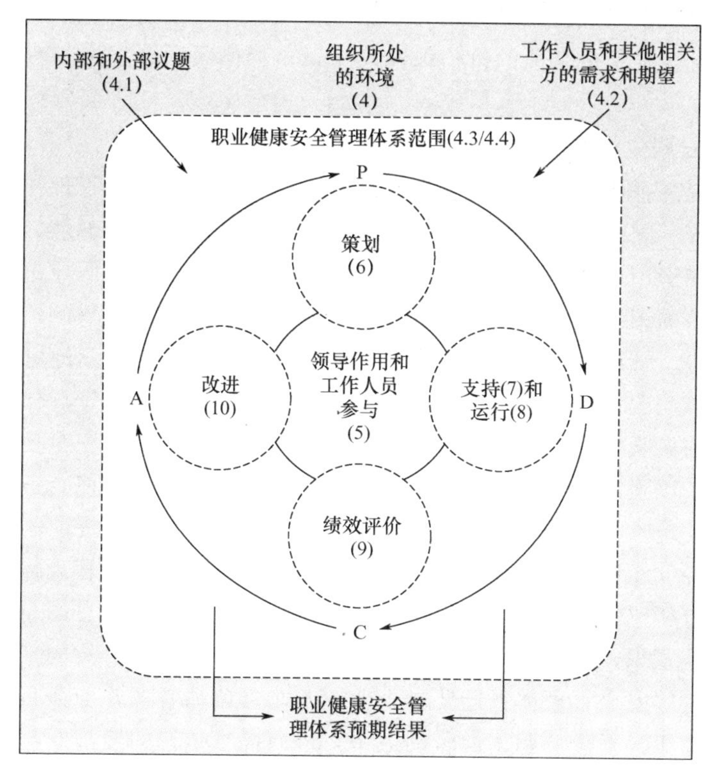

图 7.1　PDCA 与本标准框架之间的关系

注：括号内的数字是指标准的相应章条号。

(1) 危险源辨识、风险评价和风险控制策划的动态管理。建筑企业在实施职业健康安全管理体系时，应根据客观状况的变化，及时对危险源辨识、风险评价和风险控制过程进行评审，并注意在发生变化前即采取适当的预防性措施。

(2) 强化承包方的教育与管理。建筑企业在实施职业健康安全管理体系时，应特别注意通过适当的培训与教育形式来提高承包方人员的职业健康安全意识与知识，并建立相应的程序与规定，确保他们遵守企业的各项安全健康规定与要求，并促进他们积极地参与体系实施和以高度的责任感完成其相应的职责。

(3) 加强与各相关方的信息交流。建筑企业在施工过程中往往涉及多个相关方，如承包方、业主、监理方和供货方等。为了确保职业健康安全管理体系的有效实施与不断改进，必须依据相应的程序与规定，通过各种形式加强与各相关方的信息交流。

(4) 强化施工组织设计等设计活动的管理。建筑企业必须通过体系的实施，建立和完善对施工组织设计或施工方案以及单项安全技术措施方案的管理，确保每个设计中的安全技术措施都要根据工程的特点、施工方法、劳动组织和作业环境等提出有针对性的具体要求，从而促进建筑施工的本质安全。

(5) 强化生活区安全健康管理。每个承包项目的施工活动中都会涉及现场临建设施及施工人员住宿与餐饮等管理问题，这也是建筑施工队伍容易出现安全与中毒事故的关键环节。实施职业健康安全管理体系时，必须控制现场临建设施及施工人员住宿与餐饮管理中的风险，建立与保持相应的程序和规定。

（6）融合。建筑企业应将职业健康安全管理体系作为其全面管理的一个组成部分，它的建立与运行应融合于整个企业的价值取向之中，包括体系内各要素、程序和功能与其他管理体系的融合。

3. 建筑业建立职业健康安全管理体系的作用和意义

（1）有助于提高企业的职业健康安全管理水平。职业健康安全管理体系概括了发达国家多年的管理经验。同时，职业健康安全管理体系本身具有相当的弹性，容许企业根据自身特点加以发挥和运用，结合企业自身的管理实践进行管理创新。职业健康安全管理体系通过开展周而复始的策划、实施、检查和评审改进等活动，保持体系的持续改进与不断完善，这种持续改进、螺旋上升的运行模式，将不断地提高企业的职业健康安全管理水平。

（2）有助于推动职业健康安全法规的贯彻落实。职业健康安全管理体系将政府的宏观管理和企业自身的微观管理结合起来，使职业健康安全管理成为组织全面管理的一个重要组成部分，突破了以强制性政府指令为主要手段的单一管理模式，使企业由消极被动地接受监督转变为主动地参与市场行为，有助于国家有关法律、法规的贯彻落实。

（3）有助于降低经营成本，提高企业经济效益。职业健康安全管理体系要求企业对各个部门的员工进行相应的培训，使他们了解职业健康安全方针及各自岗位的操作规程，提高全体职工的安全意识，预防及减少安全事故的发生，降低安全事故的经济损失和经营成本。同时，职业健康安全管理体系还要求企业不断改善劳动者的作业条件，保障劳动者的身心健康，这有助于提高企业职工的劳动效率，进而提高企业的经济效益。

（4）有助于提高企业的形象和社会效益。为建立职业健康安全管理体系，企业必须对员工和相关方的安全健康提供有力的保证。这个过程体现了企业对员工生命和劳动的尊重，有利于改善企业的公共关系，提升社会形象，增强凝聚力，提高企业在金融、保险业中的信誉度和美誉度，从而增加获得贷款、降低保险成本的机会，增强其市场竞争力。

（5）有助于促进我国建筑企业进入国际市场。建筑业属于劳动密集型产业。我国建筑业由于具有低劳动力成本的特点，在国际市场中比较有优势。但当前不少发达国家为保护其传统产业采用了一些非关税壁垒（如安全健康环保等准入标准）来阻止发展中国家的产品与劳务进入本国市场。因此，我国企业要进入国际市场，就必须按照国际惯例规范自身的管理，冲破发达国家设置的种种准入限制。职业健康安全管理体系作为第三张标准化管理的国际通行证，它的实施将有助于我国建筑企业进入国际市场，并提高其在国际市场上的竞争力。

知识链接

职业健康安全管理体系建立的步骤

对于不同组织，由于其组织特性和原有基础的差异，建立职业健康安全管理体系的过程不会完全相同。但总体而言，建立职业健康安全管理体系主要步骤如下。

1. 领导决策

建立职业健康安全管理体系需要领导者的决策，特别是最高管理者的决策。只有在最高管理者认识到建立职业健康安全管理体系必要性的基础上，组织才有可能在其决策下开展这方面的工作。另外，职业健康安全管理体系的建立需要资源的投入，这就需要最高管理者对改善组织的职业健康安全行为做出承诺，从而使职业健康安全管理体系的实施与运行得到充足的资源。

2. 成立工作组

当组织的最高管理者决定建立职业健康安全管理体系后，首先就要从组织上给予落实和保证，通常先需要成立一个工作组。

工作组的主要任务是负责建立职业健康安全管理体系。工作组的成员来自组织内部各个部门，工作组的成员将成为组织今后职业健康安全管理体系运行的骨干力量，工作组组长最好是将来的管理者代表，或者是管理者代表之一。根据组织的规模、管理水平及人员素质，工作组的规模可大可小，可专职或兼职，可以是一个独立的机构，也可挂靠在其他部门。

3. 人员培训

工作组在开展工作之前，应接受职业健康安全管理体系标准及相关知识的培训。同时，组织体系运行需要的内审员也要进行相应的培训。

4. 初始状态评审

初始状态评审是建立职业健康安全管理体系的基础。组织应为此建立一个评审组，评审组可由组织的员工组成，也可外请咨询人员，或是两者兼而有之。评审组应对组织过去和现在的职业健康安全信息、状态进行收集、调查与分析，识别和获取现有的适用于组织的职业健康安全法律、法规和其他要求，进行危险源辨识和风险评价。这些结果将作为建立和评审组织的职业健康安全方针，制定职业健康安全目标和职业健康安全管理方案，确定职业健康安全管理体系的优先项，编制职业健康安全管理体系文件，建立职业健康安全管理体系的基础。

5. 职业健康安全管理体系策划

职业健康安全管理体系策划阶段的主要工作是依据初始状态评审的结论，制定职业健康安全方针，制定组织的职业健康安全目标、指标和相应的职业健康安全管理方案，确定组织机构和职责，筹划各种运行程序等。

6. 职业健康安全管理体系文件编制

职业健康安全管理体系具有文件化管理的特征。编制职业健康安全管理体系文件是组织实施职业健康安全管理体系标准，建立与保持职业健康安全管理体系并保证其有效运行的重要基础工作，也是组织达到预定的职业健康安全目标，实现持续改进和风险控制必不可少的依据和见证。职业健康安全管理体系文件还需要在职业健康安全管理体系运行过程中定期或不定期地评审和修改，以保证它的完善和持续有效。

7. 职业健康安全管理体系试运行

职业健康安全管理体系试运行与正式运行无本质区别，都是按所建立的职业健康安全管理体系手册、程序文件及作业规程等文件的要求，整体协调地运行的。试运行的目的是要在实践中检验职业健康安全管理体系的充分性、适用性和有效性。组织应加强运作力度，并努力发挥职业健康安全管理体系本身具有各项功能，及时发现问题，找出问题的根源，制定相应的纠正措施，并对职业健康安全管理体系给予修订，以尽快度过磨合期。

8. 内部审核

职业健康安全管理体系的内部审核是其运行必不可少的环节。职业健康安全管理体系经过一段时间的试运行，组织若具备了检验建立的体系是否符合职业健康安全管理体系标准要求的条件，应开展内部审核。职业健康安全管理者代表应亲自组织内部审核。内部管理体系审核员（以下简称“内审员”）应经过专业知识的培训。如果需要，组织可聘请外部专家参与或主持审核。内审员在文件预审时，应重点关注和判断职业健康安全管理体系文件的完整性、符合性及一致性；在现场审核时，应重点关注职业健康安全管理体系功能的适用性和有效性，检查是否按职业健康安全管理体系文件要求运作。

9. 管理评审

管理评审是职业健康安全管理体系整体运行的重要组成部分。管理者代表应收集各方面的信息供最高管理者评审。最高管理者应对试运行阶段的职业健康安全管理体系整体状态做出全面的评判，并对其适宜性、充分性和有效性做出评价。依据管理评审的结论，可以对是否需要调整、修改职业健康安全管理体系做出决定，也可以做出是否实施第三方认证的决定。

7.1.2 施工企业职业健康安全管理体系认证的基本程序

施工企业职业健康安全管理体系认证的基本程序如下：领导决策→成立工作组→人员培训→危险源辨识及风险评价→初始状态评审→职业健康安全管理体系策划→职业健康安全管理体系文件编制→职业健康安全管理体系试运行→内部审核→管理评审→第三方审核及认证注册等。

施工企业可参考如下步骤来制订与实施职业健康安全管理体系的推进计划。

（1）学习与培训。职业健康安全管理体系建立和完善的过程是始于教育终于教育的过程，也是提高认识和统一认识的过程。教育培训要分层次、循序渐进地进行，需要企业所有人员的参与和支持。在全员培训的基础上，要有针对性地抓好管理层和内审员的培训。

（2）初始状态评审。初始状态评审的目的是为职业健康安全管理体系建立和实施提供基础，为职业健康安全管理体系的持续改进建立绩效基准。

初始状态评审主要包括以下内容。

① 收集相关的职业健康安全法律、法规和其他要求，对其适用性及需遵守的内容进行确认，并对遵守情况进行调查和评价。

② 对现有的或计划的建筑施工相关活动进行危险源辨识和风险评价。

③ 确定现有措施或计划采取的措施是否能够消除危害或控制风险。

④ 对所有现行职业健康安全管理的规定、过程和程序等进行检查，并评价其对管理体系要求的有效性和适用性。

⑤ 分析以往建筑安全事故情况及员工健康监护数据等相关资料，包括人员伤亡、职业病、财产损失的统计、防护记录和趋势分析。

⑥ 对现行组织机构、资源配备和职责分工等进行评价。

初始状态评审的结果应形成文件，并作为建立职业健康安全管理体系的基础。

为实现职业健康安全管理体系绩效的持续改进，建筑企业应参照《职业健康安全管理体系　要求及使用指南》中初始状态评审的要求定期进行复评。

（3）职业健康安全管理体系策划。根据初始状态评审的结果和本企业的资源进行职业健康安全管理体系的策划。策划工作主要包括以下内容。

① 确立职业健康安全方针。

② 制定职业健康安全管理体系目标及其管理方案。

③ 结合职业健康安全管理体系要求进行职能分配和机构职责分工。

④ 确定职业健康安全管理体系文件结构和各层次文件清单。

⑤ 为建立和实施职业健康安全管理体系准备必要的资源。

⑥ 文件编写。

(4) 职业健康安全管理体系试运行。各个部门和所有人员都应按照职业健康安全管理体系的要求开展相应的健康安全管理和建筑施工活动，对职业健康安全管理体系进行试运行，以检验职业健康安全管理体系策划与文件化规定的充分性、有效性和适宜性。

(5) 评审完善。通过职业健康安全管理体系的试运行，特别是依据绩效监测和测量、内部审核及管理评审的结果，检查与确认职业健康安全管理体系各要素是否按照计划安排有效运行，是否达到了预期的目标，并采取相应的改进措施，使所建立的职业健康安全管理体系得到进一步的完善。

7.1.3 施工企业职业健康安全管理体系认证的重点工作内容

1. 建立健全组织体系

建筑企业的最高管理者应对保护企业员工的安全与健康负全面责任，并应在企业内设立各级职业健康安全管理的领导岗位，针对那些对其施工活动、设施（设备）和管理过程的职业健康安全风险有一定影响的从事管理、执行和监督的各级管理人员，规定其作用、职责和权限，以确保职业健康安全管理体系的有效建立、实施与运行，并实现职业健康安全目标。

2. 全员参与及培训

建筑企业为了有效地开展体系的策划、实施、检查与改进工作，必须基于相应的培训来确保所有相关人员均具备必要的职业健康安全知识，熟悉有关安全生产规章制度和安全操作规程，正确使用和维护安全和职业病防护设备及个体防护用品，具备本岗位的安全健康操作技能，及时发现和报告事故隐患或者其他安全健康危险因素。

3. 协商与交流

建筑企业应通过建立有效的协商与交流机制，确保员工及其代表在职业健康安全方面的权利，并鼓励他们参与职业健康安全活动，促进各职能部门之间的职业健康安全信息交流和及时接收处理相关方关于职业健康安全方面的意见和建议，为实现建筑企业职业健康安全方针和目标提供支持。

4. 文件化

与 ISO 9000 和 ISO 14000 类似，职业健康安全管理体系的文件可分为管理手册（A层次）、程序文件（B 层次）、作业文件（C 层次，即工作指令、作业指导书、记录表格等）3 个层次，如图 7.2 所示。

5. 应急预案与响应

建筑企业应依据危险源辨识、风险评价和风险控制的结果，法律、法规等的要求，以

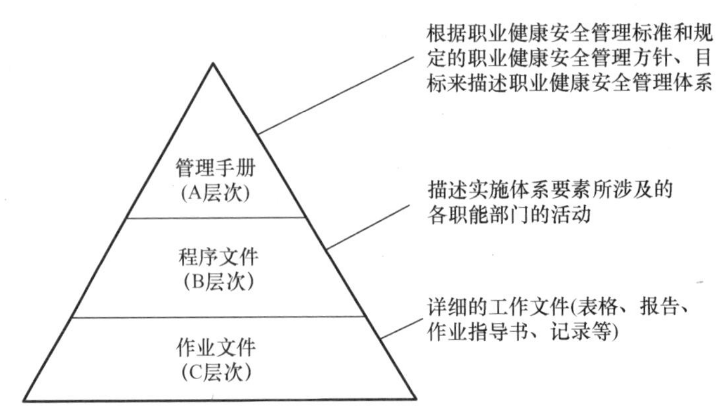

图 7.2　职业健康安全管理体系文件的层次关系

往事故、事件和紧急状况的经历，以及应急响应演练和改进措施效果的评审结果，针对施工安全事故、火灾、安全控制设备失灵、特殊气候、突然停电等潜在事故或紧急情况，从预案与响应的角度建立并保持应急计划。

6. 评价

评价的目的是要求建筑企业定期或及时地发现其职业健康安全管理体系的运行过程或体系自身所存在的问题，并确定出问题产生的根源或需要持续改进的地方。体系评价主要包括绩效测量与监测，以及事故、事件与不符合的调查、审核、管理评审。

7. 改进措施

改进的目的是要求建筑企业针对组织职业健康安全管理体系绩效测量与监测，以及事故、事件与不符合的调查、审核、管理评审活动中所提出的纠正与预防措施的要求，制定具体的实施方案并予以保持，确保体系的自我完善功能，并依据管理评审等评价的结果不断寻求方法，持续改进建筑企业自身职业健康安全管理体系及其职业健康安全绩效，从而不断消除、降低或控制各类职业健康安全危害和风险。职业健康安全管理体系的改进措施主要包括纠正与预防措施和持续改进两个方面。

7.1.4 PDCA 循环程序和内容

实施职业健康安全管理体系的模式或方法是 PDCA 循环。PDCA 循环就是按策划、实施、检查、改进的科学程序进行的管理循环。其具体内容如下。

1. 策划阶段（Plan）

该阶段包括拟定安全方针、目标措施和管理项目等计划活动，这个阶段的工作内容又包括 4 个步骤。

1）找出存在的安全问题

（1）通过对企业现场的安全检查了解发现企业生产、管理中存在的安全问题。

（2）通过对企业生产、管理、事故等的原始记录分析，采用数理统计等手段计算分析企业生产、管理存在的安全问题。

（3）通过与国家或国际先进标准、规范、规程的对照分析，发现企业生产、管理中存在的安全问题。

(4) 通过与国内外先进企业的对比分析来寻找企业生产、管理中存在的安全问题。

2) 分析产生安全问题的原因

对产生安全问题的原因加以分析，通常采用的工具为因果图。因果图是事故危险源辨识技术中的一种文字表格法，是分析事故原因的有效工具，因其形状像鱼骨，故又称鱼刺图。

3) 寻找影响安全的主要原因

影响安全的因素通常有很多，但其中总有起控制、主要作用的因素。

4) 制订控制对策和计划

制订控制对策和计划应具体、切实可行。制订控制对策和计划的过程必须明确以下6个问题，又称“5W1H”。

(1) What (应做什么)，说明要达到的目标。

(2) Why (为什么这样做)，说明为什么制订各项计划或措施。

(3) Who (谁来做)，明确由谁来做。

(4) When (何时做)，明确计划实施的时间表，何时做，何时完成。

(5) Where (哪个机构或组织、部门，在哪里做)，说明由哪个部门负责实施，在什么地方实施。

(6) How (如何做)，明确如何完成该项计划，实施计划所需的资源与对策措施。

2. 实施阶段 (Do)

计划的具体实施阶段只有一个步骤，即实施计划。它要求按照预先制订的计划和措施，具体组织实施和严格地执行。

3. 检查阶段 (Check)

对照计划，检查实施的效果。该阶段也只有一个步骤，即检查实施效果。根据所制订的计划、措施，检查计划实施的进度和计划执行的效果是否达到预期的目标。

4. 改进阶段 (Act)

对不符合计划的项目采取纠正措施，对符合计划的项目总结成功经验。该阶段包括两个步骤。

1) 总结经验，巩固成绩

根据检查的结果进行总结，将成果的经验加以肯定，纳入有关的标准、规定和制度，以便在以后的工作中遵循；将不符合部分进行总结整理、记录在案，并提出纠正措施，防止以后再次发生。

2) 持续改进

将符合项目成功的经验和不符合项目的纠正措施，转入下一个循环中，作为下一个循环计划制订的资料和依据。

职业健康安全管理体系运行模式如图7.3所示。

7.1.5 PDCA循环实施步骤与工具

PDCA循环的4个阶段、8个步骤和常用的统计工具见表7-1。

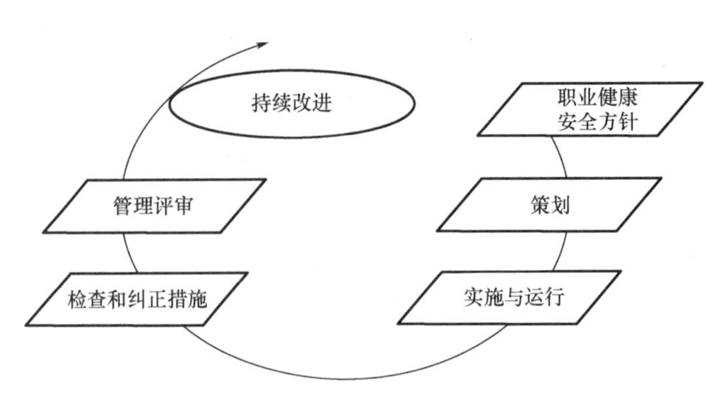

图 7.3 职业健康安全管理体系运行模式

表 7－1 PDCA 循环的 4 个阶段、8 个步骤和常用的统计工具

阶段	步骤		统计工具
P	1	找出存在的安全问题（可用排列图、直方图、控制图等工具）	
	2	分析产生安全问题的原因（可采用因果图）	
	3	寻找影响安全的主要原因（可用排列图、散布图）	
	4	制订控制对策和计划（针对主要原因，制定措施）	应用“5W1H”核对措施的落实情况：①What（应做什么）；②Why（为什么这样做）；③Who（谁来做）；④When（何时做）；⑤Where（哪个机构或组织、部门，在哪里做）；⑥How（如何做）
D	5	实施计划	严格按计划执行
C	6	检查实施的效果（可用直方图、控制图、排列图等）	
A	7	总结经验，巩固成绩	将工作成功纳入有关的标准、规定和制度中
	8	持续改进	将成功的经验与不符合的教训反映到下一循环的计划中，重新开始新的改进了的 PDCA 循环

7.2 施工现场安全生产保证体系

施工现场安全生产保证体系的建立、有效实施并不断完善是工程项目部强化安全生产管理的核心，也是控制不安全状态和不安全行为、实现安全生产管理目标的需要。

7.2.1 建立施工现场安全生产保证体系的目的和作用

(1) 满足工程项目部自身安全生产管理的要求。为了达到安全管理目标，负责施工现场的工程项目部应建立相应的安全生产保证体系，使影响施工安全的技术、管理、人及环境处于受控状态。所有的这些控制应针对减少、消除安全隐患与缺陷，改善安全行为来进行，以使职业健康安全管理体系有效运行并持续改进。

(2) 满足相关方对工程项目部的要求。工程项目部需要向工程项目的相关方（政府、社会、投资者、业主、银行、保险公司、雇员、分包方等）展示自己的安全生产保证能力，并以资料和数据形式向相关方提供关于安全生产保证体系的现状和持续改善的客观证据，以取得相关方的信任。应当指出，工程项目部作为施工企业的窗口，通过在施工现场建立安全生产保证体系，在市场竞争中便可做到：提高企业的形象和信誉；提高满足相关方要求的能力；提高工程项目部自身的素质；扩大商机，显示一种社会责任感。

7.2.2 建立施工现场安全生产保证体系的基本原则

(1) 安全生产管理是工程项目管理最重要的工作。安全生产管理是工程项目管理最重要的工作，只有将安全目标纳入工程项目部综合决策的优先序列和重要议事日程，才能保证工程项目部为实现经济、社会和环境效益的统一而采取强有力的管理行为。

(2) 持续改进是贯彻安全生产保证体系的基本目的。贯彻安全生产保证体系的一个基本目的是工程项目部安全生产状况的持续改进。所谓持续改进是一个强化安全生产保证体系的过程，目的是根据施工现场的安全管理目标，实现整个安全状况的改进。因此它不仅包括通过检查、审核等方式，不断根据内部和外部条件及要求的变化，及时调整和完善，促进安全生产保证体系的改进，而且包括随着安全生产保证体系的改进，按照安全管理改进目标，实现安全生产状况的改进。在通过安全生产保证体系实现安全状况改进的过程中，一个基本的要求是保持改进的持续性和不间断性，即建立自我约束的安全生产保证体系的动态循环机制。

(3) 预防事故是贯彻安全生产保证体系的根本要求。预防事故是指为防止、减少或控制安全隐患，对各种行为、过程、设施进行动态管理，从事故的发生源头去预防事故发生的活动。预防事故并不排除对事故的处理作为降低安全事故最后有效手段的必要性，但它更强调避免事故发生在经济上与社会上的影响。预防事故比事故发生后的处理更为可取。

(4) 项目的施工周期是贯彻安全生产保证体系的基本周期。工程项目部应对包括从施工准备直至竣工交付的工程各个施工阶段与生产环节、各个施工专业的安全因素进行分析，对工程项目施工周期内执行安全生产保证体系进行全面规划、控制和评价。

（5）工程项目部建立安全生产保证体系应从实际出发。工程项目部在施工现场建立安全生产保证体系必须符合安全生产保证体系的全部要求，并应结合企业和现场的具体条件和实际需要，与其他管理体系兼容与协同运作，包括质量管理体系和环境管理体系，这并不意味着将现有体系一律推倒重建，而是一个不断改造、更新和完善的过程，当然这对每个施工现场都不是轻而易举的，其难易程度完全取决于现有体系的完善程度。

（6）立足于全员意识和全员参与是安全生产保证体系成功实施的重要基础。施工现场的全体员工，特别是工程项目部负责人，都要以高度的安全责任感参与安全生产保证活动。根据安全生产保证体系规定的要求，安全管理的职责不应仅限于各级负责人，更要渗透到施工现场内所有层次与职能，它既强调纵向的层次，又强调横向的职能，任何职能部门或人员，只要其工作可能对安全生产产生影响，就应具备适当的安全意识，并应该承担相应的责任。

7.2.3 建立安全生产保证体系的程序

工程项目部建立安全生产保证体系的一般程序可分为3个阶段。

1. 策划与准备阶段

（1）教育培训，统一认识。安全生产保证体系建立和完善的过程是始于教育、终于教育的过程，也是提高认识和统一认识的过程。教育培训要分层次、循序渐进地进行。

（2）组织落实，拟订工作计划。

2. 文件化阶段

按照相关的标准、法律、法规和规章要求编制安全生产保证体系文件。

（1）安全生产保证体系文件编制的范围，包括：①制定安全管理目标；②准备本企业制定的各类安全管理标准；③准备国家、行业、地方的各类有关安全生产的地方法律、法规、标准、规范、规程等；④编制安全保证计划及相应的专项计划、作业指导书等支持性文件；⑤准备各类安全记录、报表和台账。

（2）安全生产保证体系文件的编制要求，具体包括：①安全管理目标应与企业的安全管理总目标协调一致；②安全保证计划应围绕安全管理目标，将各“要素”用矩阵图的形式，按职能部门（岗位）对安全职能各项活动进行展开和分解，依据安全生产策划的要求和结果，就各“要素”在工程项目中的实施提出具体方案；③安全生产保证体系文件应经过自上而下、自下而上的多次反复讨论与协调，以提高编制工作的质量，并按安全生产保证体系的规定由上级机构对安全生产责任制、安全保证计划的完整性和可行性、工程项目部满足安全生产的保证能力等进行确认，建立并保存确认记录；④安全保证计划送上级主管部门备案。

3. 运行阶段

（1）发布施工现场安全生产保证体系文件，有针对性地、多层次地开展宣传活动，使现场每个员工都能明确本部门、本岗位在实施安全生产保证体系中应做些什么工作，使用什么文件，如何依据文件要求开展这些工作，以及如何建立相应的安全记录等。

（2）配备必要的资源和人员。应保证配备足够的适应工作需要的人力资源，适宜而充分的设施、设备，以及综合考虑成本效益和风险的财务预算。

(3) 加强信息管理、日常安全监控和组织协调。通过全面、准确、及时地掌握安全管理信息，对安全活动过程及结果进行连续监视和验证，对涉及体系的问题与矛盾进行协调，促进安全生产保证体系的正常运行和不断完善，是安全生产保证体系形成良性循环运行机制的必要条件。

(4) 由企业按规定对施工现场的安全生产保证体系运行进行内部审核、验证，确认安全生产保证体系的符合性、有效性和适合性。其重点是：①规定的安全管理目标是否可行；②安全生产保证体系文件是否覆盖了所有的主要安全活动，文件之间的接口是否清楚；③组织结构是否满足安全生产保证体系运行的需要，各部门（岗位）的安全职责是否明确；④规定的安全记录是否起到见证作用；⑤所有员工是否养成按安全生产保证体系文件工作或操作的习惯，执行情况如何；⑥通过内部审核暴露问题，组织制定并实施纠正措施，达到不断改进的目的，在适当时机可向审核认证机构提出认证申请。

知识链接

《中华人民共和国职业病防治法》

建筑工程职业病的防范

1. 建筑工程施工主要职业危害种类

(1) 粉尘危害。

(2) 噪声危害。

(3) 高温危害。

(4) 振动危害。

(5) 密闭空间危害。

(6) 化学毒物危害。

(7) 其他因素危害。

2. 建筑工程施工易发的职业病类型

(1) 硅肺。例如碎石装运作业、喷浆作业。

(2) 水泥尘肺。例如水泥搬运、投料、拌和、浇捣作业。

(3) 电焊尘肺。例如手工电弧焊、气焊作业。

(4) 锰及其化合物中毒。例如手工电弧焊作业。

(5) 氮氧化合物中毒。例如手工电弧焊、电渣焊、气割、气焊作业。

(6) 一氧化碳中毒。例如手工电弧焊、电渣焊、气割、气焊作业。

(7) 苯中毒。例如油漆作业。

(8) 甲苯中毒。例如油漆作业。

(9) 二甲苯中毒。例如油漆作业。

(10) 五氯酚中毒。例如装饰装修作业。

(11) 中暑。例如高温作业。

(12) 手臂振动病。例如操作混凝土振动棒、风镐作业。

(13) 电光性皮炎。例如手工电弧焊、电渣焊、气割作业。

(14) 电光性眼炎。例如手工电弧焊、电渣焊、气割作业。

(15) 噪声致聋。例如木工圆锯、平刨操作，无齿锯切割作业。

(16) 白血病。例如油漆作业。

3. 职业病的防护

(1) 工作场所符合职业卫生防护与管理要求。危害因素的强度或者浓度应符合国家职业卫生标准。

(2) 生产过程符合职业卫生防护与管理要求。

(3) 劳动者享有职业卫生保护权利。

① 有获得职业卫生教育、培训的权利。

② 有获得职业健康检查、职业病诊疗、康复等职业病防治服务的权利。

③ 有了解工作场所产生或者可能产生的职业危害因素、危害后果和应当采取的职业病防护措施的权利。

④ 有要求用人单位提供符合防治职业病要求的职业病防护设施和个人使用的职业病防护用具、用品，改善工作条件的权利。

⑤ 对违反职业病防治法律、法规及危及生命健康的行为有提出批评、检举和控告的权利。

⑥ 有拒绝违章指挥和强令进行没有职业病防护措施作业的权利。

⑦ 参与用人单位职业卫生工作的民主管理，对职业病防治工作有提出意见和建议的权利。

7.3 职业健康安全管理措施

职业健康安全管理的主要措施如下。

(1) 各参建单位应按照有关法律、规章、制度和标准的要求，为从业人员提供符合职业健康要求的工作环境和条件，配备职业健康保护设施、工具和用品。

各参建单位的主要负责人对本单位作业场所的职业危害防治工作负责。

(2) 施工单位对存在职业危害的场所应加强管理，并遵守以下规定。

① 指定专人负责职业健康的日常监测，维护监测系统处于正常运行状态。

② 对存在粉尘、有害物质、噪声、高温等职业危害因素的场所和岗位，应制定专项防控措施，进行专门管理和控制。

③ 制订职业危害场所检测计划，定期对职业危害场所进行检测，并将检测结果公布、归档。

④ 对可能发生急性职业危害的工作场所，应设置报警装置、标识牌、应急撤离通道和必要的泄险区，制定应急预案，配置现场急救用品、设备。

⑤ 施工区内起重设施、施工机械、移动式电焊机以及工具房、水泵房、空压机房、电工值班房等应符合职业卫生和环境保护要求。

⑥ 定期对危险作业场所进行监督检查，保持完善的记录、资料等。

(3) 施工单位对从事危险作业的人员职业健康管理，应遵守以下规定。

① 严格管理劳动防护用品的发放和使用。

② 不得安排未成年工从事接触职业危害的作业；不得安排孕期、哺乳期的女职工从事对本人、婴儿有害的作业。

③ 应根据职业危害类别，进行上岗前、在岗期间、离岗时和应急的职业健康检查。

④ 应为相关岗位作业人员建立职业健康监护档案。

⑤ 不得安排未经上岗前职业健康检查的作业人员从事接触职业危害因素的作业；不得安排有职业禁忌的作业人员从事其所禁忌的作业。

⑥ 按规定给予职业病患者及时的治疗、疗养。

⑦ 按规定及时为从业人员办理工伤保险和人身意外保险等。

(4) 施工单位应为从业人员提供符合职业健康要求的工作环境和条件，并遵守以下规定。

① 配备符合国家或者行业标准的劳动防护用品。

② 对现场急救用品、设备和防护用品进行经常性的检查维修，定期检测其性能，确保其处于正常状态。

③ 设置与职业危害防护相适应的卫生设施。

④ 施工现场的办公、生活区与作业区分开设置，并保持安全距离。

⑤ 膳食、饮水、休息场所等应符合卫生标准。

⑥ 在生产生活区域设置卫生清洁设施和管理保洁人员等。

(5) 各参建单位与员工订立劳动合同时，应如实告知本单位从业人员作业过程中可能产生的职业危害及其后果、防护措施等，并对从业人员及相关方进行宣传教育，使其了解生产过程中的职业危害、预防和应急处理措施，降低或消除危害后果。

(6) 各参建单位应对职业危害开展多种形式的宣传教育活动，提高从事职业危害岗位人员的安全意识和预防能力。

(7) 施工单位应对存在严重职业危害的作业岗位设置警示标识和警示说明。警示说明应载明职业危害的种类、后果、预防和应急救治措施。

(8) 各参建单位应定期组织开展职业健康监督检查活动，并做好记录。

(9) 施工现场存在或发生职业危害的单位应及时、如实地向项目主管部门、安全监督部门申报生产过程中存在的职业危害因素，发生变化后应及时补报。

本章小结

通过本章的学习，学生应了解职业健康安全管理体系（OHSMS）标准、施工企业职业健康安全管理体系认证的基本程序、施工企业职业健康安全管理体系认证的重点工作内容、PDCA 循环程序和内容、PDCA 循环实施步骤与工具，熟悉建立施工现场安全生产保证体系的目的、作用、基本原则，掌握建立安全生产保证体系的程序。

职业健康安全管理的目标是使企业的职业伤害事故、职业病持续减少。实现这一目标的重要保证是企业建立持续有效并不断改进的职业健康安全管理体系。其核心是要求企业采用现代化的管理模式，使包括安全生产管理在内的所有生产经营活动科学、规范并有效，通过建立职业健康安全风险的预测、评价、定期审核和持续改进完善机制，从而预防事故发生和控制职业危害。

职业健康安全管理体系具有系统性、动态性、预防性、全员性和全过程控制的特征；职业健康安全管理体系以“系统安全”思想为核心，将企业的各个生产要素组合起来作为一个系统，通过危险源辨识、风险评价和控制等手段来达到控制事故发生的目的；职业健康安全管理体系将管理重点放在对事故的预防上，在管理过程中持续不断地根据预先确定的程序和目标，定期审核和完善系统的不安全因素，使系统达到最佳的安全状态。

建立职业健康安全管理体系认证的基本程序如下：领导决策→成立工作组→人员培训→危险源辨识及风险评价→初始状态评审→职业健康安全管理体系策划→职业健康安全管理体系文件编制→职业健康安全管理体系试运行→内部审核→管理评审→第三方审核及认证注册等。

建立健全组织体系、全员参与及培训、协商与交流、文件化、应急预案与响应、评价、改进措施是施工企业职业健康安全管理体系认证的重点工作内容。

实施职业健康安全管理体系的模式或方法是PDCA循环。

施工现场安全生产保证体系的建立、有效实施并不断完善是工程项目部强化安全生产管理的核心，也是控制不安全状态和不安全行为、实现安全生产管理目标的需要。

习　题

简答题

1. 简述职业健康安全管理体系标准。
2. 简述施工企业职业健康安全管理体系认证的基本程序。
3. 简述施工企业职业健康安全管理体系认证的重点工作内容。
4. 简述职业健康安全管理PDCA循环程序和内容。
5. 建立施工现场安全生产保证体系的目的和作用有哪些？
6. 建立施工现场安全生产保证体系的基本原则有哪些？
7. 建立安全生产保证体系的程序是什么？

第7章在线答题

第8章 建筑工程施工现场安全生产管理

思维导图

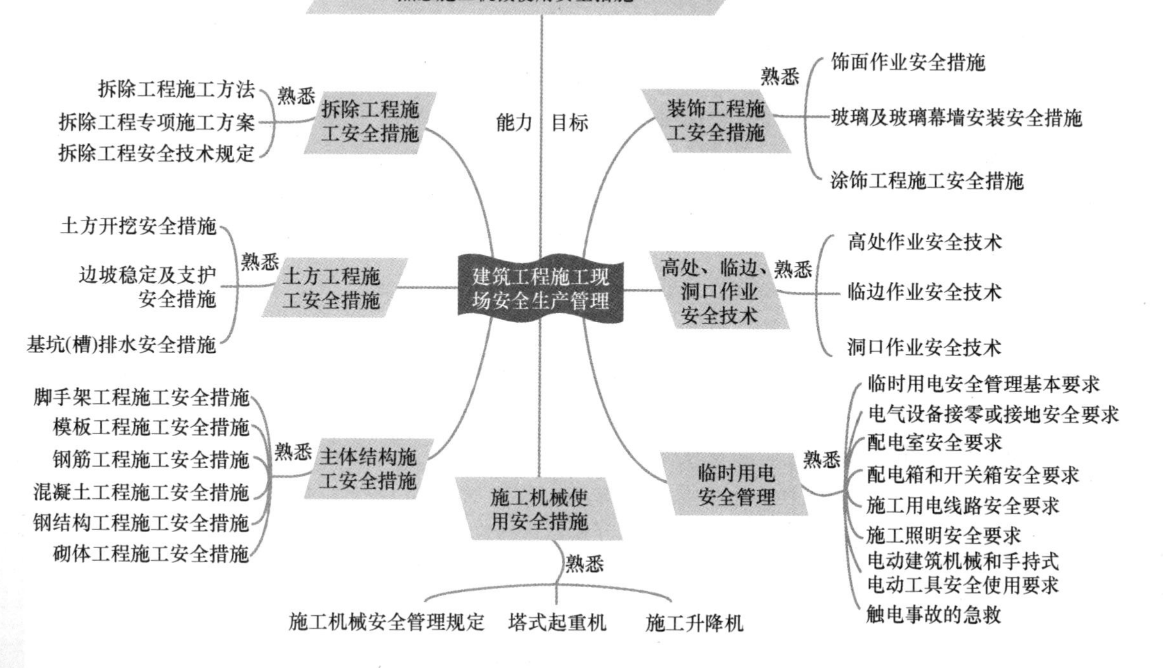

引例

××市××小学修建教学楼及学生食堂工程，工程面积6190m^2，由A公司承建，B工程咨询有限公司实施监理。2019年7月20日，某市建设行政主管部门在检查时发现施工现场存在未按TN-S系统设置施工临时用电、脚手架连墙件数量严重不足、施工现场未按照规定设置围挡、尚未竣工的建筑物内设置员工集体宿舍、高大模板工程未编制专项施工方案等问题，同时B工程咨询有限公司也未实施有效监督。于是当日某市建设行政主管部门对A、B两公司发出××号《安全隐患责令整改通知书》，限期5日内进行整改。某市建设行政主管部门于7月26日、29日分别进行了复查，发现A公司仍未按规定整改，安全隐患仍然存在，B工程咨询有限公司对上述存在的安全隐患未发出书面的监理通知。

A公司安全意识淡薄，片面追求经济利益，而对安全隐患抱侥幸心理，不愿意投入安全文明施工费用，在某市建设行政主管部门发出《安全隐患责令整改通知书》后拒不整改，其行为破坏了建筑安全生产管理秩序，是对工人生命的不尊重，违反了《建筑法》第四十四条“建筑施工企业必须依法加强对建筑安全生产的管理，执行安全生产责任制度，采取有效措施，防止伤亡和其他安全生产事故的发生”；《建设工程安全生产管理条例》第二十六条“施工单位应当对模板工程等达到一定规模的危险性较大的分部分项工程编制专项施工方案……”；《建设工程安全生产管理条例》第二十九条“施工单位应当将施工现场的办公、生活区与作业区分开设置，并保持安全距离；办公、生活区的选址应当符合安全性要求……施工单位不得在尚未竣工的建筑物内设置员工集体宿舍”；《建设工程安全生产管理条例》第三十三条“作业人员应当遵守安全施工强制性标准、规章制度和操作规程，正确使用安全防护用具、机械设备等”；《建筑施工安全检查标准》(JGJ 59—2011) 中强制性标准的要求和《××省建筑管理条例》的规定，情节较为严重，应受行政处罚。

B工程咨询有限公司在实施对该工程的监理过程中未履行职责，对施工现场存在的安全隐患听之任之，既未发出监理通知要求整改，也未向校方和主管部门报告情况，其行为违反了《建设工程安全生产管理条例》第十四条第二款、第三款“工程监理单位在实施监理过程中，发现存在安全事故隐患的，应当要求施工单位整改；情节严重的，应当要求施工单位暂时停止施工，并及时报告建设单位。施工单位拒不整改或者不停止施工的，工程监理单位应及时向有关主管部门报告。工程监理单位和监理工程师应当按照法律、法规和工程建设强制性标准实施监理，并对建设工程安全生产承担监理责任”的规定，已构成违法行为。

问题：(1) 建筑工程施工安全技术措施有哪些？

(2) 建筑工程施工安全隐患有哪些？在施工过程中该如何检查？

8.1 拆除工程施工安全措施

8.1.1 拆除工程施工方法

拆除工程的施工方法，首先要考虑安全，然后要考虑经济、节约人力、拆除速度和扰民问题，尽量保存有用的建筑材料。

为了保证安全拆除，首先必须了解拆除对象的结构，弄清组成房屋的各部分结构构件的传力关系，从而合理地确定拆除顺序和方法。

一般说来，房屋由屋顶板或楼板、屋架或梁、砖墙或柱、基础四大部分组成。荷载传递途径为：屋顶板或楼板→屋架或梁→砖墙或柱→基础。图 8.1 所示为房屋的荷载示意。

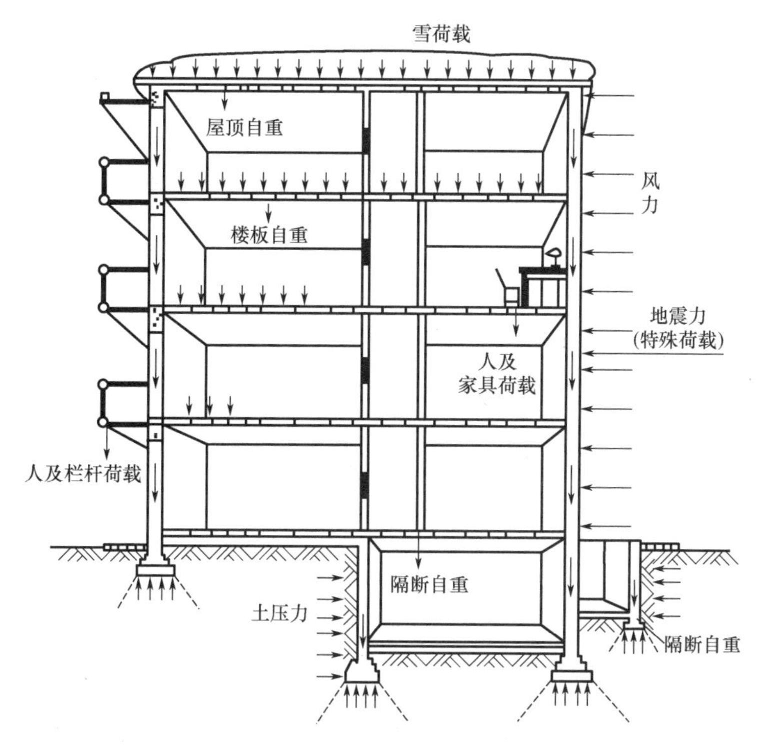

图 8.1 房屋的荷载示意

拆除的顺序，原则上是按受力的主次关系，或者说按传力关系的次序来确定的。一般先拆最次要受力构件，然后拆次之受力构件，最后拆最主要受力构件，即拆除顺序为屋顶板→屋架或梁→承重砖墙或柱→基础。如此由上至下，一层一层往下拆即可。不承重的围护结构，如不承重的砖墙、隔断墙可以最先拆；有的砖墙虽不承重，但是能起到支撑木柱的作用，这样的砖墙一般不急于拆除，可以待到拆木柱时一起拆。

上海永安建筑物拆除工程合作公司“11.23”物体打击死亡事故调查报告

除了弄清上部结构的情况，还必须弄清基础和地基的情况，否则也可能出问题。

1. 人工拆除

（1）拆除对象：砖木结构、混合结构及上述结构的分离和部分保留的拆除项目。

（2）拆除顺序：屋面瓦→望板→椽子→楞子→架或木架→砖墙（或木柱）→基础。

（3）拆除方法：人工用简单的工具，如撬棍、铁锹、瓦刀等进行拆除作业。上面几个人拆，下面几个人接运拆下的建筑材料。拆除砖墙时，一般不许用推倒或拉倒的方法，而是应自上而下拆除，如果必须采用推倒或拉倒的方法，则必须有人统一指挥，待人员全部撤离到墙倒范围之外方可进行。拆除屋架时可用简单的起重设备、三木塔挂导链或滑轮拆下。

（4）施工特点如下。

① 施工人员必须亲临拆除点操作，需要高空作业，危险性大。

② 劳动强度大，拆除速度慢，工期长。

③ 气候影响大。

④ 易于保留部分建筑物。

2. 机械拆除

（1）拆除对象：混合结构、框架结构、板式结构等高度不超过30m的建（构）筑物及各类基础和地下构筑物。

（2）拆除方法：使用大型机械如挖掘机、镐头机、重锤机等对建（构）筑物自上而下实施解体和破碎。

（3）施工特点如下。

① 施工人员无须直接接触拆除点，无须高空作业，危险性小。

② 劳动强度大，拆除速度快，工期短。

③ 作业时扬尘较大，必须采取湿作业法。

④ 对需要部分保留的建筑物必须先用人工分离后方可拆除。

3. 人工拆除与机械拆除相结合

（1）拆除对象：混合结构多层楼房。

（2）拆除顺序：屋顶防水和保温层→屋顶混凝土和预制楼板→屋顶梁→顶层砖墙→楼层楼板→楼板下的梁→下层砖墙，如此逐层往下拆，最后拆基础。

（3）拆除方法：人工与机械配合，人工剔凿，用机械将楼板、梁等构件吊下去；人工拆砖墙，用机械吊运砖。

4. 爆破拆除

1）爆破拆除的基本方法

爆破拆除用于较坚固的建（构）筑物及高层建（构）筑物的拆除。其基本方法有3种：控制爆破、静态爆破、近人爆破。

（1）控制爆破。

原理：通过合理的设计和精心施工，严格控制炸药的爆炸能量和规模，将爆炸声响、飞石、振动、冲击波、破坏区域及破碎体的散坍范围和方向，控制在规定的限度内。

特点：这种爆破方法不需要复杂的专用设备，也不受环境限制，能在爆破禁区内爆破，具有施工安全、迅速、不受破坏等优点。

适用场合：用于拆除房屋、构筑物、基础、桥梁。

(2) 静态爆破。

原理：用一种含有铝、镁、钙、铁、硅、磷、钛等元素的无机盐粉末状破碎剂，经水化后，产生巨大的膨胀压力（可达 30～50MPa），将混凝土（抗拉强度为 1.5～3MPa）或岩石（抗拉强度为 4～10MPa）胀裂、破碎。

特点：①破碎剂非易燃、易爆危险品，运输、保管、使用安全；②爆破无振动、声响、烟尘、飞石等公害；③操作简单，不需要堵炮孔，不用雷管，不需要点炮等操作，不需要专业工种；④本法也存在一些问题，如能量不如炸药爆破大、钻孔较多、破碎效果受气温影响较大、开裂时间不易控制、成本稍高等。

适用场合：经过适当设计，可进行定向破碎，可用于某些不宜使用炸药爆破的特殊场合，对大体积脆性材料的破碎及切割效果良好，适用于混凝土、钢筋混凝土、砖石构筑物和结构物的破碎拆除及各种岩石的破碎或切割，或做二次破碎。

(3) 近人爆破（又称高能燃烧剂爆破）。

原理：采用金属氧化物（二氧化锰、氧化铜）和金属还原剂（铝粉）按一定的比例组成的混合物，将其装入炮孔内，用电阻丝引燃，发生氧化还原反应，能产生 (2192±280)℃的高温膨胀气体，而将混凝土破坏。当混凝土出现胀裂，遇空气后其压力会急剧下降而不至飞散，从而达到切割破坏的目的。

特点：①爆破声响较小，振动轻微，飞石、烟尘少，安全范围可至 3m 内不伤人；②成分稳定，不易燃烧，能短时间防潮防水，能用于 760℃以下高温，加工制作简便，不用雷管起爆，炮孔堵装作业安全，瞎炮易于处理，保存、运输及使用安全可靠；③切割面比较整齐，保留部分不受损坏；④采用粗铝粉（40～160 目）和工业副产品的氧化物（二氧化锰）配制，价格低于岩石炸药。

适用场合：一般混凝土基础、柱、梁、板等的拆除及石料的开采。

2) 各类结构和构件控制爆破的方法

(1) 基础松动控制爆破。

基础松动控制爆破是指对原有混凝土基础、钢筋混凝土基础或砖石基础的爆破拆除，不求爆破量多少，主要是要将其大块整体爆裂开，以便人工拆除，同时不损坏周围的建筑物和设备。根据具体要求，基础松动控制爆破的拆除方式分以下两种。

① 基础整体爆破：将整个基础一次或分层全部爆破。爆破多采用炮孔法，为减少振动和达到龟裂的目的，一般采取在规定的炮孔中间增加不装药的炮孔。

② 基础切割式爆破：将基础切去一部分、保留一部分，并要求破裂面平整。一般方法是采用沿设计爆裂面顶线（即要求的切割线）密布炮孔，炮孔深度大于或等于最小抵抗线 W 或基础厚的 0.8～0.9 倍。

(2) 柱子、墙、梁、板控制爆破。

① 柱子爆破：对具有 4 个自由面的钢筋混凝土柱，应根据其自由面、柱截面和配筋情况合理布孔。

② 墙爆破：对3面临空的墙，炮孔沿墙顶面中心线布置，使各方面抵抗线大致相等。如果墙的一侧有砌体或填土，则炮孔应打在靠近砌体或填土一侧墙厚的1/3处。炮孔深应等于或稍大于墙厚或墙高的2/3；如墙厚大于50cm，则采用双排呈三角形方式布孔。

③ 梁爆破：梁爆破一般为单孔，沿梁高方向钻孔，孔深离梁底10～15cm；对高度大、弯起钢筋多的梁可采用水平布孔，梁高在50cm以内的可采用单排布孔，否则应采用双排呈三角形方式布孔。

④ 板爆破：拆除厚度不大的板类结构时，一般采取浅孔分割式爆破，将大面积的整体板爆割成能装运的一些方块或长条。布孔应采用双排呈三角形方式，孔距为板厚的2/3。

（3）钢筋混凝土框架结构控制爆破。

① 炸毁框架全部支撑柱，使框架在自重作用下，一次冲击解体。

② 炸毁部分主要支撑柱，使框架按预定部位失稳并形成倾覆力矩，依靠结构物自重和倾覆力矩作用，完成大部分框架的解体。

③ 按一定秒差逐段炸毁框架内的必要支撑柱，使框架逐段坍塌解体，为便于解体，对二、三层楼板、梁和大部分主梁宜做预爆处理。

（4）砖混结构控制爆破。

砖混结构一般采用微量装药定向爆破，通常采取将结构的多数支点或所有支点炸毁，利用结构自重使房屋按预定方向"原地倾斜倒塌"或"原地垂直下落倒塌"。布药着重在一层及地下室的承重部分（主要是柱或承重墙），要求倒塌方向的外墙应加大药量（采用3～5排炮孔），以确保定向倒塌。原地垂直下落倒塌爆破适用于侧向刚度大的砖混结构。

8.1.2 拆除工程专项施工方案

拆除工程专项施工方案是指导拆除工程施工准备和施工全过程的技术文件，应由施工单位技术负责人组织施工技术安全、质量等部门的专业技术人员进行审核，经审核合格的应由施工单位技术负责人签字确认。实行分包的，应由总承包单位和分包单位技术负责人共同签字确认。不需要专家论证的拆除工程专项施工方案，经施工单位审核合格后应报监理单位，由项目总监理工程师审核签字，并报项目法人备案。对于超过一定规模的危大工程，施工单位应当组织召开专家论证会对拆除工程专项施工方案进行论证。拆除工程专项施工方案的内容如下。

1）工程概况

（1）拆除工程概况和特点：本工程及拆除工程概况，工程所在位置、场地情况等，各拟拆除物的平面尺寸、结构形式、层数、跨径、面积、高度或深度等，结构特征、结构性能状况，电力、燃气、热力等地上地下管线分布及使用状况等。

（2）施工平面布置：拆除阶段的施工总平面布置（包括周边建筑距离、道路、安全防护设施搭设位置、临时用电设施、消防设施、临时办公生活区、废弃材料堆放位置、机械行走路线，拆除区域的主要通道和出入口）。

（3）周边环境条件。

① 毗邻建（构）筑物、道路、管线（包括供水、排水、燃气、热力、供电、通信、消防等）、树木和设施等与拆除工程的位置关系；改造工程局部拆除结构和保留结构的位

置关系。

② 毗邻建（构）筑物和设施的重要程度与特殊要求、层数、高度（深度）、结构形式、基础形式、基础埋深、建设与竣工时间、现状情况等。

③ 施工平面图、断面图等应按规范绘制，环境复杂时，还应标注毗邻建（构）筑物的详细情况，并说明施工振动、噪声、粉尘等危害的控制要求。

（4）施工要求：明确安全质量目标要求、工期要求（本工程开工日期、计划竣工日期）。

（5）风险辨识与分级：风险因素辨识及拆除安全风险分级。

（6）参建各方责任主体单位。

2）编制依据

（1）法律依据：拆除工程所依据的相关法律、法规、标准、规范等。

（2）项目文件：包括施工合同（施工承包模式）、拆除结构设计资料、结构鉴定资料、拆除设备操作手册或说明书、现场勘查资料、业主规定等。

（3）施工组织设计等。

3）施工计划

（1）施工进度计划：总体施工方案及各工序施工方案，施工总体流程、施工顺序。

（2）材料与设备计划：拆除工程所选用的材料与设备进出场明细表。

（3）劳动力计划。

4）施工工艺技术

（1）相关参数：拟拆除建（构）筑物的结构参数，解体、清运、防护设施和关键设备技术参数，爆破拆除设计等技术参数。

（2）工艺流程：拆除工程总的施工工艺流程和主要施工方法的施工工艺流程，拆除工程整体、单体或局部的拆除顺序。

（3）施工方法及操作要求：人工、机械、爆破等各种拆除施工方法的工艺流程和要点，常见问题及预防、处理措施。

（4）检查要求：拆除工程所用的主要材料、设备进场质量检查和抽检，拆除前及施工过程中对照专项施工方案的有关检查内容等。

5）施工保证措施

（1）组织保障措施：安全组织机构、安全保证体系及相应人员的安全职责等。

（2）技术措施：安全保证措施、质量技术保证措施、文明施工保证措施、环境保护措施、季节施工保证措施等。

（3）监测监控措施：监测点的设置、监测仪器设备和人员的配备、监测方式方法、信息反馈等。

6）施工管理及作业人员配备和分工

（1）施工管理人员：管理人员名单及岗位职责（如项目负责人、项目技术负责人、施工员、质量员、各班组长等）。

（2）专职安全人员：专职安全生产管理人员名单及岗位职责。

（3）特种作业人员：特种作业人员持证人员名单及岗位职责。

（4）其他作业人员：其他作业人员名单及岗位职责。

7）验收要求

（1）验收标准：根据施工工艺明确相关验收标准及验收条件。

（2）验收程序及人员：确定具体验收程序，确定验收人员组成（施工、监理、监测等单位相关负责人）。

（3）验收内容：明确局部拆除保留结构、作业平台承载结构变形控制值，明确防护设施、拟拆除物的稳定状态控制标准。

8）应急处置措施

（1）应急救援领导小组组成与职责、应急救援小组组成与职责，包括抢险、安保、后勤、医救、善后、应急救援工作流程和联系方式等。

（2）应急事件（重大隐患和事故）及其应急措施。

（3）周边建（构）筑物、道路、地上地下管线等产权单位各方联系方式，救援医院信息（名称、电话、救援线路）。

（4）应急物资准备。

9）计算书及相关施工图纸

（1）吊运计算书，移动式拆除机械底部受力的结构承载能力计算书，临时支撑计算书，爆破拆除时的爆破计算书。

（2）相关施工图纸。

8.1.3 拆除工程安全技术规定

（1）拆除工程必须编制专项施工方案并经审批备案后方可施工。

（2）拆除工程的施工，必须在工程负责人的统一指挥和经常监督下进行。工程负责人要根据批准的专项施工方案向参加拆除的工作人员进行详细的交底。

（3）拆除工程在施工前，应将电线、瓦斯煤气管道、上下水管道、供热设备管道等干线及连通该建筑物的支线切断或迁移。

（4）拆除区周围应设立围栏，挂警告牌，并派专人监护，严禁无关人员逗留。

（5）拆除过程中，现场照明不得使用被拆除建筑物中的配电线，而应另外设置配电电路。

（6）拆除作业人员应站在脚手架或稳固的结构上操作。

（7）拟拆除建筑物的栏杆、楼梯和楼板等构件，应该和整体拆除进度相配合，不能先行拆除。拟拆除建筑物的承重支柱和横梁，要等它所承担的全部结构和荷重拆掉后才可以拆除。

（8）高处拆除安全措施如下。

① 高处拆除施工的原则是按与建筑物建设时相反的顺序进行。应先拆高处，后拆低处；先拆非承重构件，后拆承重构件；屋架上的屋面板拆除，应由跨中向两端对称进行。

② 高处拆除顺序应按施工组织设计要求由上至下逐层进行，不得数层同时进行交叉拆除。当拆除某一部分时，应保持未拆除部分的稳定，必要时应先加固后拆除。

③ 高处拆除作业人员必须站在稳固的结构部位上，当不能满足时，应搭设工作平台。

④ 高处拆除石棉瓦等轻型屋面工程时，严禁踩在石棉瓦上操作，应使用移动式挂梯，

挂牢后操作。

⑤ 高处拆除时楼板上不得有多人聚集，也不得在楼板上堆放大量的材料和被拆除的构件。

⑥ 高处拆除时拆除的散料应从设置的溜槽中滑落，较大或较重的构件应使用吊绳或起重机掉下。严禁向下抛掷。

⑦ 高处拆除中每班作业休息前，应拆除至结构的稳定部位。

(9) 建筑物不宜采用推倒方法拆除，在建筑物推倒范围内若有其他建筑物时，严禁采用推倒法。当建筑物必须采用推倒法拆除时，应遵守下列规定。

① 砍切墙根的深度不得超过墙厚的1/3，墙厚小于两块半砖时，不得进行掏掘。

② 为防止墙壁向掏掘方向倾倒，在掏掘前应用支撑撑牢。

③ 建筑物推倒前，应发出信号，待所有人员远离建筑物高度2倍以上的距离后，方可推倒。

(10) 采用控制爆破方法进行拆除应满足下列要求。

① 应严格遵守《土方与爆破工程施工及验收规范》(GB 50201—2012)关于拆除爆破的规定。

② 在人口稠密、交通要道等地区爆破建筑物，应采用电力或导爆索起爆，不得采用火花起爆。当采用分段起爆时，应采用毫秒雷管起爆。

③ 采用微量炸药的控制爆破，可大大减少飞石，但不能绝对控制飞石，仍应采用适当保护措施，如对低矮建筑物采取适当护盖，对高大建筑物爆破设一定安全区，避免对周围建筑物和人身的危害。

④ 爆破各道工序要认真细致地操作、检查与处理，杜绝各种不安全事故发生。爆破要有临时指挥机构，便于分别负责爆破施工与起爆等有关安全工作。

⑤ 用爆破方法拆除建筑物部分结构时，应保证其他结构部分的良好状态。爆破后，如果发现保留的结构部分有危险征兆，应采取安全措施后再进行工作。

8.2 土方工程施工安全措施

8.2.1 土方开挖安全措施

(1) 在施工组织设计中，要有单项土方工程施工方案，施工准备、开挖方法、放坡、排水、边坡支护应根据有关规范要求进行设计，边坡支护要有设计计算书。

(2) 土方作业和基坑支护的设计、施工应根据现场的环境、地质与水文情况，针对基坑开挖深度、范围大小，综合考虑支护方案、土方开挖、降排水方法及对周边环境采取的措施来进行。

(3) 根据土方工程开挖深度和工程量的大小，选择机械和人工挖土或机械挖土方案。挖掘应自上而下进行，严禁先挖坡脚。软土基坑无可靠措施时应分层均衡开挖，层高不宜超过 1m。坑（槽）沟边 1m 以内不得堆土、堆料，不得停放机械。

（4）基坑工程应贯彻先设计后施工、先支撑后开挖、边施工边监测、边施工边治理的原则。严禁坑边超载，相邻基坑施工应有防止相互干扰的技术措施。

基坑坍塌事故

（5）挖土方前对周围环境要认真检查，不能在危险岩石或建筑物下面进行作业。

（6）人工挖基坑时，操作人员之间要保持安全距离，一般应大于 2.5m。多台机械开挖时，挖土机间距应大于 10m。

（7）机械挖土，多台阶同时开挖土方时，应验算边坡的稳定。根据规定和验算确定挖土机离边坡的安全距离。

（8）开挖的基坑（槽）比邻近建筑物基础深时，开挖应保持一定的距离和坡度，以免在施工时影响邻近建筑物的稳定，如不能满足要求，应采取边坡支撑加固措施，并在施工过程中进行沉降和位移观测。

（9）当基坑施工深度超过 2m 时，坑边应按照高处作业的要求设置临边防护，作业人员上下应有专用通道。当深基坑施工中形成立体交叉作业时，应合理布局桩位、人员、运输通道，并设置防止落物伤害的防护层。

（10）为防止基坑底的土被扰动，基坑挖好后要尽量减少暴露时间，及时进行下一道工序的施工。如不能立即进行下一道工序，要预留 15～30cm 厚的覆盖土层，待基础施工时再挖去。

《建筑基坑支护技术规程》

（11）应加强基坑工程的监测和预报工作，包括对支护结构、周围环境及对岩土变化的监测，应通过监测分析及时预报并提出建议，做到信息化施工，防止隐患扩大，并随时检验设计施工的正确性。

（12）弃土应及时运出，如需要临时堆土或留作回填土，则堆土坡脚至坑边距离应按挖方深度、边坡坡度和土的类别确定，在边坡支护设计时应考虑堆土附加的侧压力。

（13）运土道路的坡度、转弯半径要符合有关安全规定。

（14）爆破土方要遵守爆破作业安全有关规定。

8.2.2 边坡稳定及支护安全措施

1. 基坑（槽）边坡的稳定性

为了防止塌方，保证施工安全，当开挖土方深度超过一定限度时，边坡均应做成一定坡度。边坡的坡度以其高度 H 与底宽 B 之比来表示。

《建筑施工安全技术统一规范》

边坡的坡度大小与土质、挖方深度、开挖方法、边坡留置时间的长短、排水情况、附近堆积荷载等有关。挖方深度越深，留置时间越长，边坡应设计得越平缓；反之则越陡（如用井点降水时边坡可陡一些）。边坡可做成斜坡式，根据施工需要也可做成踏步式。

1）基坑（槽）边坡的规定

当地质情况良好、土质均匀、地下水位低于基坑（槽）或管沟底面标高时，挖方深度在 5m 以内。不加支撑的基坑（槽）边坡的最陡坡度应符合表 8－1 的规定。

2）基坑（槽）无边坡垂直挖方深度规定

（1）无地下水或地下水位低于基坑（槽）或管沟底面标高且土质均匀时，其挖方边坡可做成直立壁不加支撑，挖方深度应根据土质确定，但不宜超过表 8－2 的规定。

（2）天然冻结的速度和深度，能确保施工挖方的安全，在开挖深度为 4m 以内的基坑（槽）时，允许采用天然冻结法垂直开挖而不设支撑，但在干燥的砂土中应严禁采用冻结法施工。

表 8－1　不加支撑的基坑（槽）边坡的最陡坡度规定

土的类别	边坡坡度（高：宽）		
	坡顶无荷载	坡顶有静载	坡顶有动载
中密的砂土	1：1.00	1：1.25	1：1.50
中密的碎石类土（充填物为砂土）	1：0.75	1：1.00	1：1.25
硬塑的黏质粉土	1：0.67	1：0.75	1：1.00
中密的碎石类土（充填物为黏性土）	1：0.50	1：0.67	1：0.75
硬塑的粉质黏土、黏土	1：0.33	1：0.50	1：0.67
老黄土	1：0.10	1：0.25	1：0.33
软土（经井点降水后）	1：1.00	—	—

注：1. 静载指堆土或材料等，动载指机械挖土或汽车运输作业等。在挖方边坡上侧堆土或材料及移动施工机械时，应与挖方边缘保持一定距离，以保证边坡的稳定。当土质良好时，堆土或材料到挖方边缘的距离应大于 0.8m，高度不宜超过 1.5m。

2. 若有成熟的经验或科学理论计算并经试验证明者可不受本表限制。

表 8－2　基坑（槽）做成直立壁不加支撑的挖方深度规定

土的类别	挖方深度/m
密实、中密的砂土和碎石类土（充填物为砂土）	1.00
硬塑、可塑的粉土及粉质黏土	1.25
硬塑、可塑的黏土和碎石类土（充填物为黏性土）	1.50
坚硬的黏土	2.00

采用直立壁的基坑（槽）或管沟挖好后，应及时进行地下结构和安装工程施工，在施工过程中，应经常检查坑壁的稳定情况。

当挖方深度超过表 8－2 的规定时，应按表 8－1 的规定放坡或采用直立壁加支撑。

2. 滑坡与边坡塌方的分析处理

1）滑坡的发生和防治

（1）滑坡的发生原因如下。

① 震动的影响，如工程中采用大爆破而触发滑坡。

② 水的作用，多数滑坡的产生都与水的参与有关，水的作用能增加土体自重，降低

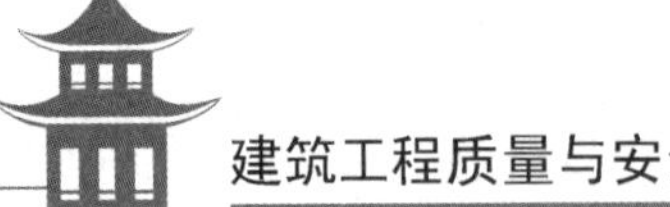

土的抗剪强度和内聚力，产生静水和动水压力。因此，滑坡多发生在雨季。

③ 土体（或岩体）本身层理发达、破碎严重，或内部夹有软泥层或软弱层，受水浸或震动而滑坡。

④ 土层下岩层或夹层倾斜度较大，上表面堆土或材料较多，增加了土体自重，致使土体与夹层间、土体与岩石间的抗剪强度降低而引起滑坡。

⑤ 不合理的开挖或加荷，如开挖坡脚或在山坡上加荷过大，使土体的原有平衡遭到破坏而发生滑坡。

⑥ 路堤、土坝等筑于尚未稳定的古滑坡体或是易滑动的土层上，使其重心改变而发生滑坡。

(2) 滑坡的防治措施如下。

① 使边坡有足够的坡度，并应尽量将土坡削成较平缓的坡度或做成踏步式，使中间具有数个平台，以增加稳定。当土质不同时，可按不同土质削成不同坡度，一般可使坡度角小于土的内摩擦角。

② 禁止滑坡范围以外的水流入滑坡范围以内，对滑坡范围以内的地下水，应设置排水系统疏干或引出。

③ 对施工地段或危及建筑安全的地段设置抗滑结构，如抗滑柱、抗滑挡墙、锚杆挡墙等。这些结构的基础底板必须设置在滑动面以下的稳定土层或基岩中。

④ 将不稳定的陡坡部分削去，以减轻滑坡体自重，减少滑坡体的下滑力，达到滑坡体的静力平衡。

⑤ 严禁随意切割滑坡体的坡脚，同时也严禁在滑坡体被动区挖土。

2) 边坡塌方的发生和防治

(1) 边坡塌方的发生原因如下。

① 由于边坡太陡，土体本身的稳定性不够而发生塌方。

② 气候干燥，基坑暴露时间长，使土质松软，或黏土中的夹层因浸水而产生润滑作用，以及饱和的细砂、粉砂因受震动而液化等原因引起土体内抗剪强度降低而发生塌方。

③ 边坡顶面附近有动载，或下雨使土体的含水量增加（土体的自重会增加、水在土中渗流会产生一定的动水压力、土体裂缝中的水会产生静水压力）等原因，引起土体中剪应力增加，超过其抗剪强度而发生塌方。

(2) 边坡塌方的防治措施如下。

① 开挖基坑（槽）时，若因场地限制不能放坡或放坡后所增加的土方量太大，为防止边坡塌方，可设置挡土支撑。

② 严格控制坡顶护道内的静载或较大的动载。

③ 防止地表水流入基坑（槽）内和渗入土坡体。

④ 对挖方深度大、施工时间长、坑边要停放机械等的情况，边坡应按规定的允许坡度适当地放平缓些，当基坑（槽）附近有主要建筑物时，基坑（槽）边坡的最大坡度为1∶1～1∶1.5。

3. 基坑（槽）壁支护工程施工安全措施

(1) 一般基坑（槽）壁支护都应进行设计计算，并绘制施工详图，比较浅的基坑（槽），若确有成熟可靠的经验，可根据经验绘制简明的施工图。在运用已有经验时，一定要考虑土壁土的类别、深度、干湿程度、槽边荷载，以及支撑材料和做法是否与经验做法相同或近似，不能生搬硬套已有的经验。

(2) 选用基坑（槽）壁支撑的木材时，要选坚实的、无枯节的、无穿心裂折的松木或杉木，不宜用杂木。木支撑要随挖随撑，并严密顶紧牢固，不能整个挖好后最后一次支撑。挡土板或板桩与基坑（槽）壁间的填土应分层回填夯实，以提高回填土的抗剪强度。

(3) 锚杆的锚固段应埋在稳定性较好的土层或岩层中，不得锚固在松软土层中，并用水泥砂浆灌注密实。锚固长度须经计算或试验确定。锚杆的间距与倾角应合理布置：锚杆的上下间距不宜小于2.0m，水平间距不宜小于1.5m；锚杆的倾角宜为15°～25°，且不应大于45°。最上一道锚杆的覆土厚度不得小于4m。

(4) 挡土板桩顶部埋设的拉锚，应用挖沟方式埋设，沟宽应尽可能小，不能采取全部开挖回填方式，以免破坏土体的固结状态。拉锚安装后应按设计要求的预拉应力进行拉紧。

(5) 当采用悬臂式结构支护时，基坑（槽）深度不宜大于6m。当基坑（槽）深度超过6m时，可选用单支点和多支点的支护结构。地下水位低的地区和能保证降水施工时，也可采用土钉支护。

(6) 施工中应经常检查支撑和邻近建筑物的稳定与变形情况。如发现支撑有松动、变形、位移等现象，应及时采取加固措施。

(7) 支撑的拆除应按回填顺序依次进行，多层支撑应自下而上逐层拆除，拆除一层，经回填夯实后，再拆上一层。拆除支撑应注意防止附近建（构）筑物产生下沉或裂缝，必要时采取加固措施。

8.2.3 基坑（槽）排水安全措施

基坑（槽）开挖要注意预防基坑（槽）被浸泡，引起坍塌和滑坡事故的发生。为此在制定土方施工方案时应注意采取措施。

(1) 土方开挖及地下工程要尽可能避开雨期施工。当地下水位较高、开挖土方较深时，应尽可能在枯水期施工，尽量避免在地下水位以下进行土方工程。

(2) 为防止基坑（槽）浸泡，除做好排水沟外，还要在基坑（槽）四周做挡水堤，防止地面水流入基坑（槽）内。基坑（槽）内要做排水沟、集水井，以排除暴雨和其他突如其来的明水倒灌。基坑（槽）边坡视需要可覆盖塑料布，以防止大雨对土坡的侵蚀。

(3) 软土基坑（槽）、高水位地区应做截水帷幕，以防止单纯降水造成基土流失。

(4) 当开挖低于地下水位的基坑（槽）、管沟和其他挖方时，应根据当地工程地质资料、挖方深度和尺寸，选用集水坑或井点降水。

(5) 采用集水坑降水时，应符合以下规定。

① 根据现场条件，应能保持开挖边坡的稳定。

② 集水坑应与基础底边有一定距离。边坡若有局部渗出地下水，应在渗水处设置过滤层，防止土粒流失，并应设置排水沟，将水引出坡面。

(6) 采用井点降水时，降水前应考虑降水影响范围内的已有建（构）筑物可能产生的附加沉降和位移。定期进行沉降和水位观测并做好记录。发现问题应及时采取措施。

（7）膨胀土场地应在基坑（槽）边缘采取抹水泥地面等防水措施，封闭坡顶及坡面，防止各种水流渗入基坑（槽）壁。不得向基坑（槽）边缘倾倒各种废水，并应防止水管泄漏冲走桩间土。

知识链接

流砂现象发生的原因及防治

当基坑（槽）挖方深度达到地下水位0.5m以下时，在基坑（槽）内抽水，有时基坑（槽）底下的土会成为流动状态，随地下水涌起，边挖边冒，以致无法挖深的现象，称为流砂现象。

1. 流砂现象发生的原因

根据理论分析、土工试验和实践经验总结可知，当土具有下列性质时，就有可能发生流砂现象。

（1）土的颗粒组成中，黏粒含量小于10%，粉粒（粒径为0.005～0.05mm）含量大于75%。

（2）颗粒级配中，土的不均匀系数小于5。

（3）土的天然孔隙比大于0.75。

（4）土的天然含水量大于30%。

总之，流砂现象经常发生在细砂、粉砂及砂质粉土中，是否发生流砂现象，还取决于动水压力的大小。当地下水位较高、基坑（槽）内外水位差较大时，动水压力也就越大，就越易发生流砂现象。一般经验是，在可能发生流砂现象的土质处，基坑（槽）挖方深度超过地下水位0.5m左右，就可能发生流砂现象。

2. 流砂现象的防治

流砂现象的防治方法主要是减小动水压力，或采取加压措施以平衡动水压力。根据不同情况可采取下列措施。

（1）枯水期施工。当根据地质报告了解到必须在地下水位以下开挖细砂、粉砂及砂质粉土层时，应尽量在枯水期施工。因枯水期地下水位低，基坑（槽）内外水位差小，动水压力也小，不易发生流砂现象。

（2）水下挖土法。就是不排水挖土，使基坑（槽）内水压与基坑（槽）外地下水压相平衡，避免发生流砂现象。此法在沉井挖土过程中经常采用，但水下挖土太深时不宜采用。

（3）人工降低地下水位法。由于地下水的渗流向下，采用人工降低地下水位法，可使动水压力的方向也朝下，这样便增加了土颗粒间的压力，从而可有效地制止流砂现象的发生。此法比较可靠，工程中采用较广。

（4）地下连续墙法。此法是在地面上开挖一条狭长的深槽（一般宽度为0.6～1m，深度为20～30m），在槽内浇筑钢筋混凝土，可截水防止发生流砂现象，又可挡土护壁，并作为正式工程的承重挡土墙。

（5）采取加压措施。如在施工过程中发生局部的或轻微的流砂现象，可组织人力采取加压措施分段抢挖。采取加压措施具体是指挖至标高后，立即铺设芦席，然后抛大石块来增加土的压重，以平衡动水压力，力争在未产生严重的流砂现象之前，将基础分段施工完毕。

(6) 打钢板桩法。打钢板桩法可增加地下水从基坑（槽）外流入基坑（槽）内的渗流路线，减小水力坡度，从而减小动水压力，防止发生流砂现象。但此法要投入大量钢板桩，不经济，工程中较少采用。

8.3 主体结构施工安全措施

8.3.1 脚手架工程施工安全措施

1. 脚手架搭设安全措施

(1) 脚手架搭设安装前应先对基础等架体承重部分进行验收；搭设安装后应进行分段验收，特殊脚手架须由企业技术部门会同安全、施工管理部门验收合格后才能使用。验收要定量与定性相结合，验收合格后应在脚手架上悬挂合格牌，且在脚手架上明示使用单位、监护管理单位和负责人。施工阶段转换时，应对脚手架重新实施验收手续。

(2) 施工层应连续3步铺设脚手板，脚手板必须满铺且固定。

(3) 施工层脚手架部分与建筑物之间应实施密闭，当脚手架与建筑物之间的距离大于20cm时，还应自上而下做到4步一隔离。

(4) 操作层必须设置1.2m高的栏杆和180mm高的挡脚板，挡脚板应与立杆固定，并有一定的机械强度。

(5) 架体外侧必须用密目式安全网封闭，网体与操作层之间不应有大于10mm的缝隙，网间不应有大于25mm的缝隙。

(6) 钢管脚手架必须有良好的接地装置，接地电阻不应大于4Ω，雷电季节应按规范设置避雷装置。

(7) 从事架体搭设作业人员应是专业架子工，且取得劳动部门核发的特种作业操作证。架子工应定期进行体检，凡患有不适合高处作业病症者不准上岗作业。架子工操作时，必须戴安全帽、系安全带、穿防滑鞋。

2. 脚手架使用安全措施

(1) 操作人员上下脚手架必须有安全可靠的斜道或挂梯，斜道坡度走人时取不大于1∶3，运料时取不大于1∶4，坡面应每30cm设一防滑条，防滑条不能使用无防滑作用的竹条等材料。在构造上，当架高小于6m时可采用一字形斜道，当架高大于6m时应采用之字形斜道；斜道的杆件应单独设置。挂梯可用钢筋预制，其位置不应在脚手架通道的中间，也不应垂直贯通。

(2) 脚手架通常应每月进行一次专项检查。脚手架的各种杆件、拉结及安全防护设施不能随意拆除，如确需拆除，应事先办理拆除申请手续。有关拆除加固方案应经工程技术负责人和原脚手架工程安全技术措施审批人书面同意后方可实施。

(3) 严禁在脚手架上堆放钢模板、木料及施工多余的物料等，以确保脚手架畅通和防止超载。

(4) 遇6级以上大风、大雾、雨、雪等恶劣天气时应暂停脚手架作业。

3. 脚手架拆除安全措施

(1) 脚手架在拆除前，应由单位工程负责人召集有关人员进行书面交底。

2·9云南文山工地脚手架坍塌事故

(2) 脚手架拆除时应划分作业区，周围设绳绑围栏或竖立警戒标志；地面应设专人指挥，禁止非作业人员入内。

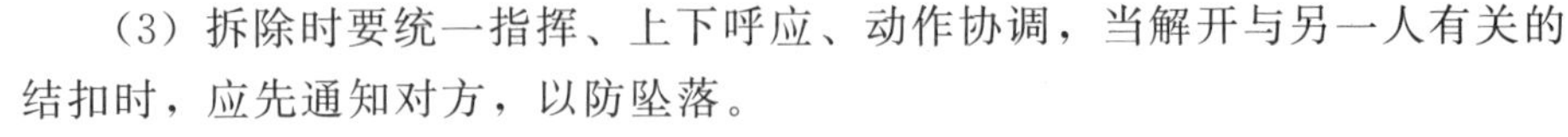

(3) 拆除时要统一指挥、上下呼应、动作协调，当解开与另一人有关的结扣时，应先通知对方，以防坠落。

(4) 拆除时严禁撞碰脚手架附近电源线，以防止事故发生。

(5) 拆除时不能撞碰门窗、玻璃、水落管、房檐瓦片、地下明沟等。

(6) 在拆架过程中，不能中途换人，如必须换人，应将拆除情况交代清楚后方可离开。

扣件式钢管脚手架

(7) 拆除顺序应遵守“由上而下、先搭后拆、后搭先拆”的原则。先拆栏杆、脚手架、剪刀撑、斜撑，再拆小横杠、大横杆、立杆等，并按“一步一清”的原则依次进行，严禁上下同时进行拆除作业。

(8) 拆脚手架的高处作业人员应戴安全帽、系安全带、扎裹脚、穿软底鞋才允许上架作业。

(9) 拆立杆时，要先抱住立杆再拆最后两个扣；拆大横杆、斜撑、剪刀撑时，应先拆中间扣，然后托住中间，再解端头扣。

(10) 连墙杆应随拆除进度逐层拆除，拆抛撑前，应采用临时支撑柱，然后才能拆抛撑。

《施工脚手架通用规范》

(11) 大片架子拆除后所预留的斜道、上料平台、通道、小飞跳等，应在大片架子拆除前先进行加固，以便拆除后确保其完整、安全和稳定。

(12) 拆除烟囱、水塔外架时，禁止架料碰断缆风绳，同时拆至缆风绳处方可解除该处缆风绳，不能提前解除。

(13) 拆下的材料应用绳索拴住，利用滑轮徐徐放下，严禁抛掷。运至地面的材料应按指定地点，随拆随运，分类堆放。钢类最好放置于室内，若堆放在室外应加以遮盖。扣件、螺栓等零星小构件，应用柴油清洗干净，装箱或袋分类存放于室内，以备再用。弯曲变形的钢构件应调直，损坏的应及时修复并刷漆以备再用，不能修复的应集中报废处理。

8.3.2 模板工程施工安全措施

1. 模板工程施工安全要求

(1) 模板工程的施工方案必须经过上一级技术部门批准。

(2) 模板工程施工前现场负责人要认真审查施工组织与设计中关于模板的设计资料，模板设计的主要内容如下。

① 绘制模板设计图，包括细部构造大样图和节点大样，注明所选材料的规格、尺寸和连接方法；绘制支撑系统的平面图和立面图，注明间距及剪刀撑的位置。

② 根据施工条件确定荷载，并按所有可能产生的荷载中的最不利组合验算模板整体结构和支撑系统的强度、刚度和稳定性，并有相应的计算书。

③ 制定模板的制作、安装和拆除等施工程序及方法，并根据混凝土输送方法（泵送混凝土、人力挑送混凝土、在浇灌运输道上用手推翻斗车运送混凝土）制定模板工程的有针对性的安全措施。

（3）模板施工前的准备工作如下。

① 模板施工前，现场施工负责人应认真向有关工作人员进行安全交底。

② 模板构件进场后，应认真检查构件和材料是否符合设计要求。

③ 做好模板垂直运输的安全施工准备工作，排除模板施工中现场的不安全因素。

（4）支撑模板立柱宜采用钢材，钢材的材质应符合有关规定；当支撑模板立柱采用木材时，其树种可根据各地实际情况选用，立杆的有效尾径不得小于8cm，立杆要直顺，接头数量不得超过30%，且不应集中。

2. 模板安装安全要求

（1）基础及地下工程模板的安装，应先检查基坑（槽）土壁边坡的稳定情况，当发现有塌方的危险时，必须采取加固安全措施后，才能开始作业。

（2）混凝土柱模板支模时，四周必须设牢固的支撑或用钢筋、钢丝绳拉结牢固，避免柱模整体歪斜甚至倾倒。

（3）混凝土墙模板安装时，应从内、外墙角开始，向相互垂直的两个方向拼装，连接模板的U形卡要正反交替安装，同一道墙（梁）的两侧模板应同时组合，以确保模板安装时的稳定。

（4）单梁与整体楼盖支模，应搭设牢固的操作平台，设防护栏杆。

（5）支圈梁模板需有操作平台，不允许在墙上操作。支阳台模板的操作地点要设防护栏杆、安全网。底层阳台支模立柱支撑在散水回填土上，一定要夯实并垫垫板，否则雨季下沉、冬季冻胀都可能造成事故。

（6）模板支撑不能固定在脚手架或门窗上，避免发生倒塌或模板位移。

（7）竖向模板和支架的立柱部分，当安装在基土上时应加设垫板，且基土必须坚实并有排水措施；对湿陷性黄土，还应有防水措施；对冻胀性土，必须有防冻融措施。

（8）当极少数立柱长度不足时，应采用相同材料加固接长，不得采用垫砖增高的方法。

（9）当支柱高度小于4m时，应设上下两道水平撑和垂直剪刀撑。以后支柱每增高2m再增加一道水平撑，水平撑之间还需增加一道剪刀撑。

（10）当楼层高度超过10m时，模板的支柱应选用长料，同一支柱的连接接头不宜超过2个。

（11）主梁及大跨度梁的立杆应由底到顶整体设置剪刀撑，剪刀撑斜杆与地面成45°～60°夹角。

（12）各排立柱应用水平杆纵横拉接，每高2m拉接一次，以使各排立柱形成一个整体，剪刀撑、水平杆的设置应符合设计要求。

(13) 大模板立放易倾倒，应采取支撑、围系、绑箍等防倾倒措施，具体采用何种防倾倒措施视情况而定。长期存放的大模板，应用拉杆连接绑牢。大模板存放在楼层上时，须在大模板的横梁上挂钢丝绳或用花篮螺栓钩在楼板吊钩或墙体钢筋上。没有支撑或自稳角不足的大模板，要存放在专用的堆放架上或卧倒平放，不应靠在其他模板或构件上。

(14) 在2m以上高处支模或拆模要搭设脚手架，满铺脚手板，使操作人员有可靠的立足点，并应按高处作业、悬空和临边作业的要求采取防护措施。操作人员不准站在拉杆、支撑杆上操作，也不准在梁底模上行走操作。

(15) 走道垫板应铺设平稳，垫板两端应用镀锌铁丝扎紧，或用压条扣紧，以使垫板牢固不松动。

《建筑施工高处作业安全技术规范》

(16) 作业面孔洞及临边必须设置牢固的盖板、防护栏杆、安全网或其他防坠落的防护设施，具体要求应符合《建筑施工高处作业安全技术规范》(JGJ 80—2016) 的有关规定。

(17) 模板安装时，应先内后外。单面模板就位后，要用工具将其支撑牢固。双面模板就位后，要用拉杆和螺栓固定，未就位和固定前不得摘钩。

(18) 里外角模和临时悬挂的面板与大模板必须连接牢固，以防脱开和断裂坠落。

(19) 支模应按规定的作业程序进行，模板未固定前不得进行下一道工序。严禁在连接件和支撑件上攀登上下，并严禁在上下同一垂直面安装、拆除模板。

(20) 支设高度在3m以上的柱模板，四周应设斜撑，并应设立操作平台；支设高度低于3m的柱模板，可用马凳操作。

(21) 支设悬挑形式的模板时，应有稳定的立足点。支设临空构筑物模板时，应搭设支架或脚手架。模板上有预留洞时，应在安装后将洞盖住。混凝土板上拆模后形成的临边或洞口，应按规定进行防护。

(22) 在架空输电线路下面安装和拆除组合钢模板时，吊机起重臂、吊物、钢丝绳、外脚手架和操作人员等与架空线路的最小安全距离应符合有关规范的要求。当不能满足最小安全距离要求时，要停电作业；当不能停电时，应有隔离防护措施。

(23) 楼层高度超过4m或二层及二层以上的建筑物，安装和拆除模板时，周围应设安全网或搭设脚手架和加设防护栏杆。在临街及交通要道地区，应设警示牌，并设专人维持安全，防止伤及行人。

(24) 现浇多层房屋和构筑物，应采取分层分段支模的方法，并应符合下列要求。

① 下层楼板混凝土强度达到1.2MPa以后，才能上料具。料具要分散堆放，不得过分集中。

② 下层楼板结构的强度要达到能承受上层模板、支撑系统和新浇筑混凝土的重力时，方可进行上层模板安装；否则下层楼板结构的支撑系统不能拆除，同时上层支架的立柱应对准下层支架的立柱，并铺设木垫板。

③ 如采用悬吊模板、桁架支模方法，其支撑结构必须要有足够的强度和刚度。

(25) 烟囱、水塔及其他高大特殊的构筑物模板工程，要进行专门设计，制定专项安全技术措施，并经安全技术主管部门审批。

3. 模板安装安全措施

(1) 浇灌楼层梁、柱混凝土，一般应设浇灌运输道。整体现浇楼面支底模后，浇捣楼面混凝土，不得在底模上用手推车或人力运输混凝土，并应在底模上设置运输混凝土的走道垫板，防止底模松动。

(2) 操作人员上下通行时，不许攀登模板或脚手架，不许在墙顶、独立梁及其他狭窄而无防护栏杆的模板面上行走。

(3) 堆放在模板上的建筑材料要均匀，如集中堆放，荷载集中，则会导致模板变形，影响构件质量。

(4) 模板工程作业高度在 2m 及 2m 以上时，应根据《建筑施工高处作业安全技术规范》(JGJ 80—2016) 的要求进行操作和防护；模板工程作业高度在 4m 以上或二层及二层以上时，周围应设安全网和防护栏杆。

(5) 各工种进行上下立体交叉作业时，不得在同一垂直方向上操作。下层作业的位置，必须处于依上层高度确定的可能坠落范围半径之外。不符合以上条件时，应设置安全防护隔离层。

(6) 模板工程应按楼层，用模板分项工程质量检验评定表和施工组织设计有关内容检查验收，班组长和项目经理部施工负责人均应签字，手续齐全。验收内容包括模板分项工程质量检验评定表的保证项目、基本项目和允许偏差项目及施工组织设计的有关内容。

(7) 冬期施工，对操作地点和人行通道上的冰雪应事先清除；雨期施工，对高耸结构的模板工程作业应安装避雷设施；5 级以上大风天气，不宜进行大块模板的拼装和吊装作业。

(8) 遇 6 级以上大风时，应暂停室外的高空作业。

4. 模板拆除安全措施

(1) 在拆除现浇梁、柱侧模时，要确保梁、柱边角的完整。

(2) 模板拆除作业前，应检查所使用的工具是否牢固，扳手等工具必须用绳链系挂在身上，工作时注意力要集中，防止钉子扎脚和从高处跌落。

(3) 现浇或预制梁、板、柱混凝土模板拆除前，应有 7d 和 28d 龄期强度报告，达到强度要求后，方可拆除模板。

(4) 各类模板拆除的顺序和方法，应根据模板设计的规定进行，如无具体规定，应按先支的后拆，后支的先拆，先拆非承重的模板，后拆承重的模板和支架的顺序进行拆除。

(5) 模板拆除应按区域逐块进行，定型钢模板拆除不得大面积撬落模板、支撑要随拆随运，严禁随意抛掷，拆除后要分类码放。

(6) 在拆除薄壳结构模板时，应从中心向四周均匀放松、向周边对称进行。

(7) 大模板拆除前，要用起重机垂直吊牢，然后进行拆除。

(8) 拆除模板一般采用长撬杠，严禁操作人员站在正在拆除的模板下。在拆除楼板模板时，要注意防止整块模板掉下，尤其是用定型模板做平台模板时，更要注意防止模板突然全部掉下伤人。

(9) 严禁站在悬臂结构上面敲拆底模。严禁在同一垂直平面上操作。

(10) 在拆除较大跨度梁下支柱时，应从跨中开始，分别向两端拆除。在拆除多层楼板支柱时，应确认上部施工荷载不需要传递的情况下方可拆除下部支柱。

（11）当水平支撑在两道以上时，应先拆除两道以上水平支撑，最下一道大横杆与立杆应同时拆除。

（12）拆模高处作业，应配置登高用具或搭设支架，必要时应系安全带。

（13）拆模时必须设置警戒区域，并派人监护。拆模必须拆除干净彻底，不得留有悬空模板。拆下的模板要及时清理，堆放整齐。

（14）拆模间歇时，应将已活动的模板、牵杠、支撑等运走或妥善堆放，防止因踏空、扶空而坠落。

（15）在混凝土墙体、平板上有预留洞时，应在模板拆除后，随即在墙洞上做好安全护栏，或将板的洞盖严。

（16）拆下的模板不准随意向下抛掷，应及时清理。模板临时堆放处离楼层边沿不应小于 1m，堆放高度不得超过 1m，楼层边口、通道、脚手架边缘严禁堆放任何拆下物件。

（17）拆模后模板或木方上的钉子，应及时拔除或敲平，防止钉子扎脚。

（18）模板拆除后，在清扫和涂刷隔离剂时，模板要临时固定好，板面相对停放，之间应留出 50～60cm 宽的人行通道，模板上方要用拉杆固定。

（19）各种模板若露天存放，其下应垫高 30cm 以上，防止受潮。模板不论存放在室内还是室外，都应按不同的规格堆码整齐，并用麻绳或镀锌铁丝系稳。模板堆放不得过高，以免倾倒。

（20）木模板堆放、安装场地附近严禁烟火，当必须在附近进行电、气焊时，应有可靠的防火措施。

8.3.3 钢筋工程施工安全措施

1. 钢筋制作安装安全要求

（1）钢筋加工机械应保证安全装置齐全有效。钢筋加工机械的安装必须坚实稳固，保持水平位置。固定式机械应有可靠的基础，移动式机械作业时应楔紧行走轮。

（2）钢筋加工场地应由专人看管，各种加工机械在作业人员下班后应拉闸断电，非钢筋加工制作人员不得擅自进入钢筋加工场地。外作业应设置机棚，加工机械旁应有堆放原料、半成品的场地。

（3）钢筋在运输和储存时，必须保留标牌，并按批分别堆放整齐，避免锈蚀和污染。钢筋堆放要分散、稳当，防止倾倒和塌落。

（4）现场人工断料，所用工具必须牢固，掌錾子和打锤要站成斜角，注意扔锤区域内的人和物体。切断小于 30cm 的短钢筋，应用钳子夹牢，禁止用手把扶，并在外侧设置防护箱笼罩或朝向无人区。

（5）钢筋冷拉时，冷拉线两端必须装置防护设施。冷拉时严禁在冷拉线两端站人或跨越、触动正在冷拉的钢筋。冷拉卷扬机前应设置防护挡板，没有防护挡板时，应将卷扬机与冷拉方向成 90°角，并采用封闭式导向滑轮，操作时作业人员要站在防护挡板后，冷拉场地不准站人和通行。冷拉钢筋要上好夹具，等人员离开后再发开车信号。发现滑动或其他问题时，要先行停车，放松钢筋后，才能重新进行操作。

(6) 对从事钢筋挤压连接施工的各有关人员应经常进行安全教育，防止发生人身和设备安全事故。

(7) 在高处进行挤压操作时，必须遵守国家现行标准《建筑施工高处作业安全技术规范》(JGJ 80—2016) 的规定。

(8) 多人合运钢筋时，起、落、转、停动作要一致，人工上下传送不得在同一直线上。

(9) 起吊钢筋骨架时，下方禁止站人，待钢筋骨架降落至距安装标高 1m 以内方准靠近，并等就位支撑好后方可摘钩。吊运短钢筋应使用吊笼，吊运超长钢筋应加横担，捆绑钢筋应使用钢丝绳千斤头双条绑扎，禁止用钢丝绳千斤头单条绑扎或用绳索绑扎。在楼层搬运、绑扎钢筋时，应注意不要靠近和碰撞电线，并注意与裸电线的安全距离 (1kV 以下≥4m，1～10kV≥6m)。

(10) 绑扎基础钢筋时，应按施工设计规定摆放钢筋支架或马凳架起上部钢筋，不得任意减少支架或马凳。

(11) 绑扎立柱、墙体钢筋时，不得站在钢筋骨架上和攀登骨架上下。柱筋长度在 4m 以内时，质量不大，可在地面或楼面上绑扎，整体竖起；柱筋长度在 4m 以上时，应搭设工作台。柱、墙、梁骨架应用临时支撑拉牢，以防倾倒。

(12) 绑扎高层建筑的圈梁、挑檐、外墙、边柱钢筋时，应搭设外脚手架或安全网。绑扎时应系好安全带。

(13) 钢筋焊接时必须注意以下要求。

① 操作前应检查焊机和工具，如焊钳和焊接电缆的绝缘、焊机外壳的保护接地、焊机的各接线点等，确认安全合格后方可作业。

② 焊工必须穿戴防护衣具。电弧焊焊工要戴防护面罩。焊工作业时应站在干燥木板或其他绝缘垫上。

③ 室内进行电弧焊作业时，应有排气通风装置。多名焊工在同一地点操作时，相互之间应设挡板，以防弧光刺伤眼睛。

④ 焊接时二次线必须双线到位，严禁借用金属管道、金属脚手架、轨道及结构钢筋作回路地线。

⑤ 焊接过程中，如焊机发生不正常响声，变压器绝缘电阻过小，导线破裂、漏电等，均应立即停机进行检修。

⑥ 大量焊接时，焊接变压器不得超负荷，变压器升温不得超过 60℃，因此，要特别注意遵守焊机暂载率规定，以免焊机过分发热而损坏。

⑦ 电焊作业现场周围 10m 范围内不得堆放易燃易爆物品。

(14) 夜间施工灯光要充足，不准把灯具挂在竖起的钢筋上或其他金属构件上，导线应架空。

(15) 雨、雪、6 级以上 (含 6 级) 大风天气不得露天作业。雨、雪后应清除积水、积雪后方可作业。

2. 钢筋机械作业安全措施

1) 切断机

(1) 机械运转正常，方准断料。断料时，手与刀口的距离不得少于 15cm。活动刀片前进时禁止送料。

（2）切断钢筋禁止超过机械的负载能力。切断低合金钢等特种钢筋时，应用高硬度刀片。

（3）切长钢筋时应有专人扶住，操作时动作要一致，不得任意拖拉。切短钢筋时应用套管或钳子夹料，不得用手直接送料。

（4）切断机旁应设放料台，机械运转中严禁用手直接清除刀口附近的断头和杂物。在钢筋摆动范围和刀口附近，非操作人员不得停留。

2）调直机

（1）机械上不准堆放物件，以防机械振动落入机体。

（2）钢筋装入压滚，手与滚筒应保持一定距离。机器运转中不得调整滚筒。严禁不戴手套操作。

（3）钢筋调直到末端时，人员必须躲开，以防钢筋甩动伤人。

3）弯曲机

（1）钢筋要贴紧挡板，注意放入插头的位置和回转方向，不得弄错。

（2）弯曲长钢筋时，应有专人扶住，并站在钢筋弯曲方向的外面。

（3）钢筋调头弯曲时，应防止碰撞人和物。更换插头、加油和清理，必须在停机后进行。

4）点焊机

（1）点焊机应设在干燥的地方，平稳牢固，要有可靠的接地装置，导线绝缘良好。

（2）焊接前，应根据钢筋截面调整电压，发现焊头漏电，应立即更换，禁止继续使用。

（3）操作时应戴防护眼镜和手套，并站在橡胶板或木板上。工作棚要用防火材料搭设，棚内严禁堆放易燃易爆物品，并备有灭火器材。

8.3.4 混凝土工程施工安全措施

1. 混凝土安全生产的准备工作

混凝土安全生产的准备工作主要是认真检查各种安全设施，尤其是模板支撑、脚手架、操作台、运输道路等，确认各种安全设施是否安全可靠及有无隐患，对于重要的施工部件其安全要求应详细交底。

2. 混凝土搅拌安全措施

（1）搅拌机操作人员必须经过安全技术培训，经考试合格，持有安全作业证者，才准独立操作。搅拌机必须经过检查，并经试车，确定运转正常后，方能正式作业。搅拌机必须安置在坚实的地方并用支架或支架筒架稳，不准用轮胎代替支撑。

（2）起吊爬斗及爬斗进入料仓前，必须发出信号示警。当料斗升起时，严禁人员在料斗下面通过或停留。搅拌机运转过程中，严禁将工具伸入拌和筒内，工作完毕后料斗应用挂钩挂牢固。

（3）搅拌机开动前应检查离合器、制动器、齿轮、钢丝绳等是否良好，滚筒内不得有异物。

（4）搅拌站内必须按规定设置良好的通风与防尘设备，空气中的粉尘含量不得超过国家规定的标准。

（5）清理爬斗坑时，必须停机，固定好爬斗，锁好开关箱后，再进行清理。

3. 混凝土运输安全措施

（1）用机械水平运送混凝土时，司机应遵守交通规定，控制好车辆。用井架、龙门架运送混凝土时，车把不得超出吊盘之外，车轮前后要挡牢，稳起稳落。用塔式起重机运送混凝土时，小车必须焊有牢固的吊环，吊点不得少于4个，并应保持车身平衡；使用专用吊斗时吊环应牢固可靠，吊索钢筋绳应符合起重机械安全规程的要求。用皮带运输机运送混凝土时，必须正确使用防护用品，禁止一切人员在皮带运输机上行走和跨越；皮带运输机发生事故时，应立即停车检修，查明情况。

（2）混凝土泵送设备的放置，距离机坑不得小于2m；设备的停车制动和锁紧制动应同时使用；泵送系统工作时，不得打开任何输送管道和液压管道。用输送泵输送混凝土时，管道接头、安全阀必须完好，管架必须牢固，输送前必须试送，检修时必须卸压。

（3）使用手推车运送混凝土时，其运送通道应合理布置，以使浇灌地点形成回路，避免车辆拥挤阻塞造成事故；运送通道应搭设平坦、牢固，遇钢筋过密时可用马凳支设，马凳间距一般不超过2m。在架子上用手推车运送混凝土时，两手推车之间必须保持一定距离，并右侧通行。车道板单车行走不小于1.4m宽，双车行走不小于2.8m宽。在运料时，不准奔走、抢道或超车。到终点卸料时，推车工人应双手扶牢车柄倒料，严禁双手脱把，防止翻车伤人。

4. 混凝土浇筑作业安全措施

（1）施工人员应严格遵守混凝土浇筑作业安全操作规程。振捣设备应安全可靠，以防发生触电事故。

（2）浇筑混凝土若使用溜槽，溜槽必须牢固；若使用串筒，串筒节间应连接牢靠。在操作部位应设防护栏杆，严禁直接站在溜槽帮上操作。

（3）预应力灌浆应严格按照规定压力进行，输浆管应畅通，阀门接头应严密牢固。

（4）浇筑框架、梁、柱、雨篷、阳台的混凝土时，应搭设操作平台，并有安全防护措施，严禁站在模板或支撑上操作。

8.3.5 钢结构工程施工安全措施

1. 钢零件及钢部件加工安全措施

（1）一切机械、砂轮、电动工具、电气焊等设备都必须设有安全防护装置。

（2）机械和工作台等设备的布置应便于安全操作，通道宽度不得小于1m。

（3）保证电气设备绝缘良好。在使用电气设备时，首先应检查是否有保护接地，接好保护接地后再进行操作。另外，电线的外皮、电焊钳的手柄，以及一些电动工具都要保证良好的绝缘。露天电气开关要设防雨箱并加锁。

（4）凡是受力构件用电焊点固后，在焊接时不准在点焊处起弧，以防熔化塌落。

（5）焊接、切割、气刨前，应清楚现场的易燃易爆物品。离开操作现场前，应切断电源，锁好闸箱。

(6) 焊接或切割锰钢、合金钢、有色金属部件时，应采取防毒措施。接触焊件时，应用绝缘橡胶板或干燥的木板隔离，并隔离容器内的照明灯具。

(7) 在现场进行射线探伤时，周围应设警戒区，并挂“危险”标志牌，现场操作人员应背离射线 10m 以外。在 30°投射角范围内，一切人员都要远离射线 50m 以上。

(8) 构件就位时应用撬棍拨正，不得用手扳或站在不稳固的构件上操作。严禁在构件下面操作。

(9) 用尖头扳子拨正配合螺栓孔时，必须将尖头扳子插入一定深度方能撬动构件，如发现螺栓孔不符合要求，不得用手指塞入检查。

(10) 用撬杠拨正物体时，必须手压撬杠，禁止骑在撬杠上，不得将撬杠放在肋下，以免回弹伤人。在高空使用撬杠时不能向下使劲过猛。

(11) 带电体与地面、带电体之间、带电体与其他设备和设施之间均需要保持一定的安全距离。例如常用的开关设备的安装高度应为 1.3～1.5m，起重吊装的索具、重物等与导线的距离不得小于 1.5m（电压在 4kV 及其以下）。

(12) 工地或车间的用电设备，一定要按要求设置熔断器、断路器、漏电开关等器件。熔断器的熔丝熔断后，必须查明原因，并应由电工更换，不得随意加大熔丝断面或用铜丝代替。

(13) 推拉闸刀开关时，一般应戴好干燥的皮手套，头不要偏斜，以防推拉闸刀开关时被电火花灼伤。

(14) 手持电动工具必须加装漏电开关，在金属容器内施工必须采用安全低电压。

(15) 使用电气设备时，操作人员必须穿胶底鞋、戴胶皮手套，以防触电。

(16) 工作中，当有人触电时，不要赤手接触触电者，而应迅速切断电源，然后立即组织抢救。

(17) 一切材料、构件的堆放必须平整稳固，应放在不妨碍交通和吊装安全的地方，边角余料应及时清除。

2. 钢结构焊接安全措施

(1) 必须在易燃易爆气体或液体扩散区施焊时，应经有关部门检查许可后，方可施焊。

(2) 电焊机要设单独的开关，开关应放在防雨的闸箱内，拉合闸时应戴手套侧向操作。

(3) 焊接预热工件时，应有石棉布或挡板等隔热措施。

(4) 焊钳与把线必须绝缘良好、连接牢固，更换焊条应戴手套。在潮湿地点工作时，应站在绝缘橡胶板或木板上。

(5) 把线、地线禁止与钢丝绳接触，更不得用钢丝绳或机电设备代替零线。所有地线接头必须连接牢固。

(6) 更换场地移动把线时，应切断电源，并不得手持把线爬梯登高。

(7) 多台电焊机在一起集中施焊时，焊接平台或焊件必须接地，并应有隔光板。

(8) 施焊场地周围应清除易燃易爆物品，或进行覆盖、隔离。

(9) 清除焊渣，采用电弧气刨清根时，应戴防护眼镜或面罩，以防止铁渣飞溅伤人。

（10）工作结束后，应切断电焊机电源，并检查操作地点，确认无起火危险后，方可离开。

（11）雷雨时，应停止露天焊接工作。

3. 钢构件预拼装安全措施

（1）每台提升油缸上应装有液压锁，以防油管破裂，重物下坠。

（2）液压和电控系统应采用联锁设计，以免提升系统由于误操作造成事故。

（3）控制系统应具有异常自动停机、断电保护等功能。

（4）钢绞线在安装时，地面应划分安全区，以免重物坠落造成人员伤亡。

（5）在正式施工时，也应划定安全区，高空作业要有安全操作通道，并设有扶梯、栏杆。

（6）在钢构件提升过程中，应指定专人观察地锚、安全锚、油缸、钢绞线等的工作情况，若有异常，应直接报告控制中心。

（7）在钢构件提升过程中，未经许可任何人不得擅自进入施工现场。

（8）雨天或5级以上大风天气应停止提升。

（9）施工过程中，要密切观察网架结构的变形情况。

4. 钢结构安装安全措施

1）防止高空坠落

（1）吊装人员应戴安全帽，高空作业人员应系好安全带、穿防滑鞋、带工具袋。

（2）吊装工作区应有明显标志，并设专人警戒，与吊装无关人员严禁入内。起重机工作时，起重臂杆旋转半径范围内，严禁站人。

（3）运输吊装构件时，严禁在被运输、吊装的构件上站人指挥或放置材料、工具。

（4）高空作业施工人员应站在操作平台或轻便梯子上工作。吊装屋架应在上弦设临时安全防护栏杆或采取其他安全措施。

（5）登高用梯子、吊篮、临时操作台应绑扎牢靠；梯子与地面夹角以60°～70°为宜，临时操作台跳板应铺平绑扎，严禁出现挑头板。

2）防止物体落下伤人

（1）高空往地面运输物件时，应用绳捆好吊下。吊装时，不得在构件上堆放或悬挂零星物件。零星材料和物件必须用吊笼或钢丝绳、保险绳捆扎牢固，才能吊运和传递。不得随意抛掷材料、物件、工具，防止材料、物件、工具滑脱伤人或发生意外事故。

（2）构件绑扎必须牢固，起吊点应通过构件的重心位置，吊升时应平稳，避免振动或摆动。

（3）起吊构件时，速度不应太快，不得在高空停留过久。严禁猛升猛降，以防构件脱落。

（4）构件就位后临时固定前，不得松钩、解开吊装索具。构件固定后，应检查其连接的牢固和稳定情况，当其连接确实安全可靠时，方可拆除临时固定工具并进行下一步吊装。

（5）风雪天、霜雾天和雨天吊装，高空作业应采取必要的防滑措施，如在脚手架、走道、屋面上铺麻袋或草垫。夜间作业应有充分照明。

3）防止起重机倾翻

（1）起重机行驶的道路，必须平整、坚实、可靠，停放地点必须平坦。

(2) 吊装时，应有专人负责统一指挥，指挥人员应选择恰当的地点，并能清楚地看到吊装的全过程。起重机驾驶人员必须熟悉信号，并按指挥人员的各种信号进行操作，遵守现场秩序，服从命令、听从指挥，不得擅自离开工作岗位。指挥信号应事先统一规定，发出的信号要鲜明、准确。

(3) 起重机停止工作时，应刹住回转和行走机构，关闭和锁好司机室门；吊钩上不得悬挂构件，并应将吊钩升到高处，以免吊钩摆动伤人或造成吊车失稳。

(4) 在风力等于或大于6级时，禁止露天进行起重机移动和吊装作业。

4) 防止吊装结构失稳

(1) 构件吊装应按规定的吊装工艺和程序进行，未经计算和可靠的技术措施，不得随意改变或颠倒工艺和程序安装结构构件。

(2) 构件吊装就位，应经初校和临时固定或连接可靠后方可卸钩，最后固定后才能拆除临时固定工具。高宽比很大的单个构件，未经临时或最后固定组成一稳定单元体系前，应设溜绳或斜撑拉（撑）固。

(3) 构件固定后不得随意撬动或移动位置，如需重校，则必须回钩。

(4) 多层结构吊装或分节柱吊装，应吊装完一层（节），经灌浆固定后，方可安装上一层结构或上一节柱。

5. 压型钢板施工安全措施

(1) 压型钢板施工时两端要同时拿起，轻拿轻放，避免滑动或翘头。施工剪切下来的料头要放置稳妥，随时收集，避免坠落。

(2) 非施工人员禁止进入施工楼层，避免焊接弧光灼伤眼睛或晃眼造成摔伤，焊接辅助施工人员应戴墨镜配合施工。施工时下一楼层应有专人监控，防止其他人员进入施工区和焊接火花坠落造成失火。

(3) 施工中工人不可聚集，以免集中荷载过大，造成板面损坏。

(4) 施工的工人不得在屋面奔跑、打闹、抽烟和乱扔垃圾。

(5) 当天吊至屋面上的板材应安装完毕，如果有未安装完的板材应进行临时固定，以免被风刮下，造成事故。

(6) 现场切割过程中，切割机械的底面不宜与彩板面直接接触，最好垫以薄三合板材。

(7) 吊装中不要让彩板与脚手架、柱子、砖墙等发生碰撞或摩擦。

(8) 早上屋面易有露水，坡屋面上彩板面滑，应采取防滑措施。

(9) 不得将其他材料散落在屋面上或污染板材。

(10) 在屋面上施工的工人应穿胶底不带钉子的鞋。

(11) 操作工人携带的工具等应放在工具袋中，如放在屋面上应放在专用的布或其他板材上。

(12) 用密封胶封堵板缝时，应将附着面擦干净，以使密封胶在彩板上有良好的结合面。

(13) 电动工具的连接插座应加防雨措施，避免造成事故。

(14) 板面铁屑清理。板面在切割和钻孔过程中会产生铁屑，这些铁屑必须及时清除，不可过夜。因为铁屑在潮湿空气条件下或雨天会很快锈蚀，在彩板面上形成锈斑，附着于彩板面上，现场很难清除。此外，其他切除的彩板上，铝合金拉铆钉上拉断的铁杆等也应及时清理。

6. 钢结构涂装安全措施

(1) 配制使用乙醇、苯、丙酮等易燃材料的施工现场，应严禁烟火和使用电炉等明火设备，并应配置消防器材。

(2) 配制硫酸溶液时，应将硫酸注入水中，严禁将水注入硫酸中；配制硫酸乙酯时，应将硫酸慢慢注入酒精中，并充分搅拌，温度不得超过60℃，以防酸液飞溅伤人。

(3) 防腐涂料的溶剂，容易挥发出易燃易爆的蒸气，当易燃易爆的蒸气达到一定浓度后，遇火易引起燃烧或爆炸。施工时应加强通风，以降低易燃易爆的蒸气的积聚浓度。

(4) 涂料施工的安全措施主要是要求涂料施工场地要有良好的通风，当在通风条件不好的环境进行涂料施工时，必须安装通风设备。

(5) 使用除锈工具（如钢丝刷、粗挫、风动或电动除锈工具等）清除锈层、工业粉尘、旧漆膜时，要戴上防护眼镜和防尘口罩，以防眼睛受伤和呼吸道被感染。

(6) 在喷涂硝基漆或其他挥发性、易燃性较大的涂料时，应严格遵守防火规则，严禁使用明火，以免失火或引起爆炸。

(7) 高空作业时要系好安全带，双层作业时要戴安全帽；要仔细检查跳板、脚手架、吊篮、云梯、绳索、安全网等施工用具有无损坏、捆扎牢不牢、有无腐蚀或搭接不良等隐患；每次使用之前均应在平地上做起重试验，以防造成事故。

(8) 施工场所的电线，要按防爆等级的规定安装；电动机的启动装置与配电设备，应是防爆式的，要防止漆雾飞溅到照明灯泡上。

(9) 不允许将盛装涂料、溶剂或用剩的漆罐开口放置。浸染涂料或溶剂的破布及废棉纱等物，必须及时清除。涂漆环境或配料房要保持清洁，出入畅通。

(10) 在涂装对人体有害的漆料（如红丹的铅中毒、天然大漆的漆毒、挥发型漆的溶剂中毒等）时，需要戴上防毒口罩、封闭式眼罩等防护用品。

(11) 因操作不小心，涂料溅到皮肤上时，可用木屑加肥皂擦洗；最好不要用汽油或强溶剂擦洗，以免引起皮肤发炎。

(12) 操作人员在进行涂料施工时，如感觉头疼、心悸或恶心，应立即离开施工现场，到通风良好、空气新鲜的地方，如仍感到不适，应速去医院检查治疗。

8.3.6 砌体工程施工安全措施

1. 砖砌工程施工安全措施

(1) 建立健全安全环保责任制度、技术交底制度、奖惩制度等各项管理制度。

(2) 现场施工用电应严格按照《施工现场临时用电安全技术规范》(JGJ 46—2005)执行。

(3) 施工机械应严格按照《建筑机械使用安全技术规程》(JGJ 33—2012) 执行。

(4) 现场各施工面安全防护设施应齐全有效，个人防护用具应正确使用。

2. 砌块砌体工程施工安全措施

(1) 根据工程实际及所需机械设备等情况采取可行的安全防护措施；吊放砌块前应检

查吊索及钢丝绳的安全可靠程度，不灵活或性能不符合要求的严禁使用；堆放在楼层上的砌块，其自重不得超过楼板允许承载力；所使用的机械设备必须安全可靠、性能良好，同时设有限位保险装置；机械设备用电必须符合“三相五线制”及三级保护的规定；操作人员必须戴好安全帽，并佩戴劳动保护用品等；作业层周围必须进行封闭维护，同时设置防护栏杆及张挂安全网；楼层内的预留洞口、电梯口、楼梯口等，必须进行防护，预留洞口采取加盖的方法进行围护，电梯口、楼梯口采取搭设栏杆的方法进行围护。

（2）砌体中的落地灰及碎砌块应及时清理成堆，装车或装袋进行运输，严禁从楼上或架子上抛下。

（3）吊装砌块和构件时应注意其重心位置，禁止用起重扒杆拖运砌块，不得起吊有破裂、脱落危险的砌块。起重扒杆回转时，严禁将砌块停留在操作人员上空或在空中整修、加工砌块。吊装较长构件时应加稳绳。

（4）安装砌块时，不准站在墙上操作或在墙上设置受力支撑、缆绳等。在施工过程中，对稳定性较差的窗间墙、独立柱应加稳定支撑。

（5）当遇到下列情况时，应停止吊装工作。

① 因刮风，使砌块和构件在空中摆动不能停稳时。

② 噪声过大，不能听清楚指挥信号时。

③ 起吊设备、索具、夹具有不安全因素而没有排除时。

④ 大雾天气或照明不足时。

3. 石砌体工程施工安全措施

（1）操作人员应戴安全帽和帆布手套。

（2）搬运石块时应检查搬运工具及绳索是否牢固，抬运石块时应用双绳。

（3）在架子上凿石应注意打凿方向，避免飞石伤人。

（4）用铁锤打石时，应先检查铁锤有无破裂，锤柄是否牢固。打锤要按照石纹走向落锤，锤口要平，落锤要准，同时要看清附近情况有无危险再落锤，以免伤人。

（5）不准在墙顶或脚手架上整修石材，以免振动影响墙体质量或石片掉下伤人。

（6）砌筑时，脚手架上堆石不宜过多，应随砌随运。

（7）堆放材料必须离开槽、坑、沟边沿 1m 以外，堆放高度不得超过 0.5m；往槽、坑、沟内运石料及其他物质时，应用溜槽或吊运，下方严禁有人停留。

（8）墙身砌体高度超过地坪 1.2m 时，应搭设脚手架。

（9）石块不得往下掷。运石上下时，脚手板要钉装防滑条及扶手栏杆。

（10）砌筑时用的脚手架和防护栏杆应经检查验收方可使用，施工中不得随意拆除或改动。

4. 填充墙砌体工程施工安全措施

（1）砌体施工脚手架要搭设牢固。

（2）外墙施工时，必须有外墙防护及施工脚手架，墙与脚手架间的间隙应封闭，以防高空坠物伤人。

（3）严禁站在墙上做划线、吊线、清扫墙面、支设模板等施工作业。

（4）现场施工机械应根据《建筑机械使用安全技术规程》（JGJ 33—2012）检查各部件工作是否正常，确认运转合格后方能投入使用。

(5) 现场临时用电必须按照施工方案布置完成并根据《施工现场临时用电安全技术规范》(JGJ 46—2005) 检查合格后方能投入使用。

(6) 在脚手架上，堆放普通砖不得超过两层。

(7) 现场应实行封闭化施工，以有效控制噪声、扬尘、废物、废水等的排放。

(8) 操作时精神要集中，不得嬉戏打闹，以防止意外事故发生。

8.4 装饰工程施工安全措施

8.4.1 饰面作业安全措施

1. 饰面作业安全要求

(1) 施工前班组长应对所有人员进行有针对性的安全交底。

(2) 外装饰为多工种立体交叉作业，必须设置可靠的安全防护隔离层。

(3) 贴面使用的预制件、大理石、瓷砖等，应堆放整齐平稳，边用边运。安装要稳拿稳放，待灌浆凝固稳定后，方可拆除临时设施。

(4) 瓷砖墙面作业时，瓷砖碎片不得向窗外抛扔。剔凿瓷砖时应戴防护眼镜。

(5) 电钻、砂轮等手持电动工具，必须装有漏电保护器，作业前应进行试机检查；作业人员作业时应戴绝缘手套。

(6) 夜间操作应有足够的照明。

(7) 遇有6级以上大风、大雨、大雾，应停止室外高处作业。

2. 喷 (刷) 浆安全措施

(1) 喷浆设备使用前应检查，使用后应洗净。喷头堵塞，疏通时不准对人。

(2) 喷浆要戴口罩、手套和保护镜，穿工作服，手上、脸上最好抹上护肤油脂（凡士林等)。

(3) 喷浆要注意风向，尽量减少污染及避免喷洒到他人身上。

(4) 使用人字梯时，拉绳必须结实、牢固。作业人员不得站在最上一层操作，不准站在梯子上移位。梯子脚下要绑胶布防滑。

(5) 活动架子应牢固、平稳，移动时人要从活动架子上下来。移动式操作平台面积不应超过 $10m^2$，高度不应超过5m。

3. 外檐装饰抹灰安全措施

(1) 施工前应对抹灰工进行必要的安全和技能培训，未经培训或考试不合格者不得上岗作业，更不得使用童工、未成年工、身体有疾病的人员作业。

(2) 对脚手板不牢固之处和翘头板等应及时处理。脚手板要铺有足够的宽度，以保证手推车运灰浆时的安全。

(3) 脚手架上的材料要分散放稳，不得超过允许荷载（装修架不得超过 $200kg/m^2$，集中载荷不得超过 150kg/m^2)。

(4) 不准随意拆除、弄断脚手架的软硬拉结,不准随意拆除脚手架的安全设施。如脚手架的软硬拉结和安全设施妨碍施工,必须经施工负责人批准后,方能拆除妨碍部位。

(5) 使用吊篮进行外墙抹灰时,吊篮设备必须具备“三证”(即检验报告、生产许可证、产品合格证),并对抹灰人员进行吊篮操作培训。专篮应专人使用,更换人员必须经安全管理人员批准并重新培训、登记。作业人员在吊篮上作业时必须系好安全带,且必须系在专用保险绳上。

(6) 吊篮架子升降由架子工负责,非架子工不得擅自拆改或升降。作业过程中遇有脚手架与建筑物之间拉接,未经领导同意,严禁拆除;必要时由架子工负责采取加固措施后方可拆除。

(7) 井架吊篮起吊或放下时,必须关好井架安全门,头、手不得伸入井架内,待吊篮停稳,方能进入吊篮内工作。采用井字架、龙门架、外用电梯垂直运送材料时,应预先检查卸料平台通道的两侧边安全防护是否齐全、牢固,吊盘(笼)内小推车必须加挡车板,不得向井内探头张望。

(8) 在架子上工作时,工具和材料要放置稳当,不准随便乱扔。

(9) 砂浆机应有专人操作、维修、保养,电气设备应绝缘良好并接地,且做到二级漏电保护。

(10) 用塔式起重机上料时,要有专人指挥,遇 6 级以上大风时应暂停作业。

(11) 高空作业时,特别是大风及雨后作业,应检查脚手架是否牢固。

4. 室内水泥砂浆抹灰安全措施

(1) 操作前应检查架子、高凳等是否牢固,如发现有不安全的地方应立即做加固等处理,不准用 50mm×100mm、50mm×200mm 木料(2m 以上跨度)及钢模板等作为立人板。

(2) 搭设脚手板不得有翘头板,脚手板不得搭设在门窗、暖气片、洗脸池等非承重的物器上。阳台通廊部位抹灰,外侧必须挂设安全网。严禁踩踏脚手架的防护栏杆和阳台栏板进行操作。

(3) 室内抹灰使用的木凳和金属支架应搭设平稳、牢固,脚手板高度不得大于 2m,架子上堆放材料不得过于集中,存放砂浆的灰斗、灰桶等要放稳。

(4) 室内抹灰采用高凳上铺设脚手板时,铺设宽度不得少于 2 块脚手板,高凳间距不得大于 2m。移动高凳时上面不得站人,作业人员最多不得超过 2 人。作业高度超过 2m 时,应由架子工搭设脚手架。

(5) 在室内推运输小车时,特别是在过道中拐弯时要注意防止小车挤手。在推小车时不准倒退。

(6) 在高大的门、窗旁作业时,必须将门、窗扇关好,并插上插销。

(7) 严禁从窗口向下随意抛掷东西。

(8) 搅拌与抹灰时(尤其在抹顶棚时),应注意灰浆溅落眼内。

8.4.2 玻璃及玻璃幕墙安装安全措施

1. 玻璃安装安全措施

（1）切割玻璃时，应在指定场所进行。切下的边角余料应集中堆放、及时处理，不得随地乱丢。

（2）搬运和安装玻璃时，应注意行走路线，佩戴手套，防止玻璃划伤。

（3）安装门、窗及安装玻璃时，严禁操作人员站在樘子、阳台栏板上操作。门、窗临时固定，封填材料未达到强度时，严禁手拉门、窗进行攀登。

（4）使用的工具、钉子应装在工具袋内，不准口含铁钉。

（5）玻璃未钉牢固前，不得中途停工，以防掉落伤人。

（6）安装窗扇玻璃时，不能在垂直方向的上下两层间同时安装，以免玻璃破碎时掉落伤人。

（7）安装玻璃不得将梯子靠在门窗扇上或玻璃上。

（8）在高处安装玻璃时，必须系安全带、穿软底鞋，应将玻璃放置平稳，垂直下方禁止通行。安装屋顶采光玻璃，应铺设脚手板。

（9）在高处外墙安装门窗而无外脚手架时应张挂安全网。无安全网时，操作人员应系好安全带，其保险钩应挂在操作人员上方的可靠物件上。操作人员的重心应位于室内，不得在窗台上站立。

（10）施工时严禁从楼上向下抛撒物料。安装或更换玻璃要有防止玻璃坠落措施。

（11）施工中使用的电动工具及电气设备，均应符合国家现行标准《施工现场临时用电安全技术规范》（JGJ 46—2005）的规定。

（12）门窗扇玻璃安装完后，应随即将风钩挂好或插上插销，以免因刮风而打碎玻璃。

（13）储存时，要将玻璃摆放平稳，立面平放。

2. 玻璃幕墙安装安全措施

（1）安装构件前应检查混凝土梁、柱的强度等级是否达到要求，预埋件焊接是否牢靠、不松动；不准使用膨胀螺栓与主体结构拉结。

（2）严格按照施工组织设计方案及安全技术措施施工。

（3）吸盘机必须有产品合格证和产品使用证明书，使用前必须确保电源电线、电动机绝缘良好无漏电，重复接地和接保护零线牢靠，触电保护器动作灵敏，液压系统连接牢固、无漏油、压力正常，并进行吸附力和吸持时间试验，符合要求后，方可使用。

（4）遇有大雨、大雾或5级及以上大风，必须立即停止作业。

8.4.3 涂饰工程施工安全措施

1. 涂饰工程施工安全要求

（1）严格执行安全技术交底工作，坚持特殊工种持证上岗制度。施工人员进场前必须进行教育培训，考试合格后方可进场施工。

（2）涂料（汽油、漆料、稀料）应单独存放在专用库房内，不得与其他材料混放。易

挥发的汽油、稀料应装入密闭容器中，严禁在库房内吸烟和使用任何烟火，照明灯具必须防爆。施工现场严禁吸烟及使用任何明火和可导致火灾的电气设备，并有专职消防员在现场监察旁站，现场设置足够的消防器材，确保满足灭火要求。

（3）库房应通风良好，并设置消防器材和“严禁烟火”的明显标志。库房与其他建筑物应保持一定的安全距离。

（4）沾染油漆的棉纱、破布、油纸等废物，应收集存放在有盖的金属容器内，并及时处理。

（5）施工现场一切用电设施均须安装漏电保护装置，施工用电动工具应正确使用。

（6）室内照明电压使用36V，地下室照明电压使用24V。电线不可拖地，严禁无证操作。

（7）配备足够的灭火器（一般情况按照200m^{2}一个灭火器的密度）。消防器材要设在易发生火灾隐患或位置明显处，所有的消防器材均要涂上红油漆，设置标志牌。要保障消防道路的畅通。

（8）作业人员应注意如下事项。

① 严禁从高处向下方投掷或者从低处向高处投掷物料、工具。

② 清理楼内物料时，应设溜槽或使用垃圾桶或垃圾袋。

③ 手持工具和零星物料应随手放在工具袋内。

④ 如感到头痛、恶心、心闷和心悸等，应停止作业，到户外通风处换气。

⑤ 从事有机溶剂、腐蚀和其他损坏皮肤的作业时，应使用橡胶或塑料专用手套。不能用粉尘过滤器代替防毒过滤器，因为有机溶剂蒸气可以直接通过粉尘过滤器等。

2. 涂料工程施工安全措施

（1）施工中使用油漆、稀料等易燃物品时，应限额领料。禁止交叉作业，禁止在作业场分装、调料。

（2）施工前，应将易弄脏部位用塑料布、水泥衣或油毡纸遮挡盖好，不得把白灰浆、油漆、腻子洒到地上或沾到门窗、玻璃和墙上。

（3）在施工过程中，必须遵守“先防护，后施工”的规定。施工人员必须戴安全帽、穿工作服和工作鞋，严禁在没有任何防护措施的情况下违章作业。

（4）使用煤油、汽油、松香水、丙酮等调配油料时，应穿戴好防护用品，严禁吸烟。熬胶、熬油必须远离建筑物，在空旷的地方进行，严防发生火灾。

（5）在室内或容器内喷涂时，应戴防护镜。喷涂挥发性溶液和快干油漆时，应戴防护口罩；严禁吸烟，作业场所周围不准有火种并应保持良好的通风。

（6）刷涂外开窗扇时，应将安全带挂在牢固的地方。刷涂封檐板、水落管等时，应搭设脚手架或吊架。在大于25℃的铁皮屋面上刷油时，应设置活动板梯、防护栏杆和安全网。

（7）使用喷灯时，加油不得过满，打气不应过足，使用时间不宜过长，点灯时火嘴不准对人；加油应待喷灯冷却后进行；离开工作岗位时，必须将火熄灭。

（8）喷砂机械设备的防护设备必须齐全可靠。

（9）用喷砂除锈时，喷嘴接头要牢固，不准对人。喷嘴堵塞时，应停机消除压力后，方可进行修理或更换。

（10）使用喷浆机时，电动机接地必须可靠，电线绝缘必须良好。手上沾有浆水时，不准开关电闸，以防触电。通气管或喷嘴发生故障时，应关闭闸门后再进行修理。喷嘴堵塞时，疏通时不准对人。

（11）采用静电喷漆时，为避免静电聚集，喷漆室（棚）应有接地保护装置。

（12）使用合页梯作业时，梯子坡度不宜过限，梯子下挡应用绳子拴好，梯子脚应绑扎防滑物。在合页梯上搭设架板作业时，两人不得挤在一处作业，而应分段顺向进行，以防人员集中发生危险。使用单梯工作时，梯子与地面的斜角度宜为60°。

（13）使用人字梯时应遵守以下规定。

① 高度2m以下作业（超过2m按规定搭设脚手架）使用的人字梯应四脚落地，摆放平稳，梯子脚应设防滑皮垫和保险拉链。

② 人字梯上搭铺脚手板，脚手板两端搭接长度不得小于20cm。脚手板中间不得同时两人操作。梯子挪动时，作业人员必须下来，严禁站在梯子上踩高跷式挪动。人字梯顶部铰轴不准站人、不准铺设脚手板。

③ 人字梯应经常检查，发现开裂、腐朽、榫头松动、缺档等不得使用。

（14）空气压缩机压力表和安全阀必须灵敏有效。高压气管各种接头必须牢固，修理料斗气管时应关闭气门。试喷时不准对人。

（15）防水作业上方和周围10m以内禁止动用明火交叉作业。

（16）临边作业必须采取防坠落的措施。外墙、外窗、外楼梯等高处作业时，应系好安全带，安全带应高挂低用，挂在牢靠处。涂刷窗户时，严禁站在或骑在窗栏上操作。刷封沿板或水落管时，应在脚手架或专用操作平台架上进行。

（17）在施工休息、吃饭、收工后，现场的油漆等易燃材料要清理干净，油料临时堆放处要派专人看守，防止无人看守易燃物品引起火灾。

（18）作业后应及时清理现场遗料，运到指定位置存放。

3. 油漆工程施工安全措施

（1）油漆涂料的配置应遵守以下规定。

① 油漆涂料应在通风良好的房间内进行调制。调制有害油漆涂料时，应戴好防毒口罩、防护眼镜，穿好与之相适应的个人防护用品，工作完毕应冲洗干净。

② 操作人员应进行体检，患有眼病、皮肤病、气管炎、结核病者不宜从事此项事业。

③ 高处作业时必须支搭平台，平台下方不得站人。

④ 工作完毕，各种油漆涂料的溶剂桶（箱）要加盖封严。

（2）在用钢丝刷、板锉、气动工具、电动工具清除铁锈和铁鳞时，为避免眼睛受到伤害，需戴上防护眼镜。

（3）在涂刷或喷涂对人体有害的油漆涂料时，需戴防护口罩；如对眼睛有害，需戴密闭式防护眼镜进行保护。

（4）在涂刷红丹防锈漆及含铅颜料的油漆涂料时，应注意防止铅中毒，操作时要戴防护口罩。

（5）在喷涂硝基漆或其他挥发性、易燃性溶剂稀释的涂料时，不准使用明火。

（6）为了避免静电集聚引起事故，对罐体涂漆或喷涂应安装接地线装置。

（7）涂刷大面积场地时，（室内）照明和电气设备必须按防火等级规定进行安装。

（8）在配料或提取易燃品时严禁吸烟，浸擦过清油、清漆、油的棉纱或擦手布不能随便乱丢。

(9) 不得在同一脚手板上交接工作面。

(10) 油漆仓库明火不准入内，须配备灭火器。不准装小太阳灯。

8.5 高处、临边、洞口作业安全技术

8.5.1 高处作业安全技术

凡在坠落高度基准面2m以上（含2m）有可能坠落的高处进行的作业均称为高处作业。其有两个含义：一是相对概念，可能坠落的底面高度大于或等于2m，就是说不论在单层、多层或高层建筑物作业，即使是在平地，只要作业处的侧面有可能导致人员坠落的坑、井、洞或空间，其高度达到2m及其以上，就属于高处作业；二是高低差距标准定为2m，因为一般情况下，当人在2m以上的高度坠落时，就很可能会造成重伤、残废甚至死亡。

因此，对高处作业的安全技术措施在开工以前就须特别留意以下有关事项。

1. 一般规定

(1) 技术措施及所需料具应完整地列入施工计划。

(2) 应进行技术教育和现场技术交底。

(3) 所有安全标志、工具和设备等，在施工前应逐一检查。

(4) 应做好对高处作业人员的培训考核等。

2. 高处作业的级别

高处作业的级别可分为4级，即作业高度在2.5～5m时，为一级高处作业；作业高度在5～15m时，为二级高处作业；作业高度在15～30m时，为三级高处作业；作业高度大于30m时，为特级高处作业。

高处作业又分为一般高处作业和特殊高处作业。一般高处作业是指除特殊高处作业以外的高处作业。特殊高处作业又分为8类。

特殊高处作业的分类如下。

(1) 在阵风风力6级（风速10.8m/s）以上的情况下进行的高处作业，称为强风高处作业。

(2) 在高温或低温环境下进行的高处作业，称为异温高处作业。

(3) 降雪时进行的高处作业，称为雪天高处作业。

(4) 降雨时进行的高处作业，称为雨天高处作业。

(5) 室外完全采用人工照明时进行的高处作业，称为夜间高处作业。

(6) 在接近或接触带电体条件下进行的高处作业，称为带电高处作业。

(7) 在无立足点或无牢靠立足点的条件下进行的高处作业，称为悬空高处作业。

(8) 对突然发生的各种灾害事故进行抢救的高处作业，称为抢救高处作业。

3. 高处作业的标记

高处作业的分级，以级别、类别和种类做标记。一般高处作业做标记时，应写明级别

和种类；特殊高处作业做标记时，应写明级别和类别，种类可省略不写。

4. 高处作业时的安全防护技术措施

(1) 凡是进行高处作业施工的，应使用脚手架、平台、梯子、防护围栏、挡脚板、安全带和安全网等。作业前应认真检查所用的安全设施是否牢固、可靠。

(2) 凡从事高处作业人员应接受高处作业安全知识教育；特殊高处作业人员应持证上岗，上岗前应依据有关规定进行专门的安全技术交底。采用新工艺、新技术、新材料和新设备的，应按规定对作业人员进行相关安全技术教育。

(3) 高处作业人员应经过体检，合格后方可上岗。施工单位应为作业人员提供合格的安全帽、安全带等必备的个人安全防护用具，作业人员应按规定正确佩戴和使用。

(4) 施工单位应按类别，有针对性地将各类安全警示标志悬挂于施工现场各相应部位，夜间应设红灯示警。

(5) 高处作业所用工具、材料严禁投掷，上下立体交叉作业确有需要时，中间须设隔离设施。

(6) 高处作业应设置可靠扶梯，作业人员应沿着扶梯上下，不得沿着立杆与栏杆攀登。

(7) 在雨雪天施工应采取防滑措施，当风速在 10.8 m/s 以上和雷电、暴雨、大雾等气候条件下，不得进行露天高处作业。

(8) 高处作业上下应设置联系信号或通信装置，并指定专人负责。

(9) 高处作业前，工程项目部应组织有关部门对安全防护设施进行验收，经验收合格签字后方可作业。需要临时拆除或变动安全设施的，应经项目技术负责人审批签字，并组织有关部门验收，经验收合格签字后方可实施。

5. 高处作业时的注意事项

(1) 发现安全措施有隐患时，立即采取措施，消除隐患，必要时停止作业。

(2) 遇到各种恶劣天气时，必须对各类安全设施进行检查、校正、修理使之完善。

(3) 现场的冰霜、水、雪等均须清除。

(4) 搭拆防护棚和安全设施，需设警戒区，有专人防护。

8.5.2 临边作业安全技术

在建筑工程施工中，施工人员大部分时间处在未完成的建筑物的各层各部位或构件的边缘处作业。临边的安全施工一般须注意 3 个问题。

(1) 临边处在施工过程中是极易发生坠落事故的场合。

(2) 必须明确哪些场合属于规定的临边，这些地方不得缺少安全防护设施。

(3) 必须严格遵守防护规定。

在施工现场，当作业中工作面的边沿没有围护设施或围护设施的高度低于 80cm 时的作业称为临边作业。例如，在沟、坑、槽边、深基础周边、楼层周边、梯段侧边、平台或阳台边、屋面周边等地方施工。如果忽视临边作业的安全问题就容易出现安全事故，因此要保证临边作业安全必须做好安全防护措施。

在进行临边作业时设置的安全防护设施主要为防护栏杆和安全网，下面主要介绍防护栏杆的设置。

1. 防护栏杆设置情形

防护栏杆形式和构造较为简单，所用材料为施工现场所常用，无须专门采购，可节省费用，更重要的是效果较好。以下 3 种情况必须设置防护栏杆。

（1）基坑周边、尚未安装栏板的阳台、料台与各种挑平台周边、雨篷与挑檐边、无外脚手架的屋面和楼层边，以及水箱与水塔周边等处，都必须设置防护栏杆。

（2）分层施工的楼梯口和梯段边，必须安装临边防护栏杆；顶层楼梯口应随工程结构的进度安装正式栏杆或者临时防护栏杆；梯段旁边也应设置两道栏杆，作为临时防护栏杆。

（3）垂直运输设备如井架、施工用电梯等与建筑物相连接的通道两侧边，也需加设防护栏杆。防护栏杆的下部还必须加设挡脚板、挡脚竹笆或者金属网片。

2. 防护栏杆的选材和构造要求

临边的防护栏杆由栏杆立柱和上下两道横杆组成，其中上横杆称为扶手。防护栏杆的材料应按规范标准的要求选择，选材时除需满足力学条件外，其规格尺寸和连接方式还应符合构造上的要求，应紧固而不动摇，能够承受突然冲击，阻挡人员在可能状态下的下跌和防止物料的坠落，还要有一定的耐久性。

搭设临边防护栏杆时应注意以下要求。

（1）上横杆离地高度为 1.0～1.2m，下横杆离地高度为 0.5～0.6m，坡度大于 1∶2.2 的屋面，防护栏杆应设置为 1.5m，并加挂安全立网。除经设计计算外，当横杆长度大于 2m 时，必须加栏杆立柱。

（2）栏杆立柱的固定应符合下列要求。

① 当在基坑四周固定时，可采用钢管并打入地面 50～70cm 深。钢管离边口的距离不应小于 50cm。当基坑周边采用板桩时，钢管可打在板桩外侧。

② 当在混凝土楼面、屋面或墙面固定时，可用预埋件与钢管或钢筋焊牢。采用竹栏杆时，可在预埋件上焊接 30cm 长的∟ 50×5 角钢。其上下各钻一孔，然后用 10mm 螺栓与竹、木杆件拴牢。

③ 当在砖或砌块等砌体上固定时，可预先砌入规格相适应的 80mm×6mm 弯转扁钢作预埋铁的混凝土块，然后用上项方法固定。

（3）栏杆立柱的固定及其与横杆的连接，其整体构造应使防护栏杆在上横杆任何处都能经受任何方向的 1000N 外力。当防护栏杆所处位置有发生人群拥挤、车辆冲击或物件碰撞等可能时，应加大上下横杆截面或加密栏杆立柱距离。

（4）防护栏杆必须自上而下用安全立网封闭。

这些要求是根据实践和计算而做出的。例如上横杆的高度，是从人身受到冲击后，冲向上横杆时要防止重心高于上横杆，导致从杆上翻出去考虑的；防护栏杆的受力强度应能防止受到大个子人员的突然冲击时，防护栏杆不受损坏；栏杆立柱的固定须使它在受到可能出现的最大冲击时，不致被冲倒或拉出。

3. 防护栏杆的计算

临边防护栏杆主要用于防止人员坠落，能够经受一定的撞击或冲击，在受力性能上耐受 1000N 的外力，所以除结构构造上应符合规定外，还应经过一定的计算，方能确保安全。此项计算应纳入施工组织设计。

8.5.3 洞口作业安全技术

施工现场洞口旁的作业称为洞口作业。在水平方向的楼面、屋面、平台等上面短边小于25cm（大于2.5cm）的称为孔，等于或大于25cm的称为洞。在垂直于楼面、地面的垂直面上，则高度小于75cm的称为孔，高度等于或大于75cm、宽度大于45cm的均称为洞。凡深度在2m及2m以上的桩孔、人孔、沟槽与管道等孔洞边沿上的高处作业都属于洞口作业。如因特殊工序需要而产生使人与物有坠落危险及危及人身安全的各种洞口，都应该按洞口作业加以防护，否则就会造成安全事故。

1. 洞口作业时的安全防护措施要求

（1）洞口作业时，根据具体情况一般采取设置防护栏杆、加盖件、张挂安全网与装栅门等措施。

（2）楼板面的洞口，可用竹、木等作盖板，盖住洞口。盖板须能保持四周搁置均衡，并有固定其位置的措施。

（3）短边边长为50cm×150cm的洞口，必须设置以扣件扣接钢管而成的网格，并在其上满铺竹笆或脚手板；也可采用贯穿于混凝土板内的钢筋构成防护网，钢筋网格间距不得大于20cm。

（4）边长在150cm以上的洞口，四周须设防护栏杆，洞口下应张设安全平网。

（5）墙面等处的竖向洞口，凡落地的洞口应加装开关式、工具式或固定式的防护门，门栅网格的间距不应大于15cm；也可采用防护栏杆，下设挡脚板（笆）。

（6）下边沿至楼板或底面低于80cm的窗台等竖向的洞口，如侧边落差大于2m，应加设1.2m高的临时防护栏杆。

2. 洞口作业防护设施的构造形式

一般来讲，洞口作业防护设施的构造形式可分为3类。

（1）洞口防护栏杆，通常采用钢管。

（2）利用混凝土楼板，采用钢筋网片或利用结构钢筋或加密的钢筋网片等。

（3）垂直方向的电梯井口与洞口，可设木栏门、铁栅门及各种开启式或固定式的防护门。

洞口防护栏杆的力学计算和防护设施的构造形式应符合规范要求。

8.6 临时用电安全管理

8.6.1 临时用电安全管理基本要求

施工现场临时用电应按《施工现场临时用电安全技术规范》（JGJ 46—2005）的要求，

从用电环境、接地接零、配电线路、配电箱及开关、照明等安全用电方面进行安全管理和控制，从技术上、制度上确保施工现场临时用电安全。

1. 电工及用电人员要求

由于在建筑业中发生的很多触电事故，是与管理上的安全用电意识差及工人的安全用电知识不足有关，因此，全员进行安全用电科普教育，人人自觉学习掌握安全用电基本知识，不断增强安全用电意识，遵守安全用电制度和规范，对遏制触电事故频发，是十分重要的。

(1) 电工必须经过按国家现行标准考核合格后，持证上岗工作；其他用电人员必须通过相关安全教育培训和技术交底，考核合格后方可上岗工作。

(2) 安装、巡检、维修或拆除临时用电设备和线路，必须由电工完成，并应有人监护。

(3) 电工等级应同工程的难易程度和技术复杂性相适应。

(4) 各类用电人员应掌握安全用电基本知识和所用设备的性能，并应符合下列规定。

① 使用电气设备前必须按规定穿戴和配备好相应的劳动防护用品，并应检查电气装置和保护设施，严禁设备带“缺陷”运转。

② 保管和维护所用设备，发现问题应及时报告解决。

③ 现场暂时停用设备的开关箱必须分断电源隔离开关，并应关门上锁。

④ 移动电气设备时，必须经电工切断电源并做妥善处理后进行。

据有关资料统计，由于人的因素造成触电伤亡事故占整个触电伤亡事故的80%以上。因此，抓好人的素质培养，控制人的事故行为心态，是搞好施工现场安全用电的关键。

2. 外电线路和电气设备防护

1) 外电线路防护

外电线路是指施工现场除临时用电线路外的任何电力线路。外电线路一般为架空线路，个别现场也会遇到埋地电缆。施工企业必须严格按有关规范的要求妥善处理好外电线路的防护工作，否则极易造成触电事故而影响工程施工的正常进行。为此，外电线路防护必须符合以下要求。

(1) 在建工程不得在外电架空线路正下方施工、搭设作业棚、建造生活设施，或堆放构件、架具、材料及其他杂物等。

(2) 在建工程（含脚手架）的周边与外电架空线路的边线之间的最小安全操作距离应符合表8-3的规定。

表8-3 在建工程（含脚手架）的周边与外电架空线路的边线之间的最小安全操作距离

外电架空线路电压等级/kV	<1	1～10	35～110	220	330～500
最小安全操作距离/m	4.0	6.0	8.0	10.0	15.0

注：上、下脚手架的斜道不宜设在有外电架空线路的一侧。

(3) 施工现场的机动车道与外电架空线路交叉时，外电架空线路的最低点与路面的最小垂直距离应符合表8-4的规定。

表 8-4　外电架空线路的最低点与路面的最小垂直距离

外电架空线路电压等级/kV	<1	1～10	35
最小垂直距离/m	6.0	7.0	7.0

(4) 起重机严禁越过无防护设施的外电架空线路作业。在外电架空线路附近吊装时，起重机的任何部位或被吊物边缘在最大偏斜时与外电架空线路边线的最小安全距离应符合表 8-5 的规定。

表 8-5　起重机的任何部位或被吊物边缘在最大偏斜时与外电架空线路边线的最小安全距离

最小安全距离/m	电压/kV						
	<1	10	35	110	220	330	500
沿垂直方向	1.5	3.0	4.0	5.0	6.0	7.0	8.5
沿水平方向	1.5	2.0	3.5	4.0	6.0	7.0	8.5

(5) 施工现场开挖沟槽边缘与外电埋地电缆沟槽边缘之间的距离不得小于 0.5m。

(6) 当达不到第 (2) ～ (4) 条中的规定时，必须采取绝缘隔离防护措施，并应悬挂醒目的警告标志。

(7) 防护设施宜采用木、竹或其他绝缘材料搭设，不宜采用钢管等金属材料搭设。防护设施应坚固、稳定，且对外电线路的隔离防护应达到 IP30 级。

(8) 架设防护设施时，必须经有关部门批准，采用线路暂时停电或其他可靠的安全技术措施，并应有电气工程技术人员和专职安全人员监护。

(9) 防护设施与外电线路之间的安全距离不应小于表 8-6 所列的数值。

表 8-6　防护设施与外电线路之间的最小安全距离

外电线路电压等级/kV	≤10	35	110	220	330	500
最小安全距离/m	1.7	2.0	2.5	4.0	5.0	6.0

(10) 在外电架空线路附近开挖沟槽时，必须会同有关部门采取加固措施，防止外电架空线路电杆倾斜、悬倒。

2) 电气设备防护

(1) 电气设备现场周围不得存放易燃易爆物、污染源和腐蚀介质，否则应予清除或做防护处置，其防护等级必须与环境条件相适应。

(2) 电气设备设置场所应能避免物体打击和机械损伤，否则应做防护处置。

8.6.2　电气设备接零或接地安全要求

1. 一般规定

(1) 在施工现场专用变压器的供电的 TN-S 接零保护系统中，电气设备的金属外壳必须与保护零线连接。保护零线应由工作接地线、配电室（总配电箱）电源侧零线或总漏电

保护器电源侧零线处引出（图8.2）。

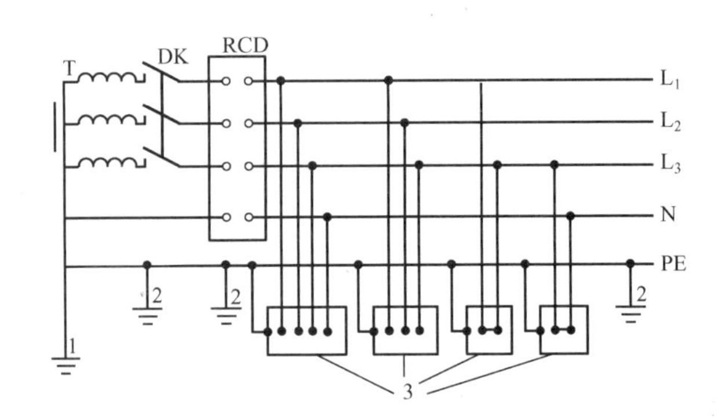

1—工作接地；2—PE线重复接地；3—电气设备金属外壳（正常不带电的外露可导电部分）；L_1、L_2、L_3—相线；N—工作零线；PE—保护零线；DK—总电源隔离开关；RCD—总漏电保护器（兼有短路、过载、漏电保护功能的漏电断路器）；T—变压器。

图8.2　专用变压器供电时TN-S接零保护系统示意

（2）当施工现场与外电线路共用同一供电系统时，电气设备的接地、接零保护应与原系统保持一致。不得一部分设备做保护接零，另一部分设备做保护接地。

（3）采用TN系统做保护接零时，工作零线（N线）必须通过总漏电保护器，保护零线（PE线）必须由电源进线零线重复接地处或总漏电保护器电源侧零线处，引出形成局部TN-S接零保护系统（图8.3）。

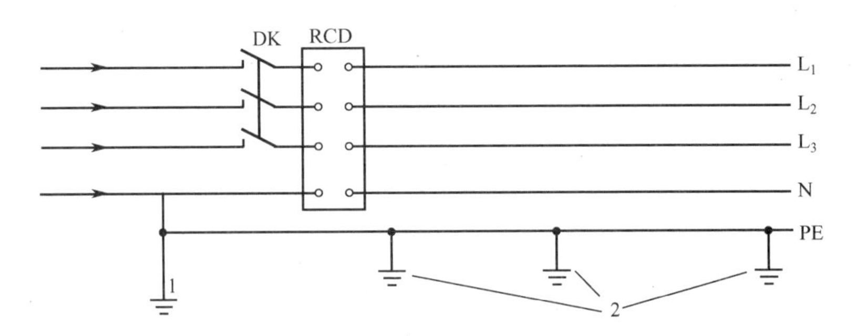

1—N线；2—PE线重复接地；L_1、L_2、L_3—相线；N—工作零线；PE—保护零线；DK—总电源隔离开关；RCD—总漏电保护器（兼有短路、过载、漏电保护功能的漏电断路器）。

图8.3　三相四线供电时局部TN-S接零保护系统保护零线引出示意

（4）在TN接零保护系统中，通过总漏电保护器的N线与PE线之间不得再做电气连接。

（5）在TN接零保护系统中，PE线应单独敷设。重复接地线必须与PE线相连接，严禁与N线相连接。

（6）使用一次侧由50V以上电压的接零保护系统供电，二次侧为50V及以下电压的安全隔离变压器时，二次侧不得接地，并应将二次线路用绝缘管保护或采用橡皮护套软线。

（7）当采用普通隔离变压器时，其二次侧一端应接地，且变压器正常不带电的外露可导电部分应与一次回路 PE 线相连接。

(8) 变压器应采取防直接接触带电体的保护措施。

(9) 施工现场的临时用电电力系统严禁利用大地做相线或零线。

(10) TN 系统中的 PE 线除必须在配电室或总配电箱处做重复接地外，还必须在配电系统的中间处和末端处做重复接地。

(11) 在 TN 系统中，严禁将单独敷设的 N 线再做重复接地。

(12) 接地装置的设置应考虑土壤干燥或冻结及季节变化的影响，并应符合表 8-7 的规定。接地电阻值在四季中均应符合要求，但防雷装置的冲击接地电阻值只考虑在雷雨季节中土壤干燥状态的影响。

表 8-7 接地装置的季节系数

埋深/m	水平接地体	长 2～3m 的垂直接地体
0.5	1.4～1.8	1.2～1.4
0.8～1.0	1.25～1.45	1.15～1.3
2.5～3.0	1.0～1.1	1.0～1.1

注：大地比较干燥时，取表中较小值；大地比较潮湿时，取表中较大值。

(13) PE 线所用材质与相线、N 线相同时，其最小截面面积应符合表 8-8 的规定。

表 8-8 PE 线截面面积与相线截面面积的关系 单位：mm^2

相线芯线截面面积 S	PE 线最小截面面积
$S \leqslant 16$	S
$16 < S \leqslant 35$	16
$S > 35$	$S/2$

(14) PE 线必须采用绝缘导线。

(15) 配电装置和电动机械相连接的 PE 线应为截面面积不小于 $2.5mm^2$ 的绝缘多股铜线。手持式电动工具的 PE 线应为截面面积不小于 $1.5mm^2$ 的绝缘多股铜线。

(16) PE 线上严禁装设开关或熔断器，严禁通过工作电流，且严禁断线。

(17) 相线、N 线、PE 线的颜色标记必须符合以下规定：相线 L_1 (A)、L_2 (B)、L_3 (C) 相序的绝缘颜色依次为黄色、绿色、红色；N 线的绝缘颜色为淡蓝色；PE 线的绝缘颜色为绿/黄双色。任何情况下上述颜色标记严禁混用和互相代用。

(18) 移动式发电机系统接地应符合电力变压器系统接地的要求。下列情况可不另做保护接零。

① 移动式发电机和用电设备固定在同一金属支架上，且不供给其他设备用电时。

② 不超过 2 台的用电设备由专用的移动式发电机供电，供、用电设备间距不超过 50m，且供、用电设备的金属外壳之间有可靠的电气连接。

2. 保护接零

(1) 在 TN 系统中，下列电气设备不带电的外露可导电部分应做保护接零。

① 电机、变压器、电器、照明器具、手持式电动工具的金属外壳。

② 电气设备传动装置的金属部件。

③ 配电柜与控制柜的金属框架。

④ 配电装置的金属箱体、框架及靠近带电部分的金属围栏和金属门。

⑤ 电力线路的金属保护管、敷线的钢索、起重机的底座和轨道、滑升模板金属操作平台等。

⑥ 安装在电力线路杆（塔）上的开关、电容器等电气装置的金属外壳及支架。

(2) 城防、人防、隧道等潮湿或条件特别恶劣施工现场的电气设备必须采用保护接零。

(3) 在 TN 系统中，下列电气设备不带电的外露可导电部分，可不做保护接零。

① 在木质、沥青等不良导电地坪的干燥房间内，交流电压 380V 及以下的电气装置金属外壳（当维修人员可能同时触及电气设备金属外壳和接地金属物件时除外）。

② 安装在配电柜、控制柜金属框架和配电箱的金属箱体上，且与其可靠电气连接的电气测量仪表、电流互感器、电器的金属外壳。

3. 接地与接地电阻

(1) 单台容量超过 100kV・A 或使用同一接地装置并联运行且总容量超过 100kV・A 的电力变压器或发电机的工作接地电阻值不得大于 4Ω。

(2) 单台容量不超过 100kV・A 或使用同一接地装置并联运行且总容量不超过 100kV・A 的电力变压器或发电机的工作接地电阻值不得大于 10Ω。

(3) 在土壤电阻率大于 1000Ω・m 的地区，当接地电阻值达到 10Ω 有困难时，工作接地电阻值可提高到 30Ω。

(4) 在 TN 系统中，PE 线每一处重复接地装置的接地电阻值都不应大于 10Ω。在工作接地电阻值允许达到 10Ω 的电力系统中，所有重复接地的等效电阻值都不应大于 10Ω。

(5) 每一接地装置的接地线都应采用 2 根及以上导体，在不同点与接地体做电气连接。

(6) 不得采用铝导体做接地体或地下接地线。垂直接地体宜采用角钢、钢管或光面圆钢，不得采用螺纹钢。

(7) 接地可利用自然接地体，但应保证其电气连接和热稳定。

(8) 移动式发电机供电的用电设备，其金属外壳或底座应与发电机电源的接地装置有可靠的电气连接。

8.6.3 配电室安全要求

(1) 配电室应靠近电源，并应设在灰尘少、潮气少、振动小、无腐蚀介质、无易燃易爆物及道路畅通的地方。

(2) 成列的配电柜和控制柜两端应与重复接地线及 PE 线做电气连接。

(3) 配电室和控制室应能自然通风，并应采取防止雨雪侵入和动物进入的措施。

(4) 配电室内的母线涂刷有色油漆，以标志相序；以柜正面方向为基准，其涂色应符合表 8-9 的规定。

表 8-9 母线涂色

相别	颜色	垂直排列	水平排列	引下排列
L_1(A)	黄	上	后	左
L_2(B)	绿	中	中	中
L_3(C)	红	下	前	右
N	淡蓝	—	—	—

(5) 配电室的建筑物和构筑物的耐火等级应不低于3级，室内应配置砂箱和可用于扑灭电气火灾的灭火器。

(6) 配电室的门向外开，并配锁。

(7) 配电室的照明分别设置正常照明和事故照明。

(8) 配电柜应编号，并应有用途标记。

(9) 配电柜或配电线路停电维修时，应挂接地线，并应悬挂“禁止合闸、有人工作”的停电标志牌。停送电必须由专人负责。

(10) 配电室应保持整洁，不得堆放任何妨碍操作、维修的杂物。

8.6.4 配电箱和开关箱安全要求

(1) 配电箱、开关箱应装设在干燥、通风及常温场所，不得装设在有严重损伤作用的瓦斯、烟气、潮气及其他有害介质中，也不得装设在易受外来固体物撞击、强烈振动、液体浸溅及热源烘烤的场所；否则，应予清除或做防护处理。

(2) 配电箱、开关箱周围应有足够2人同时工作的空间和通道，不得堆放任何妨碍操作、维修的物品，不得有灌木、杂草。

(3) 总配电箱应设在靠近电源的区域，分配电箱应设在用电设备或负荷相对集中的区域。

(4) 动力配电箱与照明配电箱若合并设置为同一配电箱时，动力和照明应分路配电；动力开关箱与照明开关箱必须分设。

(5) 配电箱、开关箱应采用冷轧钢板或阻燃绝缘材料制作，钢板厚度应为1.2～2.0mm，其中开关箱箱体钢板厚度不得小于1.2mm，配电箱箱体钢板厚度不得小于1.5mm，箱体表面应做防腐处理。

(6) 配电箱、开关箱内的连接线必须采用铜芯绝缘导线。导线绝缘的颜色标志应按要求配置并排列整齐；导线分支接头不得采用螺栓压接，应采用焊接并做绝缘包扎，不得有外露带电部分。

(7) 配电箱和开关箱的金属箱体、金属电器安装板及电器正常不带电的金属底座、外壳等必须通过PE线端子板与PE线做电气连接，金属箱门与金属箱体必须通过编织软铜线做电气连接。

(8) 配电箱、开关箱中导线的进出线口应设在箱体的下底面。

(9) 配电箱、开关箱的进出线口应配置固定线卡，进出线应加绝缘护套并成束卡固在箱体上，不得与箱体直接接触。移动式配电箱、开关箱的进出线应采用橡皮护套绝缘电缆，不得有接头。

(10) 配电箱、开关箱外形结构应能防雨、防尘。

8.6.5 施工用电线路安全要求

(1) 架空线和室内配线必须采用绝缘导线或电缆。

(2) 架空线导线截面的选择应符合下列要求。

① 导线中的计算负荷电流不大于其长期连续负荷允许载流量。

② 线路末端电压偏移不大于其额定电压的5%。

③ 三相四线制线路的N线和PE线截面不小于相线截面的50%，单相线路的零线截面与相线截面相同。

④ 按机械强度要求，绝缘铜线截面不小于10mm²，绝缘铝线截面不小于16mm²。

⑤ 在跨越铁路、公路、河流、电力线路档距内，绝缘铜线截面不小于16mm²，绝缘铝线截面不小于25mm²。

(3) 架空线路相序排列应符合下列规定。

① 动力、照明线在同一横担上架设时，导线相序排列是：面向负荷从左侧起依次为L_1、N、L_2、L_3、PE。

② 动力、照明线在两层横担上分别架设时，导线相序排列：上层横担面向负荷从左侧起依次为L_1、L_2、L_3，下层横担面向负荷从左侧起依次为L_1（L_2、L_3）、N、PE。

(4) 架空线路宜采用钢筋混凝土杆或木杆。钢筋混凝土杆不得有露筋、宽度大于0.4mm的裂纹和扭曲；木杆不得腐朽，其梢径不应小于140mm。

(5) 电杆埋设深度宜为杆长的1/10加0.6m，回填土应分层夯实。在松软土质处宜加大埋入深度或采用卡盘等加固。

(6) 电缆中必须包含全部工作芯线和用作PE线或保护线的芯线。需要三相四线制配电的电缆线路必须采用五芯电缆。五芯电缆必须包含淡蓝、绿/黄两种颜色的绝缘芯线。淡蓝色芯线必须用作N线，绿/黄双色芯线必须用作PE线，严禁混用。

(7) 电缆线路应采用埋地或架空敷设，严禁沿地面明设，并应避免机械损伤和介质腐蚀。埋地电缆路径应设方位标志。

(8) 电缆埋地敷设宜选用铠装电缆，当选用无铠装电缆时，应能防水、防腐。架空敷设宜选用无铠装电缆。

(9) 埋地电缆在穿越建筑物，构筑物，道路，易受机械损伤、介质腐蚀场所及引出地面时，从地上2.0m高到地下0.2m处必须加设防护套管，防护套管内径不应小于电缆外径的1.5倍。

(10) 在建工程内的电缆线路必须采用电缆埋地引入，严禁穿越脚手架引入。电缆垂直敷设应充分利用在建工程的竖井、垂直孔洞等，并宜靠近用电负荷中心，固定点每楼层不得少于一处。电缆水平敷设宜沿墙或门口刚性固定，最大弧垂距地不得小于2.0m。

(11) 装饰装修工程或其他特殊阶段，应补充编制单项施工用电方案。电源线可沿墙角、地面敷设，但应采取防机械损伤和电火措施，可采用穿阻燃绝缘管或线槽等遮护办法。

(12) 室内配线应根据配线类型采用瓷瓶、瓷(塑料)夹、嵌绝缘槽、穿管或钢索敷设。

(13) 潮湿场所或埋地非电缆配线必须穿管敷设，管口和管接头应密封；当采用金属管敷设时，金属管必须做等电位连接，且必须与PE线相连接。

(14) 架空线路、电缆线路和室内配线必须有短路保护和过载保护。

① 采用熔断器做短路保护时，其熔体额定电流不应大于明敷绝缘导线长期连续负荷允许载流量的1.5倍。

② 采用断路器做短路保护时，其瞬动过流脱扣器脱扣电流整定值应小于线路末端单相短路电流。

③ 采用熔断器或断路器做过载保护时，绝缘导线长期连续负荷允许载流量不应小于熔断器熔体额定电流或断路器长延时过流脱扣器脱扣电流整定值的1.25倍。

④ 对穿管敷设的绝缘导线线路，其短路保护熔断器的熔体额定电流不应大于穿管绝缘导线长期连续负荷允许载流量的2.5倍。

8.6.6 施工照明安全要求

(1) 现场照明宜选用额定电压为220V的照明器，采用高光效、长寿命的照明光源。对需大面积照明的场所，应采用高压汞灯、高压钠灯或混光用的卤钨灯等。

(2) 照明变压器必须使用双绕组型安全隔离变压器，严禁使用自耦变压器。

(3) 照明系统宜使三相负荷平衡，其中每一单相回路上，灯具和插座数量都不宜超过25个，负荷电流不宜超过15A。

(4) 路灯的每个灯具应单独装设熔断器保护。灯头线应做防水弯。

(5) 荧光灯的灯管应用管座固定或用吊链悬挂。荧光灯的镇流器不得安装在易燃的结构物上。

(6) 投光灯的底座应安装牢固，应按需要的光轴方向将枢轴拧紧固定。

(7) 灯具内的接线必须牢固，灯具外的接线必须做可靠的防水绝缘包扎。

(8) 灯具的相线必须经开关控制，不得将相线直接引入灯具。

(9) 对夜间影响飞机或车辆通行的在建工程及机械设备，必须设置醒目的红色信号灯，其电源应设在施工现场总电源开关的前侧，并应设置外电线路停止供电时的应急自备电源。

(10) 无自然采光的地下大空间施工场所，应编制单项照明用电方案。

8.6.7 电动建筑机械和手持式电动工具安全使用要求

(1) 施工现场中电动建筑机械和手持式电动工具的选购、使用、检查和维修应遵守下列规定。

① 选购的电动建筑机械、手持式电动工具及其用电安全装置应符合相应的国家现行有关强制性标准的规定，且具有产品合格证和使用说明书。

② 应建立和执行专人专机负责制，并定期检查和维修保养。

③ 接地和漏电保护应符合要求，运行时产生振动的设备的金属基座、外壳与 PE 线的连接点不应少于 2 处。

④ 应按使用说明书使用、检查、维修。

(2) 塔式起重机、外用电梯、滑升模板的金属操作平台及需要设置避雷装置的物料提升机，除应连接 PE 线外，还应做重复接地。设备的金属结构构件之间应保证电气连接。

(3) 手持式电动工具中的塑料外壳Ⅱ类工具和一般场所手持式电动工具中的Ⅲ类工具可不连接 PE 线。

(4) 电动建筑机械和手持式电动工具的负荷线应按其计算负荷选用无接头的橡皮护套铜芯软电缆。

(5) 电缆芯线数应根据负荷及其控制电器的相数和线数确定：三相四线时，应选用五芯电缆；三相三线时，应选用四芯电缆；当三相用电设备中配置有单相用电器具时，应选用五芯电缆；单相二线时，应选用三芯电缆。其中 PE 线应采用绿/黄双色绝缘导线。

(6) 每一台电动建筑机械或手持式电动工具的开关箱内，除应装设过载、短路、漏电保护电器外，还应装设隔离开关或具有可见分断点的断路器和控制装置。正、反向运转控制装置中的控制电器应采用接触器、继电器等自动控制电器，不得采用手动双向转换开关作为控制电器。

8.6.8 触电事故的急救

1. 触电急救首先要使触电者迅速脱离电源

1) 脱离低压电源的方法

脱离低压电源的方法可以用以下 5 个字来概括。

(1) “拉”。其指就近拉开电源开关、拔出插销或瓷插熔断器。

(2) “切”。其指用带有绝缘柄的利器切断电源线。

(3) “挑”。如果导线搭落在触电者身上或压在身下，这时可用干燥的木棒、竹竿等挑开导线或用干燥的绝缘绳套拉导线或触电者，使之脱离电源。

(4) “拽”。救护人可戴上手套或在手上包缠干燥的衣物等绝缘物品拖拽触电者，或直接用一只手抓住触电者不贴身的干燥衣裤，使之脱离电源。拖拽时切勿触及触电者的体肤。

(5) “垫”。如果触电者由于痉挛手指紧握导线或导线缠绕在身上，救护人可先用干燥的木板塞进触电者身下使其与大地绝缘来隔断电源，然后再采取其他办法切断电源。

2) 脱离高压电源的方法

立即打电话通知有关供电部门拉闸停电。如电源开关离触电现场不甚远，则可戴上绝缘手套，穿上绝缘靴，拉开高压断路器，或用绝缘棒拉开高压跌落熔断器以切断电源。往架空线路抛挂裸金属软导线，人为造成线路短路，迫使继电保护装置动作，使电源开关跳闸。如果触电者触及断落在地上的带电高压导线，且尚未确证线路无电之前，救护人不可进入断线落地点 8～10m 的范围内，以防止跨步电压触电。

2. 现场触电救护

现场救护触电者脱离电源后，应立即就地进行抢救，同时派人通知医务人员到现场并做好将触电者送往医院的准备工作。

(1) 如果触电者所受的伤害不太严重，神志尚清醒，未失去知觉，则应让触电者在通风暖和的处所静卧休息，并派人严密观察，同时请医生前来或送往医院诊治。

(2) 如果触电者已失去知觉，但呼吸和心跳尚正常，则应使其平卧，解开衣服以利呼吸，四周保持空气流通，冷天应注意保暖，同时立即请医生前来或送往医院诊察。若发现触电者呼吸困难或心跳失常，应立即施行人工呼吸或胸外按压。

(3) 如果触电者呈现“假死”（电休克）现象，如心跳停止，但尚能呼吸；或呼吸停止，但心跳尚存，脉搏很弱；或呼吸和心跳均停止。“假死”症状的判定方法是“看”“听”“试”。“看”是观察触电者的胸部、腹部有无起伏动作；“听”是用耳贴近触电者的口鼻处，听有无呼气声音；“试”是用手或小纸条试测口鼻有无呼吸的气流，再用两手指轻压一侧喉结旁凹陷处的颈动脉有无搏动感觉。当判定触电者呼吸和心跳停止时，应立即按心肺复苏法就地抢救。所谓心肺复苏法就是支持生命的3项基本措施，即通畅气道、口对口（鼻）人工呼吸、胸外按压（人工循环）。

① 采用仰头抬颌法通畅气道。若触电者呼吸停止，要紧的是始终确保触电者气道通畅，其操作要领是：清除口中异物，使触电者仰躺，迅速解开其领扣和裤带；救护人用一只手放在触电者前额，另一只手的手指将其颌骨向上抬起，两手协同将头部推向后仰，舌根自然随之抬起，气道即可畅通。

② 口对口（鼻）人工呼吸。完成气道通畅的操作后，应立即对触电者施行口对口或口对鼻人工呼吸。口对鼻人工呼吸用于触电者嘴巴紧闭的情况。人工呼吸的操作要领如下。

(a) 先大口吹气刺激起搏：救护人蹲跪在触电者的一侧；用放在触电者额上的手的手指捏住其鼻翼，另一只手的食指和中指轻轻托住其下巴，救护人深吸气后，与触电者口对口紧合，在不漏气的情况下，先连续大口吹气两次，每次1～1.5s；然后用手指试测触电者颈动脉是否有搏动，如仍无搏动，可判断心跳确已停止，在施行人工呼吸的同时应进行胸外按压。

(b) 正常口对口人工呼吸：大口吹气两次试测搏动后，立即转入正常的口对口人工呼吸阶段。正常的吹气频率是每分钟约12次。正常的口对口人工呼吸操作姿势如上述。但吹气量不需过大，以免引起胃膨胀；如触电者是儿童，吹气量宜小些，以免导致肺泡破裂。救护人换气时，应将触电者的鼻或口放松，让他借自己胸部的弹性自动吐气。吹气和放松时要注意触电者胸部有无起伏的呼吸动作。吹气时如有较大的阻力，可能是头部后仰不够，应及时纠正，使触电者气道保持畅通。

(c) 口对鼻人工呼吸：触电者如牙关紧闭，可改用口对鼻人工呼吸。吹气时要将触电者嘴唇紧闭，防止漏气。

③ 胸外按压是借助人力使触电者恢复心脏跳动的急救方法。其操作要领简述如下。

(a) 确定正确的按压位置的步骤：右手的食指和中指沿触电者的右侧肋弓下缘向上，找到肋骨和胸骨接合处的中点；右手两手指并齐，中指放在切迹中点（剑突底部），食指平放在胸骨下部，另一只手的掌根紧挨食指上缘置于胸骨上，掌根处即为正确按压位置。

(b) 正确的按压姿势：使触电者仰躺并解开其衣服，仰卧姿势与口对口（鼻）人工呼吸法相同；救护人立或跪在触电者肩膀一侧，两肩位于触电者胸骨正上方，两臂伸直，肘

关节固定不屈，两手掌相叠，手指翘起，不接触触电者胸壁；以髋关节为支点，利用上身的重力，垂直将触电者胸骨压陷3～5cm（儿童和瘦弱者酌减）。压至要求程度后，立即全部放松，但救护人的掌根不得离开触电者的胸壁。按压有效的标志是在按压过程中可以触到颈动脉搏动。

（c）恰当的按压频率：胸外按压要以均匀速度进行，操作频率以每分钟80次为宜，每次包括按压和放松一个循环，按压和放松的时间相等。当胸外按压与口对口（鼻）人工呼吸同时进行时，操作的节奏为：单人救护时，每按压15次后吹气2次（15∶2），反复进行；双人救护时，每按压15次后由另一人吹气1次（15∶1），反复进行。

8.7 施工机械使用安全措施

8.7.1 施工机械安全管理规定

（1）机械设备应按其技术性能的要求正确使用。缺少安全装置或安全装置已失效的机械设备不得使用。

（2）严禁拆除机械设备上的自动控制机构、力矩限位器等安全装置，以及监测、指示、仪表、警报器等自动报警、信号装置。其调试和故障的排除应由专业人员负责进行。施工机械的电气设备必须由专职电工进行维护和检修。电工检修电气设备时严禁带电作业，必须切断电源并悬挂“有人工作，禁止合闸”的警告牌。

（3）新购或经过大修、改装和拆卸后重新安装的机械设备，必须按原厂说明书的要求和《建筑机械使用安全技术规程》（JGJ 33—2012）的有关规定进行测试和试运转。

（4）机械设备的冬季使用，应执行建筑机械冬季使用的有关规定。

（5）处在运行和运转中的机械严禁对其进行维修、保养或调整等作业。

（6）机械设备应按时进行保养，当发现有漏保、失修或超载带病运转等情况时，有关部门应停止其使用。

（7）机械设备的操作人员必须经过专业培训考试合格，取得有关部门颁发的操作证后，方可独立操作。机械作业时，操作人员不得擅自离开工作岗位或将机械交给非本机操作人员操作。严禁无关人员进入作业区和操作室内。工作时，思想要集中，严禁酒后操作。

《建筑机械使用安全技术规程》

（8）凡违反相关操作规程的命令，操作人员有权拒绝执行。由于发令人强制违章作业而造成事故者，应追究发令人的责任，直至追究刑事责任。

（9）机械操作人员和配合人员，都必须按规定穿戴劳动保护用品。长发不得外露。高空作业必须戴安全带，不得穿硬底鞋和拖鞋。严禁从高处往下投掷物件。

（10）进行日作业两班及以上的机械设备均须实行交接班制。操作人员要认真填写交接班记录。

(11) 机械进入作业地点后，施工技术人员应向机械操作人员进行施工任务及安全技术措施交底。操作人员应熟悉作业环境和施工条件，听从指挥，遵守现场安全规则。

(12) 现场施工负责人应为机械作业提供道路、水电、临时机棚或停机场地等必需的条件，并消除对机械作业有妨碍或不安全的因素。夜间作业必须设置充足的照明。

(13) 在有碍机械安全和人身健康场所作业时，机械设备应采取相应的安全措施。操作人员必须配备适用的安全防护用品，并严格贯彻执行《中华人民共和国环境保护法》。

(14) 当使用机械设备与安全发生矛盾时，必须服从安全的要求。

(15) 当机械设备发生事故或未遂恶性事故时，必须及时抢救，保护现场，并立即报告领导和有关部门听候处理。企业领导对事故应按“四不放过”的原则进行处理。

8.7.2 塔式起重机

塔式起重机（以下简称“塔机”）是一种塔身直立，起重臂铰接在塔帽下部，能够做360°回转的起重机，通常用于房屋建筑和设备安装的场所，具有适用范围广、起升高度大、回转半径大、工作效率高、操作简便、运转可靠等特点。塔机在我国建筑安装工程中使用广泛，它具备起重、垂直运输和短距离水平运输的功能，特别对于高层建筑施工来说，更是一种不可缺少的重要施工机械。

由于塔机机身较高，稳定性较差，拆装、转移较频繁，技术要求较高，因此也给保障施工安全带来一定困难。操作不当或违章装拆极有可能发生塔机倾覆，造成严重的经济损失和人身伤亡恶性事故。因此，机械操作、安装、拆卸人员和机械管理人员必须全面地掌握塔机的技术性能，从思想上引起高度重视，从业务上掌握正确的安装、拆卸、操作的技能，保证塔机的正常运行，确保安全生产。

1. 塔机的安全装置

为了确保塔机的安全作业，防止发生意外事故，塔机必须配备各类安全保护装置。

(1) 起重力矩限制器。起重力矩限制器的主要作用是防止塔机超载，避免塔机由于严重超载而引起倾覆或折臂等恶性事故发生。起重力矩限制器有机械式、电子式和复合式3种。

(2) 起重量限制器（也称超载限位）。起重量限制器用以防止塔机的起重量超过额定起重量，避免发生机械损坏事故。当塔机的起重量超过额定起重量时，起重量限制器能自动切断提升机构的电源或发出警报。

(3) 起重高度限制器。起重高度限制器的主要作用是限制吊钩接触到起重臂头部或载重小车之前，或是下降到最低点（地面或地面以下若干米）以前，使起升机构自动断电并停止工作。起重高度限制器一般都装在起重臂的头部。

(4) 幅度限制器。动臂式塔机的幅度限制器的主要作用是防止臂架在变幅达到极限位置时切断变幅机构的电源，使其停止工作，同时还设有机械止挡，以防臂架因起幅中的惯性而后翻。小车运行变幅式塔机的幅度限制器的主要作用是防止运行小车超过最大或最小幅度的两个极限位置。一般小车运行变幅式塔机的幅度限制器安装在臂架小车运行轨道的前后两端，用行程开关来控制。

(5) 塔机行走限制器。塔机行走限制器是行走式塔机的轨道两端尽头所设的止挡缓冲装置，它利用安装在台车架上或底架上的行程开关碰撞到轨道两端前的挡块切断电源来达到塔机停止行走的目的，防止塔机脱轨造成塔机倾覆事故。

（6）吊钩保险装置。吊钩保险装置是防止在吊钩上的吊索从钩头上自动脱落的保险装置，一般采用机械卡环式，用弹簧来控制挡板，阻止吊索滑钩。

（7）钢丝绳防脱槽装置。钢丝绳防脱槽装置主要用来防止钢丝绳在传动过程中脱离滑轮槽而造成钢丝绳卡死和损伤。

（8）夹轨钳。夹轨钳装设在台车金属结构上，用以夹紧钢轨，防止塔机在大风情况下被风吹动而行走造成塔机出轨倾翻事故。

（9）回转限制器。有些回转的塔机上安装了回转不能超过270°和360°回转的限制器，防止塔机的电源线扭断，造成事故。

（10）风速仪。风速仪用于自动记录风速。当风速超过6级时，风速仪会自动报警，提醒操作司机及时采取必要的防范措施，如停止作业、放下吊物等。

（11）电器控制中的零位保护和紧急安全开关。所谓零位保护是指塔机操纵开关与主令控制器联锁，只有在全部操纵杆处于零位时，开关才能连通，从而防止无意操作。紧急安全开关是一种能及时切断全部电源的安全装置。

2. 塔机的安装要求

（1）塔机安装过程中，必须分阶段进行技术检验。整机安装完毕后，应进行整机技术检验和调整，各机构动作应正确、平稳、无异响，制动可靠，各安全装置应灵敏有效；在无载荷情况下，塔身和基础平面的垂直度允许偏差为4/1000，经分阶段及整机检验合格后，应填写检验记录，经技术负责人审查签证后，方可交付使用。

（2）轨道路基必须经过平整压实，基础经处理后，土壤的承载能力要达到8～10t/m²。对妨碍塔机工作的障碍物，如高压线、照明线等应拆移。

（3）塔机的基础及轨道铺设，必须严格按照图纸和说明书进行。塔机安装前，应对路基及轨道进行检验，符合要求后，方可进行塔机的安装。

（4）安装及拆卸作业前，必须认真研究作业方案，严格按照架设程序分工负责，统一指挥。

（5）安装塔机时，必须将塔机行走限制器和行程开关碰块安装牢固可靠，并应将各部位的栏杆、平台、扶杆、护圈等安全防护装置装齐。

（6）塔机安装中所有的螺栓都要拧紧，并达到紧固力矩要求。对钢丝绳要进行严格检查，检查其是否有断丝磨损现象，如有损坏，应立即更换。

（7）采用高强度螺栓连接的结构，应使用原厂制造的连接螺栓，自制螺栓应有质量合格的试验证明，否则不得使用。连接螺栓时，应采用扭矩扳手或专用扳手，并应按装配技术要求拧紧。

（8）用旋转塔身方法进行塔机整体安装及拆卸时，应保证自身的稳定性。应详细规定架设程序与安全措施，对主、副地锚的埋设位置和受力性能，以及钢丝绳穿绕、起升机构制动等应进行检查，并排除塔机旋转过程中的障碍，确保塔机旋转中途不停机。

（9）塔机附墙杆件的布置和间隔，应符合说明书的规定。当塔身与建筑物的水平距离大于说明书的规定时，应验算附着杆的稳定性，或重新设计、制作，并经技术部门确认，主管部门验收。在塔机未拆卸至允许悬臂高度前，严禁拆卸附墙杆件。

(10) 钢轨中心距允许偏差不得超过±3mm，纵横向的水平度不得超过1/1000，钢轨接头间隙应为4～6mm。

(11) 两台塔机之间的最小架设距离应保证处于低位的塔机的臂架端部与另一台塔机的塔身之间至少有2m的距离；处于高位塔机的最低位置的部件（吊钩升至最高点或最高位置的平衡重）与低位塔机中处于最高位置部件之间的垂直距离不得小于2m。

(12) 在有建筑物的场所，应注意塔机的尾部与建筑物外转施工设施之间的距离不小于0.5m。

(13) 有架空输电线的场所，塔机的任何部位与输电线的安全距离应符合表8-10的规定，以避免塔机结构进入输电线的危险区。

如果条件限制不能保证表8-10中的安全距离，应与有关部门协商，并采取安全防护措施后方可架设。

表8-10 安全距离

安全距离	电压/V				
	<1	1～15	20～40	60～110	230
沿垂直方向/m	1.5	3.0	4.0	5.0	6.0
沿水平方向/m	1.0	1.5	2.0	4.0	6.0

3. 塔机装拆的安全要求

(1) 对装拆人员的要求如下。

① 参加塔机装拆的装拆人员，必须经过专业培训考核，持有效的操作证上岗。

② 装拆人员应严格按照塔机的装拆方案和操作规程中的有关规定、程序进行装拆。

③ 装拆人员应严格遵守施工现场安全生产的有关制度，正确使用劳动保护用品。

(2) 对塔机装拆的管理要求如下。

① 塔机装拆前，必须向全体装拆人员进行装拆方案和安全操作技术的书面和口头交底，并履行签字手续。

② 装拆塔机的施工企业，必须具备装拆作业的资质，并按装拆塔机资质的等级装拆相对应的塔机，并有技术和安全人员在场监护。

盐城塔式起重机倒塌事故

③ 施工企业必须建立塔机的装拆专业班组，并且配有起重工（装拆工）、电工、起重指挥、塔机司机和维修钳工等。

④ 进行塔机装拆前，施工企业必须编制专项的装拆安全施工组织设计和装拆工艺要求，并经过企业技术主管领导的审批。

(3) 塔机装拆作业前检查项目应符合下列要求。

① 路基和轨道铺设或混凝土基础应符合技术要求。

② 对所装拆塔机的各机构、各部位、结构焊缝、重要部位螺栓、销轴、卷扬机构、钢丝绳、吊钩、吊具及电气设备、线路等进行检查，将隐患排除于装拆作业之前。

③ 对自升塔机顶升液压系统的液压缸、油管、顶升套架结构、导向轮、顶升撑脚（爬爪）等进行检查，及时处理存在的问题。

④ 对采用旋转塔身法所用的主副地锚架、起落塔身卷扬钢丝绳及起升机构制动系统

等进行检查，确认无误后方可使用。

⑤ 对装拆人员所使用的工具、安全带、安全帽等进行检查，不合格者应立即更换。

⑥ 检查装拆作业中配备的起重机、运输汽车等辅助机械，其状况应良好，技术性能应能保证装拆作业的需要。

⑦ 装拆现场电源电压、运输道路、作业场地等应具备装拆作业条件。

⑧ 安全监督岗的设置及安全技术措施的贯彻落实已达到要求。

⑨ 装拆塔机的作业必须在班组长的统一指挥下进行，并配有现场的安全监护人员监控塔机装拆的全过程；塔机的装拆区域应设立警戒区域，派专人进行值班。

⑩ 对整体起扳安装的塔机，特别是起扳前要认真、仔细地对全机各处进行检查，路轨路基和各金属结构的受力状况、要害部位的焊缝情况等应进行重点检查，发现隐患应及时整改，修复后方能起扳；装拆过程中的滑轮组的钢丝绳要理整齐，其轧头要正确使用(轧头规格使用时比钢丝绳要小一号)，轧头数量按钢丝绳规格配置；作业中遇有大雨、雾或风力超过 4 级时应停止作业。

4. 塔机的事故隐患及安全技术要求

1）塔机的常见事故隐患

近年来，塔机的事故频发，主要有五大类：整机倾覆、起重臂折断或碰坏、塔身折断或底架碰坏、塔机出轨、机构损坏，其中整机倾覆和起重臂折断等事故占了 70%。引起这些事故发生的原因主要如下。

(1）塔机装拆管理不严、人员未经过培训、企业无塔机的装拆资质或无相应的资质。

(2）起重指挥失误或与司机配合不当，造成失误。

(3）超载起吊导致塔机失稳而倒塌。

(4）塔机的行走路基和轨道铺设不坚实、不平，致使路轨的高差过大，塔机重心失去平衡而倾覆。

(5）违章斜吊增加了张拉力矩，再加上原起重力矩，往往容易造成超载。

(6）没有正确地挂钩、盛放或捆绑吊物不妥，致使吊物坠落伤人。

(7）塔机在工作过程中，由于起重力矩限制器失灵或被司机有意关闭，造成司机在操作中盲目或无意超载起吊。

(8）设备缺乏定期检修保养，安全装置失灵等造成事故。

(9）在恶劣天气（如大风、雷雨等）起吊作业。

2）塔机使用中的安全技术要求

(1）作业前空车运转并检查下列各项。

① 各控制器的转动装置是否正常。

② 制动器闸瓦松紧程度、制动是否正常。

③ 传动部分润滑油量是否充足，声音是否正常。

④ 行走部分及塔身各主要联结部位是否牢靠。

⑤ 起重量限制器的额定最大起重量的位置是否变动。

⑥ 钢丝绳的磨损情况。

⑦ 塔机的基础是否符合安全使用的技术条件规定。

(2）塔机的塔身在沿建筑物升降作业过程中，必须有专人指挥，专人照看电源，专人操作液压系统，专人拆除螺栓。非作业人员不得登上顶升套架的操作平台。操纵室内应只准一人操作，必须听从指挥信号。

(3) 塔机司机应持有与其所操纵的塔机的起重力矩相对应的操作证；指挥应持证上岗，并正确使用旗语或对讲机。

(4) 起吊作业中司机和指挥必须遵守“十不吊”的规定：指挥信号不明或无指挥不吊；超负荷和斜吊不吊；细长物件单点或捆扎不牢不吊；吊物上站人不吊；吊物边缘锋利，无防护措施不吊；埋在地下的物体不吊；安全装置失灵不吊；光线阴暗看不清吊物不吊；6级以上强风区不吊；散物装得太满或捆扎不牢不吊。

(5) 塔机运行时，必须严格按照操作规程要求规定执行。最基本的要求：起吊前，先鸣号，吊物禁止从人的头上越过；起吊时，吊索应保持垂直、起降平稳，操作尽量避免急刹车或冲击；严禁超载，当起吊满载或接近满载时，严禁同时做两个动作且左右回转范围不应超过90°。

(6) 塔机停用时，吊物必须落地，而不准悬在空中。对塔机的停放位置及小车、吊钩、夹轨钳、电源等应一一加以检查，确认无误后，方能离岗。

(7) 严禁将起吊重物长时间悬挂在空中；作业中遇突发故障，应采取措施将重物降落到安全地点，并关闭发动机或切断电源后进行检修。

(8) 塔机作业时严禁超载、斜拉和起吊埋在地下的质量不明的物件。

(9) 塔机在使用中不得利用安全限制器停车；吊重物时不得调整起吊、变幅的制动器；除专门设计的塔机外，起吊和变幅两套起升机构不应同时开动。对没有限位开关的吊钩，其上升高度距离起重臂头部必须大于1m。

(10) 顶升作业时应遵守下列规定。

① 液压系统应空载运转，并检查和排净系统内的空气。

② 应按说明书规定调整顶升套架滚轮与塔身标准节的间隙，使起重臂力矩与平衡臂力矩按照说明书要求保持平衡，并将回转机构制动住。

③ 顶升作业应随时监视液压系统压力及套架与标准节间的滚轮间隙。顶升过程中严禁起重机回转和其他作业。

④ 顶升作业应在白天进行，风力在4级及以上时必须立即停止作业，并应紧固上、下塔身的连接螺栓。

(11) 自升塔机还应遵守下列规定。

① 吊运构件时，平衡重按规定的质量移至规定的位置后才能起吊。

② 专用电梯禁止超员乘人，当臂杆回转或起重作业时严禁升动电梯，用完后必须降到地面最近位置，不准长时间停在空中。

③ 顶升前必须放松电缆，其放松长度应略大于总的顶升高度，并应做好电缆卷筒的紧固工作。

④ 在顶升过程中，必须有专人指挥、看管电源、操纵液压系统和紧固螺栓。非工作人员禁止登上顶升架平台，更不准擅自按动开关或其他电气设备。禁止在夜间进行顶升作业。风力在4级以上时不准进行顶升作业。

⑤ 顶升过程中，应把回转部分刹住，严禁回转塔帽。顶升时，发现故障，必须立即停车检查，排除故障后，方可继续顶升。

⑥ 顶升后必须检查各连接螺栓是否紧固，爬升套架滚轮与塔身标准节是否吻合良好，左右操纵杆是否回到中间位置，液压顶升机构电源是否切断。

(12) 起吊作业时，控制器严禁越挡操纵。不论哪一部分传动装置在运动中变换方向时，都必须将控制器扳回零位，待转动停止后开始逆向运转。绝对禁止直接变换运转方向。

(13) 起重、旋转和行走，可以同时操纵两种动作，不得3种动作同时进行。

(14) 当塔机行走到接近轨道限位开关时应提前减速停车，并在轨道两端2m处设置挡车装置，以防止塔机出轨。

(15) 起吊重物应绑扎平稳、牢固，不得在重物上再堆放或悬挂零星物件。易散落物件应使用吊笼栅栏固定后方可起吊。标有绑扎位置的物件，应按标记绑扎后起吊，吊索与物件的夹角宜采用45°～60°，且不得小于30°，吊索与物件棱角之间应加垫块。

(16) 当起吊荷载达到塔机额定起重量的90%及以上时，应先将重物吊离地面20～50cm后，检查塔机的稳定性、制动器的可靠性、重物的平稳性、绑扎的牢固性，确认无误后方可继续起吊。对易晃动的重物应栓拉绳。

(17) 重物起升和下降速度应平稳、均匀，不得突然制动。左右回转应平稳，回转未停稳前不得做反向动作。非重力下降式塔机，不得带载自由下降。

(18) 严禁使用塔机进行斜拉、斜吊和起吊埋设在地下或凝固在地面上的重物，以及其他质量不明的物体。现场浇筑的混凝土构件或模板，必须全部松动后方可起吊。

(19) 吊运散装物件时，应制作专用吊笼或容器，并应保障在吊运过程中物料不会脱落。吊笼或容器在使用前应按允许承载能力的2倍荷载进行试验，且使用中应定期进行检查。

(20) 吊运多根钢管、钢筋等细长材料时，必须确认吊索绑扎牢靠，防止吊运中吊索滑移导致物料散落。

(21) 轨道式塔机的供电电缆不得拖地行走；沿塔身垂直悬挂的电缆，应使用不被电缆自重拉伤和磨损的可靠装置悬挂。

(22) 当保护装置动作造成断电时，必须先把控制器转至零位，再按闭合按钮开关，接通总电源，并要分析断电原因，查明情况处理完后方可进行操作。

(23) 吊起的重物严禁自由落下。落下重物时应用断续制动，使重物缓慢下降，以免发生意外事故。

(24) 在突然停电时，应立即把所有控制器转至零位，断开电源总开关，并采取措施使重物降到地面。

(25) 履带塔机应遵守下列规定。

① 地面必须平坦、坚实，操作前左右履带板应全部伸出。

② 竖立塔身应缓慢，履带前面要加铁楔垫实。当塔身竖到90°时，防后倾装置应松动，塔身不得与防后倾装置相碰。

③ 严禁有负荷时行走，空车行走时塔身应稍向前倾，行驶中不得转弯及旋转上体。

④ 作业结束后，应将塔身放下，并将旋转机构锁住。

(26) 作业完毕，塔机应停放在轨道中间位置，起重臂应转到顺风方向，并应松开回转制动器，卡紧夹轨钳，各控制器转至零位，切断电源。

(27) 定期对塔机的各安全装置进行维修保养，确保其在运行过程中发挥正常作用。

(28) 多机作业时，应注意保持各机操作距离。各机吊钩上所悬挂重物的距离不得小于3m。

(29) 在大风情况下（达10级以上），除须用夹轨钳夹住轨道外，还须将起重臂放下（幅度大于15m）转至顺风向，吊钩升至顶部，并必须拉好避风缆绳。

(30) 冬季作业时，需将驾驶室窗户打开，注意指挥信号。冬季驾驶室内取暖，应有防火、防触电措施。

8.7.3 施工升降机

施工升降机是高层建筑施工中运送施工人员、建筑材料和工具设备必备的和重要的垂直运输设施。施工升降机又称施工电梯，是一种使工作笼（吊笼）沿导轨做垂直（或倾斜）运动的机械。施工升降机在中高层建筑施工中采用较为广泛，另外还可作为仓库、码头、船坞、高塔、高烟囱长期使用的垂直运输机械。施工升降机按其传动形式可分为齿轮齿条式、钢丝绳式和混合式3种。

1. 施工升降机的基本构造

建筑施工中常用的施工升降机是由钢结构（天轮架、吊笼、导轨架、前附着架、后附着架和底笼）、驱动装置（电动机、涡轮减速箱、齿轮、齿条、钢丝绳及配重）、安全装置（限速器、制动器、限位器、急停开关及缓冲弹簧等）和电气设备（操纵装置、电缆及电缆筒）4部分组成。

2. 施工升降机的安全装置

(1) 限速器。齿条驱动的施工升降机，为防止吊笼坠落均装有锥鼓式限速器。限速器可分为单向式和双向式两种，单向式限速器只能沿吊笼下降方向起限速作用，双向式限速器则可以沿吊笼的升降两个方向起限速作用。

当齿轮达到额定限制转速时，限速器内的离心块在离心力与重力作用下，推动制动轮，并逐渐增大制动力矩，直到将工作笼制动在导轨架上。在限速器制动的同时，导向板切断驱动电动机的电源。限速器每次动作后，必须进行复位，即使离心块与制动轮的凸齿脱开，并确认传动机构的电磁制动作用可靠，方能重新工作（限速器应按规定期限进行性能检测）。

(2) 缓冲弹簧。在施工升降机底笼的底盘上装有缓冲弹簧，以便当吊笼发生坠落事故时，减轻吊笼的冲击，同时保证吊笼和配重下降着地时呈柔性接触，缓冲吊笼和配重着地时的冲击。

缓冲弹簧有圆锥卷弹簧和圆柱螺旋弹簧两种。一般情况下，每个吊笼对应的底架上装有两个圆锥卷弹簧，也有采用4个圆柱螺旋弹簧的。

(3) 上、下限位器。上、下限位器是为防止吊笼上、下超过需停位置时，因司机误操作和电气故障等原因继续上行或下降引发事故而设置的装置，安装在吊轨架和吊笼上，属于自动复位型的装置。

(4) 上、下极限限位器。上、下极限限位器是在上、下限位器不起作用时，当吊笼运行超过限位开关和越程（越程是指限位开关与极限限位开关之间所规定的安全距离）后，

能及时切断电源使吊笼停车。上、下极限限位器属于非自动复位型装置，动作后只能手动复位才能使吊笼重新启动。上、下极限限位器安装在导轨架和吊笼上。

(5) 安全钩。安全钩是为防止吊笼到达预先设定位置时，上限位器和上极限限位器因各种原因不能及时动作、吊笼继续向上运行，将导致吊笼冲击导轨架顶部而发生倾翻坠落事故而设置的。安全钩是安装在吊笼上部重要的也是最后一道安全装置，当吊笼上行到导轨架顶部的时候，安全钩能钩住导轨架，保证吊笼不发生倾翻坠落事故。

(6) 急停开关。当吊笼在运行过程中发生各种原因的紧急情况时，司机能在任何时候按下急停开关，使吊笼停止运行。急停开关安装在吊笼顶部，是非自行复位的安全装置。

(7) 吊笼门、底笼门联锁装置。施工升降机的吊笼门、底笼门均装有电气联锁开关，它们能有效地防止因吊笼门或底笼门未关闭就启动运行而造成的人员坠落和物料滚落，只有当吊笼门和底笼门完全关闭时才能启动运行。

(8) 楼层通道门。施工升降机与各楼层均搭设了运料和人员进出的通道，在通道口与施工升降机接合部必须设置楼层通道门。此门在吊笼上下运行时应处于关闭状态，只有在吊笼停靠时才能由吊笼内的人打开。应做到楼层内的人员无法打开此门，以确保通道口处在封闭的条件下不出现危险的临边。楼层通道门的高度不应低于1.8m，门的下沿离通道面不应超过50mm。

(9) 通信装置。由于司机的操作室位于吊笼内，无法知道各楼层的需求情况，也分辨不清是哪个层面发出信号，因此必须安装一个闭路的双向电气通信装置，司机应能听到或看到每一层的需求信号。

(10) 地面出入口防护棚。施工升降机在安装完毕时，应及时搭设地面出入后的防护棚。防护棚搭设的材质要选用普通脚手架钢管、防护棚长度不应小于5m，有条件的可与地面通道防护棚连接起来。宽度应不小于施工升降机底笼最外部尺寸。其顶部材料可采用50mm厚木板或两层竹笆，上下竹笆间距应不小于600mm。

3. 施工升降机的装拆要求

(1) 施工升降机每次装拆作业之前，企业应根据施工现场工作环境及辅助设备情况编制装拆方案，经企业技术负责人审批同意后方能实施。

(2) 每次装拆作业之前，应对作业人员按不同的工种和作业内容进行详细的技术、安全交底。参与装拆作业的人员必须持有专门的资格证书。

(3) 施工升降机的装拆作业必须是经当地建设行政主管部门认可、持有相应的装拆资质证书的专业单位实施。

(4) 施工升降机每次安装后，施工企业应当组织有关职能部门和专业人员对施工升降机进行必要的试验和验收，确认合格后应当向当地建设行政主管部门认定的检测机构申报，经专业检测机构检测合格后，才能正式投入使用。

(5) 施工升降机在安装作业前，应对施工升降机的各部件做如下检查。

① 导轨架、吊笼等金属结构的成套性和完好性。

② 传动系统的齿轮、限速器的装配精度及其接触长度是否符合要求。

③ 电气设备主电路和控制电路是否符合国家规定的产品标准。

④ 基础位置和做法是否符合该产品的设计要求。

⑤ 附着架设置处的混凝土强度和螺栓孔是否符合安装条件。

⑥ 各安全装置是否齐全，安装位置是否正确牢固，各限位开关动作是否灵敏、可靠。

⑦ 升降机安装作业环境有无影响作业安全的因素。

(6) 安装作业应严格按照预先制定的安装方案和施工工艺要求实施，安装过程中有专人统一指挥，划出警戒区域，并有专人监控。

(7) 施工升降机处于安装工况，应按照厂家说明书的规定，依次进行不少于两节导轨架标准节的接高试验。

(8) 施工升降机导轨架随着标准节接高的同时，必须按说明书规定进行附墙连接，导轨架顶部悬臂部分不得超过说明书规定的高度。

(9) 施工升降机的吊笼与吊杆不得同时使用。吊笼顶部应装设安全开关，当人员在吊笼顶部作业时，安全开关应处于吊笼不能启动的断路状态。

(10) 有对重的施工升降机在装拆过程中吊笼处于无对重运行时，应严格控制吊笼内载荷，避免超速刹车。

(11) 施工升降机装拆导轨架作业不得与搭设或拆除各层通道作业上下同时进行。当搭设或拆除楼层通道时，吊笼严禁运行。

(12) 施工升降机拆卸前，应对各机构、制动器及附墙连接进行检查，确认正常后，方可进行拆卸工作。

(13) 作业人员应按高处作业的要求系好安全带。

(14) 拆卸时严禁将物件从高处向下抛掷。

(15) 装拆工作宜在白天进行，遇恶劣天气应停止作业。

4. 施工升降机的事故隐患及安全使用

1) 施工升降机的事故隐患及原因

施工升降机是一种危险性较大的设备，易导致重大伤亡事故。常见的事故隐患及其产生的原因主要如下。

(1) 施工升降机的装拆隐患如下。

① 一些施工企业将施工升降机的装拆作业发包给无相应装拆资质的队伍或个人，或装拆单位虽有相应资质，但由于业务量大而人手不足，便临时拼凑一些普通员工，在未经培训的情况下就实施装拆，给施工升降机的装拆质量和安全运行造成极大威胁。

② 不按施工升降机装拆方案施工或根本无装拆方案，或即使有装拆方案也无针对性，且缺乏必要的审批手续，拆装过程中也无专人统一指挥。

③ 施工升降机完成安装作业后即投入使用，不履行相关的验收手续和必要的试验程序，甚至不向当地建设行政主管部门指定的专业检测机构申报检测，以致发生机械、电气故障和各类事故。

④ 装拆人员未经专业培训即上岗作业。

⑤ 装拆作业前未进行详细的、有针对性的安全技术交底，作业时又缺乏必要的监护措施，现场违章作业随处可见，极易发生高处坠落、落物伤人等重大事故。

(2) 安全装置装设不当甚至不装，使得吊笼在运行过程中一旦发生故障而安全装置无法发挥作用。如常见的有上极限限位器安装位置与上限位开关之间的越程大于规定要求(SC型升降机的规定越程为0.15m)，安全钩安装位置也不符合设计要求，而使得上极限限位开关在紧急情况下不能及时动作，安全钩也不能发挥作用，吊笼冲出轨道，发生吊笼坠落的重大事故。

(3) 楼层门设置不符合要求，层门净高偏低，使有些运料人员把头伸出门外观察吊笼运行情况时，被正好落下的吊笼卡住脑袋甚至切断，造成恶性伤亡事故；有些楼层门可从楼层内打开，使得通道口成为危险的临边，造成人员坠落或物料坠落伤人事故。

(4) 施工升降机的司机未持证上岗，或司机离开驾驶室时未关闭电源，使无证人员有机会擅自开动施工升降机，一旦遇到意外情况则不知所措，从而酿成事故。

(5) 不按施工升降机额定荷载控制人员数量和物料质量，使施工升降机长期处于超载运行的状态，导致吊笼及其他受力部件变形，给施工升降机的安全运行带来了严重的安全隐患。

(6) 不按设计要求及时配置配重，又不将额定荷载减半，极不利于施工升降机的安全运行。

(7) 限速器未按规定进行每 3 个月一次的坠落试验，一旦发生吊笼下坠失速，限速器失灵必将产生严重后果。

(8) 另外，金属结构和电气金属外壳不接地或接地不符合安全要求、悬挂配重的钢丝绳安全系数达不到 8 倍、电气装置不设置相序和断相保护器等都是施工升降机使用过程中常见的事故通病。

2) 施工升降机的安全使用和管理

(1) 施工企业必须建立健全施工升降机的各类管理制度，落实专职机构和专职管理人员，明确各级安全使用和管理责任制。

(2) 驾驶施工升降机的司机应是经有关行政主管部门培训合格的专职人员，严禁无证操作。

(3) 司机应做好日常检查工作，即在电梯每班首次运行时，应分别做空载和满载试运行，将梯笼升高到离地面 0.5m 处停车，检查制动器的灵敏性和可靠性，确认正常后方可投入使用。

(4) 建立和执行定期检查和维修保养制度，每周或每旬对升降机进行全面检查，对查出的隐患按“三定”原则落实整改。整改后须经有关人员复查确认符合安全要求后，方能使用。

(5) 施工升降机额定荷载试验在每班首次载重运行时，应从最低层开始上升，不得自上而下运行，当吊笼升高到离地面 1～2m 时，应停机试验制动器的可靠性。

(6) 梯笼乘人、载物时，应尽量使荷载均匀分布，严禁超载使用。

(7) 施工升降机应按规定单独安装接地保护和避雷装置。

(8) 施工升降机运行至最上层和最下层时，严禁以碰撞上、下限位开关来实现停车。

(9) 各停靠层的运料通道两侧必须有良好的防护。楼层门应处于常闭状态，其高度应符合规范要求，任何人不得擅自打开楼层门或将头伸出门外。当楼层门未关闭时，司机不得开动电梯。

(10) 确保通信装置的完好，司机应当在确认信号后方能开动施工升降机，作业中无论任何人在任何楼层发出紧急停车信号，司机都应当立即执行。

(11) 司机因故离开吊笼及下班时，应将吊笼降至地面，切断总电源并锁上电箱门，以防止其他无证人员擅自开动吊笼。

(12) 严禁在施工升降机运行状态下进行维修保养工作。若需维修，必须切断电源并在醒目处挂上“有人检修，禁止合闸”的警告牌，并有专人监护。

(13) 施工升降机的防坠安全器不得任意拆检调整，而应按规定的期限由生产厂或指定的认可单位进行鉴定或检修。

(14) 风力达6级以上时，应停止使用施工升降机，并将吊笼降至地面。

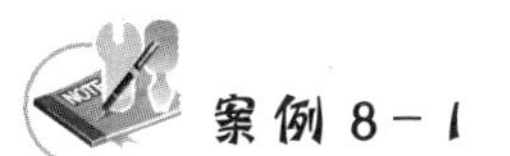

案例8-1

高处坠落安全事故案例

1. 事故简介

2001年8月7日，上海市天目中路某工程施工现场发生一起坠落事故，造成3人死亡。

2. 事故发生经过

上海铁路分局某工程建筑面积16950m^2，建筑总高度61.5m，由上海市某建筑公司总承包，上海另一家建筑公司分包土建工程。

2001年8月1日，由土建分包公司安排架工班搭设电梯井内的脚手架。该工程共有4口电梯井（两口单体电梯井和两口联体电梯井），至8月6日完成两口单体电梯井脚手架搭设后，开始搭设两口联体电梯井内的脚手架。

8月7日，3名作业人员已将电梯井内脚手架搭设到了8层的高度，此时脚手管已用完，于是3人便去拆除10层高度处的安全平网，打算使用其脚手管继续搭设脚手架。由于拆除安全网之前未进行仔细检查，未发现安全网东侧的固定点已被破坏，当3人踏入安全平网后，安全平网即发生倾斜脱落，致使3人从已搭设的电梯井脚手架的空隙间坠落地面，造成3人死亡。

3. 事故原因分析

1) 技术方面

(1) 搭设高层建筑电梯井脚手架属危险作业，应预先编制专项施工方案，方案中不仅应提出脚手架的搭设程序和质量要求，还必须考虑搭设脚手架作业人员应采用的安全措施：一是搭设过程中作业人员应配挂安全带且应系结牢固；二是至少每隔10m应架设安全平网，以防止搭设脚手架过程中发生坠落事故及为使用脚手架的作业人员提供安全保障。而此3名作业人员既没有配挂安全带进行个人防护，同时脚手架已搭设至8层高度也未及时设置安全平网进行防护。因此，当发生意外时，无任何安全措施，以致造成重大事故，说明该搭设脚手架方案有严重失误。

(2) 搭设脚手架之前，项目负责人未与架工班组一起对现场作业环境进行详细调查并进行作业前的安全技术交底。高处架设作业人员因其作业危险和常处于独立悬空作业状况，所以作业前应给每人配挂安全带，并要求正确使用。而该3名作业人员全都没配挂安全带，完全依靠个人注意来保证作业安全，没有任何安全措施，当工作中偶然发生失误时，便失去人身安全，这是技术措施的严重失误。

2）管理方面

（1）总包单位疏于对分包单位的管理，60多米高的建筑物，按《建筑法》的规定电梯井内脚手架搭设方案应该编制专项施工组织设计，并采取安全措施。施工中总包单位未对分包单位的这一工作实行全过程监管，以致方案中出现重大失误。

（2）分包单位在作业之前未与架工班组一起对现场作业环境进行详细调查并进行作业前的安全技术交底，以致未发现井道10层处安全平网由于长期失于维修管理，拉结处被拆除，留下隐患，而作业时又未给作业人员配挂安全带进行个人防护，导致危险作业时作业人员没有起码的安全措施。

4. 事故结论与教训

1）事故主要原因

本次事故主要是由于施工方案失误，没有考虑作业中的不安全因素和预防措施，在审查方案中也未明确指出，施工前又未进行现场调查和安全技术交底，且未预先发现隐患和告知作业人员危险及预防措施，还未按规定对独立悬空的危险作业配挂安全带等一系列的工作失误。从总包单位到分包单位，从管理层到项目指挥人员，没有高度重视这一工作的危险性，以致造成管理失误，把一切安全保障交由作业人员自己负责，没有任何保障措施，没有给作业人员创造一个最基本的安全作业条件，因此，稍一失误就会发生伤亡事故。

2）事故性质

本次事故属于责任事故。由于从总包单位到分包单位，从管理层到项目指挥人员各级工作失误，以致作业没有建立起码的安全条件，又未对现场预先调查并告知作业危险及防护措施，未引起作业人员的高度重视，最终导致坠落事故。

3）主要责任

（1）分包单位项目负责人应负违章指挥责任。作业前未调查现场发现隐患，未向作业人员告知危险，也未按规定为作业人员配挂安全带，既没安全技术交底又没安全措施便使作业人员冒险作业，最终导致事故。

（2）分包单位主要负责人应对公司管理失误负全面领导责任。由于分包单位对于高层建筑工程该如何加强管理和保障作业人员安全，无针对性措施，导致基层管理失控，因此分包单位对此事故的发生应负全面领导责任。

5. 事故的预防对策

（1）总包单位分包工程后，并未完全失去管理责任，工程分包不能以包代管放弃管理或是放松管理，这一点《建筑法》中已明确。

（2）分包单位在制定施工方案时，必须同时考虑安全措施，方案中应该体现“安全第一、预防为主”的指导思想。审批方案不能单纯审施工方法，还应同时审安全措施。

（3）现场安全技术交底不能流于形式，安全技术交底是施工方案的细则，是施工方案的补充。由于建筑施工处于动态管理之中，当现场作业环境变化后，必须用安全技术交底进行补充。

6. 安全警示

本次事故违反了行业标准《建筑施工高处作业安全技术规范》（JGJ 80—2016）的规定：电梯井内应每隔两层并最多隔10m设一道安全网。《建筑法》《建设工程安全生产管理条例》都要求对脚手架及危险比较大的施工项目，必须制定专项施工方案。本次事故是在搭设电梯井内脚手架过程中发生的高处坠落事故，该建筑高度61m，共有4口电梯井，施工前不仅要制定搭设方案、采取安全措施，而且在搭设每一口电梯井前还应对现场环境进行调查，并进行安全技术交底。

此电梯井脚手架搭设前没有针对作业特点制定合理的方案；没有按照高处作业规范要求，在电梯井内每隔两层并最多隔10m设一道安全网，因此发生意外坠落时失去保护；没有对电梯井的现状进行调查，所以当作业人员拆除10层高度处的安全平网时，未发现安全平网一侧的拉接点已破坏，因此作业人员踏入后安全平网倾斜脱落；没有严格执行拆除过程中作业人员必须配挂安全带的规定；等等。在搭设脚手架过程中，作业人员是在无任何保护的情况下进行作业的，一切都由作业人员自己的操作决定，如此的管理发生事故是必然的。

案例8-2

坍塌事故案例

1. 事故简介

2003年1月7日13时10分，广东省惠州市某花园工地的卸料平台架体因失稳发生坍塌事故，造成3人死亡、7人受伤，经济损失55万元。

2. 事故发生经过

惠州市某花园工程项目建设单位是惠州市某房地产开发公司，施工单位是惠州市某住宅公司，监理单位是广州市某监理事务所惠州监理部。

2002年9月12日，惠城区建设局发现该项目未领取施工许可证便擅自施工，当即对建设单位发出了停工通知书，要求他们在15天内到惠城区建设局办理有关施工报建手续。发出停工通知书后，惠城区建设局有关领导和工作人员曾多次督促他们办理施工手续，直至2002年12月上旬，建设单位才到惠城区建设局补办施工报建手续。2002年12月9日，惠城区建设局建设工程发包审核领导小组讨论该项目时，认为该项目未领取施工许可证便擅自施工，应按照有关规定进行经济处罚。2002年12月17日，惠城区建设局根据有关规定对该项目进行经济处罚后，当即便发出了该项目的施工安全监督通知书，要求建设单位和施工单位到惠城区建筑工程施工安全监督站办理建筑施工安全监督手续。2003年1月3日，惠城区建筑工程施工安全监督站在工地进行检查时，发现该工地存在严重的施工安全隐患，便当场发出整改通知，要求施工单位在7天内整改完毕，但施工单位没有严格按照规定进行整改，致使在整改期内发生事故。

该花园工程原是烂尾楼，由惠州市某房地产开发公司收购并建设开发。2002年6月，该工程动工复建，6月底该工程的现场施工员根据公司的安排，通知搭棚队负责人黄某搭设脚手架，搭设时无设计施工方案，搭设完成后没有经过验收便投入使用。投入使用后，工程队在施工作业过程中，擅自拆改卸料平台架体每层2根横杆，对平台架体的稳定性造成了一定的影响。

12月底，为了赶工期，现场施工员根据公司安排，通知搭棚队负责人黄某在工程未完工的情况下，先行拆除B、C栋与卸料平台架体相连的外脚手架。2003年1月3日拆完外脚手架后，只剩下独立的卸料平台架体。事故发生前几天，施工队带班黄某在施工作业过程中，发现卸料平台架体不稳固，便向现场施工员报告了此事，但现场施工员和搭棚队负责人及有关管理人员均未对卸料平台架体进行认真的安全检查和采取加固措施。

2003年1月7日13时，工程队带班黄某安排工人在B、C栋建筑进行施工作业。13时10分，卸料平台架体失稳发生坍塌，造成卸料平台作业人员2人当场死亡、4人重伤、4人轻伤。其中1名重伤人员因伤势严重，于1月14日经抢救无效死亡。

3. 事故原因分析

1）技术方面

缺少脚手架搭设方案是此次事故发生的技术原因。《建筑施工安全检查标准》（JGJ 59—2011）规定，脚手架搭设前应当编制施工方案。卸料平台应单独进行设计计算，不允许与脚手架进行连接，必须把荷载直接传递给建筑结构。该工程脚手架搭设时，只是由现场施工员向搭棚队负责人黄某安排了工作任务，黄某在既无方案又无安全技术交底的情况下，完全根据自己的经验和习惯，随意搭设脚手架，造成该工程脚手架缺少技术依据和论证。卸料平台未进行设计，也没有施工图纸，并违反规定与脚手架连接。在搭设过程中，还随意拆改卸料平台的结构架体，造成卸料平台整体受力结构改变，影响其稳定性。

该工程工序颠倒。施工单位在工程尚未完成的情况下，先行拆除了与平台架体相连的外脚手架，却没有对卸料平台架体采取相应的加固措施。卸料平台架体与建筑物的拉接过少，在勘察事故现场时，只发现了3根拉结筋。

2）管理方面

安全生产责任制不落实是此次事故的直接管理原因。该工程搭设卸料平台及外脚手架无设计方案，无验收便投入使用。没有对施工现场的工人进行安全技术交底。施工单位的管理人员安全意识差，未能认真履行职责，职责不明，未认真开展安全检查。施工单位明知存在事故隐患也没有及时纠正和采取防范措施，制度不健全，落实不到位。

劳动组织不合理，人员集中、荷载集中造成超载也是事故发生的原因。施工单位安排在卸料平台上交叉作业的人员过多。未及时清理卸料平台的残余废料，卸料平台残余废料堆积过多、过重。工人违章作业，直接在卸料平台上堆置砂浆进行搅拌作业。取水口设置不合理，造成作业人员集中停留在卸料平台架体过道取水。

4. 事故结论与教训

根据事故有关事实证据材料，事故调查组认定这起事故是由违章指挥、违反施工安全操作规定造成的重大责任事故。

该工程施工单位惠州市某住宅公司作为总承包单位，其主要负责人对安全生产工作不重视，监督检查力度不够；安全管理责任不落实，在项目施工建设中，现场施工混乱，没有专职安全员；安全管理不到位，对施工队违反施工程序作业缺乏有效和有序的管理，违反《建筑法》《安全生产法》等有关规定；对事故发生负领导管理责任。

惠州市某住宅公司项目经理对施工安全管理制度落实不到位，安全管理职责混乱，造成施工现场隐患突出，工人违章作业；此外，不认真进行安全检查，对存在隐患不采取措施跟踪落实整改，对事故发生负有直接责任。

该工程建设单位惠州市某房地产开发公司在没有领取施工许可证的情况下，组织施工人员擅自施工作业；对惠城区建设局于2002年9月12日发出的停工通知书置之不理，继续强行施工；对施工场地的作业人员忽视安全教育；直至事故发生时，还未到惠城区建筑工程施工安全监督站办理好有关手续；为赶工期，要求搭棚队违反程序施工，对事故发生负有重要的责任。

惠州市某房地产开发公司现场施工员，作为施工现场主要负责人，对现场施工组织和安全生产负有直接责任。其对工人违章作业熟视无睹，在工程未完工的情况下，违章指挥，通知搭棚队先拆除了外脚手架；对施工队反映报告的重大隐患不重视，不认真开展安全检查和落实防范措施；对事故发生负有主要责任，应依法追究其刑事责任。

惠州市惠城区某搭棚队负责人黄某，根据现场施工员通知安排，未完工就先拆除外脚手架，明知违反程序，明知存在危险也不采取措施进行加固，对其搭设的架体忽视安全管理，对事故发生负有重要责任。

惠州市建设行政管理部门有关责任人审批手续把关不严，在没有安监站书面安监材料的情况下，违反规定发放施工许可证，属于工作中的重大过失。

监理单位对施工现场存在的安全隐患督促整改力度不够，没有进一步加大力度要求施工单位进行整改，对此次事故负有不可推卸的责任。

5. 事故的预防对策

建筑施工总承包单位应严格审查分包单位的施工资质，严禁将工程分包给无资质的施工单位。建筑施工单位必须严格遵守作业规程和施工程序，禁止为赶工期和降低成本而违反程序作业，坚决制止违章指挥和违章作业。

惠州市某住宅公司和惠州市某房地产开发公司应彻底整顿，建立健全安全生产管理制度，建立安全生产检查制度和事故应急预案制度，明确职责，层层落实安全生产责任制，设立安全生产管理机构，配置专职安全员。严格对工人进行安全教育和技术交底。

开展全面彻底的安全生产检查，对存在的问题应立即采取整改措施，确保符合安全规范标准。

进一步教育其他建筑施工单位，要认真吸取事故教训，引以为戒，全面开展检查，对存在的安全隐患要坚决整改，对违反安全生产的行为要严肃处理。针对建筑施工安全管理问题多的现状，建议全行业要进行安全专项治理活动，切实做到预防为主。

6. 安全警示

此次伤亡事故发生的直接原因是：脚手架搭设没有施工方案；拆除作业没有安全技术交底；卸料平台缺少设计计算，且违章与脚手架连接，在搭设后又没有按照规定进行验收，且使用中缺乏维护管理，以致杆件被拆除而没有及时采取补救措施；再加上违章使用，使荷载集中形成超载。无论是建设单位还是施工单位，绝不能片面追求经济效益而忽视安全生产。惠州市某住宅公司作为工程的总承包单位，对施工现场安全管理不到位，没有配备专职安全员，对分包单位的施工队伍违反程序作业缺乏有效的管理，没有认真开展安全检查，对隐患整改不及时。建设单位忽视安全生产，为赶进度，要求施工队违反程序作业，不落实防范措施，最终导致重大事故的发生，教训是十分深刻的。

从此次事故可以看出，建设行政主管部门、建设单位和施工单位，都必须严格遵守《建筑法》《安全生产法》和《建设工程安全生产管理条例》，违反法规可能会为此付出血的代价。

案例8-3

物体打击事故案例

1. 事故简介

2002年1月20日下午，上海市某建筑安装工程有限公司分包的某汽修车间工程，钢结构屋架地面拼装基本结束。14时20分左右，专业吊装负责人曹某，酒后来到车间西北侧东西向并排停放的三榀长21m、高0.9m、自重约1.5t的钢屋架前，弯腰蹲下在最南边的一榀屋架下查看拼装质量，当发现北边第三榀屋架略向北倾斜时，即指挥两名工人用钢管撬平并加固。由于两工人使力不均，使得那榀屋架反过来向南倾倒，导致三榀屋架连锁一起向南倒下。当时，曹某还蹲在屋架下，还没来得及反应，整个身子就被压在了屋架下。待现场人员翻开三榀屋架，发现曹某已七孔出血，经医护人员现场抢救无效死亡。

2. 事故原因分析

1）直接原因

导致本次事故的直接原因包括：屋架固定不符合要求，南边只用3根4.5cm长的短钢管作为支撑支在松软的地面上，而且三榀屋架并排放在一起；曹某指挥站立位置不当；工人撬动时用力不均，导致屋架倾倒。

2）间接原因

(1) 死者曹某酒后指挥，为事故发生埋下了极大的隐患。

(2) 土建施工单位工程项目部在未完备吊装分包合同的情况下，盲目同意吊装队进场施工，违反施工程序。

(3) 施工前无书面安全技术交底，违反操作程序。

(4) 施工场地未经硬地化处理，给屋架固定支撑带来松动的余地。

(5) 没有切实有效的安全防范措施。

(6) 施工人员自我安全保护意识差。

3. 事故预防及控制措施

(1) 本着“谁抓生产，谁负责安全”的原则，各级管理干部要各负其责，加强安全管理，督促安全措施的落实。

(2) 加强施工现场的动态管理，做好有针对性的安全技术交底，尤其是对现场的施工场地、关键地点要全部做硬化处理，消除不安全因素。

(3) 全面按规范加固屋架固定支撑，并在四周做好防护标志。

(4) 加强施工人员的安全教育和安全自我保护意识教育，提高施工队伍素质。

(5) 取消原吊装队伍资格，清退其施工人员。重新请有资质的吊装公司，并签订合法有效的分包合同及安全协议书，健全施工组织设计和操作规程。

4. 事故结论与教训

(1) 公司法人严某，对项目部安全生产工作管理不严，对本次事故负有领导责任。

(2) 现场项目经理朱某，在未完备吊装分包合同的情况下，盲目同意吊装队进场施工，对专业分包单位安全技术交底、操作规程交底不够，对本次事故负有主要责任。

(3) 项目部安全员虞某、技术员李某、施工员叶某，对分包队伍的安全检查和监督、安全技术措施的落实等工作管理力度不够，对本次事故均负有一定的责任。

(4) 专业吊装负责人曹某，酒后指挥，对本次事故负有重要责任。

案例 8-4

机械伤害事故案例

1. 事故简介

2002年6月28日，河南省郑州市某工程1号楼，发生一起施工升降机（人货两用外用电梯）因吊笼冒顶，造成5人死亡、1人受伤的机械伤害事故。

2. 事故发生经过

郑州市某工程，建筑面积32487m^2，高33层，建筑高度109m，框架-剪力墙结构。该工程由中建某局一公司总承包，土建由南通市某建筑公司分包，工程监理单位为河南省某工程建设监理公司，施工机械由南通市某建筑公司负责提供，垂直运输采用了人货两用的外用电梯。2002年6月工程主体结构进行到第24层，6月28日下午上班后，电梯司机见电梯无人使用便擅自离岗回宿舍睡觉，但电梯没有拉闸上锁。此时有几名工人需乘电梯，因找不到司机，其中一名机械工便私自操作，当吊笼运行至24层后发生冒顶，从66m高处出轨坠落，造成5人死亡、1人受伤的重大事故。

3. 事故原因分析

1) 技术方面

(1) 未能及时接高电梯导轨架。事故发生时建筑物最高层作业面为72.5m，而施工升降机导轨架安装高度为75m，此高度已不能满足吊笼运行安全距离的要求，如不及时接高导轨架，当施工最上层时吊笼容易发生冒顶事故。

(2) 未按规定正确安装安全装置。按《施工升降机安全规程》(GB 10055—2007) 的规定，施工升降机应安装上、下极限开关，当吊笼向上运行超过越层的安全距离时，极限开关动作切断提升电源，使吊笼停止运行……吊笼应设置安全钩，防止在出事故时吊笼脱离导轨架。

2) 管理方面

(1) 分包单位南通市某建筑公司管理混乱。施工升降机安装后不进行验收。对施工升降机的安装、使用，国家及行业早已颁发标准，而南通市某建筑公司在电梯安装前却没有按照标准制定方案，电梯安装后未经验收确认，便在安装不合格及安全装置无效的情况下冒险使用。

(2) 对作业人员缺乏严格管理。该公司对电梯司机没有严格的管理制度，致使工作时间内司机擅自离岗且不锁好配电箱，导致他人随意动用。公司对其他工种人员缺少安全培训教育和严格的约束制度，致使无证人员擅自操作电梯。由于存在诸多安全隐患的施工电梯由无证人员随意操作，当吊笼发生意外时，安全装置又失去作用从而导致事故发生。

(3) 总包单位和监理单位工作失职。《建设工程安全生产管理条例》明确规定，建设工程项目实行总承包的，由总承包单位对施工现场的安全生产负责。工程监理应按照规范，监督安全技术措施的实施。该工程电梯安装前没有编制实施方案，安装后也不报验，自5月8日安装至6月28日发生事故前的50天中，既无人检查也无人过问，致使电梯未安装上极限限位器，导致吊笼越程运行而无安全限位保障；电梯安全钩安装不正确，吊笼发生脱轨时保险装置失效。以上重大隐患，未能在总包管理、监理监督下得以发现和提早解决，导致电梯原有的安全装置因失效未能起到避免意外事故和减少事故损失的作用。

(4) 市场管理混乱。郑州市有两个管理机构，一个是郑州市建设行政主管部门，另一个是郑州市政府有关部门，从而导致管理矛盾和漏洞，影响了执行《建筑法》的严肃性，给市场管理造成混乱。

4. 事故结论与教训

1) 事故主要原因

本次事故发生的表面原因是电梯司机离岗，非司机人员擅自操作电梯，但实质上完全是由于施工管理混乱而发生的事故。电梯安装无施工方案，以及安装后不经验收便冒险使用，导致安全装置不合格未能及早发现而失效。另外，司机不经批准便擅自离岗睡觉，非司机人员操作(非司机人员操作现象不会是偶然发生的，因为第一次不可能就会操作，会操作就说明一定不是第一次，只是过去操作未造成事故，未引起注意而已。司机敢于离岗去放心睡觉，这也不可能是第一次离岗)。以上违章操作长期存在而无人管理，直到发生事故方引起关注。

2) 事故性质

本次事故属于责任事故。该工程建筑面积32487m^2，建筑高度109m，这在郑州市应该算是较大的工程项目，在施工管理上应该引起各级重视，不但从开工准备时应引起重视，而且在整个施工过程中，也会有分包单位的自查、总包单位的检查、监理的监督检查、市安监站的检查，如果各级切实严肃认真地进行了监督检查，本应该可以及早发现隐患，避免如此重大的事故，然而事故仍然发生了。可见各级的检查效果不能说全是走过场，但至少对设备检查，尤其这种外用电梯较大设备的检查，是走了过场，是工作失职的见证。

3) 主要责任

南通市某建筑公司的项目负责人对施工升降机的安装、使用、管理违反规定，严重失职，应负违章指挥责任。该施工公司主要负责人对基层如此混乱和管理失控，应负全面管理责任。

5. 事故的预防措施

(1) 应加强对机械设备的管理。机械设备、施工用电等管理工作在土建项目经理的日常管理中属于弱项，由于其专业性强，土建项目经理不十分熟悉，尤其对相关标准不清楚，往往会疏于管理，不能预见问题，工作容易被动。为此，应适当配备机械设备专业人员协助土建项目经理进行管理，这些专业管理人员应该熟悉相关标准、规范，并被赋予相关权利和责任，尤其较大工程项目，像塔机、外用电梯、施工升降机及混凝土泵车等，设备品种多、数量多，应针对不同设备特点加强机械设备管理，使各种机械设备得以合理使用，提高机械设备的完好率。这不仅有利于安全施工，也有利于促进生产任务的顺利完成。

(2) 应加强对各司机、操作人员的培训管理。各种机械设备的最直接使用者就是司机和操作人员，他们不仅是操作者，还是机械设备的保养和监护人，许多机械事故的发生都与司机和操作人员分不开，一个单位的机械设备的面貌如何，实际上也从另一角度展示了这个单位的管理水平和能力。应该健全制度，定期培训，经常检查，使操作机械的司机成为遵章守纪的第一人，而不能成为违章违纪的带头人。

6. 安全警示

施工升降机、塔机是目前建筑施工中的主要垂直运输设备，由于其危险大，管理上存在的问题多，所以《建筑施工安全检查标准》(JGJ 59—2011) 已将其列入专项检查内容，要求各单位认真管理。

由于这些设备高大，所以每次转移工地时必须拆除后运输，运到新工地重新组装，因此，重新组装后的检查验收是非常重要的，不能带病运转冒险作业。按载重 1t 的吊笼每次可载 10 人计算，如果发生事故那将是重大事故，所以万万不可忽视。

为防止装拆过程中发生事故，住房和城乡建设部规定了必须由具有相应资质的专业队伍进行设备的装拆，装拆前必须按说明书规定和现场条件编制作业方案。为保证安全运行，施工升降机专门设计了安全装置，包括限速器、上下限位器、安全钩、门联锁等，重新组装后必须逐项进行试验（包括吊笼坠落试验），且每班使用前应进行检查。为确认重新组装后是否已达到原设备性能，规定必须做运行试验（包括静载、动载及超载试验），同时检验各安全装置。除此之外，还要培训专门的司机，要求司机技术好、责任心强，并有专人管理及定期检查维修。

施工升降机属于定型设备，如果各施工单位切实遵照国家颁布的施工升降机相关标准进行检验及使用，绝大多数事故都是可以避免的。

案例 8－5

火灾安全事故案例

1. 事故简介

2001 年 8 月 2 日，新疆乌鲁木齐市某大学学生公寓楼工程施工过程中，因使用汽油代替二甲苯作稀释剂，调配过程中发生爆燃，造成 5 人死亡、1 人受伤。

2. 事故发生经过

乌鲁木齐市某大学学生公寓楼工程由新疆建工集团某建筑公司承建。2001 年 8 月 2 日晚上，工人在加班调配聚氨酯底层防水涂料时，使用汽油代替二甲苯作稀释剂，调配过程中发生燃爆，引燃室内堆放着的防水（易燃）材料，造成火灾并产生有毒烟雾，致使 5 人中毒窒息死亡、1 人受伤。

3. 事故原因分析

1）技术方面

调制油漆、防水涂料等作业应准备专门的作业房间或作业场所，保持通风良好，作业人员应佩戴防护用品，房间内应备有灭火器材，应预先清除各种易燃物品，并制定相应的操作规程。

本次事故的直接原因是：此工地作业人员在堆放易燃材料附近使用易挥发的汽油，而未采取任何必要措施，违章作业导致火灾发生。

2）管理方面

该施工单位对工程进入装修阶段和使用易燃材料施工，没有制定相关的安全管理措施，也未配有专业人员对作业环境进行检查和配备必要的消防器材，以致导致火险后未能及时采取援救措施，最终导致火灾。

作业人员未经培训交底，没有掌握相关知识，违章作业而无人制止导致火灾发生。

4．事故结论与教训

1）事故主要原因

本次事故主要是由于施工单位违章操作，在有明火的作业场所使用汽油引起的火灾事故。在安全管理与安全教育上失误，施工区与宿舍区没有进行隔离且存放大量易燃材料无人制止，重大隐患导致了重大事故。

2）事故性质

本次事故属于责任事故。由于施工单位片面强调经济效益，忽视安全管理，既没制定相应的安全技术措施，也没对作业现场环境进行检查并配备必需的防护用品、灭火器材，盲目施工导致火灾事故。

3）主要责任

（1）施工项目负责人事前既不编制方案也不进行作业环境检查，对施工人员不进行安全技术交底、不做危险告知，以致作业人员违章作业造成事故，且没有灭火器材自救导致严重损失，应负直接领导责任。

（2）施工企业主要负责人平时不注重抓企业管理，对作业环境不进行检查，导致基层违章指挥、违章作业，应负主要领导责任。

5．事故的预防对策

1）施工前应编制安全技术措施

《建筑法》和《建设工程安全生产管理条例》都有明确规定，对危险性大的作业项目应编制分项施工方案和安全技术措施，要对作业环境进行勘察了解，按照施工工艺对施工过程中可能发生的各种危险，预先采取有效措施加以防止，并准备必要的救护器材防止事故延伸扩大。

2）先培训后上岗

使用危险品的人员，必须学习储存、使用、运输等相关知识和规定，经考核合格后方可上岗。在具体施工操作前，需根据实际情况进行安全技术交底，并教会相关作业人员使用救护器材，较大的施工工程应配有专业消防人员进行检查指导。

3）落实各级责任制

对于危险品的使用除应配备专业人员外，还应建立各级责任制度，并有针对性地进行检查，使这一工作切实从思想上、组织上及措施上落实。

6．安全警示

本次事故违反了《化学危险品安全管理条例》的相关规定，要求危险品储存和使用时应远离生活区、远离易燃品，配备必要的应急救援器材，施工前编制分项工程专项施工方案并派人监督实施。易燃易爆物品的主要防范是要严格控制火源。使用各种易挥发、燃点低的材料时，必须了解其含量、性质，存放时应隔离、通风，作业环境应有灭火器材，无关人员应远离易燃物品，严禁火源。

建筑施工过程中的防水工程、油漆装饰等作业，经常使用的稀释剂中，不仅含有毒有害物质，而且因挥发性强、燃点低，也属易燃物品。在施工中必须预先考虑危险品材料存放库，并做到随用随领；使用场所应远离木材、保温等易燃材料；应专门设置油漆配制等工序的作业区，下班后应将剩余的稀释剂妥善存放，防止发生意外。

本次事故是因明火场所使用汽油，这是严格禁止的，对于装修专业队伍来说这本是基本知识，而此次事故说明该施工单位平时失于管理，再加上现场混乱，易燃材料随意堆放，导致火灾发生且扩大。

案例 8-6

触电安全事故案例

1. 事故简介

2000年8月3日，江西省赣州市某商住楼在施工过程中，由于在作业中钢筋距架空线路过近而产生电弧，致使11名农民工触电被击倒在地，造成3人死亡、3人受伤。

2. 事故发生经过

赣州市某商住楼位于市滨江大道东段，建筑面积147000m^2，8层框混结构，基础采用人工挖孔桩（共106根）。该工程的土方开挖、挖孔桩钢筋笼安放及混凝土浇筑，由某建筑公司以包工不包料形式转包给何某个人之后，何某又转包给农民工温某施工。

在该工地的上部距地面7m左右处，有一条10kV架空线路经东西方向穿过。该工程于2000年5月17日开始土方回填，至5月底完成土方回填时，架空线路距离地面净空只剩5.6m，其间施工单位曾多次要求建设单位尽快迁移，但始终未得以解决，而施工单位就一直违章在架空线路下方不采取任何措施冒险作业。当2000年8月3日承包人温某正违章指挥12名农民工将6m长的钢筋笼放入桩孔时，由于顶部钢筋距架空线路过近而产生电弧，导致11名农民工被击倒在地，造成3人死亡、3人受伤的重大事故。

3. 事故原因分析

1）技术方面

由于架空线路周围的空间存在强电场，导致附近的导体成为带电体，因此《施工现场临时用电安全技术规范》（JGJ 46—2005）规定，在架空线路下方禁止作业，在一侧作业时必须保证安全操作距离，防止发生触电事故。

该施工现场桩孔钢筋笼长6m，上面架空线路距地面仅剩5.6m，在无任何防护措施下又不能保证安全距离，因此必然发生触电事故。

2）管理方面

（1）建筑市场管理失控，私自转包，无资质承包，从而造成管理混乱，再加上违章指挥，从而导致触电事故发生。

（2）建设单位不重视施工环境的安全条件，按《施工现场临时用电安全技术规范》（JGJ 46—2005）规定，架空线路下方禁止作业，然而建设单位未尽到职责办理线路迁移，从而发生触电事故。

4. 事故结论与教训

1）事故主要原因

本次事故是由于违法发包给无资质个人施工，致使现场管理混乱，再加上违章指挥，在不具备安全条件的情况下冒险施工，最终导致触电事故发生。

2）事故性质

本次事故属责任事故。建设单位违法发包、无资质个人承包、现场架空线路不迁移就施工、违章指挥、冒险作业等都是严重的不负责任，最终导致触电事故发生。

3）主要责任

(1) 个人承包人是现场违章指挥造成事故的直接责任者。

(2) 建设单位和某建筑公司违反《建筑法》规定，不按程序发包和将工程发包给无资质的个人，造成现场管理混乱。其建筑公司不加管理，建设单位不认真解决事故隐患，某建筑公司法人代表和建设单位负责人是这次事故的主要责任者，应负责任。

5. 事故的预防对策

(1) 地区的建设行政主管部门应进一步加强对建筑市场的管理工作，不仅要注意做好形式上的工程建设招投标工作，而且要注意认真贯彻施工许可证制度，并注意检查地区施工现场的实施情况，发现私自转包和无资质承包等违法行为应严肃处理。

(2) 认真落实建筑工程监理工作，对承包单位的施工进行全过程依法监督，发现问题及时解决，做到预防为主。

(3) 建设单位对提供施工现场的安全作业条件应在相关法规中明确。

6. 安全警示

架空线路触电事故近年已有下降，本次事故完全由于冒险蛮干，指挥人员对工人生命不负责所造成。

由于架空线路一般无绝缘防护，其周围有强电场，当导体接近架空线路时即发生放电现象导致触电事故。《施工现场临时用电安全技术规范》(JGJ 46—2005) 规定，在架空线路下方禁止作业，在一侧作业时必须保证安全操作距离。当不能满足安全操作距离时，必须采取搭设屏护架或采取停电作业，严禁冒险作业。

该工程桩的钢筋笼长6m，而地面垫土后距架空线路只有5～6m，在已经明确环境危险的情况下，承包人温某仍强令作业人员冒险作业。另外，建设单位的责任也不可推卸，明知架空线路危险，施工单位也一再催促，直到发生事故时供电部门仍未收到关于架空线路迁移的报告。

案例 8-7

中毒安全事故案例

1. 事故简介

2001年10月24日，兰州市七里河区某住宅楼工地，发生一起中毒事故，造成3人死亡。

2. 事故发生经过

兰州市某住宅楼工程由某农工联合公司私下包给个体建筑经营者，该个体建筑经营者系原兰州市某建筑公司停薪留职职工，其雇用了农民工承接人工挖孔桩的桩孔开挖。该工程人工挖孔桩的井深18.2m，井孔直径1m，在施工中采用了设置钢板护圈，下井前采用鸽子进行试验，井内采取了强制通风等措施。

2001年10月24日下午，在农民工下井前，已向井内送风约30min，然而当一名农民工下井到12m深度时突然晕倒坠落至井底，地面上立即又下井2人实行救助，此2人也相继晕倒坠落井底，最终造成3人死亡。

3. 事故原因分析

1）技术方面

施工人员对人工挖孔桩施工技术及安全隐患没有全面认识，虽然也采取了送风措施，但没有采取规定的检测手段，不能掌握送风量，井内空气含氧量达不到标准时将导致人员窒息。另外，一氧化碳、二氧化碳等有毒有害气体浓度过高也会导致中毒。鸽子试验是在没有监测仪器之前，对一般管道井施工采取的临时检测措施，对井深达18m以下的作业环境的可靠要求，《建筑桩基技术规范》(JGJ 94—2008）中早有规定。由于违章指挥，让作业人员在只简单送风不经检测的情况下便下井，最终导致窒息中毒事故。而地面人员既不了解井下情况，又没采取任何防护措施，便盲目下井救人，导致事故扩大，是本次事故的直接原因。

2）管理方面

建设单位擅自将挖孔桩包给无相应资质的个体建筑经营者，个体建筑经营者停薪留职期间利用原公司名义承揽工程项目，既没有施工资质又雇用无专业知识的农民工，冒险蛮干，发生事故后没有任何救援器材，以致2名救援工人坠入井底死亡，是事故的主要原因。

4. 事故结论与教训

1）事故主要原因

本次事故的主要原因是建设单位违规发包，而承包人为个体建筑经营者且无相应施工资质，不熟悉施工技术及安全技术，又无任何管理措施，以致发生事故。

2）事故性质

本次事故属于责任事故。工程建设单位未经过招投标，未办理施工许可证，逃避行政监督管理，违规将工程发包给无资质个体建筑经营者而导致事故。

3）主要责任

(1）此事故是由个体建筑经营者违章指挥造成，其直接责任应由个体承包者承担。

(2）此事故除应由工程建设单位负主要责任外，兰州市某建筑公司同意个体建筑经营者以公司名义承揽工程，违反了《建筑法》的规定，导致管理混乱，也应负主要管理责任。

5. 事故的预防对策

发生本次事故主要表现在管理失控，违反《建筑法》的规定，但未得到行政主管部门的有效制止，从而逃避行政监督与管理，使违法行为得以任意施行。今后欲杜绝此类问题，关键是各地的行政主管部门应加大管理力度，研究切实可行的措施，改进管理方法。

6. 安全警示

人工挖孔桩因其工艺落后、危险性大，一般很少采用。当必须采用人工挖孔方法时，应经批准，并应认真制定施工方案，选择素质较好的施工队伍，并设专职人员监督，防止发生事故。

该工程采用人工挖孔桩工艺，施工前既没认真制定施工方案，也没考核施工队伍，而是将井孔直径1m、井深18.2m的挖孔桩交给了个体施工队施工。由于没有检测设备，仅采用鸽子试验，虽然也采取了向井下通风措施，但通风量小、时间短，当井深超过10m后已无明显效果，致使一农民工下井到12m深处便晕倒坠落；又因作业人员为一般农民工，没有进行过专门培训，所以不懂救援知识，且无救援器材，导致一人晕倒坠落后，救援人员再相继晕倒坠落，造成多人死亡。

本次事故的根源是建设单位违规将工程发包给无资质的个体建筑经营者，建筑公司违规允许个体建筑经营者以公司名义承揽工程，个体施工队违章施工操作行为又未受到任何制止，直到发生事故。

本章小结

通过本章的学习，要求学生熟悉拆除工程施工安全措施，土方工程施工安全措施，主体结构施工安全措施，装饰工程施工安全措施，高处、临边、洞口作业安全技术，临时用电安全管理，以及施工机械使用安全措施。

拆除工程施工安全措施包括人工拆除、机械拆除、爆破拆除等的安全措施。

土方工程施工安全措施包括土方开挖安全措施、边坡稳定及支护安全措施、基坑（槽）排水安全措施等。

主体结构施工安全措施包括脚手架工程、模板工程、钢筋工程、混凝土工程、钢结构工程、砌体工程等项目施工安全措施。

装饰工程施工安全措施包括饰面作业、玻璃及玻璃幕墙安装、涂饰工程等项目施工安全措施。

高处、临边、洞口作业应满足各自的安全技术要求。

临时用电安全管理包括临时用电安全管理基本要求以及电气设备接零或接地、配电室、配电箱和开关箱、施工用电线路、施工照明安全要求，电动建筑机械和手持式电动工具安全使用要求，触电事故的急救，等等。

施工机械使用安全措施包括施工机械安全管理的一般规定及塔机、施工升降机等的安全使用技术。

习　题

一、简答题

1. 拆除工程施工安全措施有哪些？
2. 土方工程施工安全措施有哪些？
3. 坑（槽）壁支护工程施工安全措施有哪些？
4. 基坑排水安全措施有哪些？
5. 脚手架工程施工安全措施有哪些？
6. 模板工程施工安全措施有哪些？

7. 钢筋制作安装施工安全措施有哪些？
8. 钢结构焊接工程施工安全措施有哪些？
9. 钢结构安装工程施工安全措施有哪些？
10. 砌体工程施工安全措施有哪些？
11. 装饰工程施工安全措施有哪些？
12. 高处作业安全技术有哪些？
13. 临边作业安全技术有哪些？
14. 洞口作业安全技术有哪些？
15. 电工及用电人员要求有哪些？
16. 临时用电线路和电气设备防护要求有哪些？
17. 施工用电线路安全要求有哪些？
18. 简述触电事故的急救方法。
19. 施工机械安全管理的一般规定有哪些？
20. 塔机装拆的安全要求有哪些？
21. 塔机的常见事故隐患有哪些？
22. 施工升降机的装拆要求有哪些？
23. 施工升降机的事故隐患有哪些？

二、分析题

某商务大厦，为钢筋混凝土剪力墙结构，采用桩箱复合基础，地下 2 层，地上 12 层。2003 年 6 月 25 日，进行 10 层拆模施工，农民工甲负责大模板的挂钩。下午 3 时 20 分，将 10 层北侧电梯井东墙模板吊起后，农民工甲自己爬上南墙模板上部拆除外模与内模连接吊环的铅丝。当铅丝拆掉后但与吊车挂钩还没有连接时，农民工甲蹬着模板就要下来，而 1.2m×3.2m 的大模板此时并无三角支架固定，大模板瞬间脱离墙体将农民工甲砸在下面，农民工甲被送往附近医院，经抢救无效死亡。

(1) 简要分析造成这起事故的原因。

(2) 工程中一般采取哪些措施预防此类事故发生？

(3) 该事故给我们什么样的警示？

第9章 建筑工程施工现场消防安全

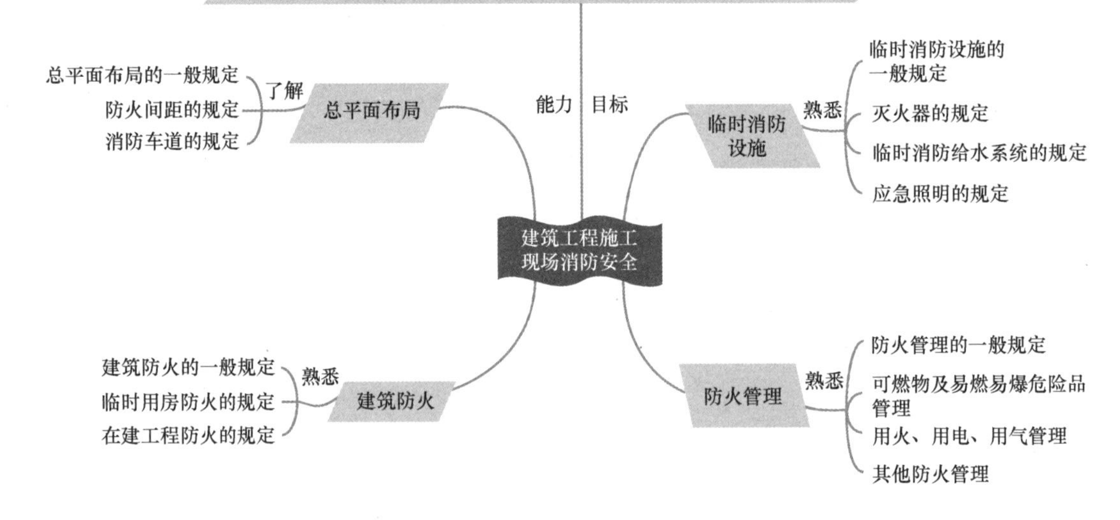

引例

2010年11月15日14时，上海胶州路一栋高层公寓起火。起火点位于10～12层之间，截至11月19日10时20分，大火已导致58人遇难，另有70余人正在接受治疗。

事故伤亡情况：58人死亡，其中男性22人，女性36人。70余人受伤送医，50余人失踪（2010年11月19日7时35分）。

事故单位：上海佳艺建筑装饰工程公司。该公司成立于1989年。1995年，上海市静安区建设总公司向上海佳艺建筑装饰工程公司注资500万元人民币，成为上海佳艺建筑装饰工程公司最大且唯一的股东。发生事故公寓工程的总包方为上海市静安区建设总公司，分包方为上海佳艺建筑装饰工程公司。

事故原因：发生事故公寓在装修作业施工时，有2名电焊工违规实施作业，在短时间内形成密集火灾。

事故暴露出五大问题：①电焊工无特种作业操作证，严重违反操作规程，引发大火后逃离现场；②装修工程违法违规，层层分包，导致安全责任落实不到位；③施工作业现场管理混乱，安全措施落实不到位，存在明显的抢工期、抢进度、突击施工的行为；④事故现场使用易燃材料，导致大火迅速蔓延；⑤有关部门安全监管不力，致使层层分包、多家作业和无证电焊工上岗，对停产后复工的项目安全管理不到位。

问题：（1）施工现场消防安全问题有哪些？

（2）如何发现施工现场消防安全问题？出现消防安全问题该如何及时处理？

9.1 总平面布局

9.1.1 总平面布局的一般规定

（1）临时用房、临时设施的布置应满足现场防火、灭火及人员安全疏散的要求。

（2）下列临时用房和临时设施应纳入施工现场总平面布局。

① 施工现场的出入口、围墙、围挡。

② 场内临时道路。

③ 给水管网或管路和配电线路敷设或架设的走向、高度。

④ 施工现场办公用房、宿舍、发电机房、变配电房、可燃材料库房、易燃易爆危险品库房、可燃材料堆场及其加工场、固定动火作业场等。

⑤ 临时消防车道、消防救援场地和消防水源。

（3）施工现场出入口的设置应满足消防车通行的要求，并宜布置在不同方向，其数量不宜少于2个。当确有困难只能设置一个出入口时，应在施工现场内设置满足消防车通行的环形道路。

（4）施工现场临时办公、生活、生产、物料存储等功能区宜相对独立布置，防火间距应符合规范规定。

（5）固定动火作业场应布置在可燃材料堆场及其加工场、易燃易爆危险品库房等全年最小频率风向的上风侧，并宜布置在临时办公用房、宿舍、可燃材料库房、在建工程等全年最小频率风向的上风侧。

（6）易燃易爆危险品库房应远离明火作业区、人员密集区和建筑物相对集中区。

（7）可燃材料堆场及其加工场、易燃易爆危险品库房不应布置在架空电力线下。

9.1.2 防火间距的规定

（1）易燃易爆危险品库房与在建工程的防火间距不应小于15m，可燃材料堆场及其加工场、固定动火作业场与在建工程的防火间距不应小于10m，其他临时用房、临时设施与在建工程的防火间距不应小于6m。

（2）施工现场主要临时用房、临时设施的防火间距不应小于表9－1的规定，当办公用房、宿舍成组布置时，其防火间距可适当减小，但应符合下列规定。

表9－1　施工现场主要临时用房、临时设施的防火间距　　单位：m

名称	名称						
	办公用房、宿舍	发电机房、变配电房	可燃材料库房	厨房操作间、锅炉房	可燃材料堆场及其加工场	固定动火作业场	易燃易爆危险品库房
办公用房、宿舍	4	4	5	5	7	7	10
发电机房、变配电房	4	4	5	5	7	7	10
可燃材料库房	5	5	5	5	7	7	10
厨房操作间、锅炉房	5	5	5	5	7	7	10
可燃材料堆场及其加工场	7	7	7	7	7	10	10
固定动火作业场	7	7	7	7	10	10	12
易燃易爆危险品库房	10	10	10	10	10	12	12

① 每组临时用房的栋数不应超过10栋，组与组之间的防火间距不应小于8m。

② 组内临时用房之间的防火间距不应小于3.5m，当建筑构件燃烧性能等级为A级时，其防火间距可减小到3m。

9.1.3 消防车道的规定

（1）施工现场内应设置临时消防车道，临时消防车道与在建工程、临时用房、可燃材料堆场及其加工场的距离不宜小于5m，且不宜大于40m；施工现场周边道路满足消防车通行及灭火救援要求时，施工现场内可不设置临时消防车道。

（2）临时消防车道的设置应符合下列规定。

① 临时消防车道宜为环形，设置环形车道确有困难时，应在消防车道尽端设置尺寸不小于12m×12m的回车场。

② 临时消防车道的净宽度和净空高度均不应小于4m。

③ 临时消防车道的右侧应设置消防车行进路线指示标识。

④ 临时消防车道路基、路面及其下部设施应能承受消防车通行压力及工作荷载。

（3）下列建筑应设置环形临时消防车道，设置环形临时消防车道确有困难时，除应设置回车场外，尚应设置临时消防救援场地。

① 建筑高度大于24m的在建工程。

② 建筑工程单体占地面积大于3000m^2的在建工程。

③ 超过10栋且成组布置的临时用房。

（4）临时消防救援场地的设置应符合下列规定。

① 临时消防救援场地应在在建工程装饰装修阶段设置。

② 临时消防救援场地应设置在成组布置的临时用房场地的长边一侧及在建工程的长边一侧。

③ 临时救援场地宽度应满足消防车正常操作要求，且不应小于6m，与在建工程外脚手架的净距不宜小于2m，且不宜超过6m。

9.2 建筑防火

9.2.1 建筑防火的一般规定

（1）临时用房和在建工程应采取可靠的防火分隔和安全疏散等防火技术措施。

（2）临时用房的防火设计应根据其使用性质及火灾危险性等情况进行确定。

（3）在建工程防火设计应根据施工性质、建筑高度、建筑规模及结构特点等情况进行确定。

9.2.2 临时用房防火的规定

（1）宿舍、办公用房的防火设计应符合下列规定。

① 建筑构件的燃烧性能等级应为 A 级。当采用金属夹芯板材时，其芯材的燃烧性能等级应为 A 级。

② 建筑层数不应超过 3 层，每层建筑面积不应大于 300m^2。

③ 层数为 3 层或每层建筑面积大于 200m^{2}时，应设置至少 2 部疏散楼梯，房间疏散门至疏散楼梯的最大距离不应大于 25m。

④ 单面布置用房时，疏散走道的净宽度不应小于 1.0m；双面布置用房时，疏散走道的净宽度不应小于 1.5m。

⑤ 疏散楼梯的净宽度不应小于疏散走道的净宽度。

⑥ 宿舍房间的建筑面积不应大于 30m^2，其他房间的建筑面积不宜大于 100m^2。

⑦ 房间内任一点至最近疏散门的距离不应大于 15m，房门的净宽度不应小于 0.8m；房间建筑面积超过 50m^{2}时，房门的净宽度不应小于 1.2m。

⑧ 隔墙应从楼地面基层隔断至顶板基层底面。

(2) 发电机房、变配电房、厨房操作间、锅炉房、可燃材料库房及易燃易爆危险品库房的防火设计应符合下列规定。

① 建筑构件的燃烧性能等级应为 A 级。

② 层数应为 1 层，建筑面积不应大于 200m^2。

③ 可燃材料库房单个房间的建筑面积不应超过 30m^2，易燃易爆危险品库房单个房间的建筑面积不应超过 20m^2。

④ 房间内任一点至最近疏散门的距离不应大于 10m，房门的净宽度不应小于 0.8m。

(3) 其他防火设计应符合下列规定。

① 宿舍、办公用房不应与厨房操作间、锅炉房、变配电房等组合建造。

② 会议室、文化娱乐室等人员密集的房间应设置在临时用房的第一层，其疏散门应向疏散方向开启。

9.2.3 在建工程防火的规定

(1) 在建工程作业场所的临时疏散通道应采用不燃、难燃材料建造，并应与在建工程结构施工同步设置，也可利用在建工程施工完毕的水平结构、楼梯。

(2) 在建工程作业场所临时疏散通道的设置应符合下列规定。

① 耐火极限不应低于 0.5h。

② 设置在地面上的临时疏散通道，其净宽度不应小于 1.5m；利用在建工程施工完毕的水平结构、楼梯作临时疏散通道时，其净宽度不宜小于 1.0m；用于疏散的爬梯及设置在脚手架上的临时疏散通道，其净宽度不应小于 0.6m。

③ 临时疏散通道为坡道，且坡度大于 25°时，应修建楼梯或台阶踏步或设置防滑条。

④ 临时疏散通道不宜采用爬梯，确需采用爬梯时，应采取可靠的固定措施。

⑤ 临时疏散通道的侧面为临空面时，应沿临空面设置高度不小于 1.2m 的防护栏杆。

⑥ 临时疏散通道设置在脚手架上时，脚手架应采用不燃材料搭设。

⑦ 临时疏散通道应设置明显的疏散指示标识。

⑧ 临时疏散通道应设置照明设施。

（3）既有建筑进行扩建、改建施工时，必须明确划分施工区和非施工区。施工区不得营业、使用和居住；非施工区继续营业、使用和居住时，应符合下列规定。

① 施工区和非施工区之间应采用不开设门、窗、洞口的耐火极限不低于3.0h的不燃烧体隔墙进行防火分隔。

② 非施工区内的消防设施应完好和有效，疏散通道应保持畅通，并应落实日常值班及消防安全管理制度。

③ 施工区的消防安全应配有专人值守，发生火情应能立即处置。

④ 施工单位应向居住和使用者进行消防宣传教育，告知建筑消防设施、疏散通道的位置及使用方法，同时应组织疏散演练。

⑤ 外脚手架搭设不应影响安全疏散、消防车正常通行及灭火救援操作，外脚手架搭设长度不应超过该建筑物外立面周长的1/2。

（4）外脚手架、支模架的架体宜采用不燃或难燃材料搭设，下列工程的外脚手架、支模架的架体应采用不燃材料搭设。

① 高层建筑。

② 既有建筑改造工程。

（5）下列安全防护网应采用阻燃型安全防护网。

① 高层建筑外脚手架的安全防护网。

② 既有建筑外墙改造时，其外脚手架的安全防护网。

③ 临时疏散通道的安全防护网。

（6）作业场所应设置明显的疏散指示标识，其指示方向应指向最近的临时疏散通道入口。

（7）作业层的醒目位置应设置安全疏散示意图。

9.3 临时消防设施

9.3.1 临时消防设施的一般规定

（1）施工现场应设置灭火器、临时消防给水系统和应急照明等临时消防设施。

（2）临时消防设施应与在建工程的施工同步设置。房屋建筑工程中，临时消防设施的设置与在建工程主体结构施工进度的差距不应超过3层。

（3）在建工程可利用已具备使用条件的永久性消防设施作为临时消防设施。当永久性消防设施无法满足使用要求时，应增设临时消防设施，并应符合《建设工程施工现场消防安全技术规范》（GB 50720—2011）第5.2～5.4节的有关规定。

（4）施工现场的消火栓泵应采用专用消防配电线路。专用消防配电线路应自施工现场总配电箱的总断路器上端接入，且应保持不间断供电。

（5）地下工程的施工作业场所宜配备防毒面具。

(6) 临时消防给水系统的储水池、消火栓泵、室内消防竖管及水泵接合器等应设置醒目标识。

9.3.2 灭火器的规定

(1) 在建工程及临时用房的下列场所应配置灭火器。

① 易燃易爆危险品存放及使用场所。

② 动火作业场所。

③ 可燃材料存放、加工及使用场所。

④ 厨房操作间、锅炉房、发电机房、变配电房、设备用房、办公用房、宿舍等临时用房。

⑤ 其他具有火灾危险的场所。

(2) 施工现场灭火器配置应符合下列规定。

① 灭火器的类型应与配备场所可能发生的火灾类型相匹配。

② 灭火器的最低配置标准应符合表9-2的规定。

表9-2 灭火器的最低配置标准

项目	固体物质火灾		液体或可熔化固体物质火灾、气体火灾	
	单具灭火器最小灭火级别	单位灭火级别最大保护面积/(m^2/A)	单具灭火器最小灭火级别	单位灭火级别最大保护面积/(m^2/B)
易燃易爆危险品存放及使用场所	3A	50	89B	0.5
固定动火作业场	3A	50	89B	0.5
临时动火作业点	2A	50	55B	0.5
可燃材料存放、加工及使用场所	2A	75	55B	1.0
厨房操作间、锅炉房	2A	75	55B	1.0
自备发电机房	2A	75	55B	1.0
变配电房	2A	75	55B	1.0
办公用房、宿舍	1A	100	—	—

③ 灭火器的配置数量应按现行国家标准《建筑灭火器配置设计规范》(GB 50140—2005) 的有关规定经计算确定，且每个场所的灭火器数量不应少于2具。

④ 灭火器的最大保护距离应符合表9-3的规定。

表 9-3 灭火器的最大保护距离 单位：m

灭火器配置场所	固体物质火灾	液体或可熔化固体物质火灾、气体火灾
易燃易爆危险品存放及使用场所	15	9
固定动火作业场	15	9
临时动火作业点	10	6
可燃材料存放、加工及使用场所	20	12
厨房操作间、锅炉房	20	12
发电机房、变配电房	20	12
办公用房、宿舍等	25	—

知识链接

灭火器的使用方法及注意事项

灭火器的使用方法：放松灭火器提把拉出安全栓；右手提灭火器，左手扶住罐体，于起火部位上风位，距离 1.5～2m 处，使灭火器喷口对准火焰根部喷射。

使用灭火器的注意事项：使用前应确认灭火器是否安全有效；灭火器罐体底部不得对准自身身体；如在通风条件不好的室内使用 CO_2 灭火器，使用者应于喷射完成后 30s 内迅速撤离，以防 CO_2 中毒；干粉式灭火器使用前应佩戴防尘面罩或口罩，以免粉尘刺激上呼吸道，引起急性上呼吸道致敏反应。

9.3.3 临时消防给水系统的规定

（1）施工现场或其附近应设置稳定、可靠的水源，并应能满足施工现场临时消防用水的需要。

消防水源可采用市政给水管网或天然水源。当采用天然水源时，应采取确保冰冻季节、枯水期最低水位时顺利取水的措施，并应满足临时消防用水量的要求。

（2）临时消防用水量应为临时室外消防用水量与临时室内消防用水量之和。

（3）临时室外消防用水量应按临时用房和在建工程的临时室外消防用水量的较大者确定，施工现场火灾次数可按同时发生一次确定。

（4）临时用房建筑面积之和大于 $1000m^2$ 或在建工程单体体积大于 $10000m^3$ 时，应设置临时室外消防给水系统。当施工现场处于市政消火栓 150m 保护范围内，且市政消火栓的数量满足室外消防用水量要求时，可不设置临时室外消防给水系统。

（5）临时用房的临时室外消防用水量不应小于表 9-4 的规定。

表 9-4　临时用房的临时室外消防用水量

临时用户的建筑面积之和	火灾延续时间/h	消火栓用水量/（L/s）	每支水枪最小流量/（L/s）
1000m^2＜面积≤5000m^2	1	10	5
面积＞5000m^2		15	5

（6）在建工程的临时室外消防用水量不应小于表 9-5 的规定。

表 9-5　在建工程的临时室外消防用水量

在建工程（单体）体积	火灾延续时间/h	消火栓用水量/（L/s）	每支水枪最小流量/（L/s）
10000m^3＜体积≤30000m^3	1	10	5
体积＞30000m^3	2	20	5

（7）施工现场临时室外消防给水系统的设置应符合下列规定。

① 给水管网宜布置成环状。

② 临时室外消防给水干管的管径应根据施工现场临时消防用水量和干管内水流计算速度计算确定，且不应小于 *DN*100。

③ 室外消火栓应沿在建工程、临时用房和可燃材料堆场及其加工场均匀布置，与在建工程、临时用房和可燃材料堆场及其加工场的外边线的距离不应小于 5m。

④ 消火栓的间距不应大于 120m。

⑤ 消火栓的最大保护半径不应大于 150m。

（8）建筑高度大于 24m 或单体体积超过 30000m^3 的在建工程应设置临时室内消防给水系统。

（9）在建工程的临时室内消防用水量不应小于表 9-6 的规定。

表 9-6　在建工程的临时室内消防用水量

建筑高度、在建工程体积（单体）	火灾延续时间/h	消火栓用水量/（L/s）	每支水枪最小流量/（L/s）
24m＜建筑高度≤50m 或 30000m^3＜体积≤50000m^3	1	10	5
建筑高度＞50m 或体积＞50000m^3	1	15	5

（10）在建工程临时室内消防竖管的设置应符合下列规定。

① 消防竖管的设置位置应便于消防人员操作，其数量不应少于 2 根，当结构封顶时，应将消防竖管设置成环状。

② 消防竖管的管径应根据在建工程临时消防用水量、竖管内水流计算速度计算确定，且不应小于 *DN*100。

（11）设置室内消防给水系统的在建工程，应设置消防水泵接合器。消防水泵接合器应设置在室外便于消防车取水的部位，与室外消火栓或消防水池取水口的距离宜为 15～40m。

（12）设置临时室内消防给水系统的在建工程，各结构层均应设置室内消火栓接口及消防软管接口，并应符合下列规定。

① 消火栓接口及软管接口应设置在位置明显且易于操作的部位。

② 消火栓接口的前端应设置截止阀。

③ 消火栓接口或软管接口的间距，多层建筑不应大于 50m，高层建筑不应大于 30m。

(13) 在建工程结构施工完毕的每层楼梯处应设置消防水枪、水带及软管，且每个设置点不应少于 2 套。

(14) 高度超过 100m 的在建工程，应在适当楼层增设临时中转水池及加压水泵。中转水池的有效容积不应小于 $10m^3$，上、下两个中转水池的高差不宜超过 100m。

(15) 临时消防给水系统的给水压力应满足消防水枪充实水柱长度不小于 10m 的要求；给水压力不能满足要求时，应设置消火栓泵，消火栓泵不应少于 2 台，且应互为备用；消火栓泵宜设置自动启动装置。

(16) 当外部消防水源不能满足施工现场的临时消防用水量要求时，应在施工现场设置临时储水池。临时储水池宜设置在便于消防车取水的部位，其有效容积不应小于施工现场火灾延续时间内一次灭火的全部消防用水量。

(17) 施工现场临时消防给水系统应与施工现场生产、生活给水系统合并设置，但应设置将生产、生活用水转为消防用水的应急阀门。应急阀门不应超过 2 个，且应设置在易于操作的场所，并应设置明显标识。

(18) 严寒和寒冷地区的现场临时消防给水系统应采取防冻措施。

9.3.4 应急照明的规定

(1) 施工现场的下列场所应配备临时应急照明。

① 自备发电机房及变配电房。

② 水泵房。

③ 无天然采光的作业场所及疏散通道。

④ 高度超过 100m 的在建工程的室内疏散通道。

⑤ 发生火灾时仍需坚持工作的其他场所。

(2) 作业场所应急照明的照度不应低于正常工作所需照度的 90%，疏散通道的照度值不应小于 0.5lx。

(3) 临时消防应急照明灯具宜选用自备电源的应急照明灯具，自备电源的连续供电时间不应小于 60min。

9.4 防火管理

9.4.1 防火管理的一般规定

(1) 施工现场的消防安全管理应由施工单位负责。

实行施工总承包的，应由总承包单位负责。分包单位应向总承包单位负责，并应服从总承包单位的管理，同时应承担国家法律、法规规定的消防责任和义务。

（2）监理单位应对施工现场的消防安全管理实施监理。

（3）施工单位应根据建设项目规模、现场消防安全管理的重点，在施工现场建立消防安全管理组织机构及义务消防组织，并应确定消防安全负责人和消防安全管理人员，同时应落实相关人员的消防安全管理责任。

（4）施工单位应针对施工现场可能导致火灾发生的施工作业及其他活动制定消防安全管理制度。消防安全管理制度应包括下列主要内容。

① 消防安全教育与培训制度。

② 可燃及易燃易爆危险品管理制度。

③ 用火、用电、用气管理制度。

④ 消防安全检查制度。

⑤ 应急预案演练制度。

（5）施工单位应编制施工现场防火技术方案，并应根据现场情况变化及时对其修改、完善。防火技术方案应包括下列主要内容。

央视新大楼北配楼火灾

① 施工现场重大火灾危险源辨识。

② 施工现场防火技术措施。

③ 临时消防设施、临时疏散设施配备。

④ 临时消防设施和消防警示标识布置图。

（6）施工单位应编制施工现场灭火及应急疏散预案。灭火及应急疏散预案应包括下列主要内容。

① 应急灭火处置机构及各级人员应急处置职责。

② 报警、接警处置的程序和通信联络的方式。

③ 扑救初起火灾的程序和措施。

④ 应急疏散及救援的程序和措施。

（7）施工人员进场前，施工现场的消防安全管理人员应向施工人员进行消防安全教育和培训。消防安全教育和培训应包括下列内容。

① 施工现场消防安全管理制度、防火技术方案、灭火及应急疏散预案的主要内容。

② 施工现场临时消防设施的性能及使用、维护方法。

③ 扑灭初起火灾及自救逃生的知识和技能。

④ 报警、接警的程序和方法。

（8）施工作业前，施工现场的施工管理人员应向作业人员进行消防安全技术交底。消防安全技术交底应包括下列主要内容。

① 施工过程中可能发生火灾的部位或环节。

② 施工过程应采取的防火措施及应配备的临时消防设施。

③ 初起火灾的扑救方法及注意事项。

④ 逃生方法及路线。

（9）施工过程中，施工现场的消防安全负责人应定期组织消防安全管理人员对施工现场的消防安全进行检查。消防安全检查应包括下列主要内容。

① 可燃物及易燃易爆危险品的管理是否落实。

② 动火作业的防火措施是否落实。

③ 用火、用电、用气是否存在违章操作，电、气焊及保温防水施工是否执行操作规程。

④ 临时消防设施是否完好有效。

⑤ 临时消防车道及临时疏散设施是否畅通。

(10) 施工单位应依据灭火及应急疏散预案，定期开展灭火及应急疏散的演练。

(11) 施工单位应做好并保存施工现场消防安全管理的相关文件和记录，建立现场消防安全管理档案。

9.4.2 可燃物及易燃易爆危险品管理

(1) 用于在建工程的保温、防水、装饰及防腐等材料的燃烧性能等级，应符合设计要求。

(2) 可燃材料及易燃易爆危险品应按计划限量进场。进场后，可燃材料宜存放于库房内，露天存放时，应分类成垛堆放，垛高不应超过2m，单垛体积不应超过50m^3，垛与垛之间的间距不应小于2m，且应采用不燃或难燃材料覆盖；易燃易爆危险品应分类专库储存，库房内应通风良好，并应设置严禁明火标志。

(3) 室内使用油漆及其有机溶剂、乙二胺、冷底子油或其他可燃、易燃易爆危险品的物资作业时，应保持良好通风，作业场所严禁明火，并应避免产生静电。

(4) 施工产生的可燃、易燃建筑垃圾或余料，应及时清理。

9.4.3 用火、用电、用气管理

(1) 施工现场用火应符合下列规定。

① 动火作业应办理动火许可证；动火许可证的签发人收到动火申请后，应前往现场查验并确认动火作业的防火措施落实后，再签发动火许可证。

② 动火操作人员应具有相应资格。

③ 焊接、切割、烘烤或加热等动火作业前，应对作业现场的可燃物进行清理；作业现场及其附近无法移走的可燃物，应采用不燃材料对其覆盖或隔离。

④ 施工作业安排时，宜将动火作业安排在使用可燃建筑材料的施工作业前进行。确需在使用可燃建筑材料的施工作业之后进行动火作业时，应采取可靠的防火措施。

⑤ 裸露的可燃材料上严禁直接进行动火作业。

⑥ 焊接、切割、烘烤或加热等动火作业应配备灭火器材，并应设置动火监护人进行现场监护，每个动火作业点均应设置一个监护人。

⑦ 5级（含5级）以上风力时，应停止焊接、切割等室外动火作业，否则应采取可靠的挡风措施。

⑧ 动火作业后，应对现场进行检查，并应在确认无火灾危险后，动火操作人员方可离开。

⑨ 具有火灾、爆炸危险的场所严禁明火。

⑩ 施工现场不应采用明火取暖。

⑪ 厨房操作间炉灶使用完毕后，应将炉火熄灭，排油烟机及油烟管道应定期清理油垢。

（2）施工现场用电应符合下列规定。

① 施工现场供用电设施的设计、施工、运行和维护应符合现行国家标准《建设工程施工现场供用电安全规范》（GB 50194—2014）的有关规定。

② 电气线路应具有相应的绝缘强度和机械强度，严禁使用绝缘老化或失去绝缘性能的电气线路，严禁在电气线路上悬挂物品。破损、烧焦的插座、插头应及时更换。

③ 电气设备与可燃物、易燃易爆危险品和腐蚀性物品应保持一定的安全距离。

④ 有爆炸和火灾危险的场所应按危险场所等级选用相应的电气设备。

⑤ 配电屏上每个电气回路应设置漏电保护器、过载保护器，距配电屏 2m 范围内不应堆放可燃物，5m 范围内不应设置可能产生较多易燃易爆气体、粉尘的作业区。

⑥ 可燃材料库房不应使用高热灯具，易燃易爆危险品库房内应使用防爆灯具。

⑦ 普通灯具与易燃物的距离不宜小于 300mm，聚光灯、碘钨灯等高热灯具与易燃物的距离不宜小于 500mm。

⑧ 电气设备不应超负荷运行或带故障使用。

⑨ 严禁私自改装现场供用电设施。

⑩ 应定期对电气设备和线路的运行及维护情况进行检查。

（3）施工现场用气应符合下列规定。

① 储装气体的罐瓶及其附件应合格、完好和有效；严禁使用减压器及其他附件缺损的氧气瓶，严禁使用乙炔专用减压器、回火防止器及其他附件缺损的乙炔瓶。

② 气瓶运输、存放、使用时，应符合下列规定。

（a）气瓶应保持直立状态，并采取防倾倒措施，乙炔瓶严禁横躺卧放。

（b）严禁碰撞、敲打、抛掷、滚动气瓶。

（c）气瓶应远离火源，与火源的距离不应小于 10m，并应采取避免高温和防止暴晒的措施。

（d）燃气储装瓶罐应设置防静电装置。

③ 气瓶应分类储存，库房内应通风良好；空瓶和实瓶同库存放时，应分开放置，两者的间距不应小于 1.5m。

④ 气瓶使用时，应符合下列规定。

（a）使用前，应检查气瓶及气瓶附件的完好性，检查连接气路的气密性，并采取避免气体泄漏的措施，严禁使用已老化的橡皮气管。

（b）氧气瓶与乙炔瓶的工作间距不应小于 5m，气瓶与明火作业点的距离不应小于 10m。

（c）冬季使用气瓶，气瓶的瓶阀、减压器等发生冻结时，严禁用火烘烤或用铁器敲击瓶阀，严禁猛拧减压器的调节螺钉。

（d）氧气瓶内剩余气体的压力不应小于 0.1MPa。

（e）气瓶用后应及时归库。

9.4.4 其他防火管理

（1）施工现场的重点防火部位或区域应设置防火警示标识。

（2）施工单位应做好施工现场临时消防设施的日常维护工作，对已失效、损坏或丢失的消防设施，应及时更换、修复或补充。

（3）临时消防车道、临时疏散通道、安全出口应保持畅通，不得遮挡、挪动疏散指示标识，不得挪用消防设施。

（4）施工期间，不应拆除临时消防设施及临时疏散设施。

（5）施工现场严禁吸烟。

知识链接

扑救火灾的原则

边报警，边扑救。
先控制，后灭火。
先救人，后救物。
防中毒，防窒息。
听指挥，莫惊慌。

知识链接

大家牢记

每一个安全事故的教训都是惨痛的，每一个安全事故的发生都有其必然性和偶然性。

事故无大小之分。身边的一些小事或小疏忽很有可能会引起巨大的事故和损失。只有安全才是效益。

安全第一，预防为主，综合治理。

本章小结

通过本章的学习，要求学生了解总平面布局的一般规定及防火间距、消防车道的规定；熟悉建筑防火的一般规定，临时用房防火、在建工程防火的规定；熟悉临时消防设施的一般规定及灭火器、临时消防给水系统、应急照明的规定；熟悉防火管理的一般规定，可燃物及易燃易爆危险品管理，以及用火、用电、用气管理等防火管理规定。

习　题

简答题

1. 施工现场总平面布局的一般规定有哪些？
2. 施工现场防火间距的规定有哪些？
3. 施工现场消防车道的规定有哪些？
4. 建筑防火的一般规定有哪些？
5. 临时用房防火的规定有哪些？
6. 在建工程防火的规定有哪些？
7. 临时消防设施的一般规定有哪些？
8. 在建工程及临时用房配置灭火器的规定有哪些？
9. 临时消防给水系统的规定有哪些？
10. 施工现场哪些场所应配备应急照明？
11. 防火管理的一般规定有哪些？
12. 可燃物及易燃易爆危险品管理的规定有哪些？
13. 施工现场用火、用电、用气管理的规定有哪些？

第9章在线答题

第10章 安全事故处理及应急救援

思维导图

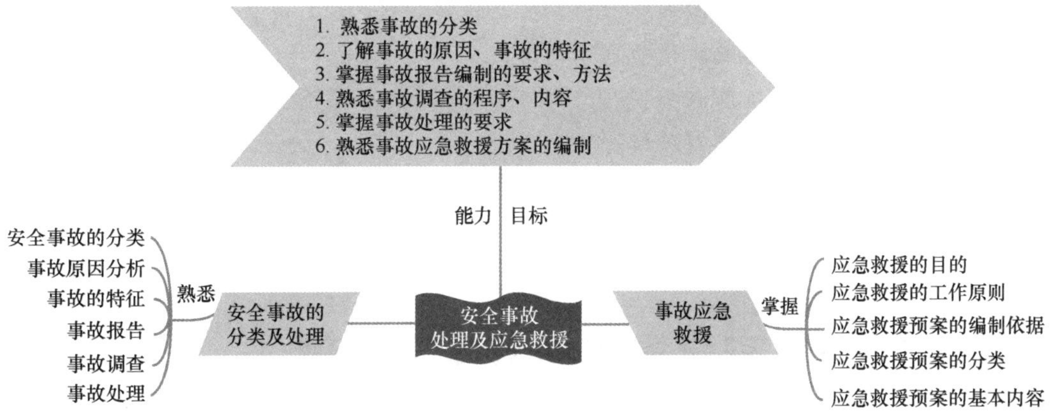

引例

2010年11月15日，上海市静安区胶州路728号公寓大楼发生一起高层建筑特别重大火灾事故，造成58人遇难、71人受伤，建筑物过火面积$12000m^2$，直接经济损失1.58亿元。经调查，该起特别重大火灾事故是一起因企业违规造成的责任事故。

11月17日，国务院上海市静安区胶州路公寓大楼“11·15”特别重大火灾事故调查组全体会议在上海召开。事故调查组组长、原国家安全生产监督管理总局局长骆琳在会议上说，根据目前掌握的情况，经过初步分析，起火大楼在装修作业施工中，有两名电焊工违规实施作业，在短时间内形成密集火灾。

骆琳表示，这起事故是一起因违法违规生产建设行为所导致的特别重大责任事故，也是一起不该发生的、完全可以避免的事故。他要求事故调查组的全体同志要以对党和人民事业高度负责的精神和态度，通过扎实有效的工作，严肃认真地彻底查清事故原因，依法依规严肃追究有关责任人的责任，给遇难者家属和受伤人员一个交代，给全社会一个交代。同时，还要深刻总结事故教训，用事故教训推动整个安全生产工作，切实维护广大人民群众的生命财产安全。

上海静安区建设总公司、静安区建设工程监理有限公司和上海迪姆物业管理有限公司的4名相关负责人对胶州路公寓大楼“11·15”特别重大火灾事故负有重大责任，涉嫌重大责任事故罪，于11月18日被依法刑事拘留。

问题：（1）安全事故有哪些类型？

（2）安全事故处理程序有哪些？

（3）如何编制施工安全事故应急救援预案？

10.1 安全事故的分类及处理

10.1.1 安全事故的分类

安全事故（以下简称“事故”）是指生产经营单位在生产经营活动（包括与生产经营有关的活动）中突然发生的，伤害人身安全和健康，或者损坏设备设施，或者造成经济损失的，导致原生产经营活动（包括与生产经营活动有关的活动）暂时中止或永远终止的意外事件。

1. 按照事故发生的原因分类

根据《企业职工伤亡事故分类》（GB 6441—1986）的规定，事故可分为20类，见表10-1。

表 10-1 企业职工伤亡事故分类表

序号	事故类别名称	序号	事故类别名称	序号	事故类别名称	序号	事故类别名称
1	物体打击	6	淹溺	11	冒顶片帮	16	锅炉爆炸
2	车辆伤害	7	灼烫	12	透水	17	容器爆炸
3	机械伤害	8	火灾	13	放炮	18	其他爆炸
4	起重伤害	9	高处坠落	14	火药爆炸	19	中毒和窒息
5	触电	10	坍塌	15	瓦斯爆炸	20	其他伤害

2. 按照事故造成的损失分类

《生产安全事故报告和调查处理条例》（中华人民共和国国务院令第493号）规定，根据事故造成的人员伤亡或者直接经济损失，事故一般分为以下等级。

（1）特别重大事故，是指造成30人以上死亡，或者100人以上重伤（包括急性工业中毒，下同），或者1亿元以上直接经济损失的事故。

（2）重大事故，是指造成10人以上30人以下死亡，或者50人以上100人以下重伤，或者5000万元以上1亿元以下直接经济损失的事故。

（3）较大事故，是指造成3人以上10人以下死亡，或者10人以上50人以下重伤，或者1000万元以上5000万元以下直接经济损失的事故。

（4）一般事故，是指造成3人以下死亡，或者10人以下重伤，或者1000万元以下直接经济损失的事故。

《生产安全事故报告和调查处理条例》

3. 按照事故后果分类

以客观的物资条件为中心来考察事故后果，事故可分为以下几类。

（1）物质遭受损失的事故，如火灾、质量缺陷返工、倒塌等发生的事故。

（2）物质完全没有受到损失的事故。

有些事故虽然物质没有受到损失，但由于操作者或机械设备停止了工作，则生产不得不停顿下来，这种事件就可称为事故。需要说明一下，这里所说的物质未受损失是未受直接物质损失，但间接损失是有的，因为生产停顿下来，就意味着不能进行物质的生产，在停顿期间自然会受到经济损失。

从上述分析来看，做到安全生产、安全施工就是要消除施工过程中的各种不安全的因素和隐患，防止事故的发生，以避免人的伤害、物的损失。

10.1.2 事故原因分析

造成事故的原因众多，归纳起来主要有三大方面：一是人的不安全因素，二是施工现场的不安全状态，三是管理上的不安全因素。

1. 人的不安全因素

人的不安全因素是指对安全产生影响的人的因素，即能使系统发生问题或发生意外事件的人员、个人的不安全因素、违背设计和安全要求的错误行为。据统计资料分析，88%的事故是由人的不安全行为造成的，而人的生理和心理特点又直接影响人的不安全行为。

所以，人的不安全因素可分为个人的不安全因素和人的不安全行为两大类。

1）个人的不安全因素

个人的不安全因素是指人员的心理、生理、能力中所具有不能适应工作、作业岗位要求而影响安全的因素。个人的不安全因素包括以下几个方面。

（1）心理因素：心理上具有影响安全的性格、气质、情绪。

（2）生理因素：①视觉、听觉等感觉器官不能适应工作、作业岗位要求的影响安全的因素；②体能不能适应工作、作业岗位要求的影响安全的因素；③年龄不能适应工作、作业岗位要求的因素；④有不适应工作、作业岗位要求的疾病；⑤疲劳和酒醉或刚睡过觉，感觉朦胧。

（3）能力因素：包括知识技能、应变能力、资格不能适应工作、作业岗位要求的影响安全的因素。

2）人的不安全行为

人的不安全行为是指违反安全规则或安全操作原则，使事故有可能或有机会发生的行为。不安全行为者可能是受伤害者，也可能是非受伤害者。按《企业职工伤亡事故分类》（GB 6441—1986）的规定，人的不安全行为可分为13个大类，见表10－2。

表10－2　人的不安全行为

1	操作错误、忽视安全、忽视警告	（1）未经许可开动、关停、移动机器； （2）开动、关停机器时未给信号； （3）开关未锁紧、造成意外转动、通电或泄漏等； （4）忘记关闭设备； （5）忽视警告标志、警告信号； （6）操作错误（指按钮、阀门、扳手、把柄等的操作）； （7）奔跑作业； （8）供料或送料速度过快； （9）机器超速运转； （10）违章驾驶机动车； （11）酒后作业； （12）客货混载； （13）冲压机作业时，手伸进冲压模； （14）工件紧固不牢； （15）用压缩空气吹铁屑； （16）其他
2	造成安全装置失效	（1）拆除了安全装置； （2）安全装置堵塞，失掉了作用； （3）调整的错误造成安全装置失效； （4）其他
3	使用不安全设备	（1）临时使用不牢固的设施； （2）使用无安全装置的设备； （3）其他

续表

4	手代替工具操作	（1）用手代替手动工具； （2）用手清除切屑； （3）不用夹具固定、用手拿工件进行机加工
5	物体存放不当	指成品、半成品、材料、工具、切屑和生产用品等存放不当
6	冒险进入危险场所	（1）冒险进入涵洞； （2）接近漏料处（无安全设施）； （3）采伐、集材、运材、装车时，未离危险区； （4）未经安全监察人员允许进行油罐或井中； （5）未“敲帮问顶”开始作业； （6）冒进信号； （7）调车场超速上下车； （8）易燃易爆场合明火； （9）私自搭乘矿车； （10）在绞车道行走； （11）未及时瞭望
7	攀、坐不安全位置	如攀、坐平台护栏、汽车挡板、吊车吊钩
8	在起吊物下作业、停留	—
9	机器运转时加油、修理、检查、调整、焊接、清扫等工作	—
10	有分散注意力行为	—
11	在必须使用个人防护用品用具的作业或场合中，忽视其使用	（1）未戴护目镜或面罩； （2）未戴防护手套； （3）未穿安全鞋； （4）未戴安全帽； （5）未佩戴呼吸护具； （6）未佩戴安全带； （7）未戴工作帽； （8）其他
12	不安全装束	（1）在有旋转零部件的设备旁作业穿过肥大服装； （2）操纵带有旋转零部件的设备时戴手套； （3）其他
13	对易燃、易爆等危险物品处理错误	—

2. 施工现场的不安全状态

施工现场的不安全状态是指直接形成或能导致事故发生的物质条件，包括物、作业环境潜在的危险。按《企业职工伤亡事故分类》（GB 6441—1986）的规定，物的不安全状态可分为 4 个大类，见表 10－3。

表 10－3　物的不安全状态

<table>
<tr><td rowspan="2">1</td><td rowspan="2">防护、保险、信号等装置缺乏或有缺陷</td><td>无防护</td><td>（1）无防护罩；
（2）无安全保险装置；
（3）无报警装置；
（4）无安全标志；
（5）无护栏或护栏损坏；
（6）（电气）未接地；
（7）绝缘不良；
（8）风扇无消声系统、噪声大；
（9）危房内作业；
（10）未安装防止“跑车”的挡车器或挡车栏；
（11）其他</td></tr>
<tr><td>防护不当</td><td>（1）防护罩未在适应位置；
（2）防护装置调整不当；
（3）坑道掘进、隧道开凿支撑不当；
（4）防爆装置不当；
（5）采伐、集材作业安全距离不够；
（6）放炮作业隐蔽所有缺陷；
（7）电气装置带电部分裸露；
（8）其他</td></tr>
<tr><td rowspan="4">2</td><td rowspan="4">设备、设施、工具、附件有缺陷</td><td>设计不当，结构不合安全要求</td><td>（1）通道门遮挡视线；
（2）制动装置有缺陷；
（3）安全间距不够；
（4）拦车网有缺陷；
（5）工件有锋利毛刺、毛边；
（6）设施上有锋利倒棱；
（7）其他</td></tr>
<tr><td>强度不够</td><td>（1）机械强度不够；
（2）绝缘强度不够；
（3）起吊重物的绳索不合安全要求；
（4）其他</td></tr>
<tr><td>设备在非正常状态下运行</td><td>（1）设备带“病”运转；
（2）超负荷运转；
（3）其他</td></tr>
<tr><td>维修、调整不良</td><td>（1）设备失修；
（2）地面不平；
（3）保养不当、设备失灵；
（4）其他</td></tr>
</table>

续表

3	个人防护用品用具缺少或有缺陷	无个人防护用品、用具	无防护服、手套、护目镜及面罩、呼吸器官护具、听力护具、安全带、安全帽、安全鞋等
		所用防护用品、用具不符合安全要求	—
4	生产（施工）场地环境不良	照明光线不良	（1）照度不足； （2）作业场地烟雾（尘）弥漫，视物不清； （3）光线过强
		通风不良	（1）无通风； （2）通风系统效率低； （3）风流短路； （4）停电停风时放炮作业； （5）瓦斯排放未达到安全浓度放炮作业； （6）瓦斯超限； （7）其他
		作业场所狭窄	—
		作业场地杂乱	（1）工具、制品、材料堆放不安全； （2）采伐时，未开“安全道”； （3）迎门树、坐殿树、搭挂树未做处理； （4）其他
		交通线路的配置不安全	—
		操作工序设计或配置不安全	—
		地面滑	（1）地面有油或其他液体； （2）冰雪覆盖； （3）地面有其他易滑物
		储存方法不安全	—
		环境温度、湿度不当	—

3. 管理上的不安全因素

管理上的不安全因素通常也称管理上的缺陷，它也是事故潜在的不安全因素。作为间接的原因，管理上的不安全因素包括技术上的缺陷、教育上的缺陷、生理上的缺陷、心理上的缺陷、管理工作上的缺陷及学校教育和社会、历史上的原因造成的缺陷等。

10.1.3 事故的特征

1. 事故的因果性

所谓因果性一般是指某一现象作为另一现象发生的根据的两种现象的关联性。导致事故发生的原因很多，而且它们之间相互影响、互相制约、共同存在。研究事故就是要比较全面地了解事故发生的情况，找出直接的和间接的因素，进而深入分析和归纳。因此，在施工前应制定施工安全技术措施，然后认真实施，以防同类事故发生。

2. 事故的偶然性、必然性和规律性

事故是由于客观上存在的不安全因素没有消除，随着时间的推移，出现某些意外情况而发生的。总体而言，事故是随机事件，有一定的偶然性。但是在一定范围内，用一定的科学仪器手段及科学分析方法是能够从繁多的因素、复杂的事物中找到内部的有机联系，获得其规律性的。因此，要从偶然性中找出必然性，就要认识事故的规律性，并采取针对性措施，防止不安全因素的产生和发展，化险为夷。

科学的安全管理就是要研究事故的偶然性、必然性和规律性，采取相应的手段、方法和措施，达到安全生产、安全施工的目的。

3. 事故的潜在性和预测性

无论是人的全部活动还是机械系统作业的活动，在其活动的时间内，不安全的隐患总是潜在的，当造成事故的条件成熟时，事故就会发生。事故的发生总具有时间的特征，随着时间的推移，事故可能会突然违反人的意愿而发生。所以，事故潜在于“绝对时间”之中，具有潜在性。由于事故在生产过程中经常发生，因此人们对已发生的事故积累了丰富的经验，对各种生产（施工）活动及有关因素有了深入的了解，掌握了一定的规律。所以，对未来进行的工作、生产行动提出各种预测，采取各种措施，以期指导行动，避免事故发生，达到预期的目的，这就是事故的预测性。目前一般是用“预测模型”对预测性进行研究的。一般情况下，“预测模型”是对以往所发生的大量事故进行分类、归纳、演绎、抽象的结果。若“预测模型”的准确性高，则实际活动的发展就会接近“预测模型”。但是客观情况是经常变化的，因此在施工时应正确掌握当时的情况，根据经验及时进行调整，以达到安全生产的目的。

10.1.4 事故报告

(1) 事故发生后，事故现场有关人员应当立即向本单位负责人报告；单位负责人接到报告后，应当于1h内向事故发生地县级以上人民政府安全生产监督管理部门和负有安全生产监督管理职责的有关部门报告。

情况紧急时，事故现场有关人员可以直接向事故发生地县级以上人民政府安全生产监督管理部门和负有安全生产监督管理职责的有关部门报告。

(2) 安全生产监督管理部门和负有安全生产监督管理职责的有关部门接到事故报告后，应当依照下列规定上报事故情况，并通知公安机关、劳动保障行政部门、工会和人民检察院。

① 特别重大事故、重大事故逐级上报至国务院安全生产监督管理部门和负有安全生产监督管理职责的有关部门。

② 较大事故逐级上报至省、自治区、直辖市人民政府安全生产监督管理部门和负有安全生产监督管理职责的有关部门。

③ 一般事故上报至设区的市级人民政府安全生产监督管理部门和负有安全生产监督

管理职责的有关部门。

(3) 安全生产监督管理部门和负有安全生产监督管理职责的有关部门依照前款规定上报事故情况，应当同时报告本级人民政府。国务院安全生产监督管理部门和负有安全生产监督管理职责的有关部门及省级人民政府接到发生特别重大事故、重大事故的报告后，应当立即报告国务院。

必要时，安全生产监督管理部门和负有安全生产监督管理职责的有关部门可以越级上报事故情况。

(4) 安全生产监督管理部门和负有安全生产监督管理职责的有关部门逐级上报事故情况，每级上报的时间不得超过2h。

(5) 报告事故应当包括下列内容。

① 事故发生单位概况。

② 事故发生的时间、地点及事故现场情况。

③ 事故的简要经过。

④ 事故已经造成或者可能造成的伤亡人数（包括下落不明的人数）和初步估计的直接经济损失。

⑤ 已经采取的措施。

⑥ 其他应当报告的情况。

10.1.5 事故调查

(1) 特别重大事故由国务院或者国务院授权有关部门组织事故调查组进行调查。重大事故、较大事故、一般事故分别由事故发生地省级人民政府、设区的市级人民政府、县级人民政府负责调查。省级人民政府、设区的市级人民政府、县级人民政府可以直接组织事故调查组进行调查，也可以授权或者委托有关部门组织事故调查组进行调查。未造成人员伤亡的一般事故，县级人民政府也可以委托事故发生单位组织事故调查组进行调查。

(2) 事故调查组的组成应当遵循精简、效能的原则。根据事故的具体情况，事故调查组由有关人民政府、安全生产监督管理部门、负有安全生产监督管理职责的有关部门、监察机关、公安机关及工会派人组成，并应当邀请人民检察院派人参加。事故调查组可以聘请有关专家参与调查。

(3) 事故调查组成员应当具有事故调查所需要的知识和专长，并与所调查的事故没有直接利害关系。

(4) 事故调查组组长由负责事故调查的人民政府指定。事故调查组组长主持事故调查组的工作。

(5) 事故调查组履行下列职责。

① 查明事故发生的经过、原因、人员伤亡情况及直接经济损失。

② 认定事故的性质和事故责任。

③ 提出对事故责任者的处理建议。

④ 总结事故教训，提出防范和整改措施。

⑤ 提交事故调查报告。

（6）事故调查组有权向有关单位和个人了解与事故有关的情况，并要求其提供相关文件、资料，有关单位和个人不得拒绝。事故发生单位的负责人和有关人员在事故调查期间不得擅离职守，并应当随时接受事故调查组的询问，如实提供有关情况。事故调查中发现涉嫌犯罪的，事故调查组应当及时将有关材料或者其复印件移交司法机关处理。

（7）事故调查中需要进行技术鉴定的，事故调查组应当委托具有国家规定资质的单位进行技术鉴定。必要时，事故调查组可以直接组织专家进行技术鉴定。技术鉴定所需时间不计入事故调查期限。

（8）事故调查组应当自事故发生之日起 60 日内提交事故调查报告；特殊情况下，经负责事故调查的人民政府批准，提交事故调查报告的期限可以适当延长，但延长的期限最长不超过 60 日。

（9）事故调查报告应当包括下列内容。

① 事故发生单位概况。

② 事故发生经过和事故救援情况。

③ 事故造成的人员伤亡和直接经济损失。

④ 事故发生的原因和事故性质。

⑤ 事故责任的认定及对事故责任者的处理建议。

⑥ 事故防范和整改措施。

事故调查报告应当附具有关证据材料。事故调查组成员应当在事故调查报告上签名。

（10）事故调查报告报送负责事故调查的人民政府后，事故调查工作即告结束。事故调查的有关资料应当归档保存。

10.1.6 事故处理

（1）重大事故、较大事故、一般事故，负责事故调查的人民政府应当自收到事故调查报告之日起 15 日内做出批复；特别重大事故，30 日内做出批复，特殊情况下，批复时间可以适当延长，但延长的时间最长不超过 30 日。有关机关应当按照人民政府的批复，依照法律、行政法规规定的权限和程序，对事故发生单位和有关人员进行行政处罚，对负有事故责任的国家工作人员进行处分。事故发生单位应当按照负责事故调查的人民政府的批复，对本单位负有事故责任的人员进行处理。负有事故责任的人员涉嫌犯罪的，依法追究刑事责任。

（2）事故发生单位应当认真吸取事故教训，落实防范和整改措施，防止事故再次发生。防范和整改措施的落实情况应当接受工会和职工的监督。安全生产监督管理部门和负有安全生产监督管理职责的有关部门应当对事故发生单位落实防范和整改措施的情况进行监督检查。

（3）事故处理的情况由负责事故调查的人民政府或者其授权的有关部门、机构向社会公布，依法应当保密的除外。

（4）事故发生单位主要负责人有下列行为之一的，处上一年年收入 40%～80%的罚款；属于国家工作人员的，并依法给予处分；构成犯罪的，依法追究刑事责任。

① 不立即组织事故抢救的。

② 迟报或者漏报事故的。

③ 在事故调查处理期间擅离职守的。

(5) 事故发生单位及其有关人员有下列行为之一的，对事故发生单位处100万元以上500万元以下的罚款；对主要负责人、直接负责的主管人员和其他直接责任人员处上一年年收入60%～100%的罚款；属于国家工作人员的，并依法给予处分；构成违反治安管理行为的，由公安机关依法给予治安管理处罚；构成犯罪的，依法追究刑事责任。

基坑坍塌事故警示教育片

① 谎报或者瞒报事故的。

② 伪造或者故意破坏事故现场的。

③ 转移、隐匿资金、财产，或者销毁有关证据、资料的。

模架支撑体系坍塌事故警示教育片

④ 拒绝接受调查或者拒绝提供有关情况和资料的。

⑤ 在事故调查中作伪证或者指使他人作伪证的。

⑥ 事故发生后逃匿的。

(6) 事故发生单位对事故发生负有责任的，依照下列规定处以罚款。

① 发生一般事故的，处10万元以上20万元以下的罚款。

② 发生较大事故的，处20万元以上50万元以下的罚款。

③ 发生重大事故的，处50万元以上200万元以下的罚款。

④ 发生特别重大事故的，处200万元以上500万元以下的罚款。

(7) 事故发生单位主要负责人未依法履行安全生产管理职责，导致事故发生的，依照下列规定处以罚款；属于国家工作人员的，并依法给予处分；构成犯罪的，依法追究刑事责任。

① 发生一般事故的，处上一年年收入30%的罚款。

② 发生较大事故的，处上一年年收入40%的罚款。

脚手架坍塌事故警示教育片

③ 发生重大事故的，处上一年年收入60%的罚款。

④ 发生特别重大事故的，处上一年年收入80%的罚款。

(8) 有关地方人民政府、安全生产监督管理部门和负有安全生产监督管理职责的有关部门有下列行为之一的，对直接负责的主管人员和其他直接责任人员依法给予处分；构成犯罪的，依法追究刑事责任。

① 不立即组织事故抢救的。

② 迟报、漏报、谎报或者瞒报事故的。

③ 阻碍、干涉事故调查工作的。

④ 在事故调查中作伪证或者指使他人作伪证的。

(9) 事故发生单位对事故发生负有责任的，由有关部门依法暂扣或者吊销其有关证照；对事故发生单位负有事故责任的有关人员，依法暂停或者撤销其与安全生产有关的执业资格、岗位证书；事故发生单位主要负责人受到刑事处罚或者撤职处分的，自刑罚执行完毕或者受处分之日起，5年内不得担任任何生产经营单位的主要负责人。

为发生事故的单位提供虚假证明的中介机构，由有关部门依法暂扣或者吊销其有关证照及其相关人员的执业资格；构成犯罪的，依法追究刑事责任。

10.2 事故应急救援

随着施工企业生产规模的日趋扩大，施工生产过程中潜在的蕴涵巨大能量的危险源导致事故的危害也随之扩大。通过安全设计、操作、维护、检查等措施可以预防事故，降低风险，但达不到绝对的安全。因此，需要制定万一发生事故后所采取的紧急措施和应急方法，即事故的应急救援预案。应急救援预案又称应急计划，是事故控制系统的重要组成部分，应急救援预案的总目标是控制紧急事件的发展并尽可能消除事故，将事故对人、财产和环境的损失降低到最低限度。据有关数据统计表明：有效的应急系统可将事故损失降低到无应急系统的6%。

物体打击事故警示教育片

建立重大事故应急救援预案和应急救援体系是一项复杂的安全系统工程。应急救援预案对于如何在事故现场组织开展应急救援工作具有重要的指导意义，它能帮助实现应急行动的快速、有序、高效，以充分体现应急救援的“应急精神”，因此，研究如何制定有效完善的应急救援预案具有重要的现实意义。

高处坠落事故警示教育片

根据《安全生产法》第八十二条的规定，危险物品的生产、经营、储存单位以及矿山、金属冶炼、城市轨道交通运营、建筑施工单位应当建立应急救援组织；生产经营规模较小的，可以不建立应急救援组织，但应当指定兼职的应急救援人员。危险物品的生产、经营、储存、运输单位，以及矿山、金属冶炼、城市轨道交通运营、建筑施工单位应当配备必要的应急救援器材、设备和物资，并进行经常性的维护、保养，保证正常运转。

10.2.1 应急救援的目的

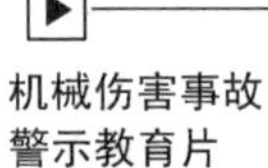

机械伤害事故警示教育片

应急救援的目的是快速科学应对建筑工程施工中可能发生的重大事故，有效预防、及时控制和最大限度消除事故的危害，保护人民群众的生命财产安全，规范建筑工程事故的应急救援管理和应急救援响应程序，明确有关机构职责，建立统一指挥、协调的应急救援工作保障机制，保障建筑工程生产安全，维护正常的社会秩序和工作秩序。

10.2.2 应急救援的工作原则

应急救援的工作原则是保障人民群众的生命和财产安全，最大限度地减少人员伤亡和财产损失，不断改进和完善应急救援手段和装备，切实加强应急救援人员的安全防护，充分发挥专家、专业技术人员和人民群众的创造性，实现科学救援与指挥。

10.2.3 应急救援预案的编制依据

（1）《安全生产法》。

（2）《建设工程安全生产管理条例》。

（3）《国务院关于特大安全事故行政责任追究的规定》（中华人民共和国国务院令第302号）。

（4）《国务院关于进一步加强安全生产工作的决定》（国发〔2004〕2号）。

（5）《生产经营单位安全生产事故应急预案编制导则》（GB/T 29639—2020）。

受限空间事故警示教育片

10.2.4 应急救援预案的分类

根据事故应急救援预案的对象和级别，应急救援预案可分为下列3种类型。

（1）综合应急救援预案。综合应急救援预案是从总体上阐述处理事故的应急方针、政策，应急组织结构及相关应急职责，应急行动、措施和保障等基本要求和程序，是应对各类事故的综合性文件。此类预案适用于集团公司、子公司或分公司。

（2）专项应急救援预案。专项应急救援预案是针对现场每项设施和危险场所可能发生的事故情况编制的应急救援预案。专项应急救援预案要包括所有可能的危险状况，明确有关人员在紧急状况下的职责；这类预案仅说明处理紧急事务的必需的行动，不包括事前要求和事后措施；这类预案适用于所有工程指挥部、项目部。建筑施工企业常见的事故专项应急救援预案主要有坍塌事故应急救援预案、火灾事故应急救援预案、高处坠落事故应急救援预案、中毒事故应急救援预案等。

（3）现场处置方案。现场处置方案是针对具体的装置、场所或设施、岗位所制定的应急处置措施。现场处置方案应具体、简单、针对性强，并且应根据风险评估及危险性控制措施逐一编制，做到事故相关人员应知应会，熟练掌握，并通过应急演练，做到迅速反应、正确处置。按照事故类型分，施工项目部现场处置方案主要包括高处坠落事故现场处置方案、物体打击事故现场处置方案、触电事故现场处置方案、机械伤害事故现场处置方案、坍塌事故现场处置方案、火灾事故现场处置方案、中毒事故现场处置方案等。

10.2.5 应急救援预案的基本内容

1. 组织机构及其职责

（1）明确应急反应组织机构、参加单位、人员及其作用。

（2）明确应急反应总负责人及每个具体行动的负责人。

(3) 列出本施工现场以外能提供援助的有关机构。

(4) 明确企业各部门在事故应急中各自的职责。

2. 危害辨识与风险评价

(1) 确认可能发生的事故类型、地点及具体部位。

(2) 确定事故影响范围及可能影响的人数。

(3) 按所需应急反应的级别，划分事故严重程度。

3. 通告程序和报警系统

触电事故警示教育片

(1) 确定报警系统及程序。

(2) 确定现场24h的通告、报警方式，如电话、手机等。

(3) 确定24h与地方政府主管部门的通信、联络方式，以便应急指挥和疏散人员。

(4) 明确相互认可的通告、报警形式和内容（避免误解）。

(5) 明确应急反应人员向外求援的方式。

(6) 明确应急指挥中心怎样保证有关人员理解并对应急报警反应。

案例10-1

某企业施工生产安全事故应急救援预案

为加强对施工生产安全事故的防范，及时做好安全事故发生后的救援处置工作，最大限度地减少事故损失，根据《安全生产法》《建设工程安全生产管理条例》《江苏省建筑施工安全事故应急救援预案管理规定》和《××市建筑施工安全事故应急救援预案管理办法》的有关规定，结合本企业施工生产的实际，特制定本企业施工生产安全事故应急救援预案。

电气火灾事故警示教育片

1. 应急救援预案的任务和目标

更好地适应法律和经济活动的要求，给企业员工的工作和施工场区周围居民提供更好、更安全的环境；保证各种应急反应资源处于良好的备战状态；指导应急反应行动按计划有序地进行，防止因应急反应行动组织不力或现场救援工作的无序和混乱而延误事故的应急救援；有效地避免或降低人员伤亡和财产损失；帮助实现应急反应行动的快速、有序、高效；充分体现应急救援的“应急精神”。

《生产安全事故应急预案管理办法》

2. 应急反应组织机构情况

本企业施工生产安全事故应急救援预案的应急反应组织机构分为一、二级编制，即公司总部设置应急救援预案实施的一级应急反应组织机构及工程项目经理部设置应急救援预案实施的二级应急反应组织机构。其具体应急反应组织机构框架图分别如图10.1、图10.2所示。

3. 应急反应组织机构的职能和职责

1) 一级应急反应组织机构各部门的职能和职责

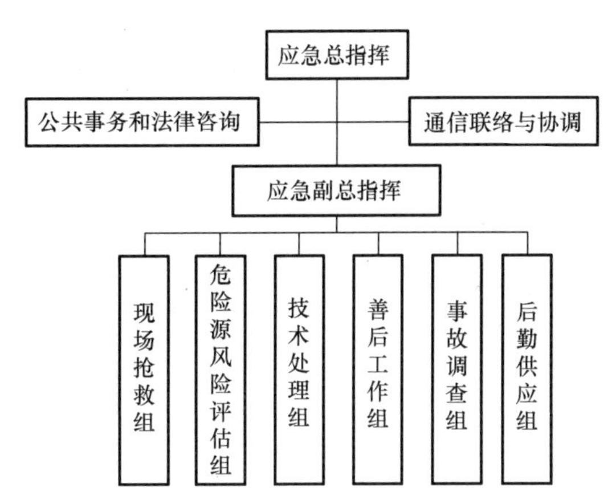

图 10.1 公司总部一级应急反应组织机构框架图

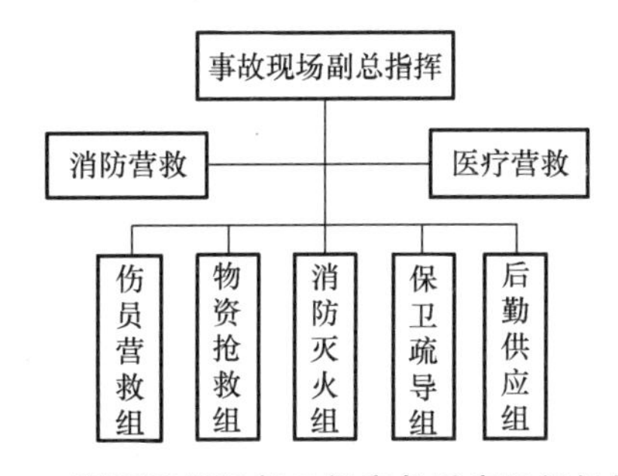

图 10.2 工程项目经理部二级应急反应组织机构框架图

(1) 应急总指挥的职能和职责。

① 分析紧急状态确定相应报警级别，根据相关危险类型、潜在后果、现有资源控制紧急情况的行动类型。

② 指挥、协调应急反应行动。

③ 与企业外应急反应人员、部门、组织和机构进行联络。

④ 直接监察应急操作人员行动。

⑤ 最大限度地保证现场人员、外援人员及相关人员的安全。

⑥ 协调后勤方面以支援应急反应组织。

⑦ 应急反应组织的启动。

⑧ 应急评估、确定升高或降低应急警报级别。

⑨ 通报外部机构，决定请求外部援助。

⑩ 决定应急撤离，决定事故现场外影响区域的安全性。

(2) 应急副总指挥的职能和职责。

① 协助应急总指挥组织和指挥应急操作任务。

② 向应急总指挥提出采取减缓事故后果行动的应急反应对策和建议。

③ 保持与事故现场副总指挥的直接联络。

④ 协调、组织和获取应急所需的其他资源、设备以支援现场的应急操作。

⑤ 组织公司总部的相关技术和管理人员对施工场区生产过程中的各危险源进行风险评估。

⑥ 定期检查各常设应急反应组织和部门的日常工作和应急反应准备状态。

⑦ 根据各施工场区的实际条件，努力与周边有条件的企业为在事故应急处理中共享资源，相互帮助，建立共同应急救援网络和制订应急救援协议。

(3) 现场抢救组的职能和职责。

① 抢救现场伤员。

② 抢救现场物资。

③ 组建现场消防队。

④ 保证现场救援通道的畅通。

(4) 危险源风险评估组的职能和职责。

① 对各施工现场的特点及生产过程中的危险源进行科学的风险评估。

② 指导安全部门安全措施的落实和监控工作，减少和避免危险源事故的发生。

③ 完善危险源的风险评估资料信息，为应急反应的评估提供科学、合理、准确的依据。

④ 落实周边协议应急反应共享资源及应急反应最快捷有效的社会公共资源的报警联络方式，为应急反应提供及时的应急反应支援措施。

⑤ 确定各种可能发生事故的应急反应现场指挥中心位置，以使应急反应及时启用。

⑥ 科学合理地制订应急反应物资器材、人力计划。

(5) 技术处理组的职能和职责。

① 根据各项目经理部的施工生产内容及特点，制定其可能出现而必须运用建筑工程技术解决的应急反应方案，整理归档，为事故现场提供有效的工程技术服务做好技术储备。

② 应急救援预案启动后，根据事故现场的特点，及时向应急总指挥提供科学的工程技术方案和技术支持，有效地指导应急反应行动中的工程技术工作。

(6) 善后工作组的职能和职责。

① 做好伤亡人员及家属的稳定工作，确保事故发生后伤亡人员及家属思想能够稳定，大灾之后不发生大乱。

② 做好受伤人员医疗救护的跟踪工作，协调处理医疗救护单位的相关矛盾。

③ 与保险部门一起做好伤亡人员及财产损失的理赔工作。

④ 慰问有关伤员及家属。

(7) 事故调查组的职能和职责。

① 保护事故现场。

② 对现场的有关实物资料进行取样封存。

③ 调查了解事故发生的主要原因及相关人员的责任。

④ 按“四不放过”的原则对相关人员进行处罚、教育、总结。

(8) 后勤供应组的职能和职责。

① 协助制订施工项目部应急反应物资资源的储备计划，按已制订的项目施工生产场区的应急反应物资储备计划，检查、监督、落实应急反应物资的储备数量，收集和建立并归档。

② 定期检查、监督、落实应急反应物资资源管理人员的到位和变更情况，及时调整应急反应物资资源的更新和达标。

③ 定期收集和整理各项目经理部施工场区的应急反应物资资源信息，建立档案并归档，为应急反应行动的启动做好物资源数据储备。

④ 应急救援预案启动后，按应急总指挥的部署，有效地组织应急反应物资资源到施工现场，并及时对事故现场进行增援，同时提供后勤服务。

2）二级应急反应组织机构各部门的职能和职责

（1）事故现场副总指挥的职能和职责。

① 所有施工现场的操作和协调，包括与指挥中心的协调。

② 现场事故评估。

③ 保证现场人员和公众应急反应行动的执行。

④ 控制紧急情况。

⑤ 做好与消防、医疗、交通管制、抢险救灾等各公共救援部门的联系。

（2）伤员营救组的职能和职责。

① 引导现场作业人员从安全通道疏散。

② 将受伤人员营救至安全地带。

（3）物资抢救组的职能和职责。

① 抢救可以转移的场区内物资。

② 转移可能引起新危险源的物资到安全地带。

（4）消防灭火组的职能和职责。

① 启动场区内的消防灭火装置和器材，进行初期的消防灭火自救工作。

② 协助消防部门进行消防灭火的辅助工作。

（5）保卫疏导组的职能和职责。

① 对场区内外进行有效的隔离工作和维护现场应急救援通道畅通的工作。

② 疏散场区内外人员撤出危险地带。

（6）后勤供应组的职能和职责。

① 迅速调配抢险物资器材至事故发生点。

② 提供和检查抢险人员的装备和安全防护。

③ 及时提供后续的抢险物资。

④ 迅速组织后勤必须供给的物品，并及时输送后勤物品到抢险人员手中。

3）应急反应组织机构人员的构成

应急反应组织机构在应急总指挥、应急副总指挥的领导下由各职能科室、加工厂、项目部的人员分别兼职构成。

（1）应急总指挥由公司的法定代表人担任。

（2）应急副总指挥由公司的副总经理担任。

（3）现场抢救组组长由公司的各工程项目经理担任，项目部组成人员为成员。

（4）危险源风险评估组组长由公司的总工程师担任，总工程师办公室其他人员为成员。

（5）技术处理组组长由公司的技术经营科科长担任，科室人员为成员。

（6）善后工作组组长由公司的工会、办公室负责人担任，科室人员为成员。

（7）事故调查组组长由公司的质安科科长担任，科室人员为成员。

（8）后勤供应组组长由公司的财务科、机械管理科、物业管理科科长担任，科室人员为成员。

(9) 事故现场副总指挥由项目部的项目经理负责人担任。

(10) 伤员营救组由施工队长担任组长，各作业班组分别抽调人员组成。

(11) 物资抢救组由施工员、材料员、各作业班组抽调人员组成。

(12) 消防灭火组由施工现场电工、各作业班组抽调人员组成。

(13) 保卫疏导组由保安组、各作业班组抽调人员组成。

(14) 后勤供应组由后勤人员、各作业班组抽调人员组成。

4. 应急救援的培训与演练

1) 培训

(1) 应急救援预案确立后，按计划组织公司总部、施工项目部全体人员进行有效的培训，从而具备完成其应急任务所需的知识和技能。

① 一级应急反应组织每年进行一次培训。

② 二级应急反应组织每个项目开工前或每半年进行一次培训。

③ 新加入的人员及时培训。

(2) 主要培训以下内容。

① 灭火器的使用及灭火步骤的训练。

② 施工安全防护、作业区内安全警示设置、个人的防护措施、施工用电常识、在建工程的交通安全、大型机械的安全使用。

③ 对危险源的突显特性辨识。

④ 事故报警。

⑤ 紧急情况下人员的安全疏散。

⑥ 现场抢救的基本知识。

2) 演练

应急救援预案确立后，经过有效的培训，公司总部人员每年演练一次。施工项目部在项目开工后演练一次，并根据工程工期长短不定期举行演练，施工作业人员变动较大时增加演练次数。每次演练结束，及时做出总结，对存有的差距在日后的工作中不断加以改进。

5. 事故报告指定机构人员、联系电话

公司的质安科是事故报告的指定机构，联系人：×××，电话：×××××××××，质安科接到事故报告后及时向应急总指挥报告，应急总指挥根据有关法规及时、如实地向安全生产监督管理部门、建设行政主管部门或其他有关部门报告；特种设备发生事故的，还应当同时向特种设备安全监督管理部门报告。

6. 救援器材、设备、车辆等落实

公司每年从利润中提取一定比例的费用，根据公司施工生产的性质、特点及应急救援工作的实际需要有针对性、有选择地配备应急救援器材、设备，并对应急救援器材、设备进行经常性的维护、保养，不得挪作他用。启动应急救援预案后，公司的机械设备、运输车辆统一纳入应急救援工作之中。

7. 应急救援预案的启动、终止和终止后工作的恢复

当事故的评估预测达到启动应急救援预案条件时，由应急总指挥启动应急反应预案令。

应急救援预案的终止：对事故现场经过应急救援预案实施后，引起事故的危险源得到

有效控制、消除；所有现场人员均得到清点；不存在其他影响应急救援预案终止的因素；应急救援行动已完全转化为社会公共救援；应急总指挥认为事故的发展状态必须终止的；应急总指挥下达应急终止令。

应急救援预案实施终止后，应采取有效措施防止事故扩大，保护事故现场和物证，经有关部门认可后可恢复施工生产。

对应急救援预案实施的全过程认真科学地做出总结，完善应急救援预案中的不足和缺陷，为今后的预案建立、制定、修改提供经验和完善的依据。

本章小结

通过本章的学习，要求学生熟悉安全事故的分类、事故原因分析、事故的特征、事故报告、事故调查、事故处理，了解施工安全事故的应急救援措施。

根据生产安全事故造成的人员伤亡或者直接经济损失，事故一般分为特别重大事故、重大事故、较大事故、一般事故。

造成事故原因主要有三大方面：一是人的不安全因素，二是施工现场物的不安全状态，三是管理上的不安全因素。

建筑施工单位应当建立应急救援组织；生产经营规模较小，可以不建立应急救援组织的，但应当指定兼职的应急救援人员。建筑施工单位应当配备必要的应急救援器材、设备和物资，并进行经常性的维护、保养，保证正常运转。

根据事故应急救援预案的对象和级别，应急救援预案可分为综合应急救援预案、专项应急救援预案和现场处置方案。

习　题

简答题

1. 根据生产安全事故造成的人员伤亡或者直接经济损失，如何对事故进行分类？
2. 个人的不安全因素有哪些？
3. 人的不安全行为有哪些？
4. 物的不安全状态有哪些？
5. 事故的特征有哪些？
6. 事故发生后，如何报告事故？
7. 事故发生后，如何开展事故调查？
8. 事故调查报告应当包括哪些内容？
9. 事故发生后，如何处理事故？
10. 如何编写事故的应急救援预案？
11. 应急救援预案有哪些类型？
12. 应急救援预案的基本内容有哪些？

第10章在线答题

参考文献

李平，张鲁风，2017. 安全员岗位知识与专业技能［M］. 2版. 北京：中国建筑工业出版社.

全国一级建造师执业资格考试用书编写委员会，2022. 建设工程项目管理［M］. 北京：中国建筑工业出版社.

沈万岳，2021. 建筑工程安全技术与管理实务［M］. 2版. 北京：北京大学出版社.

杨建明，林芹，徐选臣，2018. 建设工程质量检验与评定［M］. 北京：北京大学出版社.

郑文新，杨瑞华，2018. 建筑工程质量事故分析［M］. 3版. 北京：北京大学出版社.

中国建设教育协会继续教育委员会，2021. 质量员（土建方向）岗位知识［M］. 2版. 北京：中国建筑工业出版社.

钟汉华，2012. 施工项目质量与安全管理［M］. 北京：北京大学出版社.

钟汉华，斯庆，2008. 建筑工程安全管理［M］. 北京：中国电力出版社.

周连起，刘学应，2010. 建筑工程质量与安全管理［M］. 北京：北京大学出版社.